Springer Tracts in Natural Philosophy

Ergebnisse der angewandten Mathematik

Volume 2

Differential- und Integral-Ungleichungen

und ihre Anwendung bei Abschätzungs- und Eindeutigkeitsproblemen

Wolfgang Walter
o. Professor der Mathematik
an der Technischen Hochschule Karlsruhe

Mit 18 Abbildungen

Springer-Verlag Berlin Heidelberg GmbH
1964

Ursprünglich erschienen bei Springer-Verlag OHG / Berlin · Göttingen · Heidelberg · New York 1964
Softcover reprint of the hardcover 1st edition 1964

Library of Congress Catalog Card Number 64-21832

ISBN 978-3-662-34913-7 ISBN 978-3-662-35247-2 (eBook)
DOI 10.1007/978-3-662-35247-2

Titel Nr. 6730

Meinem Vater
zum Gedächtnis

Vorwort

Die Theorie der Differential- und Integral-Ungleichungen wurde in den letzten 15 Jahren durch eine Fülle neuer Erkenntnisse bereichert. Das vorliegende Buch gibt eine erste zusammenfassende Darstellung dieser Ergebnisse. Es beschränkt sich dabei auf Volterra-Integralgleichungen (in einer und in mehreren Variablen) sowie auf gewöhnliche, hyperbolische und parabolische Differentialgleichungen.

Was von einem Ergebnisbericht einmal treffend gesagt wurde, gilt auch für diesen Band der „Springer Tracts": Er ist (mit verschiedener Betonung) Lehrbuch, Literaturbericht und Originalarbeit. Meiner Absicht, in erster Linie ein selbständiges Lehrbuch zu schreiben, das auch für Studenten höherer Semester lesbar ist, kam der Stoff entgegen. Die Theorie der Differential- und Integral-Ungleichungen ist in ihren Grundzügen elementar, zu ihrem Verständnis bedarf es keiner speziellen Vorkenntnisse. Wenn in den ersten beiden Kapiteln den eindimensionalen Problemen ein verhältnismäßig breiter Raum gewährt wird, so waren dafür auch methodische Gesichtspunkte maßgebend. Die wesentlichen Beweisideen sollten zunächst am einfachsten Beispiel klar herausgearbeitet werden. Sachlich liegt der Schwerpunkt des Buches bei den partiellen Differentialgleichungen, im besonderen bei den parabolischen Gleichungen, denen das weitaus umfangreichste letzte Kapitel gewidmet ist.

Mein besonderer Dank gilt Herrn Prof. Dr. K. Nickel für viele fruchtbare Diskussionen und Hinweise. Sein Rat war bei der Abfassung der Abschnitte über die Grenzschichttheorie, in denen ich die bisher wichtigste und schönste Anwendung der Theorie sehe, unentbehrlich.

Den Herren Dr. H. Brakhage, Doz. Dr. P. Werner und Dipl.-Math. H. Weigel sei auch an dieser Stelle für ihre wertvolle Mithilfe beim Korrekturlesen und für kritische Bemerkungen gedankt.

Der Herausgeber, Herr Prof. Dr. Dr. h.c. L. Collatz, hat den Fortgang der Arbeit an diesem Buch durch sein stetes Interesse während der langen Entstehungszeit gefördert. Ihm sei ebenso gedankt wie dem Springer-Verlag für sein bereitwilliges Eingehen auf meine Wünsche und die mustergültige Ausstattung des Buches.

Karlsruhe, im März 1964 — Wolfgang Walter

Inhaltsverzeichnis

Seite

Bezeichnungen X
Einleitung 1

Kapitel I

Volterra-Integralgleichungen

1. Abschätzungen bei monotonen Kernen 11
2. Bemerkungen zum Existenzproblem. Maximal- und Minimalintegrale . . . 20
3. Verallgemeinerung des Monotoniebegriffs 25
4. Abschätzungs- und Eindeutigkeitssätze 29
5. Gewöhnliche Differentialgleichungen (im Sinne von CARATHÉODORY) . . 35
6. Systeme von Integralgleichungen 41
7. Abschätzung von Systemen mit K-Normen 48

Kapitel II

Gewöhnliche Differentialgleichungen

8. Grundlegende Sätze über Differential-Ungleichungen 54
9. Abschätzungssätze für das Anfangswertproblem bei einer gewöhnlichen Differentialgleichung erster Ordnung 62
10. Eindeutigkeitssätze 71
11. Systeme von gewöhnlichen Differentialgleichungen. Abschätzung durch K-Normen 76
12. Systeme von Differential-Ungleichungen 81
13. Komponentenweise Abschätzung bei Systemen 86
14. Weitere Eindeutigkeitsaussagen für Systeme 91
15. Differentialgleichungen höherer Ordnung 95
16. Ergänzungen 104

Kapitel III

Volterra-Integralgleichungen in mehreren Veränderlichen.
Hyperbolische Differentialgleichungen

17. Abschätzung mit monotonen Operatoren 108
18. Existenzsätze 115
19. Abschätzungen für Integralgleichungen 123
20. Die hyperbolische Differentialgleichung $u_{xy} = f(x, y, u)$ 129
21. Die Differentialgleichung $u_{xy} = f(x, y, u, u_x, u_y)$ 141
22. Ergänzungen. Die lokale Beweismethode 155

Kapitel IV

Parabolische Differentialgleichungen

Seite

23. Bezeichnungen 158
24. Das Lemma von NAGUMO-WESTPHAL 164
25. Das erste Randwertproblem 168
26. Das Maximum-Minimum-Prinzip. Spezielle Ansätze 178
27. Gestaltaussagen 185
28. Unendliche Gebiete, unstetige Anfangswerte, Aufgaben ohne Anfangswerte 191
29. Die Wärmeleitung als Beispiel 202
30. Anwendung auf die Grenzschichttheorie 211
31. Die dritte Randwertaufgabe 220
32. Systeme von parabolischen Differentialgleichungen 232
33. Eindeutigkeitsfragen bei parabolischen Systemen 239
34. Verallgemeinerungen und Ergänzungen. Die instationären Grenzschicht-Gleichungen 246

Literaturverzeichnis 251

Namenverzeichnis 265

Sachverzeichnis 267

Bezeichnungen

Formeln sind in jeder Nummer mit arabischen Ziffern, Sätze, Definitionen, Bemerkungen, ... mit römischen Ziffern durchnumeriert. Es bedeutet 8 X (α) die Voraussetzung (α) von Satz X in Nr. 8, (27.2) die Formel (2) in Nr. 27, E IX die Ziffer IX der Einleitung. Bei Verweisen innerhalb einer Nummer wird die Nummernangabe weggelassen. Bei Literaturzitaten ist der Autor und dazu in Klammern das Erscheinungsjahr angegeben; ist dies zur eindeutigen Kennzeichnung nicht ausreichend, so tritt dazu ein Kennbuchstabe, z.B. CILIBERTO (1956b).

Zur besseren Orientierung über die verschiedenen Bezeichnungen werden die folgenden Bemerkungen nützlich sein (vgl. die nachstehende Liste der Bezeichnungen und Abkürzungen). Unabhängige Veränderliche werden mit t, $\tau \in E^1$ und $x = (x_1, \ldots, x_m)$, $\xi = (\xi_1, \ldots, \xi_m) \in E^m$ (ohne Fettdruck) bezeichnet, während $z \in E^1$ und $\boldsymbol{z} = (z_1, \ldots, z_n) \in E^n$ (mit Fettdruck) für eine Funktion bzw. ein System von Funktionen steht; n gibt die Zahl der Gln bei einem System von DGln oder IGln an. Die Funktionsklassen $\mathscr{D}$, $\mathscr{E}$, $\mathscr{H}$, $\mathscr{P}$, ... beziehen sich auf „rechte Seiten" von DGln oder Kerne von IGln, welche meist mit f, k oder ω bezeichnet werden. Der Definitionsbereich einer Funktion f wird mit $D(f)$ bezeichnet; es kann also $D(f)$ etwas sehr verschiedenes bedeuten, je nachdem, ob z.B. $f = f(t, z)$ oder $f = f(t, x, z, p, r)$ ist. Die Klassen Z, Z_0, Z_c, ... („zulässige" Funktionen) beziehen sich auf Lösungen bzw. Näherungslösungen der behandelten Probleme. Auch diese Bezeichnungen haben in den verschiedenen Kapiteln verschiedene Bedeutungen, die jedoch miteinander verträglich sind. So ist z.B. Z bei den gewöhnlichen DGln die Klasse der für $0 \leqq t \leqq T$ stetigen, für $0 < t \leqq T$ differenzierbaren Funktionen $\varphi(t)$, bei den parabolischen DGln die in 23 III näher beschriebene Klasse von Funktionen $\varphi = \varphi(t, x)$. Für eine von x unabhängige Funktion $\varphi = \varphi(t)$ sind jedoch die beiden Erklärungen 5 I und 23 III gleichwertig. Über den Definitionsbereich $D(f)$ der rechten Seite f einer DGl wird meistens nichts vorausgesetzt. Diesem Umstand tragen die Funktionenklassen $Z(f)$, $Z_0(f)$, ... Rechnung. Ist z.B. eine gewöhnliche DGl $u' = f(t, u)$ für $0 < t \leqq T$ vorgelegt, so bedeutet $u \in Z(f)$ erstens, daß u aus der oben definierten Klasse Z ist, zweitens, daß u in f „eingesetzt werden kann", d.h. daß $(t, u(t)) \in D(f)$ für $0 < t \leqq T$ ist.

Intervalle. Offene, abgeschlossene und halboffene (eindimensionale) Intervalle sind wie üblich mit (a, b), $[a, b]$, $(a, b]$, $[a, b)$ bezeichnet.

Mengen und Mengenoperationen. Statt $\{x|x\in E^m,\ x>0\}$, $\{z|z\in E^n,\ z\geqq \mathbf{0}\}$ schreiben wir auch kürzer einfach $\{x>0\}$, $\{z\geqq\mathbf{0}\}$. Für Summe, Produkt und Differenz von Mengen werden die Operationszeichen $+, \cdot, -$ benutzt. $\emptyset$ ist die leere Menge.

Abkürzungen: Für einige häufig auftretenden Begriffe werden Abkürzungen benutzt. Ihre Bedeutung ergibt sich leicht aus den folgenden Beispielen.

Gl	bedeutet	Gleichung
Gln	bedeutet	Gleichungen
DGl	bedeutet	Differentialgleichung
IGl	bedeutet	Integralgleichung
DUnGl	bedeutet	Differential-Ungleichung
RWA	bedeutet	Randwertaufgabe
AWPe	bedeutet	Anfangswertprobleme

Ungleichungen zwischen Vektoren und Vektorfunktionen sind immer komponentenweise zu interpretieren; vgl. 6 I. Besonders definiert sind

$\varphi(a+)<\psi(a+)$	1 V, 14
$\boldsymbol{\varphi}(a+)<\boldsymbol{\psi}(a+)$	6 II, 42
$\varphi<\psi$ auf R_v^+	17 I, 108
$\boldsymbol{\varphi}<\boldsymbol{\psi}$ auf R_v^+	17 IV, 111
$\varphi<\psi$, $\varphi\leqq\psi$, $\varphi=\psi$ auf R_p^+ und auf R_∞	23 IV, 163
$\varphi<\psi$, $\varphi\leqq\psi$, $\varphi=\psi$ auf $(R_p-R_n)^+$	31 IV, 224
$\boldsymbol{\varphi}<\boldsymbol{\psi}$, $\boldsymbol{\varphi}\leqq\boldsymbol{\psi}$, $\boldsymbol{\varphi}=\boldsymbol{\psi}$ auf R_p^+ und auf R_∞	32 I, 232
$\mathfrak{r}\leqq\bar{\mathfrak{r}}$ (für Matrizen)	23 II, 161

Punktmengen in Euklidischen Räumen (Grundbereiche, Randmengen, Umgebungen):

J, J_0, E^n	1 I, 12
G, ∂G, $\bar{G}$, R_v, G_v, $G(x)$ (Kapitel III)	17 I, 108
G_0	21 VIII, 146
U, U_-, G, $\bar{G}$, ∂G, $\partial_0 G$, $\partial_1 G$, $\partial_2 G$, G_p, R_p (parabolische DGln)	23 I, 159; 34 I, 246
$H(t)$, $H(t,x)$, $H^*(t,x)$	26 I, 178
R_n	31 II, 222
$D(f)=M\times M_r$	23 II, 161
$D(f_v)=M_v\times M_{vr}$	32 I, 233

Funktionenklassen. Die Klasse der stetigen bzw. Lebesgue-integrierbaren Funktionen wird mit C bzw. L bezeichnet; vgl. 1 I. Die folgenden Klassen beziehen sich auf Lösungen, Näherungslösungen, ...

von Operator-Gln, IGln, DGln. Ein Index c weist auf stetige, ein Index ac auf absolut stetige Funktionen hin. Ist X eine Klasse von skalaren Funktionen, so bedeutet $\boldsymbol{\varphi} \in X$, daß jede Komponente von $\boldsymbol{\varphi}$ in X liegt.

$Z_c(k)$ (eindimensionale IGln)	1 I, 12
$Z_c(K)$ (eindimensionale Operator-Gln)	1 IV, 14
$Z, Z_{ac}, Z(f), Z_{ac}(f)$ (gewöhnliche DGln)	5 I, 35
$Z_c(\boldsymbol{K}), Z_c(\boldsymbol{k})$ (eindimensionale Systeme)	6 II, 42
$Z(\boldsymbol{f}), Z_{ac}(\boldsymbol{f})$ (Systeme von gewöhnlichen DGln)	45
$Z(f)$ (gewöhnliche DGln n-ter Ordnung)	15 I, 95
$Z_c(k), Z_c(K)$ (mehrdimensionale Gln)	17 II, 109
$Z_c(\boldsymbol{k}), Z_c(\boldsymbol{K})$ (mehrdimensionale Systeme)	17 IV, 111; 19 I, 123
$Z^*, Z^*(f)$ (hyperbolische DGln)	20 I, 130; 21 II, 141
Z_1^*, Z_2^*, Z_3^* (hyperbolische DGln)	22 I, 155
$Z, Z_0, Z(f), Z_0(f)$ (parabolische DGln)	23 III, 162
Z_g (Grenzschicht-DGln)	30 III, 213
$Z(f, R_n), Z_0(f, R_n)$ (RWAn 3. Art)	31 II, 222
$Z(\boldsymbol{f}), Z_0(\boldsymbol{f}), Z(\boldsymbol{f}, R_n), Z_0(\boldsymbol{f}, R_n)$ (parabolische Systeme)	32 I, 232
$Z(F), Z_0(F)$ (implizite parabolische DGln)	34 I, 246

Die folgenden Funktionenklassen beziehen sich auf Operatoren, Kerne von IGln, „rechte Seiten" von DGln.

$\mathscr{E}, \mathscr{E}_1$	4 II, 30
$\mathscr{E}_2, \mathscr{E}_3$	5 VI, 38
$\mathscr{E}_4, \mathscr{E}_5, \mathscr{E}_6$	10 II, 72
$\mathscr{E}_7$	10 V, 75
$\mathscr{E}^n, \mathscr{E}_1^n$	6 V, 43
$\mathscr{E}_2^n, \mathscr{E}_3^n$	6 IX, 46
$\mathscr{E}_4^n, \mathscr{E}_5^n, \mathscr{E}_6^n, \mathscr{E}_7^n$	14 I, 92
$\overline{\mathscr{E}}_4^n, \overline{\mathscr{E}}_5^n, \overline{\mathscr{E}}_6^n$	15 X, 99
$\mathscr{E}[o(g(t))], \mathscr{E}[O(g(t))]$	10 III, 73
$\mathscr{K}, \mathscr{K}_0$	2 I, 20
$\mathscr{K}_1$	2 VI, 24
$\mathscr{K}^n, \mathscr{K}_0^n$	6 II, 42
$\mathscr{F}, \mathscr{F}_0$	8 VII, 58
$\mathscr{F}^n, \mathscr{F}_0^n$	12 VII, 84; 15 I, 95
$\mathscr{H}, \mathscr{H}_0$	18 I, 115
$\mathscr{D}^n$	17 VIII, 112
$\mathscr{D}^*, \mathscr{D}_1^*$	21 VIII, 146
$\mathscr{P}$	23 II, 161
$\mathscr{P}^n$	32 I, 232
$\mathscr{R}$	34 I, 246

Weitere Bezeichnungen.

$\lvert\mathfrak{z}\rvert$, $\mathfrak{z}<\bar{\mathfrak{z}}$, $\mathfrak{z}\leqq\bar{\mathfrak{z}}$	6 I, 41
$\lVert\mathfrak{z}\rVert$, $\lVert\mathfrak{z}\rVert_e$	7 I, 48
φ', φ'_+, φ'_-, $D^+\varphi$, $D_+\varphi$, $D^-\varphi$, $D_-\varphi$	8 I, 55
φ_x, φ_{xx}	23 II, 161
φ_t	23 II, 163
$\partial\varphi/\partial n_a$	31 I, 222
$u_{\nu,x}$, $u_{\nu,xx}$, $u_{\nu,t}$	32 I, 232
P (Defekt)	8 IV, 57; 15 V, 97; 23 II, 161
$\boldsymbol{P}$ (Defekt bei Systemen)	11 I, 76; 32 I, 232
$g_\alpha(t\mid\bar{t})$	3 I, 26
$E_m(t)$	19 II, 125
η^*, η_*, u^*, u_* (Limesfunktionen)	25 I, 168
$M(\varphi)$, $m(\varphi)$	26 I, 178
$A_0(\alpha)$, $A_p(\alpha)$, M_0, M_p, m_0, m_p	27 I, 185
$u(x, \infty)$, $\bar{u}(x, \infty)$	30 III, 213

Einleitung

I. Allgemeine und historische Vorbemerkungen. In diesem Buch werden Differential- und Integral*ungleichungen* weniger um ihrer selbst willen, als vielmehr im Hinblick auf die Erforschung von Differential- und Integral*gleichungen* behandelt. Eine IGl oder ein AWP für eine DGl — mit diesen beiden Aufgabentypen haben wir es hier vor allem zu tun — stellt den Mathematiker vor eine Reihe von Problemen, von denen die meisten unter eine der folgenden (nicht immer scharf gegeneinander abzugrenzenden) Kategorien fallen: (α) das Existenzproblem; (β) das Problem der Eindeutigkeit und damit verwandt der stetigen Abhängigkeit von den verschiedenen vorgegebenen Daten; (γ) qualitative und quantitative Eigenschaften der Lösung (wie z.B. Aussagen über Monotonie oder Konvexität der Lösung, über Gültigkeit des Maximum-Prinzips, ..., numerische Bestimmung der Lösung).

Zur Behandlung dieser Probleme liegt heute eine große Vielfalt von Methoden bereit. Für das Vorgehen in diesem Buche ist charakteristisch, daß dabei *Ungleichungen*, und zwar solche, die mit den die betreffende Aufgabe bestimmenden *Gleichungen* in einfacher Weise verknüpft sind, eine wesentliche Rolle spielen. In diesem zunächst etwas vagen Sinne (der durch den Inhalt des Buches präzisiert wird!) könnte man von einer „Methode der Ungleichungen" sprechen.

Betrachten wir dazu als primitives Beispiel die Gleichung $u^2 = a$ $(a>0)$ für eine positive reelle Zahl u. Die Probleme (α), (β) und (γ) können auf sehr verschiedenartigen Wegen gelöst werden (man vergleiche nur die in den Lehrbüchern der Analysis aufgezeigten Möglichkeiten). Ein Vorgehen im Sinne der „Methode der Ungleichungen" würde darin bestehen, die positiven Zahlen v mit $v^2 < a$ („Unterlösungen") und die positiven Zahlen w mit $w^2 > a$ („Oberlösungen") zu betrachten. Der Existenzbeweis wird dann geführt, indem man $u = \inf w$ oder $\bar{u} = \sup v$ setzt, während die Tatsache, daß für jede Lösung u die Ungleichung $v < u < w$ gilt, sowohl für die Eindeutigkeit wie für die numerische Bestimmung von Schranken benutzt werden kann. Schlußweisen solcher Art sind wohl so alt wie die Mathematik. Als erste „moderne" und in den hier behandelten Aufgabenkreis gehörende Anwendung möchten wir die von PERRON (1914) gegebene Lösung des Integrationsproblems bezeichnen. Ist $f(t)$ eine für $0 \leqq t \leqq T$ erklärte reelle Funktion, so ist das Integral $u(t) = \int_0^t f(\tau)\, d\tau$ in geeigneter Weise zu erklären. Die von PERRON angegebene Methode, die wir heute mit dem Namen Perron-Integral verbinden, läuft (unter Weglassung aller technischen Feinheiten wie Ersetzung der Ableitung durch eine Dini-Derivierte) auf das Folgende hinaus. Zunächst wird das Problem in eine Differentialgleichung $u'=f(t)$ mit $u(0)=0$ umgeschrieben. Es werden dann die Funktionen $v(t)$ mit $v(0)=0$, $v'\leqq f(t)$ (Unterfunktionen) sowie die Funktionen $w(t)$ mit $w(0)=0$, $w'\geqq f(t)$ (Oberfunktionen) betrachtet. Wieder gilt $v\leqq w$, und die Lösung wird durch $u=\inf w$ oder $\bar{u}=\sup v$ gewonnen (Integrierbarkeit ist durch $u=\bar{u}$ definiert, ist also identisch mit Eindeutigkeit).

An diesem Beispiel des bestimmten Integrals zeigte sich zum ersten Mal die Einfachheit und Eleganz ebenso wie die außerordentliche Tragweite der Methode (bekanntlich ist das Perron-Integral allgemeiner als das Lebesgue-Integral). Wenig später veröffentlichte PERRON (1915) einen neuen Beweis für den Existenzsatz von PEANO, welchem wieder dieselbe Idee zugrunde liegt. Diese heute als „Perronsche Methode" bekannte Art, Existenzbeweise zu führen, erwies sich bei der 1. RWA für die Potentialgleichung und für die Wärmeleitungsgleichung [PERRON (1923) bzw. STERNBERG (1929)] und in der Folgezeit bei einer großen Anzahl von Problemen als äußerst leistungsfähig. Der Bericht von ROSENBLOOM (1958) gibt eine knappe Zusammenfassung und eine Übersicht über die neuere Literatur.

Die genannten Arbeiten befassen sich primär mit dem Existenzproblem, das hier *nicht* behandelt wird[1]. Die systematische Verwendung von UnGln bei den Problemen (β) und (γ) — und von diesen handelt das vorliegende Buch — ist jüngeren Datums. Ein erstes bedeutendes Ergebnis auf dem Gebiet der partiellen DGln wurde von HOPF (1927) erzielt: der Beweis für die Gültigkeit des starken Maximum- bzw. Minimum-Prinzips bei nichtlinearen elliptischen DGln. Mehr noch als das (zum Teil schon bekannte) Ergebnis war an dieser Arbeit die neue und völlig elementare Beweismethode überraschend [Ansätze dazu finden sich bereits bei PARAF (1892)]. Über die historische Entwicklung der (wenn wir bei diesem Ausdruck bleiben wollen) Methode der UnGln, welche von den gewöhnlichen DGln zunächst zu partiellen DGln erster Ordnung und dann zu parabolischen und elliptischen DGln führt, wird an entsprechender Stelle berichtet werden. Es waren vor allem zwei Mathematiker, NAGUMO und WAŻEWSKI, welche im Verein mit ihren Mitarbeitern und Schülern maßgeblich am Aufbau dieser Theorie gewirkt haben.

II. Aufgaben von monotoner Art. Viele Sätze dieses Buches sind, obwohl aus sehr verschiedenartigen Bereichen stammend, von verwandter Struktur. Diese strukturelle Gleichartigkeit findet ihren treffenden und prägnanten Ausdruck in dem von COLLATZ (1952) geprägten Begriff „Aufgaben von monotoner Art". Eine solche Aufgabe (man

[1] Eine Ausnahme bilden die Existenzsätze für Volterra-Integralgleichungen in Nr. 2 und Nr. 18, wobei die ganz anders geartete Fixpunkt-Methode herangezogen wird.

denke etwa an eine IGl oder eine DGl mit Randbedingungen) liegt vor, wenn sie sich mit Hilfe eines Operators T in der Form $Tu=0$ schreiben läßt und wenn dabei gilt:

(α) *aus* $Tv<Tw$ *folgt* $v\leqq w$.

Eine solche Aussage setzt natürlich voraus, daß sowohl für v, w als auch für Tv, Tw Ordnungsbeziehungen erklärt sind.

Hierzu ein Beispiel! Das AWP $u'=f(t,u)$ für $0<t\leqq T$, $u(0)=\eta$ kann mit Hilfe von $Tv=\big(v'-f(t,v), v(0)-\eta\big)$ in der Form $Tu=0$ geschrieben werden, wobei $0=\big(\text{Funktion } \varphi(t)\equiv 0, \text{Zahl } 0\big)$ ist. Wir schreiben $\varphi<\psi$, wenn $\varphi(t)<\psi(t)$ für $0\leqq t\leqq T$ ist, sowie $(\varphi,a)<(\psi,b)$, wenn $\varphi<\psi$ und $a<b$ ist. Es liegt dann ohne weitere Voraussetzungen über f eine Aufgabe von monotoner Art vor: aus $Tv<Tw$ folgt in der Tat $v<w$ nach Satz 8 V.

Es sei noch darauf hingewiesen, daß die Aufgaben von monotoner Art ursprünglich von COLLATZ (1952) durch die schärfere Forderung

(β) *aus* $Tv\leqq Tw$ *folgt* $v\leqq w$

charakterisiert worden sind. Hieraus folgt insbesondere die Eindeutigkeit für die Aufgabe $Tu=0$. Sind nämlich u und $\bar{u}$ zwei Lösungen, so ist $Tu\leqq T\bar{u}$ und $Tu\geqq T\bar{u}$, also $u\leqq\bar{u}$ und $u\geqq\bar{u}$, d.h. $u=\bar{u}$. So ist z.B. das AWP $u'=\sqrt{|u|}$, $u(0)=0$ eine Aufgabe von monotoner Art im Sinne von (α), jedoch nicht im Sinne von (β) (es hat unendlich viele Lösungen).

Eng zusammenhängend mit den Aufgaben von monotoner Art ist der Begriff der

III. Quasimonotonie. Das AWP für eine gewöhnliche DGl 1. Ordnung ist, wie bereits gesagt wurde, eine Aufgabe von monotoner Art. Dasselbe ist aber i. allg. nicht für ein System von DGln $\boldsymbol{u}'=\boldsymbol{f}(t,\boldsymbol{u})$ richtig, vielmehr nur dann, wenn die rechte Seite $\boldsymbol{f}=(f_1,\dots,f_n)$ eine gewisse Monotonieeigenschaft besitzt, welche in 6 II näher definiert wird. Da es sich hierbei um einen ganz zentralen Begriff handelt, dessen Bedeutung für Systeme von gewöhnlichen DGln bereits von KAMKE (1932) klar erkannt und u. a. von SZARSKI (1947, 1950) und WAŻEWSKI (1950) weiter erforscht wurde, haben wir dafür einen neuen Namen „Quasimonotonie" geprägt. Vor wenigen Jahren wurde von MLAK (1957) entdeckt, daß dieselbe Monotonieeigenschaft auch bei den Systemen von parabolischen DGln die Aufgaben von monotoner Art charakterisiert.

IV. Oberfunktionen und Unterfunktionen. Diese Begriffe wurden zum erstenmal von PERRON (1914) zum Aufbau der nach ihm benannten Integrationstheorie benutzt; vgl. dazu I.

Eine Oberfunktion ist, wie ihr Name andeutet, eine Majorante für die Lösung (bei Nicht-Eindeutigkeit: für alle Lösungen) eines vorliegenden Problems. Dabei ist wesentlich, daß die Oberfunktionen durch *Ungleichungen*, welche aus den das Problem bestimmenden *Gleichungen* (etwa DGl plus Randbedingung) in natürlicher Weise hervorgehen, definiert sind. Damit besteht eine enge Verbindung zu den Aufgaben von monotoner Art. Ist u eine Lösung eines Problems $Tu=0$ und ist $Tv<0$, $Tw>0$, so ist v eine Unter- und w eine Oberfunktion (d. h. $v\leqq u\leqq w$) gerade dann, wenn die Aufgabe von monotoner Art ist.

Zur Vermeidung einer Vielzahl von auf das jeweilige Problem zugeschnittenen Definitionen vereinbaren wir hier — in Abweichung von dem in der Literatur üblichen Sprachgebrauch — folgendes: *Eine Funktion v [bzw. w] heißt Unterfunktion [bzw. Oberfunktion] in bezug auf ein vorliegendes Problem, wenn sie in dem entsprechenden Grundgebiet definiert ist und wenn $v\leqq u$ [bzw. $u\leqq w$] für jede Lösung u des Problems ist (entsprechend $\mathbf{v}\leqq\mathbf{u}$ bzw. $\mathbf{u}\leqq\mathbf{w}$ bei Systemen von Gln).*

Wir nennen also *jede* obere Schranke eine Oberfunktion und geben bei den einzelnen Problemen Kriterien in Form von UnGln dafür an, daß eine vorgegebene Funktion Oberfunktion ist. Die meisten Autoren bezeichnen dagegen nur diejenigen oberen Schranken als Oberfunktionen (gelegentlich auch Oberlösungen), welche solchen Kriterien genügen.

V. Monoton wachsende Operatoren. Volterra-IGln in einer oder mehreren Variablen, insbesondere die in Kapitel I und III behandelten AWPe für gewöhnliche und hyperbolische DGln lassen sich in die Form $u=Su$ bringen, worin S ein Integraloperator ist. Man nennt S einen monoton wachsenden Operator, wenn, grob gesagt, aus $\varphi\leqq\psi$ folgt $S\varphi\leqq S\psi$ (man beachte die genaue Definition 1 IV bzw. 17 II). Es besteht der folgende Zusammenhang mit den Aufgaben von monotoner Art: Ist S ein monoton wachsender Operator und wird $T\varphi=\varphi-S\varphi$ gesetzt, so ist $Tu=0$ eine Aufgabe von monotoner Art, d.h. Ober- und Unterfunktionen können durch die UnGln $v<Sv$, $w>Sw$ charakterisiert werden (vgl. 1 VI und 17 III).

Der einer Volterra-IGl entsprechende Integraloperator ist i. allg. *nicht* monoton wachsend (das ist nur der Fall, wenn sein Kern gewisse Monotonieeigenschaften besitzt). Das bedeutet, daß Ober- und Unterfunktionen i. allg. nicht in der angegebenen einfachen Weise ermittelt werden können. Aus diesem Grunde ist es wichtig, daß eine

VI. Gleichzeitige Bestimmung von Ober- und Unterfunktionen bei nicht-monotonen Aufgaben in vielen Fällen möglich ist. Die entsprechenden Sätze für ein Problem $u=Su$ lauten etwa: Es seien v und $w>v$ zwei Funktionen derart, daß für alle Funktionen φ mit $v\leqq\varphi\leqq w$ die UnGl $v<S\varphi<w$ gilt; dann ist v eine Unterfunktion und w eine Oberfunktion (vgl. 4 VII und 17 X).

Von besonderer Bedeutung ist dabei der Fall, daß S ein *monoton fallender Operator*, (d.h. $-S$ ein monoton wachsender Operator) ist. Die Voraussetzung lautet dann einfach $v<Sw$, $w>Sv$.

Die erste solche Simultanabschätzung nach unten und nach oben für eine nicht-monotone Aufgabe wurde bei Systemen von gewöhnlichen DGln von MÜLLER (1927) durchgeführt. (Bei diesem Satz – vgl. 12 IV – steht die *Differential*-Gl im Vordergrund, doch handelt es sich um den nämlichen Grundgedanken.) Die Anwendung dieses Prinzips auf hyperbolische DGln findet sich in dem Buch von HUKUHARA und SATŌ (1957, Kap. 6) an vielen Stellen; vgl. dazu 21 XIII.

VII. Sukzessive Approximation. Bei einer Aufgabe $u = Su$ besteht das Verfahren der sukzessiven Approximation darin, ausgehend von einer Funktion u_0 eine Folge von Funktionen u_n durch $u_{n+1} = Su_n$ zu definieren und die Lösung als Grenzwert dieser Folge zu bestimmen. Ist dabei S ein monoton wachsender Operator und $u_0 \geqq Su_0$, so ergibt sich sofort

$$u_0 \geqq u_1 \geqq u_2 \geqq u_3 \geqq \cdots;$$

ist S ein monoton fallender Operator und $u_0 \geqq Su_1 \geqq u_1 = Su_0$, so folgt

$$u_1 \leqq u_3 \leqq u_5 \leqq \cdots \leqq u_4 \leqq u_2 \leqq u_0.$$

Es liegt also monotone bzw. alternierende Konvergenz vor. Damit ist nicht nur die Konvergenzfrage – beim Existenzbeweis meist der schwierigste Punkt – geklärt; die sukzessiven Approximationen stellen gleichzeitig Schranken für die Lösung dar, welche zur numerischen Bestimmung der Lösung benutzt werden können.

Iterationsverfahren dieser und ähnlicher Art wurden im Hinblick auf Fehlerabschätzungen von WEISSINGER (1952) und besonders eingehend von COLLATZ und SCHRÖDER untersucht. Ihre Arbeiten – zu unserem Themenkreis gehören insbesondere COLLATZ (1952, 1960), COLLATZ und SCHRÖDER (1959), SCHRÖDER (1958/59, 1959, 1959/60, 1960, 1961, 1961a) – zeigen, daß viele der in diesem Buch dargestellten Abschätzungen auch durch die Betrachtung von geeigneten Iterationsverfahren und durch Zurückführung auf Fixpunktsätze in passend gewählten allgemeinen Räumen bewiesen werden können.

In diesem Bericht wird, abgesehen von gelegentlichen Hinweisen, auf das Verfahren der sukzessiven Approximation nicht näher eingegangen. Auch die Zusammenhänge zwischen dem Konvergenzproblem bei diesem Verfahren und dem Eindeutigkeitsproblem sind nicht dargestellt. Diese Frage wurde in der Literatur vielfach, bei gewöhnlichen DGln u.a. von NAGUMO (1930), DIEUDONNÉ (1945), WINTNER (1946), CODDINGTON und LEVINSON (1952), VISWANATHAM (1952), BAIADA und LOREFICE (1957), BRAUER und STENRBERG (1958, 1959), LUXEMBURG (1958), BRAUER (1959, 1959a), bei hyperbolischen DGln von WALTER (1959a) und KISYŃSKI (1960) untersucht; vgl. auch WALTER (1964a).

VIII. Abschätzungssätze, Defektabschätzungen. Ein wesentlicher Teil dieses Buches ist Abschätzungssätzen gewidmet. Sie sind alle nach einem einheitlichen Schema formuliert. Es wird eine UnGl $|v-u|\leqq\varrho$ bewiesen, wobei u eine Lösung eines vorliegenden Problems, etwa $Tu=0$, und v eine Näherungslösung ist, für deren „Defekt" Tv eine „Defektabschätzung" $|Tv|\leqq\delta$ bekannt ist. Die Schranke ϱ wird aus einem Problem von ähnlicher Struktur $\Omega\,\varrho=0$ bestimmt. Dieses neue Problem, wir nennen es „*Ersatzproblem*", ist im wesentlichen durch zwei Größen bestimmt, erstens durch die Größe des Defektes von v, zweitens durch eine Abschätzung des ursprünglichen Problems, etwa der rechten Seite einer DGl oder des Kerns einer IGl, welche im einfachsten Fall eine Lipschitz-Bedingung darstellt.

Am Beispiel einer gewöhnlichen DGl $u'=f(t,u)$, $u(0)=\eta$ sei dies näher erläutert. Für eine explizit gegebene Näherungslösung $v(t)$ lassen sich die beiden den Defekt bestimmenden Größen $v'-f(t,v)$ und $v(0)-\eta$ ohne Kenntnis der Lösung u angeben. Um daraus auf das Verhalten von $|v-u|$ schließen zu können, bedarf es zusätzlich einer Kenntnis über das Wachstum von $f(t,z)$ in z, welche in der Lehrbuchliteratur meist als Lipschitz-Bedingung

$$|f(t,z)-f(t,\bar{z})|\leqq L|z-\bar{z}| \tag{1}$$

angesetzt wird. Gilt für v die Defektabschätzung

$$|v'-f(t,v)|\leqq\delta,\ |v(0)-\eta|\leqq\varepsilon, \tag{2}$$

so ist ϱ eine Schranke für $|v-u|$, also $|v-u|\leqq\varrho$, falls ϱ die Lösung der linearen DGl (des „Ersatzproblems")

$$\varrho'=L\varrho+\delta \quad \text{mit} \quad \varrho(0)=\varepsilon \tag{3}$$

ist. Dieser Sachverhalt ist nicht an die Linearität der rechten Seite von (1), d.h. des AWPs (3), gebunden. Genügt f einer nichtlinearen Abschätzung

$$|f(t,z)-f(t,\bar{z})|\leqq\omega(t,|z-\bar{z}|), \tag{1'}$$

so hat man (3) durch

$$\varrho'>\omega(t,\varrho)+\delta, \quad \varrho(0)=\varepsilon \tag{3'}$$

zu ersetzen und erhält hieraus wieder eine Schranke für $|v-u|$.[1] Aus (3) ersieht man, daß die Lipschitz-Konstante L entscheidend für die Größe von ϱ und damit für die Güte der Abschätzung ist. Dieser Punkt soll noch etwas näher untersucht werden.

Zuvor sei noch das Folgende bemerkt. Man kann den Nachweis der UnGl $|v-u|\leqq\varrho$ auch auf andere Art führen, indem man unter Benutzung eines geeigneten Kriteriums zeigt, daß $v-\varrho$ eine Unterfunktion, $v+\varrho$ eine Oberfunktion (für das ursprüngliche Problem) ist. Dabei tritt also das Ersatzproblem in den Hintergrund. Wir beweisen die Abschätzungs-

[1] Man kann ϱ auch aus der entsprechenden DGl. bestimmen, muß dann aber das Maximalintegral nehmen.

sätze hier *nicht* auf diese Weise, obwohl das bei vielen Problemen möglich wäre, und zwar aus dem folgenden Grunde. Man kann so nur schließen, wenn das *ursprüngliche* Problem von monotoner Art ist, während bei unserer Betrachtungsweise das *Ersatzproblem* von monotoner Art sein muß. Das bedeutet z.B., daß der auf das Ersatzproblem bezogene Beweis auf Systeme von DGln übertragbar ist, der mit Ober- und Unterfunktionen bezüglich des ursprünglichen Problems arbeitende Beweis jedoch nicht (genauer nur auf solche Systeme, welche Aufgaben von monotoner Art darstellen, d.h. für welche die rechte Seite quasimonoton wachsend ist).

IX. Bemerkungen zur Lipschitz-Bedingung, insbesondere über einseitige Abschätzung. Die Lipschitz-Konstante L ist nach (1) eine

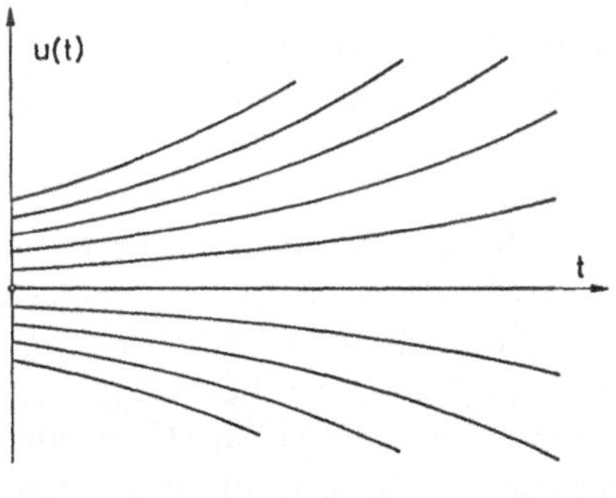

Abb. 1. Lösungskurven bei einer in z monoton wachsenden rechten Seite $f(t, z)$ (Beispiel $u' = u$)

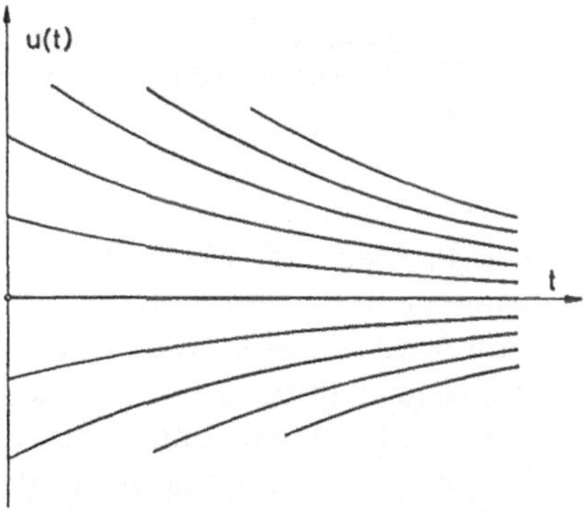

Abb. 2. Lösungskurven bei einer in z monoton fallenden rechten Seite $f(t, z)$ (Beispiel $u' = -u$)

Schranke für den Betrag von $f_z(t, z)$. Nun ist aber wohlbekannt, daß das Verhalten einer Lösung u in bezug auf Nachbarlösungen völlig verschieden ist, je nachdem, ob $f(t, z)$ in z monoton wachsend oder fallend ist. Im ersten Fall laufen die Lösungen auseinander (Abb. 1), im zweiten Fall zusammen (Abb. 2). Die Abschätzung (1) unterdrückt aber diese Unterschiede. Betrachten wir dazu ein einfaches Beispiel. Es sei

$$u' = u, \qquad u(0) = \eta$$

also $f(t, z) = z$ und $L = 1$. Ist v ebenfalls eine Lösung der DGl und $|v(0) - \eta| \leqq \varepsilon$, so ergibt sich aus (3) $|v - u| \leqq \varepsilon e^t$, eine offenbar optimale Abschätzung. Ist aber $f(t, z) = -z$, also ebenfalls $L = 1$, und gilt

$$u' = -u, \qquad u(0) = \eta, \qquad v' = -v, \qquad |v(0) - \eta| \leqq \varepsilon,$$

so haben wir nach (3) dieselbe Abschätzung $|v - u| \leqq \varepsilon e^t$, obwohl sich die Differenz in Wirklichkeit nicht wie e^t, sondern wie e^{-t} verhält (vgl. 9 V).

Die Abschätzung (1) bzw. (1'), welche das ursprünglich gegebene Problem für u mit dem Ersatzproblem für ϱ verknüpft, ist also der Sache *nicht* angemessen. Der Abstand zweier Lösungen (ähnliches gilt für den Abstand zwischen Lösung und Näherungslösung) hängt nicht vom Betrag von f_z, sondern von f_z ab, und zwar wird er um so größer, je größer f_z ist. Dieses Verhalten wird nicht durch (1), sondern durch eine einseitige Abschätzung

$$f(t,z)-f(t,\bar{z})\leqq L(z-\bar{z}) \quad \text{für} \quad z\geqq\bar{z} \tag{4}$$

oder allgemeiner

$$f(t,z)-f(t,\bar{z})\leqq\omega(t,z-\bar{z}) \quad \text{für} \quad z\geqq\bar{z} \tag{4'}$$

erfaßt, wenn man zuläßt, daß L und ω auch negativ sein dürfen. Diese *einseitige* Abschätzung von f ist in der Tat hinreichend für die *beidseitige* Abschätzung $|v-u|\leqq\varrho$: in dem in VIII mitgeteilten Abschätzungssatz darf die Voraussetzung (1) bzw. (1') durch (4) bzw. (4') ersetzt werden. Damit wird dieser Abschätzungssatz überhaupt erst numerisch brauchbar.

Der Frage, inwieweit bei den Abschätzungssätzen für die verschiedenen Probleme (gewöhnliche, hyperbolische und parabolische DGln und Systeme von solchen DGln) einseitige Abschätzungen von f zulässig sind, wird in diesem Bericht besondere Aufmerksamkeit geschenkt. Die Tatsache, daß bei den bekannten Eindeutigkeitssätzen für eine gewöhnliche DGl erster Ordnung nicht eine Abschätzung wie in (1'), sondern lediglich eine einseitige Abschätzung wie in (4') benötigt wird, ist seit langem bekannt; sie findet sich schon bei TONELLI (1925) und IYANAGA (1928). Daß man auch bei Systemen von gewöhnlichen DGln mit einer in gewisser Hinsicht einseitigen Abschätzung auskommt, wurde von MÜLLER (1927) gezeigt. In neueren Arbeiten von ELTERMANN (1955) und UHLMANN (1957, 1957a) wurde dieses Prinzip der einseitigen Abschätzung auf Abschätzungssätze ausgedehnt. Einseitige Abschätzungen für hyperbolische DGln treten erstmals bei ZWIRNER (1952), für parabolische DGln bei GIULIANO (1952) auf; bei parabolischen Systemen wird die entsprechende Verallgemeinerung hier wohl zum ersten Male mitgeteilt.

X. Weitere Bemerkungen zur Lipschitz-Bedingung. Schon bei ganz einfachen nichtlinearen gewöhnlichen DGln genügt die rechte Seite zunächst keiner Lipschitz-Bedingung. Ist etwa $u'=u^2$, so ist

$$f(t,z)-f(t,\bar{z})=z^2-\bar{z}^2=(z+\bar{z})(z-\bar{z}), \tag{5}$$

also nicht $\leqq L(z-\bar{z})$ für $z\geqq\bar{z}$. Man hilft sich in einem solchen Fall mit einem wohlbekannten Kunstgriff. Zunächst versucht man, eine Oberfunktion $w(t)$ für die Lösung des AWPs zu finden (ist das nicht möglich, so kann man, wenn $u(0)=\eta$ ist, etwa $w=\eta+M$, $M>0$, setzen und hat damit wenigstens für kleine t eine Schranke). Ist eine solche obere Schranke $w(t)$ gefunden, so betrachtet man nur noch die Punkte (t, z) mit $z\leqq w(t)$, d.h. man betrachtet $f(t, z)$ auf der durch die UnGln $0\leqq t\leqq T$, $z\leqq w(t)$ definierten Menge $D(f)$. Für das Beispiel (5) gilt dann z.B. die folgende Lipschitz-Bedingung

$$f(t, z)-f(t, \bar{z})\leqq 2w(t)(z-\bar{z}) \quad \text{für} \quad z\geqq\bar{z} \quad \text{und} \quad (t, z), (t, \bar{z})\in D(f) \tag{6}$$

(nur in dieser Form wird sie für den Abschätzungssatz benötigt). Dieses Verfahren, zunächst grobe obere und/oder untere Schranken zu bestimmen und danach den Definitionsbereich von f passend einzuschränken, muß bei nichtlinearen Problemen regelmäßig angewandt werden (vgl. das Beispiel 9 VIII). Wenn in diesem Buch über $D(f)$ fast nirgends einschränkende Annahmen gemacht werden, so daß darüber weitgehend nach Belieben verfügt werden kann, so geschieht das vor allem aus diesem Grunde.

Man kann diesen Schwierigkeiten auch dadurch begegnen, daß man in der Abschätzung (4′) nicht freie Variable z, $\bar{z}$, sondern die Funktionen u, v einsetzt, etwa

$$f(t, v)-f(t, u)\leqq\omega(t, v-u). \tag{4''}$$

In der Tat ist eine solche Abschätzung in Verbindung mit (2) und (3′) hinreichend für die Gültigkeit der UnGl $v-u<\varrho$. In dieser Form ist die Abschätzung jedoch nicht kontrollierbar, da in ihr die unbekannte Lösung u auftritt. Vielmehr muß man sie so umschreiben, daß nur als bekannt anzusehende Größen, das sind die Näherung v und die Schranke ϱ, vorkommen. Sie lautet dann (wie in 9 I)

$$f(t, v)-f(t, v-\varrho)\leqq\omega(t, \varrho). \tag{4'''}$$

Wir werden hier, wo immer es durchführbar ist, diese zentrale, das ursprünglich gegebene Problem mit dem Ersatzproblem verknüpfende Abschätzung in einer realistischen Form angeben, d.h. so, daß einerseits möglichst wenig vorausgesetzt wird und andererseits die unbekannte Lösung nicht explizit auftritt.

Bei partiellen DGln wird dieser Gesichtspunkt noch gravierender. Ist etwa die nichtlineare Wärmeleitungsgleichung $u_t=\varkappa(u)u_{xx}$ gegeben (also $f(t, x, z, p, r)=\varkappa(z)r$), so lautet die im Abschätzungssatz geforderte Lipschitz-Bedingung

$$[\varkappa(z)-\varkappa(\bar{z})]r\leqq L(z-\bar{z}) \quad \text{für} \quad z\geqq\bar{z};$$

sie ist in dieser Form ebenfalls unerfüllbar. Für die Anwendung des Satzes ist es deshalb entscheidend zu wissen, daß man hier anstelle der freien Variablen r die Ableitung v_{xx} der Näherungslösung v einsetzen darf, d.h. daß lediglich

$$[\varkappa(z)-\varkappa(\bar{z})]\,v_{xx}\leqq L(z-\bar{z}) \quad \text{für} \quad z\geqq\bar{z}$$

verlangt wird (vgl. 25 VI).

Unseren Abschätzungssätzen liegt nicht eine Lipschitz-Bedingung wie in (4), sondern eine allgemeinere Abschätzung wie in (4′) zugrunde. Das geschieht im wesentlichen aus zwei Gründen. Erstens ist die einfache Lipschitz-Bedingung für numerische Zwecke meistens zu grob. Es soll jedoch nicht verschwiegen werden, daß man in fast allen Fällen mit der verallgemeinerten Lipschitz-Bedingung (also bei gewöhnlichen DGln mit $\omega(t, z)=l(t)\,z$) auskommt. In diesem Fall ist das neue Problem für die Schranke ϱ immer noch linear, also explizit lösbar. Zweitens möchte man die Abschätzungssätze so allgemein halten, daß sich die bekannten Eindeutigkeitssätze als Spezialfälle ergeben. *Eindeutigkeitssätze werden hier immer durch Spezialisierung von Abschätzungssätzen gewonnen. Das hat den großen Vorteil, daß sich gleichzeitig mit der Eindeutigkeit auch Aussagen über die stetige Abhängigkeit der Lösung von den Anfangswerten bzw. Randwerten und von der rechten Seite der DGl ergeben.*

XI. Stabilitätsprobleme. Die unter diesem Namen bei gewöhnlichen und neuerdings auch bei parabolischen DGln bekannten Probleme werden hier nur am Rande erwähnt (vgl. 1 X, 11 VII, 28 XII). Der durch den Umfang des Buches bedingte Verzicht auf eine ausführlichere Darstellung fiel nicht leicht. Bei nichtlinearen parabolischen DGln wird fast ausschließlich mit Methoden, welche diesem Buche nahestehen, gearbeitet. Bei den gewöhnlichen DGln bestehen engste Beziehungen zu der sog. zweiten Methode von LYAPUNOV; über die sehr umfangreiche Literatur unterrichten die Ergebnisberichte von CESARI (1959) und HAHN (1959).

Ebenso wurden

XII. Existenzprobleme nicht in den Kreis der Betrachtungen einbezogen. Eine Ausnahme bilden die mit Hilfe des Schauderschen Fixpunktsatzes verhältnismäßig einfach zu gewinnenden Existenzsätze für Volterra-IGln in den Nummern 2 und 18. Sie sind bisher nicht in Lehrbücher aufgenommen worden und zum Teil auch neu.

Es sei zum Schluß bemerkt, daß hier ganz bewußt die Existenzprobleme von den Abschätzungs- und Eindeutigkeitsfragen abgetrennt werden. Letztere werden soweit als möglich mit elementaren Methoden, insbesondere ohne Benutzung von Existenzaussagen behandelt. Der Teil der Theorie, bei welchem Existenz- und Abschätzungssätze zusammenwirken, wird möglichst spät gebracht.

So wird z.B. bei den gewöhnlichen DGln zunächst der Eindeutigkeitssatz 10 I auf ganz elementarer Grundlage bewiesen. Der Eindeutigkeitssatz von KAMKE, dessen Beweis auf dem Existenzsatz von PEANO beruht, wird erst später in 10 VII daraus als Sonderfall abgeleitet. Solange man nur gewöhnliche DGln im Auge hat, ist diese Bemerkung nicht wichtig, da der Existenzsatz von PEANO einfach zugänglich ist. Aber man lernt bei einem solchen Aufbau, wie man das Eindeutigkeitsproblem anpacken muß, wenn ein allgemeiner Existenzsatz nicht bekannt ist, etwa bei den hyperbolischen DGln.

Aus dem nämlichen Grunde wird bei den Abschätzungssätzen die Schranke ϱ zunächst aus einer (Differential- oder Integral-)-*Ungleichung* gewonnen. Der analoge Satz, bei welchem ϱ das Maximalintegral einer entsprechenden *Gleichung* ist, erscheint dann als Sonderfall (wobei zusätzliche Voraussetzungen notwendig werden).

Der Verfasser hat in einem vor kurzem erschienenen Bericht (1962; Wiedergabe eines Vortrags auf der DMV-GAMM-Tagung 1962 in Bonn) die dem vorliegenden Buch zugrundeliegenden wesentlichen Gedanken zusammengefaßt. In einer von REDHEFFER (1962a) verfaßten Übersicht finden auch die elliptischen DGln Berücksichtigung. Außerdem sind die hier behandelten Probleme in dem Ergebnisbericht von BECKENBACH und BELLMAN (1961) kurz angeschnitten.

Erstes Kapitel

Volterra-Integralgleichungen

1. Abschätzung bei monotonen Kernen

In diesem Kapitel untersuchen wir Operator-Gln und -UnGln für Funktionen einer reellen Veränderlichen. Unser besonderes Augenmerk ist dabei auf nichtlineare Volterra-IGln und gewöhnliche DGln gerichtet. Durchweg wird, sofern nichts anderes ausdrücklich gesagt ist, der Integralbegriff von LEBESGUE zugrundegelegt. Soweit die Ergebnisse gewöhnliche DGln betreffen, werden sie auf dem Weg über die entsprechende IGl gewonnen und sind deshalb auch für DGln im verallgemeinerten Sinne von CARATHÉODORY gültig. Im zweiten Kapitel werden wir die gewöhnlichen DGln mit einer anderen Methode, welche die *Differential*-Gl in den Vordergrund stellt, behandeln. Dabei ist dann der klassische Lösungsbegriff zugrundegelegt, bei welchem die auftretenden DGln und DUnGln in *jedem* Punkt (und nicht nur fast überall) bestehen müssen.

Wir beginnen mit einigen häufig gebrauchten

I. Bezeichnungen (*J, J_0, C, L, E^n, $Z_c(k)$, $D(k)$, Monotonie*). J ist das Intervall $0 \leqq t \leqq T$, wobei $0 < T < \infty$ vorausgesetzt ist, J_0 das Intervall $0 < t \leqq T$. Der n-dimensionale Euklidische Raum, also die Menge aller n-tupel reeller Zahlen, wird mit E^n bezeichnet. Ist G eine im E^n gelegene meßbare Punktmenge, so bedeutet $C(G)$ die Klasse der in G stetigen (reellwertigen) Funktionen, $L(G)$ die Klasse der über G (im Lebesgueschen Sinne) integrierbaren (reellwertigen) Funktionen. Bei diesen und anderen später einzuführenden Klassen, welche von einem Grundgebiet G abhängen, lassen wir, wenn keine Mißverständnisse zu befürchten sind, die Angabe von G auch weg.

Es werden zunächst Volterra-IGln der Gestalt

$$u(t) = g(t) + \int_0^t k(t, \tau, u(\tau))\, d\tau \qquad (t \in J) \tag{1}$$

betrachtet. Der Kern $k(t, \tau, z)$ sei als reellwertige Funktion der drei reellen Veränderlichen t, τ, z auf einer gewissen Untermenge $D(k)$ des E^3 erklärt. Die Klasse $Z_c(k)$ der für den Kern k „zulässigen" Funktionen besteht aus den Funktionen $\varphi(t) \in C(J)$ mit der Eigenschaft, daß $k(t, \tau, \varphi(\tau))$ für jedes $t \in J$ im Intervall $0 \leqq \tau \leqq t$ erklärt und über dieses Intervall L-integrierbar ist[1]. Die zulässigen Funktionen sind also jene stetigen Funktionen, für welche das Integral in (1) gebildet werden kann. Wir sprechen von einem „in der Variablen z monoton wachsenden Kern" oder auch nur von einem „monoton wachsenden Kern", wenn

$$k(t, \tau, z) \leqq k(t, \tau, \bar{z}) \quad \text{für} \quad z \leqq \bar{z} \quad \text{und} \quad (t, \tau, z), (t, \tau, \bar{z}) \in D(k) \tag{2}$$

ist[2].

Monoton wachsende Kerne spielen bei Abschätzungs- und Eindeutigkeitsfragen eine besondere Rolle. Bei ihnen lassen sich Schranken für eine Lösung u der IGl (1) auf einfache Weise aus dem folgenden Satz gewinnen.

II. Satz. *Es seien $k(t, \tau, z)$ ein monoton wachsender Kern, $v(t)$ und $w(t)$ Funktionen der Klasse $Z_c(k)$ und $g(t)$ eine in J erklärte Funktion, und es gelte in J*

$$v(t) \leqq g(t) + \int_0^t k(t, \tau, v(\tau))\, d\tau, \qquad w(t) \geqq g(t) + \int_0^t k(t, \tau, w(\tau))\, d\tau,$$

[1] Dabei ist per definitionem $\int_0^0 k(t, \tau, \varphi(\tau))\, d\tau = 0$ (unabhängig von einer eventuell vorhandenen Singularität von k an der Stelle $t = 0$). Der Index c bei $Z_c(k)$ soll daran erinnern, daß es sich — im Unterschied zu anderen, später benötigten Funktionenklassen — um *stetige* Funktionen handelt.

[2] Zum Beispiel ist der Kern $k(t, \tau, z) = -1/z$ auf der durch $0 \leqq \tau \leqq t \leqq T$, $z > 0$ definierten Menge $D(k)$ ein monoton wachsender Kern, nicht dagegen auf der durch $0 \leqq \tau \leqq t \leqq T$, $z \neq 0$ definierten Menge $D(k)$.

wobei für jedes einzelne t das Gleichheitszeichen an höchstens einer Stelle steht. Dann ist

$$v < w \quad \text{in} \quad J.$$

Die Grundidee des folgenden einfachen Beweises wird uns später noch mehrfach begegnen. Aus der Voraussetzung für $t=0$ folgt $v(0) \leqq g(0)$, $w(0) \geqq g(0)$, wobei das Gleichheitszeichen nicht an beiden Stellen steht, also $v(0) < w(0)$. Wäre die Behauptung falsch, so gäbe es demnach eine erste Stelle $t_0 \in J_0$ derart, daß $v(t_0) = w(t_0)$ und $v < w$ für $0 < t < t_0$ ist. Wegen der Monotonie von k ist aber andererseits

$$v(t_0) \leqq g(t_0) + \int_0^{t_0} k(t_0, \tau, v)\, d\tau \leqq g(t_0) + \int_0^{t_0} k(t_0, \tau, w)\, d\tau \leqq w(t_0),$$

wobei an mindestens einer Stelle ein $<$-Zeichen steht. Der damit erreichte Widerspruch beweist die Richtigkeit des Satzes.

Als eine erste Anwendung von II beweisen wir das wohlbekannte

III. Lemma von Gronwall. *Es sei $g(t), v(t) \in C(J)$, $0 \leqq h(t) \in L(J)$ und*

$$v(t) \leqq g(t) + \int_0^t h(\tau) v(\tau)\, d\tau \quad \text{in} \quad J. \tag{3}$$

Dann ist in J

$$v(t) \leqq g(t) + \int_0^t g(\tau) h(\tau) e^{H(t)-H(\tau)}\, d\tau = e^{H(t)} \left[g(0) + \int_0^t g'(\tau) e^{-H(\tau)}\, d\tau \right] \tag{4}$$

mit

$$H(t) = \int_0^t h(\tau)\, d\tau$$

(die zweite Form der Schranke gilt nur, wenn $g(t)$ in J totalstetig ist).

Der Beweis benutzt die Tatsache, daß die Funktion

$$w(t) = \bar{g}(t) + \int_0^t \bar{g}(\tau) h(\tau) e^{H(t)-H(\tau)}\, d\tau$$

eine Lösung der IGl

$$w(t) = \bar{g}(t) + \int_0^t h(\tau) w(\tau)\, d\tau$$

ist (die Gleichheit der beiden Integrale ergibt sich am einfachsten durch Differentiation). Wird dabei $\bar{g} > g$ gewählt, so gilt also neben (3) die UnGl

$$w(t) > g(t) + \int_0^t h(\tau) w(\tau)\, d\tau,$$

also nach II [mit $k(t, \tau, z) = h(\tau) z$] $v < w$. Die erste Zeile in (4) ergibt sich daraus für $\bar{g} \to g$, während die zweite Zeile lediglich eine Umformung durch partielle Integration darstellt.

Eine spezielle Form dieses Lemmas geht zurück auf GRONWALL (1918/19)[1]. Verallgemeinerungen wurden von BELLMAN (1943), CANDIROV (1958) u. a. gegeben; vgl. auch die Literaturangaben in SANSONE-CONTI (1956, S. 15) und unter X.

Satz II läßt sich, worauf zuerst K. NICKEL (1961 a) hingewiesen hat, auf gewisse Operatoren verallgemeinern:

IV. Definition (*Operator, monoton wachsender Operator,* $Z_c(K)$). Wir betrachten hier Operatoren von folgender Art. Ein Operator K mit dem Definitionsbereich $Z_c(K) \subset C(J)$ ordnet jeder in J stetigen Funktion $\varphi(t) \in Z_c(K)$ eine in J erklärte reelle Funktion $K\varphi$ zu. Dabei hängt der Wert der Funktion $K\varphi$ an einer Stelle $t_0 \in J$, den wir mit $(K\varphi)(t_0)$ bezeichnen, nur von den Werten von φ im Intervall $0 \leqq t \leqq t_0$ ab, d.h. es ist $(K\varphi)(t_0) = (K\psi)(t_0)$, wenn φ, $\psi \in Z_c(K)$ und $\varphi(t) = \psi(t)$ für $0 \leqq t \leqq t_0$ ist [vgl. unten VIII (δ)].

Ein Operator K wird „monoton wachsender Operator" genannt, wenn er die folgende Eigenschaft hat:

Sind die Funktionen $\varphi, \overline{\varphi} \in Z_c(K)$ und besteht für ein $t_0 \in J_0$ die UnGl $\varphi(t) < \overline{\varphi}(t)$ im Intervall $0 < t < t_0$, so gilt

$$(K\varphi)(t_0) \leqq (K\overline{\varphi})(t_0).$$

Ein wichtiges Beispiel ist der Integraloperator

$$K\varphi = \int_0^t k(t, \tau, \varphi(\tau))\, d\tau. \tag{5}$$

Für diesen Operator stimmt die Klasse $Z_c(K)$ mit der früher definierten Klasse $Z_c(k)$ überein, ferner ist K ein monoton wachsender Operator, wenn k ein in z monoton wachsender Kern ist.

Bevor wir den Satz II auf Operatoren verallgemeinern, führen wir eine für manche Anwendungen nützliche neue Bezeichnung ein. Bei einer Reihe von Abschätzungssätzen, bei denen eine UnGl $v < w$, ähnlich wie in II, bewiesen wird, benötigt man als Voraussetzung $v(0) < w(0)$. Ein Blick auf die Beweise zeigt, daß oft stattdessen nur die schwächere Voraussetzung „$v < w$ für $0 < t < \delta$, $\delta > 0$" benötigt wird. Dieser Umstand motiviert die folgende

V. Definition ($\varphi(a+) < \overline{\varphi}(a+)$). Sind die beiden Funktionen $\varphi, \overline{\varphi}$ in einem Intervall $a < t < a + \varepsilon$ ($\varepsilon > 0$) erklärt und existiert ein $\delta > 0$, so

[1] Das Lemma hat dort den Wortlaut: "When, for $x_0 \leqq x \leqq x_0 + h$, the continuous function $z = z(x)$ satisfies the inequality

$$0 \leqq z \leqq \int_{x_0}^{x} (Mz + A)\, dx,$$

where the constants M and A are positive or zero, then

$$0 \leqq z \leqq A h e^{Mh}, \quad (x_0 \leqq x \leqq x_0 + h)."$$

daß $\varphi < \overline{\varphi}$ für $a < t < a + \delta$ ist, so schreiben wir kurz

$$\varphi(a+) < \overline{\varphi}(a+).$$

VI. Satz. *Für einen monoton wachsenden Operator K und zwei Funktionen $v, w \in Z_c(K)$ gelte*

(α) $v(0+) < w(0+)$;

(β) $v - Kv < w - Kw$ *in* J_0.

Dann ist

$$v < w \quad in \quad J_0.$$

Die Voraussetzung (α) kann weggelassen werden, wenn K die Eigenschaft besitzt, daß $(K\varphi)(0) = 0$ für alle $\varphi \in Z_c(K)$ ist und wenn (β) auch für $t = 0$ gilt (dann folgt sie nämlich aus (β)).

Der Beweis verläuft im wesentlichen genau wie in II. Ist die Behauptung nicht richtig, so existiert ein $t_0 \in J_0$ mit den im Beweis zu II genannten Eigenschaften. Wegen der Monotonie von K ist dann

$$(Kv)(t_0) \leqq (Kw)(t_0),$$

woraus sich mit Hilfe von (β)

$$v = (v - Kv) + Kv < (w - Kw) + Kv \leqq w \quad \text{an der Stelle} \quad t = t_0,$$

also ein Widerspruch zur Annahme $v(t_0) = w(t_0)$ ergibt.

Nun betrachten wir die Operator-Gl

$$u = g + Ku; \tag{6}$$

die Funktion $g(t)$ sei in J erklärt. Unter einer *Lösung* verstehen wir immer eine in J stetige Funktion, welche in J der Gl (6) genügt. Ist der Operator K monoton wachsend, so lassen sich aus VI leicht Bedingungen dafür gewinnen, daß eine Funktion Oberfunktion bzw. Unterfunktion bezüglich der Gl (6) ist. Die Voraussetzung (β) ist nämlich eine Folge von (β'):

(β') $v \leqq g + Kv$, $w \geqq g + Kw$ in J_0, wobei das Gleichheitszeichen an höchstens einer Stelle vorkommt[1].

VII. Oberfunktionen, Unterfunktionen. Die Funktion $v \in Z_c(K)$ ist eine Unterfunktion, die Funktion $w \in Z_c(K)$ eine Oberfunktion bezüglich der Gl (6) mit einem monoton wachsenden Operator K, wenn

(α) $v(0+) < u(0+) < w(0+)$ für jede Lösung u;

(β) $v < g + Kv$, $w > g + Kw$ in J_0

ist.

---

[1] Satz VI ist mit der Voraussetzung (β) nur scheinbar allgemeiner als mit (β'). Gilt nämlich (β), so auch (β') mit $g = v - Kv$.

Für zwei diesen Voraussetzungen genügenden Funktionen v, w und eine beliebige Lösung u gilt dann

$$v < u < w \quad \text{in} \quad J_0 \tag{7}$$

(die beiden auf v bzw. w bezüglichen Aussagen sind voneinander unabhängig).

Die Operator-Gl (6) stellt also eine Aufgabe von monotoner Art im Sinne von E II dar, wenn K ein monoton wachsender Operator ist. Um Übereinstimmung mit den Bezeichnungen von E II zu erhalten, hat man lediglich den Operator T gemäß $T\varphi = \varphi - g - K\varphi$ einzuführen.

Liegt speziell eine IGl (1) vor, d.h. ist K der durch (5) definierte Operator und ist $k(t, \tau, z)$ ein monoton wachsender Kern, so lautet die Bedingung (β)

$$(\beta') \quad v(t) < g(t) + \int_0^t k(t, \tau, v(\tau))\, d\tau, \qquad w(t) > g(t) + \int_0^t k(t, \tau, w(\tau))\, d\tau.$$

Verlangt man diese beiden UnGln sogar in J (statt J_0), so ist (α) automatisch erfüllt, da $v(0) < g(0) = u(0) < w(0)$ für jede Lösung u ist[1]. Die entsprechende Bemerkung gilt für jeden Operator K mit der Eigenschaft, daß $(K\varphi)(0) = 0$ für $\varphi \in Z_c(K)$ ist.

Ein monoton wachsender Operator, der die zuletzt genannte Eigenschaft *nicht* besitzt, ist der Mittelwert-Operator

$$K\varphi = \frac{1}{t} \int_0^t \varphi(\tau)\, d\tau \text{ in } J_0, \qquad (K\varphi)(0) = \varphi(0).$$

Für ihn wäre VI ohne die Voraussetzung (α) falsch, wie man sofort sieht[2].

Ein weiteres Beispiel stellt der durch ein Stieltjes-Integral definierte Operator

$$K\varphi = \int_0^t k(t, \tau, \varphi(\tau))\, d\alpha(\tau)$$

dar. Ist $\alpha(t)$ monoton wachsend in t und $k(t, \tau, z)$ monoton wachsend in z, so ist K offenbar ein monoton wachsender Operator. Hier gilt $(K\varphi)(0) = 0$ nur dann, wenn $\alpha(t)$ im Nullpunkt stetig ist.

VIII. Verallgemeinerungen und Bemerkungen. (α) Häufig wird $k(t, \tau, z)$ für alle Punkte der Menge $\{0 \leqq \tau \leqq t \leqq T, |z| < \infty\}$ erklärt und so beschaffen sein, daß das Integral (5) für alle $\varphi \in C(J)$ existiert. Aber

[1] Das Beispiel $g = u = 0$, $v = t$, $k = 2z/\tau$ zeigt, daß (7) im allgemeinen falsch wird, wenn die UnGln (β') nur in J_0 gelten.

[2] Auch hier ist $k(t, \tau, z) = z/t$ ein monoton wachsender Kern. Die neue Situation tritt einzig und allein deshalb auf, weil hier die sonst bei IGln getroffene Konvention $(K\varphi)(0) = 0$ außer Kraft gesetzt ist; vgl. Fußnote 1, S. 12.

auch dann wird es gelegentlich von Nutzen sein, den Definitionsbereich von K künstlich einzuschränken. Hierzu ein Beispiel. Es seien zwei Funktionen v, w bekannt, für welche VII (β') in J gilt. Der Kern $k(t, \tau, z)$ sei jedoch nicht für alle z, sondern lediglich für die z mit $v(\tau) \leqq z \leqq w(\tau)$ monoton wachsend. Auch dann gilt die Abschätzung (7) für alle Lösungen der Gl (1). Wählt man nämlich als Definitionsbereich von k die Menge aller (t, τ, z) mit $0 \leqq \tau \leqq t \leqq T$, $v(\tau) \leqq z \leqq w(\tau)$, so ist VII anwendbar. Daß alle Lösungen u in diesem Bereich liegen, sieht man so: Zu u gibt es, da $v(0) < u(0) < w(0)$ ist, eine größte positive Zahl $T_1 \leqq T$, so daß $v \leqq u \leqq w$ im Intervall $0 \leqq t \leqq T_1$ ist. Hieraus folgt aber nach VII sogar $v < u < w$ in diesem Intervall und daraus dann $T_1 = T$.

(β) Man kann bei den Funktionen u, v, w Singularitäten im Nullpunkt zulassen. Man betrachtet also Funktionen aus $C(J_0)$ und Operatoren K, welche eine Untermenge des Raumes $C(J_0)$ auf die Menge der in J_0 erklärten Funktionen abbilden. Auch in diesem Fall gilt VI und VII.

(γ) Es ist nicht notwendig, daß die Operator-Gl in u und Ku linear ist. Auf genau dieselbe Weise läßt sich die Gl

$$h(t, u, Ku) = 0 \tag{8}$$

behandeln; dabei sei $h(t, z, p)$ auf $J \times E^2$ erklärt und schwach monoton fallend in p. In Satz VI hat man dann (β) durch

$$h(t, v, Kv) < h(t, w, Kw) \tag{9}$$

zu ersetzen; die Änderungen im Beweis sind trivial. Die entsprechende Ersetzung $h(t, v, Kv) < 0 < h(t, w, Kw)$ ist bei VII (β) vorzunehmen.

Auf den ersten Blick würde man meinen, daß damit auch IGln *erster Art* erfaßt sind. Das ist aber nicht so. Setzt man nämlich $h(t,z,p) = h_1(t) - p$, so folgt aus (9) $Kv > Kw$. Andererseits ist nach VII (α) $v < w$, also $Kv \leqq Kw$ für kleine positive T. Es existieren also in diesem Fall keine Ober- und Unterfunktionen im Sinne von VII. Hierauf hat zuerst Nickel (1961a, S. 166) aufmerksam gemacht.

(δ) Für einen Operator K hängt der Wert von $K\varphi$ an der Stelle t_0 nur von den Werten, welche $\varphi(t)$ im Intervall $0 \leqq t \leqq t_0$ annimmt, ab. Man spricht auch von Operatoren „von Volterrascher Art". Solche Operatoren wurden zuerst von Volterra (vgl. das Buch von Volterra (1927), welches ausführliche Angaben über ältere Literatur enthält) und Tonelli (1928) untersucht. Neuere Literaturangaben findet man bei Zitarosa (1954).

IX. Über die Zulassung von Gleichheitszeichen in Ungleichungen. Bei der Anwendung von VI und VII müssen UnGln erfüllt werden, bei denen das Gleichheitszeichen nicht zugelassen ist. Das ist in der Praxis oft unbequem. Eine befriedigende generelle Antwort auf die Frage, wann Gleichheitszeichen zulässig sind, kann man nicht geben; das muß vielmehr von Fall zu Fall untersucht werden. Die hierzu notwendigen Überlegungen laufen meist auf eines der drei folgenden Prinzipien hinaus.

(α) Das erste beruht auf der Eigenschaft eines Operators, „*stark monoton wachsend*" zu sein. Darunter wird verstanden: ist $\varphi<\overline{\varphi}$ für $0<t<t_0$, so gilt sogar

$$(K\varphi)(t_0)<(K\overline{\varphi})(t_0).$$

Für stark monoton wachsende Operatoren K dürfen in VI (β), VII (β) — jedoch nicht in (α) — Gleichheitszeichen stehen. Der Beweis von VI bleibt derselbe, nur tritt in der dortigen Ungleichungskette das $<$-Zeichen jetzt an einer anderen Stelle auf.

(β) Das zweite Prinzip hängt aufs engste zusammen mit den Begriffen *Maximal- und Minimalintegral*, welche in der nächsten Nummer untersucht werden.

Ist K ein monoton wachsender Operator und gilt $(K\varphi)(0)=0$ für alle $\varphi\in Z_c(K)$, so lautet der Satz

VI: *Aus* $v\leqq g+Kv$, $w>g+Kw$ *in* J *folgt* $v<w$ *in* J.

Das kann verschärft werden zu einem Satz

VIa: *Aus* $v\leqq g+Kv$, $u^*=g+Ku^*$ *in* J *folgt* $v\leqq u^*$ *in* J,

wenn zu u^* eine Folge von Funktionen w_n mit $w_n>g+Kw_n$ und $w_n\to u^*$ $(n\to\infty)$ existiert. Dann ist nämlich nach VI $v<w_n$, woraus für $n\to\infty$ die Behauptung $v\leqq u^*$ folgt. Solch eine Folge w_n existiert unter Bedingungen, welche in 2 IV näher untersucht werden, wenn u^* das Maximalintegral der Gl (6) ist. Unter entsprechenden Bedingungen gilt für das Minimalintegral u_* der Gl (6):

aus $w\geqq g+Kw$ *in* J *folgt* $u_*\leqq w$ *in* J.

Dies wurde für IGln von Satō und Iwasaki (1955) bewiesen.

(γ) Wir kommen zum dritten und wohl wichtigsten Prinzip und fragen nach Voraussetzungen, unter denen der folgende Satz

VIb: *Aus* $v\leqq g+Kv$, $w\geqq g+Kw$ *in* J *folgt* $v\leqq w$ *in* J;

gültig ist. Selbstverständlich soll hierin K ein monoton wachsender Operator, $v, w\in Z_c(K)$ und $(K\varphi)(0)=0$ für $\varphi\in Z_c(K)$ sein. Hinreichend für die Gültigkeit von VIb ist eine Eindeutigkeitsbedingung für K von der in Nr. 4 betrachteten Art, genauer eine für $\varphi, \overline{\varphi}\in Z_c(K)$ gültige Abschätzung $|K\varphi-K\overline{\varphi}|\leqq\Omega(|\varphi-\overline{\varphi}|)$ durch einen monoton wachsenden Operator $\Omega\in\mathscr{E}$ (siehe 4 II, III). Ist nämlich $\varrho(t)$ eine in J stetige und positive Funktion und $\varrho>\Omega\varrho$ sowie $w\geqq g+Kw$, so ist

$$w+\varrho\geqq g+Kw+\varrho>g+K(w+\varrho),$$

da $K(w+\varrho)-Kw \leqq \Omega\varrho < \varrho$ ist. Nach VI (angewandt auf v und $w+\varrho$) hat man also $v < w+\varrho$ und damit, da nach der Definition von $\mathcal{E}$ beliebig kleine Funktionen ϱ mit den genannten Eigenschaften existieren, $v \leqq w$. Natürlich muß man in die Voraussetzungen noch $w+\varrho \in Z_c(K)$ aufnehmen.

Auf der anderen Seite folgt aus der Verschärfung VIb sofort die Eindeutigkeit für die Gl $u=Ku+g$. Denn für zwei Lösungen $u, \bar{u}$ ist nach VIb sowohl $u \leqq \bar{u}$ als auch $\bar{u} \leqq u$. Wir haben also die folgende Situation: *Gilt* VIb, *so herrscht Eindeutigkeit, genügt umgekehrt K der obigen Eindeutigkeitsbedingung, so gilt* VIb. Das zeigt, daß die hier gemachten Voraussetzungen der Sache angemessen und nicht etwa nur durch beweistechnische Gründe bedingt sind. Ein weiterer Vorteil besteht darin, daß hier eine explizit nachprüfbare, von Existenztheorien unabhängige Bedingung vorliegt.

Natürlich ist damit auch Satz VII verschärft: unter der Voraussetzung von VIb ist $v \leqq u \leqq w$ für die eindeutig bestimmte Lösung u von (6).

X. Zur Anwendung auf die Stabilitätstheorie. Das Lemma von GRONWALL hat bedeutsame Anwendungen in der Stabilitätstheorie der gewöhnlichen DGln; vgl. dazu BELLMAN (1943, 1953, bes. S. 35), LEVINSON (1946), WEYL (1946), SZMYDT (1955), BIHARI (1956, 1957), GOLOMB (1958), CESARI (1959, bes. § 3, § 6). Der Ausgangspunkt dafür ist folgende wohlbekannte Tatsache.

Ist ein System von n linearen DGln (zur Vektornotation vgl. 6 I)

$$\boldsymbol{u}'(t)=A(t)\boldsymbol{u}(t)+\boldsymbol{b}(t) \tag{10}$$

($A(t)$ $n\times n$-Matrix, $\boldsymbol{u}$ und $\boldsymbol{b}$ Spaltenvektoren, A und $\boldsymbol{b}$ etwa stetig in J) gegeben und ist $Y(t)$ das Fundamentalsystem von n Lösungen der homogenen Gl $\boldsymbol{u}'=A(t)\boldsymbol{u}$ mit $Y(0)=E$ (Einheitsmatrix), so lautet die Lösung der Gl (10) mit dem Anfangswert $\boldsymbol{u}(0)=\boldsymbol{\eta}$

$$\boldsymbol{u}(t)=Y(t)\,\boldsymbol{\eta}+\int_0^t Y(t)\,Y^{-1}(\tau)\,\boldsymbol{b}(\tau)\,d\tau. \tag{11}$$

Ist dabei A eine konstante Matrix, so ist $Y(t)\,Y^{-1}(\tau)=Y(t-\tau)=e^{A(t-\tau)}$. Unter Benutzung von einander zugeordneten Normen $\|\boldsymbol{z}\|$ für Vektoren $\boldsymbol{z}$ und $\|M\|$ für $n\times n$-Matrizen M (d.h. solchen, für die $\|M\boldsymbol{z}\| \leqq \|M\|\,\|\boldsymbol{z}\|$ ist) erhält man für eine Lösung $\boldsymbol{u}$ der Gl

$$\boldsymbol{u}'=A(t)\,\boldsymbol{u}+\boldsymbol{g}(t, \boldsymbol{u}) \tag{12}$$

die IGl (11) mit $\boldsymbol{g}(\tau, \boldsymbol{u}(\tau))$ anstelle von $\boldsymbol{b}(\tau)$ und daraus

$$\|\boldsymbol{u}(t)\| \leqq \|Y(t)\|\,\|\boldsymbol{\eta}\|+\int_0^t \|Y(t)\,Y^{-1}(\tau)\|\,\|\boldsymbol{g}(\tau, \boldsymbol{u}(\tau))\|\,d\tau, \tag{13}$$

welche im Verein mit einer Lipschitz-Abschätzung für $\boldsymbol{g}$

$$\|\boldsymbol{g}(t, \boldsymbol{z})\| \leqq h(t)\|\boldsymbol{z}\|$$

gerade auf eine UnGl der Form (3) führt. Diese Überlegungen gelten übrigens auch für komplexe DGln.

Ein Beispiel. Ist A eine konstante Matrix, deren Eigenwerte sämtlich negative Realteile haben, so ist $\|Y(t)\| \leqq c e^{-\alpha t}$ für positive Konstanten c und α, also nach (13)

$$\|\boldsymbol{u}(t)\| \leqq c\|\boldsymbol{\eta}\| e^{-\alpha t} + \int_0^t e^{-\alpha(t-\tau)} h(\tau)\|\boldsymbol{u}(\tau)\| \, d\tau .$$

Für $v(t) = e^{\alpha t}\|\boldsymbol{u}(t)\|$ ist also

$$v(t) \leqq c\|\boldsymbol{\eta}\| + \int_0^t h(\tau) v(\tau) \, d\tau$$

und damit nach dem Lemma von GRONWALL

$$v(t) = e^{\alpha t}\|\boldsymbol{u}(t)\| \leqq c\|\boldsymbol{\eta}\| e^{\int_0^t h(\tau)\, d\tau} .$$

Hieraus ergeben sich leicht die grundlegenden, auf LYAPUNOV zurückgehenden Stabilitätssätze für nichtlineare Systeme der Form (12) mit konstantem A. Zum obigen Beweis vergleiche man BELLMAN (1953, "first proof" des "fundamental stability theorem"), CESARI (1959, S. 92), CODDINGTON und LEVINSON (1955, S. 314ff.).

2. Bemerkungen zum Existenzproblem. Maximal- und Minimalintegrale

Ein Existenzsatz für die IGl

$$u = g + K u \tag{1}$$

mit

$$K u = \int_0^t k\big(t, \tau, u(\tau)\big) \, d\tau \tag{2}$$

läßt sich auf einfache Weise mit Hilfe des Schauderschen Fixpunktsatzes gewinnen. Dieser Weg wurde u. a. von SATŌ (1953) beschritten. Da in der Lehrbuchliteratur ein Beweis unter hinreichend allgemeinen Voraussetzungen nicht zu finden ist und um den Leser unabhängig von Originalliteratur zu machen, gehen wir kurz auf den Beweis ein.

I. Definition ($\mathscr{K}, \mathscr{K}_0$). Der Kern $k(t, \tau, z)$ sei bei festem $(t, z) \in J \times E^1$ meßbar im Intervall $0 \leqq \tau \leqq t$, bei festem $\tau \in J$ stetig für $(t, z) \in \{\tau \leqq t \leqq T\} \times E^1$ (letzteres braucht nur für fast alle $\tau \in J$ zu gelten), und es existiere zu jeder Zahl $M > 0$ eine Funktion $h(\tau) \in L(J)$ mit der Eigenschaft, daß

$$|k(t, \tau, z)| \leqq h(\tau) \tag{3}$$

für $0 \leqq \tau \leqq t \leqq T$, $|z| \leqq M$ ist. Diese Voraussetzungen fassen wir in der Bezeichnung $k \in \mathcal{K}_0$ zusammen, während $k \in \mathcal{K}$ bedeutet, daß $k \in \mathcal{K}_0$ ist und daß ein $h \in L(J)$ existiert, so daß (3) für alle z gilt.

Es soll gezeigt werden, daß durch die Abbildung $\varphi \to g + K\varphi$, wenn g stetig ist und K durch einen Kern $k \in \mathcal{K}$ erzeugt wird, eine geeignete konvexe und kompakte Untermenge Φ von $C(J)$ in sich abgebildet wird und daß diese Abbildung stetig ist (d.h. daß die Funktionen aus Φ gleichmäßig beschränkt und gleichgradig stetig sind und daß mit $\varphi_n - \varphi$ auch $K\varphi_n - K\varphi$ gleichmäßig in J gegen Null konvergiert). Dann existiert nach dem Fixpunktsatz von SCHAUDER ein Fixpunkt u, und diese Funktion u stellt eine Lösung der IGl (1) (2) dar.

Zum Beweis werden die beiden Konstanten

$$M = \int_0^T h(\tau)\, d\tau, \qquad M_1 = M + \max_J |g(t)|$$

benötigt. Es sei

$$\delta(\tau, \varepsilon) = \sup\{|k(\bar{t}, \tau, \bar{z}) - k(t, \tau, z)|\,;\ \bar{t} - t + |z - \bar{z}| \leqq \varepsilon,\ |z| \leqq M_1\}, \tag{4}$$

wobei die Variablen außerdem durch $0 \leqq \tau \leqq t \leqq \bar{t} \leqq T$ eingeschränkt sein sollen. Diese Funktion ist meßbar in τ, stetig und monoton fallend in ε für $\varepsilon \geqq 0$, und es ist $0 \leqq \delta(\tau, \varepsilon) \leqq 2h(\tau)$ nach (3) sowie $\delta(\tau, 0) = 0$ in J. Nach einem bekannten Satz [KAMKE (1956, S. 146)] gilt dann

$$\int_0^T \delta(\tau, \varepsilon)\, d\tau \to 0 \quad \text{für} \quad \varepsilon \to 0. \tag{5}$$

Als Untermenge Φ von $C(J)$ wählen wir die Menge aller stetigen Funktionen $\varphi(t)$, für die $|\varphi(t) - g(t)| \leqq M$ und

$$|\varphi(\bar{t}) - \varphi(t)| \leqq \int_0^T \delta(\tau, \bar{t} - t)\, d\tau + \int_t^{\bar{t}} h(\tau)\, d\tau + |g(\bar{t}) - g(t)| \quad \text{für} \quad 0 \leqq t < \bar{t} \leqq T$$

ist. Sie ist konvex sowie abgeschlossen bezüglich gleichmäßiger Konvergenz und gleichgradig stetig, also kompakt.

Die Stetigkeit des Operators K folgt sofort aus den UnGln

$$|(K\varphi)(t) - (K\bar{\varphi})(t)| \leqq \int_0^t |k(t, \tau, \varphi) - k(t, \tau, \bar{\varphi})|\, d\tau \leqq \int_0^T \delta(\tau, \max_J |\varphi - \bar{\varphi}|)\, d\tau$$

und (5). Daß Φ durch die Abbildung $\varphi \to g + K\varphi$ in sich abgebildet wird, folgt aus der für $0 \leqq t \leqq \bar{t} \leqq T$ gültigen Abschätzung

$$\begin{aligned} |(K\varphi)(\bar{t}) - (K\varphi)(t)| &\leqq \int_0^t |k(\bar{t}, \tau, \varphi) - k(t, \tau, \varphi)|\, d\tau + \int_t^{\bar{t}} |k(\bar{t}, \tau, \varphi)|\, d\tau \\ &\leqq \int_0^T \delta(\tau, \bar{t} - t)\, d\tau + \int_t^{\bar{t}} h(\tau)\, d\tau. \end{aligned}$$

Fassen wir das Ergebnis zusammen in dem folgenden

II. Existenzsatz. *Ist $g(t) \in C(J)$, $k(t, \tau, z) \in \mathcal{K}$, so besitzt die IGl* (1) (2) *mindestens eine Lösung $u(t) \in C(J)$.*

Satz II wurde (sogar für beschränktes, meßbares g) von KANAZAWA und MURAKAMI (1955) bewiesen; vgl. auch TONELLI (1927/28), CAMERON und SHAPIRO (1955). Im Anschluß daran ist es nicht mehr schwierig, die üblichen Erweiterungen der Existenztheorie durchzuführen. Diese betreffen den Fall, daß eine Abschätzung (3) nur lokal gilt, daß $k(t, \tau, z)$ nur auf einer Punktmenge $J \times D$ definiert ist, wobei D ein Gebiet des (τ, z)-Raumes ist, und gipfeln in dem Satz, daß eine Lösung nach rechts bis an den Rand des Definitionsgebietes fortgesetzt werden kann. Für stetige Kerne ist das bei SATŌ (1953) durchgeführt. Ist z.B. $k \in \mathcal{K}_0$, so ergibt sich die Existenz mit Hilfe des bekannten Kunstgriffes, die Variable z auf $|z| \leqq M$ einzuschränken, d.h. statt $k(t, \tau, z)$ den Kern $k(t, \tau, [z]_M)$ zu betrachten, wobei $[z]_M = z$ für $|z| \leqq M$ und $= M \operatorname{sgn} z$ für $|z| > M$ ist. Für jedes M ist nämlich $k(t, \tau, [z]_M) \in \mathcal{K}$, und die Lösung u der IGl mit dem abgeänderten Kern ist auch Lösung der ursprünglichen Gl, solange $|u| \leqq M$ ist. Auf diese Weise ergibt sich also, wenn M hinreichend groß gewählt wird, die Existenz in einem Intervall $0 \leqq t \leqq T_1 (\leqq T)$. Nun betrachtet man im Intervall $T_1 \leqq t \leqq T$ die IGl

$$u(t) = \bar{g}(t) + \int_{T_1}^{t} k(t, \tau, u(\tau))\, d\tau \quad \text{mit} \quad \bar{g}(t) = g(t) + \int_0^{T_1} k(t, \tau, u(\tau))\, d\tau$$

und verfährt damit in analoger Weise, usf. Diese Schlußweise ist bei gewöhnlichen DGln wohlbekannt [KAMKE (1945, S. 75 f.)].

III. Maximalintegral, Minimalintegral. Naheliegend ist die Definition „die Lösung $u^* \in Z_c(K)$ der Gl (1) ist ein Maximalintegral, wenn für jede andere Lösung $u \in Z_c(K)$ die UnGl $u \leqq u^*$ in J besteht". Sie würde aber z.B. bei der IGl (1) (2) mit $J = [0, 1]$, $g = 0$, $k(t, \tau, z) = 2z/\tau(1-\tau)$ die paradoxe Konsequenz haben, daß $u = 0$ ein Maximalintegral ist, da alle anderen Lösungen $u = Ct^2/(1-t)^2$ (C beliebig) nicht in ganz J existieren. Im Hinblick auf solche Beispiele betrachtet man deshalb auch Lösungen, die nur in einem Intervall $0 \leqq t < T_1 (\leqq T)$ existieren (das ist nur dann möglich, wenn K ein Operator von Volterrascher Art ist, d.h. wenn $(K\varphi)(t_0)$ nur von den Werten von φ im Intervall $0 \leqq t \leqq t_0$ abhängt). Ist $u^* \in Z_c(k)$ eine Lösung von (1) und gilt, wenn u eine beliebige, in einem Intervall $0 \leqq t < T_1 \leqq T$ stetige Lösung von (1) ist, $u \leqq u^*$ für $0 \leqq t < T_1$, so nennen wir u^* ein Maximalintegral (in J). Existiert die Lösung u^* nur in J^*: $0 \leqq t < T^*$, und gilt für eine beliebige Lösung u, sie möge im Intervall $0 \leqq t \leqq T_1$ existieren, $u \leqq u^*$ für $0 \leqq t < \min(T_1, T^*)$, so sprechen wir von einem Maximalintegral in J^*. Entsprechende Definitionen gelten für das Minimalintegral.

Wir werden nun zwei Methoden zur Konstruktion von Maximal- und Minimalintegralen mit jeweils verschiedenem Anwendungsbereich kennenlernen (eine weitere Methode gibt die folgende Nummer).

Die erste Methode wird durch 1 VI nahegelegt; sie ist durchführbar, wenn K ein monoton wachsender Operator ist und wenn ein Existenzsatz besteht. Wir betrachten eine Folge positiver Zahlen $\varepsilon_n \searrow 0$ und eine zugehörige Folge von Lösungen $u = u_{\varepsilon_n}$ der Gl

$$u = g + \varepsilon_n + Ku. \tag{6}$$

Ist $\varepsilon_n > \varepsilon_{n+1} > 0$ und u eine Lösung von (1), so gilt nach 1 VI $u < u_{\varepsilon_{n+1}} < u_{\varepsilon_n}$ (wir nehmen an, daß $(K\varphi)(0) = 0$ ist). Die u_{ε_n} streben also monoton fallend gegen eine Funktion $u^* \geqq u$, und diese Funktion u^* ist eine Lösung von (1) und damit das gesuchte Maximalintegral, falls der Grenzübergang $n \to \infty$ in (6) innerhalb des Operators K durchgeführt werden kann. Dieser Gedankengang führt auf den

IV. Satz. *Der monoton wachsende Operator K habe die Eigenschaften*

(α) *es gibt ein $\delta > 0$, so daß die Gl $(g \in C(J))$*

$$u = g + \varepsilon + Ku$$

für alle ε mit $|\varepsilon| < \delta$ mindestens eine Lösung $u_\varepsilon \in Z_c(K)$ besitzt;

(β) *für alle Lösungen u_ε ist $(Ku_\varepsilon)(0) = 0$.*

Ferner gelte eine der beiden folgenden Voraussetzungen (γ_1), (γ_2).

(γ_1) *Die Lösungen u_ε bilden eine gleichgradig stetige Funktionenmenge; konvergiert eine Folge u_{ε_n} von Lösungen gleichmäßig in J gegen eine Funktion $\bar{u}$, so ist $\bar{u} \in Z_c(K)$ und*[1] *$Ku_{\varepsilon_n} \to K\bar{u}$ für $n \to \infty$.*

(γ_2) *Konvergiert eine Folge von Lösungen u_{ε_n} monoton wachsend oder fallend gegen eine beschränkte Funktion $\bar{u}$, so existiert $K\bar{u}$, und es gilt*[1] *$Ku_{\varepsilon_n} \to K\bar{u}$ für $n \to \infty$, $K\bar{u} \in C(J)$.*

Dann besitzt die Gl (1) in J ein Maximalintegral u^* und ein Minimalintegral u_*, und es gilt

(δ) *u_* bzw. u^* ist Limes einer monoton wachsenden Folge von Unterfunktionen v_n bzw. einer monoton fallenden Folge von Oberfunktionen w_n, d.h. es ist*

$$v_n < g + Kv_n, \qquad w_n > g + Kw_n, \qquad v_n \nearrow u_*, \qquad w_n \searrow u^*.$$

Unter diesen Voraussetzungen ist die obige Überlegung in der Tat durchführbar. Im Falle (γ_1) beachte man, daß eine monotone, beschränkte Folge wegen der gleichgradigen Stetigkeit gleichmäßig konvergiert, im Falle (γ_2) ergibt sich die Stetigkeit von u^* erst *nach* dem Grenzübergang

[1] Die folgende Limesbeziehung soll für jedes $t \in J$ (nicht notwendig gleichmäßig) bestehen.

aus der Gl $u^* = g + Ku^*$ und der Stetigkeit der beiden rechts stehenden Funktionen. Beim Minimalintegral verfährt man in gleicher Weise, nur mit einer Folge negativer Zahlen $\varepsilon_n \nearrow 0$.

Für unsere Anwendungen ist gerade die Eigenschaft (δ) wesentlich. Sie wird, wie in 1 IX (β) auseinandergesetzt wurde, benötigt zum Beweis des Satzes, daß aus $v \leqq g + Kv$ die UnGl $v \leqq u^*$ folgt. Die wichtigste Anwendung von IV betrifft die IGl (1) (2). *Ist $k \in \mathscr{K}$ ein monoton wachsender Kern, so existieren ein Maximal- und ein Minimalintegral, und sie besitzen die Eigenschaft* IV (δ).

Das ergibt sich, wie gesagt, aus IV; die Voraussetzungen (α) (β) (γ_2) lassen sich leicht nachprüfen. — Die wichtige Eigenschaft IV (δ) geht bei der zweiten Beweismethode, welche nun skizziert wird, verloren. Bei ihr ist wesentlich, daß mit u und $\bar{u}$ auch die Funktionen max $(u, \bar{u})$ und min $(u, \bar{u})$ Lösungen von (1) sind (diese Eigenschaft besitzen z. B. gewöhnliche DGln).

V. Satz. *Der Operator K habe die Eigenschaften*

(α) *Die Lösungen von* (1) *bilden eine nichtleere Menge gleichgradig stetiger Funktionen;*

(β) *mit u und $\bar{u}$ sind auch die Funktionen* $\max(u, \bar{u})$ *und* $\min(u, \bar{u})$ *Lösungen;*

(γ) *es ist* $(Ku)(0) = 0$ *für alle Lösungen;*

(δ) *der Limes einer gleichmäßig konvergenten Folge von Lösungen ist wieder eine Lösung.*

Dann besitzt die Gl (1) *ein Maximal- und ein Minimalintegral.*

Ist nämlich $u^*(t) = \sup\{u(t);\ u \text{ Lösung}\}$ und ist $\{t_k\}$ eine abzählbare in J dichte Punktmenge, so existiert zu jedem k eine Folge von Lösungen $u_{kn}(k, n = 1, 2, \ldots)$ mit der Eigenschaft

$$u_{kn}(t_k) \to u^*(t_k) \quad \text{für} \quad n \to \infty.$$

Die Funktionen $u_m = \max(u_{kn};\ 1 \leqq k, n \leqq m)$ sind nach (β) ebenfalls Lösungen, und es gilt

$$\lim_{m \to \infty} u_m(t) = u^*(t)$$

für alle $t = t_k$. Wegen (α) existiert dieser Limes sogar gleichmäßig für alle $t \in J$, und wegen (δ) ist u^* Lösung.

VI. Differenzkerne ($\mathscr{K}_1$). Für eine wichtige Klasse von Kernen, die sog. Differenzkerne, ist die Funktionsklasse $\mathscr{K}$ nicht angemessen. Ist nämlich $k(t, \tau, z) = k_1(t - \tau, z)$ ein Differenzkern und ist die Funktion $k_1(t, z)$ in der Umgebung einer Stelle (t, z) unbeschränkt, so liegt k sicher nicht in $\mathscr{K}$. Um auch solche Kerne erfassen zu können, ist es zweckmäßig, eine Klasse $\mathscr{K}_1$ folgendermaßen zu definieren. Ist $k(t, \tau, z)$

bei festem $(t, z) \in J_0 \times E^1$ meßbar im Intervall $0 \leqq \tau \leqq t$, bei festem $\tau \in J$ stetig für $(t, z) \in \{\tau < t \leqq T\} \times E^1$ (es ist für Anwendungen wichtig, daß es hier nicht $\tau \leqq t$ heißt), und existiert eine Funktion $h(t) \in L(J)$, für die

$$|k(t, \tau, z)| \leqq h(t-\tau) \tag{3'}$$

$(0 \leqq \tau \leqq t \leqq T, |z| < \infty)$ ist, so sei $k \in \mathscr{K}_1$.

Der Existenzsatz II *gilt auch, wenn der Kern* $k(t, \tau, z)$ *aus der Klasse* $\mathscr{K}_1$ *ist.*

Beim Beweis benutzt man jetzt, ähnlich wie in (4), eine Funktion

$$\bar{\delta}(s, \varepsilon) = \sup\{|k(s+\tau, \tau, z) - k(t, \tau, \bar{z})|;\ |t-s-\tau| + |z-\bar{z}| \leqq \varepsilon, |z| \leqq M_1\} \tag{4'}$$

(M_1 habe dieselbe Bedeutung wie bei (4)). Es ist nicht schwierig, sich davon zu überzeugen, daß auch für $\bar{\delta}(\tau, \varepsilon)$ die Beziehung (5) gilt, daß der Kern k eine stetige Abbildung K vermittelt und daß die Menge der stetigen Funktionen φ mit $|\varphi - g| \leqq M$ in eine kompakte Untermenge abgebildet wird. Nach dem Fixpunktsatz von SCHAUDER ergibt sich wieder die Existenz einer Lösung der IGl (1) (2).

Zum Beispiel gehören die folgenden Kerne

$$k(t, \tau, z) = (t-\tau)^\alpha k_0(t, \tau, z), \quad \alpha > -1$$

zur Klasse $\mathscr{K}_1$, wenn die Funktion k_0 in allen drei Variablen stetig und beschränkt ist. Der Fall, daß k_0 von t unabhängig ist, $k_0 = k_0(\tau, z)$, wurde von DINGHAS (1958) näher untersucht.

Ebenso wie früher kann man auch hier die Forderung (3') lockern, indem man nur verlangt, daß zu jeder Konstanten M ein $h \in L(J)$ existiert, so daß (3') für alle $|z| \leqq M$ besteht. Das Integral u existiert dann eventuell nur in einem kleineren Intervall $0 \leqq t < T_1 (\leqq T)$.

PICONE (1960a) untersucht Differenzkerne und in einer weiteren Arbeit (1960) Kerne von anderer spezieller Gestalt. Eine interessante nichtlineare Wärmeleitungsaufgabe wird von PADMAVALLY (1958) ebenfalls durch Zurückführen auf eine nichtlineare Volterra-IGl mit Differenzkern gelöst. REICHERT (1962) betrachtet IGln mit meßbaren Lösungen.

3. Verallgemeinerung des Monotoniebegriffs

Diese Nummer kann beim ersten Durchlesen übergangen werden. Allen bisherigen Untersuchungen lag eine einschneidende Monotonievoraussetzung zugrunde. Die Frage ist naheliegend, ob man durch eine andere Beweisführung diese Bedingung vermeiden oder wenigstens abschwächen kann. Das ist in gewissem Umfang möglich, wie SATŌ (1953) für IGln mit stetigem Kern gezeigt hat. Die Ergebnisse von SATŌ sollen jetzt unter etwas allgemeineren Gesichtspunkten dargelegt werden. Als Anwendung wird sich ein dritter Weg zur Gewinnung von Maximal- und Minimalintegralen zeigen.

I. Definition $\left(g_\alpha(t|\bar{t}), \alpha\text{-}\textit{Monotonie}\right)$. Ist $g(t)$ eine in J erklärte Funktion, α eine reelle Zahl mit $0 \leqq \alpha \leqq 1$ und $0 \leqq t < \bar{t} \leqq T$, so definieren wir

$$g_\alpha(t|\bar{t}) = g(\bar{t}) - \alpha g(t).$$

Danach ist z.B. $k_\alpha(t|\bar{t}, \tau, z) = k(\bar{t}, \tau, z) - \alpha k(t, \tau, z)$ und $(K\varphi)_\alpha(t|\bar{t}) = (K\varphi)(\bar{t}) - \alpha(K\varphi)(t)$. Der Kern k wird α-monoton genannt, wenn

$$k_\alpha(t|\bar{t}, \tau, z) \leqq k_\alpha(t|\bar{t}, \tau, \bar{z}) \quad \text{für} \quad z \leqq \bar{z}$$

und $0 \leqq \tau \leqq t < \bar{t} \leqq T$ ist (soweit die Argumente im Definitionsbereich k liegen). (Es genügt übrigens, wenn dies für die t einer linksseitigen Umgebung von $\bar{t}$ gilt.) Ein 0-monotoner Kern ist also monoton im früheren Sinne von 1 I.

II. Satz. *Es seien K ein Operator, $v(t)$ und $w(t)$ Funktionen aus $Z_c(K)$, $g(t)$ und $d(t)$ in J erklärte Funktionen und α eine zwischen* 0 *und* 1 *gelegene Zahl, und es gelte*

(α) $v(0+) < w(0+)$;

(β) $v_\alpha(t|\bar{t}) \leqq g_\alpha(t|\bar{t}) + (Kv)_\alpha(t|\bar{t}), \quad w_\alpha(t|\bar{t}) \geqq g_\alpha(t|\bar{t}) + d_\alpha(t|\bar{t}) + (Kw)_\alpha(t|\bar{t})$

für alle hinreichend nahe an $\bar{t}$ gelegenen $t < \bar{t} \in J_0$;

(γ) $(K\varphi)_\alpha(t|\bar{t}) \leqq (K\bar{\varphi})_\alpha(t|\bar{t}) + d_\alpha(t|\bar{t})$ *(für $\alpha = 0$ wird hier das $<$-Zeichen verlangt) für alle hinreichend nahe an $\bar{t}$ gelegenen t, falls $\varphi, \bar{\varphi} \in Z_c(K)$ und $\varphi < \bar{\varphi}$ für $0 < t < \bar{t} \leqq T$, $\varphi(\bar{t}) = \bar{\varphi}(\bar{t})$ ist.*

Dann ist

$$v < w \quad \text{in} \quad J_0.$$

Dieser Satz geht für $\alpha = d = 0$ (mit einer unwesentlichen Änderung) in 1 VI über, und auch der Beweis folgt dem dortigen Muster. Aus der Annahme, die Behauptung sei falsch, leitet man in bekannter Weise ab, daß $v(\bar{t}) = w(\bar{t})$ und $v < w$ für $0 < t < \bar{t}$ bei geeignetem $\bar{t} \in J_0$ ist. Der hieraus mit Hilfe von (β) (γ) abzuleitende Widerspruch ist in der folgenden Kette von UnGln ($t < \bar{t}$)

$$\begin{aligned} 0 < \alpha\left(w(t) - v(t)\right) &= v_\alpha(t|\bar{t}) - w_\alpha(t|\bar{t}) \\ &\leqq (Kv)_\alpha(t|\bar{t}) - (Kw)_\alpha(t|\bar{t}) - d_\alpha(t|\bar{t}) \leqq 0 \end{aligned}$$

enthalten (für $\alpha = 0$ steht am Anfang das Gleichheits- und dafür in der Mitte das $<$-Zeichen).

Eine Spezialisierung auf IGln gibt die

III. Folgerung. Der Kern $k(t, \tau, z)$ sei α-monoton (wobei $\alpha \in [0, 1]$ ist) und genüge der Voraussetzung

(α) es gibt eine Funktion $\delta(z) \in L(J)$, so daß, wenn $(t_0, z_0) \in J_0 \times E^1$ ist,

$$k(t_0, \tau, z) - k(t_0, \tau, \bar{z}) \leqq \delta(\tau) \quad \text{für} \quad t_0 - \varepsilon \leqq \tau \leqq t_0,\ z_0 - \varepsilon \leqq z \leqq \bar{z} \leqq z_0 + \varepsilon$$

bei geeignetem $\varepsilon=\varepsilon(t_0, z_0)>0$ ist (soweit die Argumente im Definitionsbereich von k liegen).

Dann gilt, wenn $u, v, w \in Z_c(k)$ und u bzw. v bzw. w Lösungen der IGl

$$\varphi(t)=g(t)+d(t)+\int_0^t k(t, \tau, \varphi(\tau))\, d\tau \tag{1}$$

mit

$$\left.\begin{array}{l} d(t)=0 \quad \text{bzw.} \quad d(t)=-\beta-\int_0^t \delta(\tau)\, d\tau \quad \text{bzw.} \quad d(t)=\beta+\int_0^t \delta(\tau)\, d\tau \\ \qquad\qquad (\beta>0) \end{array}\right\} \tag{2}$$

sind, die Abschätzung

$$v<u<w \quad \text{in} \quad J.$$

Den Beweis der UnGl $u<w$ führen wir auf II (mit u statt v) zurück. II (α) ergibt sich aus $u(0)=g(0)<g(0)+\beta=w(0)$, II ($\beta$) ist — sogar für alle $t<\bar{t}$ — mit dem Gleichheitszeichen erfüllt. Der Beweis von II (γ) geht aus von der Identität

$$\left.\begin{array}{l} (K\varphi)_\alpha(t|\bar{t})-(K\bar{\varphi})_\alpha(t|\bar{t})=\int_0^t [k_\alpha(t|\bar{t}, \tau, \varphi)-k_\alpha(t|\bar{t}, \tau, \bar{\varphi})]\, d\tau+ \\ \qquad\qquad +\int_t^{\bar{t}} [k(\bar{t}, \tau, \varphi)-k(\bar{t}, \tau, \bar{\varphi})]\, d\tau. \end{array}\right\} \tag{3}$$

Hierin ist der erste Integrand $\leqq 0$, da $\varphi<\bar{\varphi}$ und k α-monoton ist. Der zweite Integrand ist, jedenfalls für t nahe $\bar{t}$, $\leqq \delta(\tau)$, denn nach (α) gibt es zum Punkt $(\bar{t}, \varphi(\bar{t}))$ ein $\varepsilon>0$, so daß diese UnGl besteht, solange $\bar{t}-\varepsilon<\tau<\bar{t}$ und $\varphi(\bar{t})-\varepsilon \leqq \varphi(\tau) \leqq \bar{\varphi}(\tau) \leqq \varphi(\bar{t})+\varepsilon$ ist. Die linke Seite von (3) ist also (für t nahe bei $\bar{t}$)

$$\leqq \int_t^{\bar{t}} \delta(\tau)\, d\tau=d(\bar{t})-d(t) \leqq d(\bar{t})-\alpha d(t)=d_\alpha(t|\bar{t}),$$

was allein noch zu beweisen war (für $\alpha=0$ gilt hier sogar das $<$-Zeichen, da $\delta(\tau) \geqq 0$, also $d(t) \geqq \beta>0$ ist).

Wendet man das eben bewiesene Ergebnis auf die Funktionen $\bar{u}, \bar{w}, \bar{g}$ an, wobei $\bar{u}=v$, $\bar{w}=u$, $\bar{g}=g-d$ ist, so folgt $v<u$ und damit der andere Teil der Behauptung.

Aus III läßt sich die Existenz von Maximal- und Minimalintegralen für IGln mit α-monotonen Kernen zeigen. Nehmen wir an, der Kern $k(t, \tau, z)$ sei α-monoton und zu jeder natürlichen Zahl n gebe es eine Funktion $\delta(\tau)$, wir nennen sie $\delta_n(\tau)$, deren Integral $\int_0^T \delta_n(\tau)\, d\tau<1/n$ ist, so daß III (α) gilt.

Ferner möge die IGl (1) für die Funktionen

$$d(t)=d_n(t)=\frac{1}{n}+\int_0^t \delta_n(\tau)\, d\tau \tag{4}$$

Lösungen w_n besitzen, welche gleichgradig stetig sind. Dann existiert eine gleichmäßig konvergente Teilfolge mit einem Limes $u^*(t)\in C(J)$. Sind die Voraussetzungen über k derart, daß der Übergang zum Limes in (1) unter dem Integralzeichen erlaubt ist, dann ist u^* das gesuchte Maximalintegral von (1) mit $d=0$. Die entsprechende Betrachtung, nur mit $-d_n(t)$ statt $d_n(t)$, führt auf das Minimalintegral.

Ist etwa $k(t, \tau, z)$ in allen drei Variablen stetig, so gilt III (α) für jede Funktion $\delta(\tau)=\text{const.}>0$, und die obige Überlegung ist ohne Schwierigkeit durchführbar. (Hier ergibt sich sogar, daß die w_n monoton fallen, wenn man etwa $\delta_n=1/n$ setzt.) Ist allgemeiner $k\in\mathcal{K}$, so folgt aus (2.4) (2.5), daß ebenfalls Funktionen $\delta_n(\tau)$ mit der oben verlangten Eigenschaft existieren. Fassen wir das Hauptergebnis zusammen:

IV. Maximal- und Minimalintegrale *für IGln der Form* (2.1) (2.2) *existieren sicher, wenn* $g\in C(J)$ *ist und der Kern* $k(t, \tau, z)\in\mathcal{K}$ *(für ein zwischen* 0 *und* 1 *gelegenes* α*)* α*-monoton ist. Ist* $k\in\mathcal{K}_0$ *und* α*-monoton, so gibt es ein Maximalintegral* $u^*(t)$ *entweder in* J *oder in einem größten Intervall* $0\leqq t<T_1\leqq T$, *wobei* $\limsup_{t\to T_1}|u^*(t)|=\infty$ *ist (entsprechend für das Minimalintegral).*

Während also im Fall $\alpha=0$ das Maximalintegral sehr einfach approximiert werden kann, nämlich gemäß 2 IV (δ) durch Funktionen w_n, welche der UnGl $w_n>g+Kw_n$ genügen, benötigt man jetzt dazu Lösungen der IGl $w_n=g+d_n+Kw_n$, wobei d_n in komplizierter Weise vom Kern abhängt; vgl. III (α) und (4) (bei stetigen Kernen ist es allerdings einfacher, da man $\delta_n=\text{const.}$ setzen darf). Die in 1 IX (β) zum Ausdruck gekommene besondere Bedeutung des Maximalintegrals im Hinblick auf Abschätzungen stützte sich wesentlich auf 2 IV (δ). Ein gewisses Analogon dazu bildet der folgende

V. Satz. Der Operator K werde durch einen α-monotonen Kern $k\in\mathcal{K}$ erzeugt, und es seien u_* bzw. u^* das Minimal- bzw. Maximalintegral der IGl $u=g+Ku$ sowie v und w zwei in J stetige Funktionen, für die

$$v_\alpha(t|\bar{t})\leqq g_\alpha(t|\bar{t})+(Kv)_\alpha(t|\bar{t}), \qquad w_\alpha(t|\bar{t})\geqq g_\alpha(t|\bar{t})+(Kw)_\alpha(t|\bar{t})$$

ist. Dann ist

$$v\leqq u^* \quad \text{und} \quad w\geqq u_* \quad \text{in} \quad J.$$

Zum Beweis approximiert man u^* in der oben angegebenen Weise durch w_n und wendet II auf v und w_n an (es sei daran erinnert, daß II (γ) aus III (α) folgt). Bei der zweiten UnGl verfährt man entsprechend.

Die α-Monotonie kann in der Richtung verallgemeinert werden, daß man statt einer Konstanten α eine Funktion $\alpha(t)$ zuläßt. Man nennt den Kern dann α-monoton, wenn die Funktion $k_\alpha(t|\bar{t}, \tau, z)=k(\bar{t}, \tau, z)-\alpha(t)k(t, \tau, z)$ monoton wachsend in z ist; dabei ist $\alpha=\alpha(t)$ eine in J

erklärbare Funktion und $0 \leqq \alpha(t) \leqq 1$. Es sei dem Leser überlassen nachzuprüfen, daß die Schlußweise auch mit diesem Monotoniebegriff richtig bleibt.

4. Abschätzungs- und Eindeutigkeitssätze

Mit den bisher entwickelten Methoden waren nur solche Operatorgleichungen

$$u = g + Ku \tag{1}$$

angreifbar, bei denen K gewisse Monotonieeigenschaften besitzt. Jetzt sollen für ganz allgemeine Operatoren K gültige Abschätzungen hergeleitet werden. Die grundlegende Idee dabei ist, den *beliebigen* Operator K auf dem Weg über eine UnGl, hier z.B.

$$|K\varphi - K\bar{\varphi}| \leqq \Omega(|\varphi - \bar{\varphi}|), \tag{2}$$

mit einem *monoton wachsenden* Operator Ω zu verknüpfen. Dieser Gedanke, von dem ursprünglichen Problem auf ein „*Ersatzproblem*" von ähnlicher Art überzugehen, für welches einfache Abschätzungssätze bereitstehen — im vorliegenden Fall ist das ursprüngliche Problem die Gl (1), das Ersatzproblem eine Operatorgleichung

$$\sigma = d + \Omega\sigma \tag{3}$$

für eine Funktion $\sigma \in Z_c(\Omega)$ —, erweist sich hier und in allen späteren Kapiteln als äußerst fruchtbar. Er wurde wohl zum ersten Mal von Bompiani (1925) [vgl. auch Tonelli (1925), Perron (1926)] beim Eindeutigkeitsproblem für gewöhnliche DGln entwickelt. Während frühere Eindeutigkeitskriterien, etwa die von Lipschitz (1880), Osgood (1898), Rosenblatt (1909), Montel (1926), immer mit einer speziellen expliziten Abschätzung arbeiten, charakterisiert Bompiani Abschätzungen, welche für die Eindeutigkeit hinreichend sind, durch Eigenschaften des entsprechenden „Ersatzproblems".

I. Abschätzungssatz. *Zwischen dem Operator K und dem monoton wachsenden Operator Ω bestehe, wenn $\varphi, \bar{\varphi} \in Z_c(K)$ und $|\varphi - \bar{\varphi}| \in Z_c(\Omega)$ ist, die Abschätzung* (2). *Die Funktionen u, v, ϱ, d, g seien in J erklärt, und es sei $u, v \in Z_c(K)$, $|v-u|$, $\varrho \in Z_c(\Omega)$. Dann folgt aus*

(α) $|v-u|(0+) < \varrho(0+)$;

(β) $u = g + Ku$, $|v - g - Kv| \leqq d$ *in* J_0;

(γ) $\varrho > d + \Omega\varrho$ *in* J_0

die UnGl

$$|v-u| < \varrho \quad \text{in} \quad J_0.$$

Haben die Operatoren K und Ω die Eigenschaft, daß $K\varphi$ und $\Omega\varphi$ im Nullpunkt verschwindet, und gelten (β) und (γ) auch für $t=0$, so ist (α) überflüssig, da im Nullpunkt dann $|v-u| = |v-g| \leqq d < \varrho$ ist.

Genügt außerdem der Operator Ω den Voraussetzungen von 2 IV, ist $d \in C(J)$ und $\sigma(t) \in Z_c(\Omega)$ das Maximalintegral der Gl (3) (es existiert z.B., wenn Ω durch einen monoton wachsenden Kern $\omega(t, \tau, z) \in \mathcal{K}$ erzeugt wird), so folgt allein aus (β)

$$|u-v| \leqq \sigma \quad \text{in} \quad J.$$

Der Satz folgt aus 1 VI, wenn man dort die Größen v, w, K durch $|v-u|, \varrho, \Omega$ ersetzt. Dann stimmen die beiden Voraussetzungen (α) und die beiden Behauptungen überein. Die Voraussetzung 1 VI (β) lautet $|v-u| - \Omega(|v-u|) \leqq d < \varrho - \Omega\varrho$; sie ergibt sich aus ($\beta$) ($\gamma$) und (2):

$$|v-u| = |v-g-Kv+Kv-Ku| \leqq d + |Kv-Ku| \leqq d + \Omega(|v-u|).$$

Schließlich erhält man die Abschätzung durch das Maximalintegral, wenn man σ durch Funktionen ϱ approximiert, für welche der Satz anwendbar ist; das ist nach 2 IV (δ) möglich.

Durch Spezialisierung ergeben sich aus I scharfe Eindeutigkeitsaussagen. Zu ihrer bequemen Formulierung führen wir die folgenden Begriffe ein.

II. Definition ($\mathcal{E}$, $\mathcal{E}_1$). Der monoton wachsende Operator Ω gehört zur Klasse $\mathcal{E}$ [bzw. $\mathcal{E}_1$], wenn alle in J stetigen und nichtnegativen Funktionen φ, für welche $\varphi(0) = 0$ [bzw. $\varphi(t) = o(t)$ für $t \to +0$] ist, zu $Z_c(\Omega)$ gehören und wenn zu jedem $\varepsilon > 0$ eine Funktion $\varrho \in Z_c(\Omega)$ und ein $\delta > 0$ existieren, so daß

$$\varrho > \Omega\varrho \quad \text{und} \quad \delta \leqq \varrho \leqq \varepsilon \quad [\text{bzw.} \quad \delta t \leqq \varrho \leqq \varepsilon] \quad \text{in} \quad J_0$$

gilt.

Ist Ω ein durch den Kern $\omega(t, \tau, z)$ erzeugter Integraloperator, so wird also verlangt, daß $\omega(t, \tau, z)$ für $0 \leqq \tau \leqq t \leqq T$, $z \geqq 0$ erklärt und monoton wachsend in z ist und daß in J_0 die UnGln

$$\varrho(t) > \int_0^t \omega(t, \tau, \varrho)\, d\tau \quad \text{und} \quad \delta \leqq \varrho \leqq \varepsilon \quad [\text{bzw.} \quad \delta t \leqq \varrho \leqq \varepsilon]$$

befriedigt werden können. In diesem Falle schreiben wir auch $\omega \in \mathcal{E}$ [bzw. $\in \mathcal{E}_1$].

Zum Beispiel ist $\Omega \in \mathcal{E}$, wenn (neben der Monotonie und der Voraussetzung über den Definitionsbereich) die Gl $\sigma = \Omega\sigma$ in J ein Maximalintegral mit der Eigenschaft 2 IV (δ) besitzt und dieses identisch verschwindet. Speziell ist $\omega(t, \tau, z) \in \mathcal{E}$, wenn ω ein monoton wachsender Kern aus der Klasse $\mathcal{K}$ und die Funktion $\sigma(t) \equiv 0$ das (sicher in J existierende) Maximalintegral der IGl

$$\sigma(t) = \int_0^t \omega(t, \tau, \sigma(\tau))\, d\tau$$

ist. *Dasselbe gilt für* $\omega\in\mathcal{K}_0$: *Existiert das Maximalintegral* $\sigma(t)$ *der genannten IGl in ganz* J *und gilt* $\sigma(t)\equiv 0$ *in* J, *so ist* $\omega\in\mathcal{E}$ (man beachte die Definition 2 III).

Um das letztere einzusehen, bedarf es einer kleinen Überlegung. Die durch $\overline{\omega}(t,\tau,z)=\omega(t,\tau,\min(z,1))$ für $z\geqq 0$, $\overline{\omega}=0$ für $z<0$ definierte Funktion $\overline{\omega}$ ist aus $\mathcal{K}$. Das in ganz J existierende Maximalintegral $\sigma(t)$ der Gl mit $\overline{\omega}$ statt ω verschwindet in J. Das folgt einfach daraus, daß diese Funktion σ in einem eventuell kleineren Intervall, nämlich solange sie $\leqq 1$ ist, auch eine Lösung der ursprünglichen Gl ist. Dieses Maximalintegral $\sigma(t)\equiv 0$ ist nach 2 IV (δ) von oben approximierbar durch Funktionen ϱ, welche den oben an sie gestellten Anforderungen genügen (zunächst bezüglich $\overline{\omega}$ und damit, sobald sie $\leqq 1$ sind, auch bezüglich ω).

III. Eindeutigkeitssatz. *Es sei* $(K\varphi)(0)=0$ *für alle* $\varphi\in Z_c(K)$. *Die Operatorgleichung* (1) *besitzt, wenn für alle* $\varphi,\overline{\varphi}\in Z_c(K)$ *die Abschätzung* (2) *mit* $\Omega\in\mathcal{E}$ *besteht, höchstens eine Lösung.*

Wenn die Gl (1) *eine Maximallösung hat oder wenn es richtig ist, daß mit* u *und* $\overline{u}$ *auch die Funktion* $\max(u,\overline{u})$ *eine Lösung von* (1) *darstellt, dann ist für die Eindeutigkeit statt* (2) *die schwächere Bedingung hinreichend: Es gibt ein* $\Omega\in\mathcal{E}$, *so daß gilt*

(α) *für alle* $\varphi,\overline{\varphi}\in Z_c(K)$, *welche der UnGl* $\varphi\leqq\overline{\varphi}$ *genügen, ist*

$$K\overline{\varphi}-K\varphi\leqq\Omega(\overline{\varphi}-\varphi). \tag{4}$$

Der erste Teil des Satzes ist lediglich ein Sonderfall von Satz I. Sind u und v zwei Lösungen und ist ϱ gemäß II bestimmt, so ist nach I $|v-u|<\varrho\leqq\varepsilon$, wobei $\varepsilon>0$ beliebig vorgegeben werden kann, also $u=v$. Beim zweiten Teil des Satzes gehen wir wieder aus von zwei Lösungen u, v, dürfen jetzt beim Beweis von $u=v$ aber annehmen, daß $u\leqq v$ ist. Wir greifen, wie schon beim Beweis von I, auf 1 VI zurück und ersetzen in 1 VI (β') v, w, K, g durch $v-u$, ϱ, Ω, 0. Da nach (4)

$$v-u=Kv-Ku\leqq\Omega(v-u)$$

ist, erhalten wir $0\leqq v-u<\varrho\leqq\varepsilon$, d.h. $v=u$.

Durch Spezialisierung ergeben sich aus III

IV. Eindeutigkeitsaussagen für Integralgleichungen, welche ihrer Wichtigkeit wegen besonders angeführt werden sollen. *Ist* K *ein Integraloperator*

$$K\varphi=\int_0^t k(t,\tau,\varphi(\tau))\,d\tau,$$

so hat die IGl (1) *höchstens eine Lösung, wenn sich eine Funktion* $\omega\in\mathcal{E}$ *angeben läßt derart, daß für* (t,τ,z), $(t,\tau,\overline{z})\in D(k)$

$$|k(t,\tau,z)-k(t,\tau,\overline{z})|\leqq\omega(t,\tau,|z-\overline{z}|) \tag{2'}$$

ist; besitzt die Gl (1) *ein Maximalintegral, so genügt sogar eine Abschätzung*

$$k(t, \tau, z) - k(t, \tau, \bar{z}) \leqq \omega(t, \tau, z - \bar{z}) \quad \text{für} \quad z \geqq \bar{z} \tag{4'}$$

für die Eindeutigkeit.

Diese Eindeutigkeitsaussagen — sie verallgemeinern einen Satz von SATŌ und IWASAKI (1955) — lassen eine Verschärfung zu, wenn der Kern $k(t, \tau, z)$ im Punkte $((0, 0, g(0))$ stetig ist. Dann strebt für jede Lösung u

$$\frac{1}{t} \int_0^t k(t, \tau, u(\tau))\, d\tau \to k(0, 0, g(0)),$$

also gegen einen von u unabhängigen Grenzwert. Die Differenz zweier Lösungen u, v ist dann sogar $o(t)$ für $t \to +0$, und damit ist die Voraussetzung I (α) nicht nur für $\varrho(0) > 0$, sondern auch für solche ϱ erfüllt, für die $\varrho(t) \geqq \delta t \, (\delta > 0)$ ist.

Die Eindeutigkeit ist also, falls $k(t, \tau, z)$ im Punkte $(0, 0, g(0))$ stetig ist, auch dann schon gesichert, wenn eine Abschätzung (2') *bzw.* (4') *mit einer Funktion $\omega \in \mathscr{E}_1$ möglich ist.*

V. Beispiele. (α) Besonders wichtig für numerische Anwendungen ist die (verallgemeinerte) *Lipschitz-Bedingung*

$$|k(t, \tau, z) - k(t, \tau, \bar{z})| \leqq l(\tau)\, |z - \bar{z}|, \tag{5}$$

wobei $l(\tau) \in L(J)$ vorausgesetzt ist. Es sei $u, v \in Z_c(K)$, $d \in C(J)$ sowie

$$u(t) = g(t) + \int_0^t k(t, \tau, u)\, d\tau, \quad \left| v(t) - g(t) - \int_0^t k(t, \tau, v)\, d\tau \right| \leqq d(t)$$

in J. Hieraus resultiert die Abschätzung

$$\left.\begin{aligned} |v - u| &\leqq d(t) + \int_0^t d(\tau)\, l(\tau)\, e^{L(t) - L(\tau)}\, d\tau \\ &= e^{L(t)} \left[d(0) + \int_0^t d'(\tau)\, e^{-L(\tau)}\, d\tau \right], \end{aligned}\right\} \tag{6}$$

wobei

$$L(t) = \int_0^t l(\tau)\, d\tau$$

ist [die zweite Zeile in (6) ist nur für totalstetiges d richtig].

Das ist ein Sonderfall von I; die rechte Seite von (6) ist, wie wir früher im Beweis zu 1 III gesehen haben, das Maximalintegral der Gl (3), worin jetzt Ω ein Integraloperator mit dem Kern $\omega(t, \tau, z) = l(\tau) z$ ist.

In (6) ist ein Eindeutigkeitssatz sowie ein Satz über stetige Abhängigkeit der Lösung von g und k bei erfüllter Lipschitz-Bedingung enthalten. Für Kerne der Form $k(t, \tau, z) = f(\tau, z)$ wurde er von CARATHÉODORY (1918) angegeben.

(β) Bedingung von OSGOOD (1898), TONELLI (1925)[1] und MONTEL (1926). Es ist

$$\omega(t, \tau, z) = l(\tau)\psi(z) \in \mathscr{E},$$

wenn $0 \leqq l(\tau) \in L(J)$ sowie $\psi(z)$ stetig und monoton wachsend für $z \geqq 0$, $\psi(0) = 0$, $\psi(z) > 0$ für $z > 0$ und das Integral

$$\int_0^1 \frac{dz}{\psi(z)} \quad \text{divergent}$$

ist.

(γ) Bedingung von NAGUMO (1926)[1]:

$$\omega(t, \tau, z) = \frac{z}{\tau} \in \mathscr{E}_1.$$

(δ) Für $0 \leqq l(\tau) \in L(J)$ ist sogar

$$\omega(t, \tau, z) = \left[\frac{1}{\tau} + l(\tau)\right] z \in \mathscr{E}_1.$$

Es ist leicht, für die Beispiele (β)—(δ) Funktionen ϱ anzugeben, wie sie in II verlangt werden. Im Falle (β) kann man etwa die durch die Beziehung

$$\int_\varrho^\varepsilon \frac{dz}{\psi(z)} = \int_t^T l(\tau)\, d\tau$$

definierten Funktionen $\varrho(t)$ wählen — sie genügen der IGl

$$\varrho(t) = \varrho(0) + \int_0^t l(\tau)\psi(\varrho(\tau))\, d\tau, \qquad \varrho(0) > 0$$

—, im Falle (δ) die Funktionen

$$\varrho(t) = C\, t\, e^{L(t)+t}, \qquad C > 0,$$

für welche fast überall $\varrho'(t) = [l(t) + 1 + 1/t]\,\varrho(t) > [l(t) + 1/t]\,\varrho(t)$ gilt, während (γ) ein Sonderfall von (δ) ist (man beachte, daß die Funktionen ϱ in J_0 einer IUnGl unter Ausschluß des Gleichheitszeichens genügen müssen).

(ε) Die von t unabhängige Funktion $\omega(\tau, z)$ sei in $J_0 \times \{z \geqq 0\}$ erklärt, meßbar in τ bei festem z, stetig und monoton wachsend in z bei festem τ. Ferner sei $\omega(\tau, 0) = 0$ und $\omega(\tau, \delta) \in L(t_0 \leqq \tau \leqq T)$ für ein festes $\delta > 0$ und jedes $t_0 \in J_0$. Die Funktion $\sigma(t) \equiv 0$ sei die einzige in J stetige nichtnegative Funktion, welche der IGl

$$\sigma(t) = \int_0^t \omega(\tau, \sigma(\tau))\, d\tau \quad \text{in} \quad J \tag{7}$$

genügt. Dann ist $\omega \in \mathscr{E}$.

[1] Die genannten Autoren betrachten nur den Sonderfall der gewöhnlichen Differentialgleichungen.

Dieser Satz findet sich (für gewöhnliche DGln und mit zusätzlichen Voraussetzungen) bei CODDINGTON-LEVINSON (1955) S. 49—51[1]. Geeignete Funktionen ϱ erhält man, indem man $\omega=0$ für $z\leqq 0$ setzt und $\varrho(t)$ als C-Lösung des Anfangswertproblems $\varrho'(t)=\omega(t,\varrho)$ in J, $\varrho(T)=\varepsilon$ $(0<\varepsilon<\delta)$ nach *links* bis zum Nullpunkt fortsetzt (vgl. dazu die nächste Nummer). Das ist offenbar möglich; es ist $\varrho(t)$ monoton wachsend in t und $\varrho(0)>0$ (andernfalls hätte man eine nichttriviale Lösung von (7)), also

$$\varrho(t)>\int_0^t \omega(\tau,\varrho)\,d\tau \quad \text{in } J.$$

VI. Bemerkung. TONELLI (1925) hat gezeigt, daß V (β) auch ohne die Monotonievoraussetzung über $\psi(z)$ eine Eindeutigkeitsbedingung für gewöhnliche DGln darstellt. Der Nachweis dieser Tatsache mit den hier benutzten Methoden scheint nicht möglich zu sein. Ein direkter Beweis verläuft so: Sind u und v zwei C-Lösungen (vgl. Nr. 5), so auch $\bar{u}=\min(u,v)$ und $\bar{v}=\max(u,v)$. Gibt es eine Stelle t_1, an der $d=\bar{v}-\bar{u}$ positiv ist und ist t_0 die nächste links von t_1 gelegene Nullstelle von $d(t)$, so ist $d'=\bar{v}'-\bar{u}'=f(t,\bar{v})-f(t,\bar{u})\leqq l(t)\psi(d)$, also für $t_0<t\leqq t_1$

$$\int_t^{t_1} d'(\tau)\,[\psi(d(\tau))]^{-1}\,d\tau=\int_{d(t)}^{d(t_1)}[\psi(s)]^{-1}ds\leqq\int_t^{t_1} l(\tau)\,d\tau,$$

woraus sich für $t\to t_0+0$ ein Widerspruch ableitet, da das mittlere Integral gegen ∞ strebt, die rechte Seite aber beschränkt bleibt.

VII. Ober- und Unterfunktionen bei allgemeinen Operatoren. Ist der Operator K nicht monoton wachsend, so lassen sich Ober- und Unterfunktionen nach dem Vorgehen von E VI bestimmen. *Sind v und w zwei Funktionen aus der Klasse $Z_c(K)$ und gilt*

(α) $v(0+)<u(0+)<w(0+)$ *für jede Lösung u der* Gl (1);

(β) $v(t_0)<g(t_0)+(K\varphi)(t_0)<w(t_0)$ *für $t_0\in J_0$ und alle $\varphi\in Z_c(K)$ mit $v<\varphi<w$ in $0<t<t_0$,*
so ist

$$v<u<w \quad \text{in } J_0 \text{ für jede Lösung } u \text{ der Gl (1)}.$$

Aus der Annahme, daß (für eine feste Lösung u) t_0 die erste Stelle ist, an der eine der beiden UnGln der Behauptung verletzt ist, ergibt sich nämlich leicht ein Widerspruch. Ist etwa $v(t_0)=u(t_0)$ und $v<u<w$ für $0<t<t_0$, so folgt aus (β) für $u=\varphi$ sofort $v(t_0)<w(t_0)$.

Die Voraussetzung (β) vereinfacht sich für

VIII. Monoton fallende Operatoren. Das sind solche Operatoren K, für die $-K$ monoton wachsend ist. Ist K monoton fallend und $(K\varphi)(0)=0$ für alle $\varphi\in Z_c(K)$, so sind die beiden UnGln

(β') $v<g+Kw$, $w>g+Kv$ in J

hinreichend dafür, daß v eine Unterfunktion und w eine Oberfunktion ist.

[1] Gemeint ist der a. a. O. S. 51 im Anschluß an den Beweis von Theorem 2.2 formulierte Satz. Dieser bezieht sich auf Systeme von DGln. Bei seiner Spezialisierung auf den Fall *einer* DGl wird eine Abschätzung des *Betrages* wie in (2′) gefordert.

Es sei bemerkt, daß in (β') ebenso wie in VII (β) Gleichheitszeichen zulässig sind, wenn der Operator K einer Eindeutigkeitsbedingung (d.h. der Voraussetzung von 4 III) genügt. Die Begründung dafür lautet fast wörtlich wie in 1 IX (γ).

Ist der Operator K monoton fallend, so ist das Verfahren der sukzessiven Approximation besonders wirkungsvoll. Definiert man, ausgehend von einer Funktion v_0, eine Folge v_n durch $v_{n+1}=g+Kv_n$ und ist dabei $v_0 \leqq v_1$ und $v_0 \leqq v_2$, so folgt daraus nach dem eben Bewiesenen $v_0 \leqq u \leqq v_1$, falls der Operator K einer Eindeutigkeitsbedingung genügt [u ist die eindeutig bestimmte Lösung von (1)]. Daraus ergibt sich durch Induktion leicht

$$v_0 \leqq v_2 \leqq v_4 \leqq \cdots \leqq u \leqq \cdots \leqq v_5 \leqq v_3 \leqq v_1 .$$

Die Approximationen sind also abwechselnd Ober- und Unterfunktionen, und man kann mit ihrer Hilfe in vielen Fällen auch Existenzbeweise führen (vgl. E VII).

Als Beispiel betrachten wir das Anfangswertproblem $y'''+yy''=0$ für $y=y(t)$, $0 \leqq t < \infty$, $y(0)=y'(0)=0$, $y''(0)=1$. Es ist äquivalent mit der folgenden IGl für $u(t)=y''(t)$

$$u(t)=Ku=e^{-\frac{1}{2}\int_0^t (t-\tau)^2 u(\tau)\,d\tau} .$$

Der Operator K ist monoton fallend, und die Folge v_n hat, wenn man etwa mit $v_0=0$ beginnt, die oben genannten Eigenschaften $v_0 \leqq v_1$, $v_0 \leqq v_2$. Auch der Nachweis, daß K einer Eindeutigkeitsbedingung genügt und die v_n konvergieren, ist sehr einfach. Damit ist sowohl ein Existenzbeweis für die Lösung im Intervall $0 \leqq t < \infty$ als auch ein brauchbares numerisches Verfahren angegeben. Auf diese Art wurde das Problem (es tritt bei der Umströmung einer ebenen Platte auf) von H. WEYL (1942) gelöst.

5. Gewöhnliche Differentialgleichungen (im Sinne von CARATHÉODORY)

I. Definition (AWP, *Lösung*, *C-Lösung*, Z, Z_{ac}). Unter dem Anfangswertproblem (=AWP) für eine gewöhnliche DGl 1. Ordnung verstehen wir die Aufgabe, zu einer auf einer gewissen Menge $D(f)$ der (t, z)-Ebene erklärten reellwertigen Funktion $f(t, z)$ und einer gegebenen reellen Zahl η eine Funktion u zu finden, für welche

$$u'(t)=f\big(t, u(t)\big) \tag{1}$$

und $u(0)=\eta$ ist. Wir unterscheiden im folgenden zwei Lösungsbegriffe. Die Funktionenklasse Z enthält alle Funktionen u, welche in J stetig und in J_0 differenzierbar sind, die Klasse Z_{ac} alle in J absolut stetigen

Funktionen u. Ist außerdem $(t, u(t)) \in D(f)$ für $t \in J_0$ bzw. für fast alle $t \in J$, so ist $u \in Z(f)$ bzw. $u \in Z_{ac}(f)$. Eine Funktion $u \in Z(f)$, welche in J_0 der DGl (1) genügt, wird eine *Lösung* dieser DGl genannt, während eine *Lösung im Sinne von Carathéodory* oder kurz *C-Lösung* der Klasse $Z_{ac}(f)$ angehört und der DGl fast überall in J genügt. Wir sprechen von einer Lösung bzw. C-Lösung des AWPs, wenn außerdem die Anfangsbedingung $u(0) = \eta$ erfüllt ist.

In dieser Nummer werden wir uns mit den C-Lösungen befassen, deren Theorie von CARATHÉODORY (1918) begründet wurde. Die Abschätzungs- und Eindeutigkeitstheorie im Bereich der *Lösungen* erfordert andere Beweismethoden und führt auch auf andere Ergebnisse, wie wir in Kap. II sehen werden. Die Funktion u ist genau dann eine C-Lösung des AWPs, wenn $u \in Z_c(f)$[1] und

$$u(t) = \eta + \int_0^t f(\tau, u(\tau))\, d\tau \quad \text{in } J \tag{2}$$

ist. Damit ist das AWP im Bereich der C-Lösungen zurückgeführt auf eine spezielle Klasse von IGln, nämlich solche mit einem von t unabhängigen Kern $k(t, \tau, z) = f(\tau, z)$[2], und die früheren Sätze können sofort auf diesen Fall angewandt werden. Es sei noch darauf hingewiesen, daß nicht jede Lösung auch eine C-Lösung ist (eine differenzierbare Funktion ist nicht notwendig totalstetig!); natürlich ist jede stetig differenzierbare Lösung eine C-Lösung.

II. Existenz- und Eindeutigkeitsaussagen. *Ist $f \in \mathcal{K}$, so hat nach den Ergebnissen von Nr.* 2 *das AWP für jedes η eine C-Lösung, nach* 2 V *gibt es ein Maximal- und ein Minimalintegral, und diese beiden C-Lösungen lassen sich, wenn f monoton wachsend in z ist, im Sinne von* 2 IV (δ) *approximieren.* Dasselbe gilt in einem eventuell kleineren Intervall, wenn $f \in \mathcal{K}_0$ ist; oder auch, wenn f nur in einer Umgebung des Punktes $(0, \eta)$ erklärt und dort meßbar in t und stetig in z ist sowie gemäß (2.3) abgeschätzt werden kann. Außerdem ist der Kern f 1-monoton im Sinne von 3 I, so daß die Existenz des Maximal- und Minimalintegrals auch aus der ganz anders gearteten Beweismethode von 3 IV folgt.

Der Eindeutigkeitssatz gilt also in der verschärften Form (4.4′): *Hinreichend für die Eindeutigkeit ist eine einseitige Abschätzung*

$$f(t, z) - f(t, \bar{z}) \leq \omega(t, z - \bar{z}) \quad \text{für} \quad z \geqq \bar{z}$$

mit $\omega \in \mathcal{E}$ [bzw. $\omega \in \mathcal{E}_1$, falls f im Punkte $(0, \eta)$ stetig ist]. Im besonderen können die Eindeutigkeitskriterien 4 V (α) — (ε) zur Anwendung kommen.

---

[1] Das bedeutet also gemäß 1 I, daß $f(t, u(t)) \in L(J)$ und daß u in J stetig ist. Da die rechte Seite von (2) totalstetig ist, gilt dann automatisch $u \in Z_{ac}(f)$.

[2] Wir benutzen jedoch im Text, ausgenommen in Integralen, die Schreibweise $f(t, z)$ statt $f(\tau, z)$ und später $\omega(t, z)$.

Natürlich läßt sich der Abschätzungssatz 1 VI sofort auf DGln spezialisieren. Dies ergibt einen Satz, bei dem $f(t, z)$ als monoton wachsend in z vorausgesetzt werden muß. Es läßt sich jedoch ein wesentlich schärferes Ergebnis formulieren.

III. Satz. *Es seien $v, w \in Z_{ac}(f)$ und es gelte*

(α) $v(0+) < w(0+)$

(β) $v' \leqq f(t, v)$, $w' \geqq f(t, w)$ *f. ü. in* J.

Dann ist

$$v < w \quad \text{in} \quad J_0,$$

wenn f außerdem der folgenden Bedingung genügt:

(γ) *Zu jedem $t_0 \in J_0$ gibt es ein $\omega(t, z) \in \mathscr{E}$, so daß in einer linksseitigen Umgebung von t_0*

$$f(t, z) - f(t, \bar{z}) \geqq -\omega(t_0 - t, z - \bar{z}) \quad \text{für} \quad z \geqq \bar{z}$$

ist (soweit die Argumente in $D(f)$ liegen).

Die Bedingung 5 III (γ) ist nichts anderes als eine Eindeutigkeitsbedingung „nach links", d.h. eine Bedingung dafür, daß, wenn man von links nach rechts fortschreitet, zwei Lösungen nicht in einem Punkt zusammenlaufen. Übrigens genügt statt (β) die Voraussetzung

(β') *ist $v < w$ für $0 < t < t_0$, $v(t_0) = w(t_0)$, so ist $v' \leqq f(t, v)$, $w' \geqq f(t, w)$ für fast alle t einer linksseitigen Umgebung von t_0.*

Der Beweis geht aus von der Annahme, die Behauptung sei falsch. Dann gibt es eine erste Stelle $t_0 \in J_0$, an der $v = w$ ist. Für die Funktionen $\bar{v}(t) = v(t_0 - t)$, $\bar{w}(t) = w(t_0 - t)$ ist dann

$$\bar{v}(0) = \bar{w}(0), \; \bar{v}' \leqq \bar{f}(t, \bar{v}), \; \bar{w}' \geqq \bar{f}(t, \bar{w}) \quad \text{mit} \quad \bar{f}(t, z) = -f(t_0 - t, z)$$

für kleine positive t. Damit ergibt sich für die Differenz $d = \bar{w} - \bar{v}$ nach der UnGl in (γ)

$$d' = \bar{w}' - \bar{v}' \leqq \bar{f}(t, \bar{w}) - \bar{f}(t, \bar{v}) \leqq \omega(t, d) \quad \text{und} \quad d(0) = 0,$$

d.h. in der Schreibweise von 4 II $d \leqq \Omega d$, während es nach 4 II beliebig kleine Funktionen ϱ gibt, für die $\varrho > \Omega\varrho$ und $\varrho(0) > 0$ ist. Nach 1 VI ist also $d < \varrho \leqq \varepsilon$, d.h. $d \equiv 0$ in einer rechtsseitigen Umgebung der Stelle $t = 0$ oder $v = w$ in einer linksseitigen Umgebung von t_0, was im Widerspruch zur Wahl von t_0 steht.

IV. Ober- und Unterfunktionen. Sind die Funktionen $v, w \in Z_{ac}(f)$ und genügt f der Bedingung III (γ), so ist v eine Unterfunktion, w eine Oberfunktion bezüglich eines vorgegebenen AWPs, wenn

(α) $v(0+) < u(0+) < w(0+)$ für jede C-Lösung u des AWPs;

(β) $v' \leqq f(t, v)$, $w' \geqq f(t, w)$ f.ü. in J

gilt.

Es ist dann $v<u<w$ in J_0. Die Bedingung (α) ist z.B. erfüllt, wenn $v(0)<\eta<w(0)$ ist. (Die Abschätzungen sind voneinander unabhängig.)

V. Abschätzungssatz: *Es seien $u, v \in Z_{ac}(f)$, ϱ und $\bar{\varrho}$ zwei in J_0 positive Funktionen $\in Z_{ac}(\omega)$, wobei $\omega(t,z)$ für $z \geqq 0$ erklärt ist und der Bedingung III (γ) genügt, $\delta(t)$ und $\bar{\delta}(t)$ zwei in J erklärte Funktionen, und es gelte*

(α) $-\bar{\varrho}(0+)<(v-u)(0+)<\varrho(0+)$;

(β) $u'=f(t,u)$, $-\bar{\delta}(t) \leqq v'-f(t,v) \leqq \delta(t)$ *f.ü. in* J;

(γ) $\varrho' \geqq \delta(t)+\omega(t,\varrho)$, $\bar{\varrho}' \geqq \bar{\delta}(t)+\omega(t,\bar{\varrho})$ *f.ü. in* J;

(δ) $f(t,z)-f(t,\bar{z}) \leqq \omega(t,z-\bar{z})$ *für* $z \geqq \bar{z}$ *und* $(t,z), (t,\bar{z}) \in D(f)$.

Dann ist
$$-\bar{\varrho}<v-u<\varrho \quad \text{in} \quad J_0.$$

Wir beweisen zunächst die UnGl $v-u<\varrho$ durch Zurückführung auf III. Wenn die Differenz $d=v-u$ nicht in ganz J kleiner als ϱ ist, dann existiert eine erste Stelle $t_0 \in J_0$ mit $d(t_0)=\varrho(t_0)>0$. Wir wählen eine Stelle t_1, $0<t_1<t_0$, so, daß $d \geqq 0$ in $t_1 \leqq t \leqq t_0$ ist und wenden III an auf das Intervall $[t_1, t_0]$ statt J und die Funktionen d, ϱ, $\delta(t)+\omega(t,z)$ statt v, w, $f(t,z)$. Aus (β) und (δ) folgt
$$d'=v'-u' \leqq \delta(t)+f(t,v)-f(t,u) \leqq \delta(t)+\omega(t,d).$$
Dies zeigt zusammen mit der ersten UnGl (γ) und der UnGl $d(t_1)<\varrho(t_1)$, daß die Voraussetzungen (α) und (β) von III im vorliegenden Fall gelten und daß demnach $d<\varrho$ für $t_1 \leqq t \leqq t_0$ ist, im Widerspruch zur Annahme $d(t_0)=\varrho(t_0)$. In genau derselben Weise wird die UnGl $u-v<\bar{\varrho}$ bewiesen.

VI. Definition ($\mathscr{E}_2$, $\mathscr{E}_3$). Die für $J_0 \times \{z \geqq 0\}$ erklärte Funktion $\omega(t,z)$ gehört zur Klasse $\mathscr{E}_2$ [bzw. $\mathscr{E}_3$], wenn sie die Eigenschaft III (γ) besitzt und wenn zu jedem $\varepsilon>0$ eine in J totalstetige Funktion ϱ und eine Zahl $\delta>0$ existieren, so daß
$$\varrho' \geqq \omega(t,\varrho) \text{ f.ü. in } J \text{ und } \delta \leqq \varrho \leqq \varepsilon \text{ [bzw. } \delta t \leqq \varrho \leqq \varepsilon] \text{ in } J$$
gilt.

VII. Eindeutigkeitssatz. *Das AWP für die Gl* (1) *besitzt höchstens eine C-Lösung, wenn f eine Abschätzung* V(δ) *mit einer Funktion $\omega \in \mathscr{E}_2$ [bzw. $\omega \in \mathscr{E}_3$, falls f an der Stelle $(0,\eta)$ stetig ist] gestattet.*

Die Art und Weise, wie VII auf V zurückgeführt wird, ist unmittelbar ersichtlich (vgl. den Beweis von 4 III).

VIII. Beispiel und Bemerkungen. (α) *Lipschitz-Bedingung.* Die Funktion f genüge in ihrem Definitionsbereich einer einseitigen Lipschitz-Bedingung
$$f(t,z)-f(t,\bar{z}) \leqq l(t)(z-\bar{z}) \quad \text{für} \quad z \geqq \bar{z},$$

wobei $l(t) \in L(J)$ ist. Für die Funktionen $u, v \in Z_{ac}(J)$ gelte V(β) mit $\delta(t), \bar{\delta}(t) \in L(J)$ sowie $-\bar{\varepsilon} \leqq v(0) - u(0) \leqq \varepsilon$, $\varepsilon \geqq 0$, $\bar{\varepsilon} \geqq 0$. Dann ist mit $L(t) = \int\limits_0^t l(\tau)\, d\tau$

$$-e^{L(t)}\left[\bar{\varepsilon} + \int\limits_0^t \bar{\delta}(\tau)\, e^{-L(\tau)}\, d\tau\right] \leqq v(t) - u(t) \leqq e^{L(t)}\left[\varepsilon + \int\limits_0^t \delta(\tau)\, e^{-L(\tau)}\, d\tau\right],$$

solange der links stehende Ausdruck $\leqq 0$ und der rechts stehende $\geqq 0$ ist.

Diese Abschätzung — sie läßt sich leicht aus V ableiten — unterscheidet sich von 4 V vor allem darin, daß die Lipschitz-Bedingung nur einseitig ist und daß das Vorzeichen von $l(t)$ keiner Einschränkung unterliegt. So ist es in manchen Fällen möglich, durch *negative* Lipschitz-„Konstanten" $l(t)$ zu wesentlich genaueren Schranken zu kommen.

(β) Der wesentliche Punkt bei der Abschätzung V ist (δ); man muß, will man zu einer guten Abschätzung gelangen, eine günstige Funktion ω bestimmen. Hierzu ist die Bemerkung nützlich, daß diese Abschätzung gar nicht für *alle* $z \geqq \bar{z}$ gelten muß. Wie der Beweis zeigt, wird davon lediglich in der Form

$$f(t, v) - f(t, u) \leqq \omega(t, v - u), \quad \text{falls} \quad 0 < v - u < \varrho$$
$$f(t, u) - f(t, v) \leqq \omega(t, u - v), \quad \text{falls} \quad 0 < u - v < \bar{\varrho}$$

Gebrauch gemacht. Etwa dasselbe kann man auch direkt aus V(δ) herauslesen, indem man — was nicht verboten ist — den Definitionsbereich von f von vornherein auf die Menge $-\bar{\varrho}(t) \leqq v(t) - z \leqq \varrho(t)$ einschränkt (der Beweis von V zeigt nämlich, daß eine Lösung u — auch unter der so abgeschwächten Voraussetzung (δ) — den eingeschränkten Bereich nicht verlassen kann). Schließlich sei noch bemerkt, daß man auf die Positivität der beiden Schranken $\varrho, \bar{\varrho}$ verzichten kann; dabei muß aber (δ) abgeändert werden.

(γ) Die Aussagen III—VII entsprechen den früheren 1 VI—VII, 4 I—III. Sie sind jedoch nicht Sonderfälle jener Sätze. Das wesentlich Neue besteht darin, daß anstelle einer einschneidenden Monotoniebedingung die viel schwächere Forderung III (γ) getreten ist. In der Tat ist III (γ) in den meisten praktisch vorkommenden Fällen erfüllt, z.B. dann, wenn eine nach unten beschränkte partielle Ableitung $f_z(t, z)$ existiert. Daß übrigens Satz III ohne die Voraussetzung (γ) falsch ist, ja sogar schon dann falsch wird, wenn man dort $\mathscr{E}$ durch $\mathscr{E}_1$ ersetzt, zeigt das folgende Beispiel: $T = 2$, $v \equiv 0$, $w = 1 - t$, $f(t, z) = z/(t-1)$ für $t \neq 1$, $= 0$ für $t = 1$. Die Voraussetzungen III (α) (β) sind erfüllt; trotzdem ist nicht $v < w$ für $0 \leqq t \leqq 2$. Hier läßt sich III (γ) an der Stelle $t_0 = 1$ nicht erfüllen; dies wäre jedoch mit der Nagumo-Funktion $\omega(t, z) = z/t \in \mathscr{E}_1$ möglich. Der Satz läßt sich — immer ohne III (γ) —

auch nicht retten, wenn man in III (β) ein echtes $<$ oder $>$ fordert; man hat, um das einzusehen, nur im genannten Beispiel $f=2z/(t-1)$ zu setzen.

Die Frage liegt nahe: Kann man auch bei den früheren Sätzen durch eine Schlußweise ähnlich der jetzigen die Monotonie umgehen? Ein Blick auf die Beweise der beiden entscheidenden Sätze 1 II (oder 1 VI) und III macht dies wenig wahrscheinlich. Der neue Gedanke bei III besteht darin, bei der IGl nicht die Stelle 0 als Ausgangspunkt zu nehmen, sondern die Stelle t_0, und von dort „nach links" zu schließen. Ein solches Umschreiben der IGl auf eine andere feste Integrationsgrenze ist eben gerade für die einer DGl äquivalenten IGln möglich. Übrigens findet sich ein (allerdings anders gestalteter) Schluß „von rechts nach links" auch beim Eindeutigkeitssatz von KAMKE (1945, S. 139f.).

IX. Integralungleichungen. Das Lemma von GRONWALL 1 III ist der wichtigste Sonderfall des Satzes 1 VI. Die obere Schranke w wird dabei als Lösung einer linearen DGl erhalten. Weitere Sonderfälle mit explizit angebbarer oberer Schranke sind im folgenden Satz enthalten.

Ist $f(t, z) \in \mathscr{K}$ monoton wachsend in z, $g(t)$ totalstetig in J und $u^* \in Z_{ac}(f)$ das Maximalintegral des AWPs

$$u' = g' + f(t, u) \quad f.ü. \text{ in } J, \quad u(0) = g(0),$$

so gilt für jede der IUnGl

$$v(t) \leqq g(t) + \int_0^t f(\tau, v(\tau))\, d\tau$$

genügenden Funktion $v \in Z_c(f)$ die UnGl

$$v \leqq u^* \quad \text{in} \quad J.$$

Es gibt nämlich nach 2 IV (δ) beliebig nahe an u^* gelegene Funktionen w mit

$$w(t) > g(t) + \int_0^t f(\tau, w(\tau))\, d\tau.$$

Aus 1 VI folgt dann die UnGl $v < w$ und daraus die Behauptung auf die übliche Weise.

Es ist nicht schwierig, den Satz auf den Fall zu übertragen, daß f in einem den Punkt $(0, g(0))$ enthaltenden Gebiet $D(f)$ erklärt und so beschaffen ist, daß ein lokaler Existenzsatz gilt.

Der Fall $f(t, z) = l(t)z$ führt, wie gesagt, auf das Lemma von GRONWALL, der Fall $f(t, z) = l(t)\psi(z)$ wurde von BIHARI (1956), der allgemeine Fall (mit schärferen Voraussetzungen) von BABKIN (1953) angegeben.

X. Ein weiterer Satz über Integralungleichungen. Einfache Beispiele (etwa $f(t, z) = -z$, $g(t) = 1$, $u = e^{-t}$, $v = t$) zeigen, daß im obigen Satz die Monotonie von f unentbehrlich ist. Der folgende ähnliche Satz enthält jedoch keine Monotoniebedingung.

Es sei $f(t, z) \in \mathscr{K}$, $v \in Z_c(f)$ und $u^* \in Z_{ac}(f)$ das Maximalintegral des AWPs $u' = f(t, u)$, $u(0) = \eta$. Dann folgt aus $v(0) \leqq \eta$ und

$$v(\bar{t}) - v(t) \leqq \int_t^{\bar{t}} f(\tau, v(\tau))\, d\tau \qquad (0 \leqq t < \bar{t} \leqq T)$$

die UnGl

$$v \leqq u^* \quad in \quad J.$$

Ist v totalstetig, so darf in den Voraussetzungen die IUnGl durch

$$v' \leqq f(t, v) \quad f.ü. \ in \ J$$

ersetzt werden.

Dieser von Baiada (1947) und Cafiero (1948) bewiesene Satz ist in 3 V enthalten (man setze dort $k = f$ und $\alpha = 1$); vgl. auch Lakshmikantham (1957), Olech und Opial (1960).

6. Systeme von Integralgleichungen

In dieser Nummer werden die früheren Ergebnisse auf Systeme von Volterra-IGln

$$u_\nu(t) = g_\nu(t) + \int_0^t k_\nu(t, \tau, u_1(\tau), \ldots, u_n(\tau))\, d\tau \qquad (\nu = 1, \ldots, n) \tag{1}$$

und allgemeiner auf Systeme von Operator-Gln übertragen. Wir werden konsequent von der Vektorschreibweise Gebrauch machen und geben dazu einige

I. Definitionen ($\mathfrak{z}$, $\mathfrak{z} < \bar{\mathfrak{z}}$, $|\mathfrak{z}|$, $\boldsymbol{\varphi} \in C(J)$, ...). Es sei $\mathfrak{z} = (z_1, \ldots z_n)$, $n \geqq 1$, ein Punkt (oder Vektor) des E^n. Unter $|\mathfrak{z}|$ verstehen wir den Vektor

$$|\mathfrak{z}| = (|z_1|, \ldots, |z_n|).$$

Eine UnGl zwischen Vektoren $\mathfrak{y} = (y_1, \ldots y_n)$ und $\mathfrak{z}$ ist definiert als

$$\mathfrak{y} < \mathfrak{z} \quad \text{gleichbedeutend mit} \quad y_\nu < z_\nu \quad \text{für} \quad \nu = 1, \ldots, n$$

(entsprechendes gilt für die Zeichen $\leqq$, $>$, $\geqq$). Ist eine von einer reellen Variablen t abhängende Funktion $\boldsymbol{\varphi}(t) = (\varphi_1(t), \ldots, \varphi_n(t))$ gegeben so bedeuten Aussagen wie „$\boldsymbol{\varphi}$ ist stetig in J", „$\boldsymbol{\varphi} \in L(J)$", ..., daß die entsprechende Eigenschaft jeder einzelnen Komponente $\varphi_\nu(t)$ zukommt. Gelegentlich werden zur Verdeutlichung Formulierungen wie „Vektor-Funktion $\boldsymbol{\varphi}(t)$", „skalare Funktion $\varphi(t)$" gebraucht.

II. Definitionen $\big(\boldsymbol{K}, Z_c(\boldsymbol{K})$, *Operator, monoton wachsender Operator,* $\mathcal{K}^n$, $\mathcal{K}_0^n$, $\boldsymbol{\varphi}(a+)<\bar{\boldsymbol{\varphi}}(a+)$, *Monotonie in* $\boldsymbol{z}$, *Quasimonotonie in* $\boldsymbol{z}\big)$. Ein Operator $\boldsymbol{K}$ ist eine Abbildung, welche jeder Vektor-Funktion $\boldsymbol{\varphi}(t)$ aus einer gewissen Menge $Z_c(\boldsymbol{K}) \subset C(J)$ eine in J erklärte Vektorfunktion $\boldsymbol{K\varphi}$ zuordnet. Für jedes feste t ist also $(\boldsymbol{K\varphi})(t) \in E^n$. Die monoton wachsenden Operatoren sind wie in 1 IV definiert, nur mit fett gedrucktem $\boldsymbol{\varphi}$, $\bar{\boldsymbol{\varphi}}$, $\boldsymbol{K}$. Ist speziell ein Integraloperator mit einem Kern $\boldsymbol{k}(t, \tau, \boldsymbol{z}) = \big(k_1(t, \tau, z_1, \ldots, z_n), \ldots, k_n(t, \tau, z_1, \ldots, z_n)\big)$ gegeben, so definieren wir die Klasse $Z_c(\boldsymbol{k})$ wie in 1 I ($\boldsymbol{k}$, $\boldsymbol{z}$ fett), die Klassen $\mathcal{K}^n$ und $\mathcal{K}_0^n$ wie in 2 I ($\boldsymbol{k}$, $\boldsymbol{z}$, $\boldsymbol{h}$, $\boldsymbol{M}>0$ fett)[1]. Ebenso ist $\boldsymbol{\varphi}(a+)<\bar{\boldsymbol{\varphi}}(a+)$ wie bei skalaren Funktionen in 1 V erklärt.

Eine von $\boldsymbol{z}=(z_1, \ldots, z_n)$ und eventuell noch anderen Variablen, die unter der Bezeichnung x zusammengefaßt sein mögen, abhängende, in $D(\boldsymbol{F})$ definierte Vektorfunktion $\boldsymbol{F}(x, \boldsymbol{z}) = \big(F_1(x, \boldsymbol{z}), \ldots, F_n(x, \boldsymbol{z})\big)$ wird „*monoton wachsend in* $\boldsymbol{z}$" genannt, wenn

$$\boldsymbol{F}(x, \boldsymbol{z}) \leqq \boldsymbol{F}(x, \bar{\boldsymbol{z}}) \quad \text{für} \quad \boldsymbol{z} \leqq \bar{\boldsymbol{z}}$$

ist, „*quasimonoton wachsend in* $\boldsymbol{z}$", wenn für $\nu=1, \ldots, n$

$$F_\nu(x, \boldsymbol{z}) \leqq F_\nu(x, \bar{\boldsymbol{z}}) \quad \text{für} \quad \boldsymbol{z} \leqq \bar{\boldsymbol{z}},\ z_\nu = \bar{z}_\nu$$

ist $\big($soweit $(x, \boldsymbol{z})$, $(x, \bar{\boldsymbol{z}}) \in D(F)$ ist$\big)$.

Ist $\boldsymbol{F}(x, \boldsymbol{z})$ bei festem x für alle $\boldsymbol{z}$ definiert (oder allgemeiner für die $\boldsymbol{z}$ einer konvexen Menge des E^n), so ist $\boldsymbol{F}$ genau dann in $\boldsymbol{z}$ monoton wachsend, wenn jede Komponente $F_\nu(x, z_1, \ldots, z_n)$ in jeder der Variablen z_μ monoton wachsend im üblichen Sinne ist, und genau dann quasimonoton wachsend in $\boldsymbol{z}$, wenn jede Komponente F_ν in jeder der Variablen z_μ mit $\mu \neq \nu$ monoton wachsend im üblichen Sinne ist. Der Leser sei darauf hingewiesen, daß diese Aussage im allgemeinen falsch wird, wenn der Definitionsbereich keine konvexe Menge ist. Eine nähere Diskussion dieser Tatsache und kritische Bemerkungen über frühere Arbeiten finden sich bei WAŻEWSKI (1950). Die Bedeutung der Monotonieeigenschaft, welche hier Quasimonotonie genannt wird, bei der Übertragung grundlegender Sätze von *einer* DGl auf *Systeme* von DGln wurde zuerst von KAMKE (1932) erkannt. Für $n=1$ ist jede Funktion quasimonoton.

Wir haben es im folgenden mit der Operator-Gl

$$\boldsymbol{u} = \boldsymbol{g} + \boldsymbol{K}\boldsymbol{u} \tag{2}$$

bzw. der IGl (1), die auch in der Form

$$\boldsymbol{u}(t) = \boldsymbol{g}(t) + \int_0^t \boldsymbol{k}\big(t, \tau, \boldsymbol{u}(\tau)\big)\, d\tau \tag{1'}$$

---

[1] Gleichbedeutend ist $|k_\nu(t, \tau, \boldsymbol{z})| \leqq h(\tau) \in L(J)$ für $0 \leqq \tau \leqq t \leqq T$, $|z_\mu| < M$, $\mu, \nu = 1, \ldots, n$.

geschrieben werden kann, zu tun. Die durch die gewählte Schreibweise noch unterstrichene formale Übereinstimmung mit dem früheren erstreckt sich auf weite Teile der bisherigen Theorie. Beginnen wir mit Nr. 1! Der Satz 1 VI gilt ohne Änderung, abgesehen vom Fettdruck, und soll seiner Wichtigkeit wegen nochmals formuliert werden.

III. Satz. *Ist* $\boldsymbol{v}, \boldsymbol{w} \in Z_c(\boldsymbol{K})$ *und* $\boldsymbol{K}$ *ein monoton wachsender Operator, so folgt aus*

(α) $\boldsymbol{v}(0+) < \boldsymbol{w}(0+)$;

(β) $\boldsymbol{v} - \boldsymbol{K}\boldsymbol{v} < \boldsymbol{w} - \boldsymbol{K}\boldsymbol{w}$ *in* J_0

die UnGl

$$\boldsymbol{v} < \boldsymbol{w} \quad in \quad J_0.$$

Ebenso bleibt 1 VII *wörtlich richtig.*

Der Beweis von 1 VI erfährt eine kleine Änderung. Die Stelle t_0 ist jetzt so zu bestimmen, daß $\boldsymbol{v}(t) < \boldsymbol{w}(t)$ für $0 < t < t_0$ und $v_\nu(t_0) = w_\nu(t_0)$ für mindestens ein ν ist. Alles andere bleibt wie früher.

Daß auch die Verallgemeinerungen 1 VIII sinngemäß gelten, liegt auf der Hand.

Hieraus ergibt sich ohne Mühe die Ausdehnung von 5 IX auf Systeme von gewöhnlichen DGln; sie wurde von Opial (1957) und Ważewski (1957) angegeben.

Die Nr. 2 bietet ebenfalls keine Schwierigkeiten. Wir können den Existenzsatz 2 II, die Definition des Maximal- und Minimalintegrals und Satz 2 IV übernehmen [in 2 IV (α) z.B. heißt es $\boldsymbol{\delta} > 0$, $|\boldsymbol{\varepsilon}| < \boldsymbol{\delta}$ und $\boldsymbol{u} = \boldsymbol{g} + \boldsymbol{\varepsilon} + \boldsymbol{K}\boldsymbol{u}$). Dagegen ist eine Übersetzung von 2 V nicht sinnvoll. Mit anderen Worten: *Die erste der beiden in Nr.* 2 *geschilderten Methoden zur Konstruktion von Maximal- und Minimalintegralen ist auf Systeme von IGln übertragbar (bei ihr muß der Kern* $\boldsymbol{k}$ *in* $\boldsymbol{z}$ *monoton wachsend sein), aber nicht die zweite.* Letzteres konnte auch nicht erwartet werden; man weiß ja, daß bei Systemen von gewöhnlichen DGln im allgemeinen kein Maximalintegral existiert. Es gilt also der

IV. Satz. *Ist* $\boldsymbol{g} \in C(J)$, $\boldsymbol{k} \in \mathscr{K}^n$, *so existiert eine Lösung der IGl* (1). *Ist* $\boldsymbol{k}$ *ein monoton wachsender Kern, d.h. ist* $\boldsymbol{k}(t, \tau, \boldsymbol{z}) \leqq \boldsymbol{k}(t, \tau, \bar{\boldsymbol{z}})$ *für* $\boldsymbol{z} \leqq \bar{\boldsymbol{z}}$, *so existiert ein Maximal- und ein Minimalintegral. Für* $\boldsymbol{k} \in \mathscr{K}_0^n$ *gelten diese Aussagen entweder in* J *oder in einem Intervall* $0 \leqq t < T_1$, $T_1 \in J_0$. *Das Maximalintegral läßt sich durch Oberfunktionen, das Minimalintegral durch Unterfunktionen gemäß* 2 IV (δ) *approximieren.*

Eine Übertragung von Nr. 3 führt zu Weitläufigkeiten und soll deshalb nicht durchgeführt werden. Die Sätze der Nr. 4 bieten dagegen keine Schwierigkeiten.

V. Satz und Definition ($\mathscr{E}^n$, $\mathscr{E}_1^n$). Der Abschätzungssatz 4 I gilt auch für Systeme ($\boldsymbol{K}$, $\boldsymbol{\Omega}$, $\boldsymbol{\varphi}$, $\overline{\boldsymbol{\varphi}}$, $\boldsymbol{u}$, $\boldsymbol{v}$, $\boldsymbol{\rho}$, $\boldsymbol{g}$, $\boldsymbol{d}$, $\boldsymbol{\sigma}$, $\boldsymbol{\omega}$, $\boldsymbol{z}$ fett). Die Klassen $\mathscr{E}^n$, $\mathscr{E}_1^n$

seien wörtlich wie die Klassen $\mathcal{E}$, $\mathcal{E}_1$ in 4 II definiert, nur mit fett gedrucktem $\boldsymbol{\Omega}$, $\boldsymbol{\varphi}$, $\boldsymbol{\rho}$, $\boldsymbol{\epsilon}>0$, $\boldsymbol{\delta}>0$, $\boldsymbol{\omega}(t,\tau,\boldsymbol{z})$. Dann gelten der Eindeutigkeitssatz 4 III und die Eindeutigkeitsaussagen für IGln 4 IV auch für die Gln (2) bzw. (1) (mit Fettdruck an den entsprechenden Stellen).

Zum Beispiel lautet die Eindeutigkeitsbedingung (4.2') für Systeme von IGln $|\boldsymbol{k}(t,\tau,\boldsymbol{z})-\boldsymbol{k}(t,\tau,\bar{\boldsymbol{z}})|\leqq\boldsymbol{\omega}(t,\tau,|\boldsymbol{z}-\bar{\boldsymbol{z}}|)$ oder ausführlich

$$|k_\nu(t,\tau,z_1,\ldots,z_n)-k_\nu(t,\tau,\bar{z}_1,\ldots,\bar{z}_n)|\leqq\omega_\nu(t,\tau,|z_1-\bar{z}_1|,\ldots,|z_n-\bar{z}_n|)$$

$(\nu=1,\ldots,n)$. Die einseitigen Abschätzungen 4 III (α) und (4.4') können ebenfalls vektoriell gelesen werden (Voraussetzung ist die Existenz eines Maximalintegrals).

VI. Beispiele. (α) *Lipschitz-Bedingung.* Die Funktion $\boldsymbol{\omega}(t,\tau,\boldsymbol{z})$ mit den Komponenten

$$\omega_\nu(t,\tau,\boldsymbol{z})=l(\tau)(z_1+\cdots+z_n)\qquad(\nu=1,\ldots,n)$$

ist aus der Klasse $\mathcal{E}^n$, falls $0\leqq l(t)\in L(J)$ ist, wie man mit Hilfe der Funktionen

$$\varrho_\nu(t)=C\,e^{nL(t)},\qquad L(t)=\int_0^t l(\tau)\,d\tau,\qquad C>0\qquad(\nu=1,\ldots,n)$$

leicht nachrechnet.

(β) *Verallgemeinerte Nagumo-Bedingung.* Die $n\times n$-Matrix $A=(a_{\mu\nu})$ habe nur nichtnegative Elemente, $a_{\mu\nu}\geqq 0$, und sie sei unzerlegbar. Dann besitzt A nach dem Satz von Frobenius einen positiven Eigenwert λ und einen zugehörigen positiven Eigenvektor $\boldsymbol{\alpha}=(\alpha_1,\ldots,\alpha_n)>0$. Der Eigenwert λ übertrifft die Realteile aller übrigen Eigenwerte [vgl. etwa Gantmacher (1959), Kapitel XIII]. Ist $\lambda\leqq 1$, so ist

$$\omega_\nu(t,\tau,z)=\frac{1}{\tau}(a_{\nu 1}z_1+\cdots a_{\nu n}z_n)\qquad(\nu=1,\ldots,n)$$

und sogar

$$\omega_\nu(t,\tau,z)=\frac{1}{\tau}(a_{\nu 1}z_1+\cdots+a_{\nu n}z_n)+l(\tau)(z_1+\cdots+z_n)\qquad(\nu=1,\ldots,n)$$

aus der Klasse $\mathcal{E}_1^n$ $[0\leqq l(t)\in L(J)]$.

Zum Beweis dieser Behauptung betrachten wir die Vektorfunktionen $\boldsymbol{\rho}$ mit den Komponenten

$$\varrho_\nu=C\alpha_\nu t\varphi(t)\quad\text{mit}\quad C>0,\qquad\varphi(t)=e^{\beta L(t)},\qquad\beta=2\max_\nu\frac{\alpha_1+\cdots+\alpha_n}{\alpha_\nu}.$$

Es ist

$$\varrho_\nu'=C\alpha_\nu\varphi(t)[1+\beta t l(t)]\geqq C\varphi(t)[a_{\nu 1}\alpha_1+\cdots+a_{\nu n}\alpha_n+\alpha_\nu\beta t l(t)]>$$
$$>\frac{1}{t}(a_{\nu 1}\varrho_1+\cdots+a_{\nu n}\varrho_n)+l(t)(\varrho_1+\cdots+\varrho_n),$$

woraus die Behauptung folgt. Man vergleiche dazu Beispiel 14 III (γ).

Wir kommen zur Nr. 5! Das AWP für ein System von DGln

$$\boldsymbol{u}'=\boldsymbol{f}(t,\boldsymbol{u}),\quad\boldsymbol{u}(0)=\boldsymbol{\eta}\tag{3}$$

sowie die Klassen $Z(\mathbf{f})$, $Z_{ac}(\mathbf{f})$ und die verschiedenen Lösungsbegriffe sind wie in 5 I definiert. Ein allgemeiner Existenzsatz läßt sich aus IV entnehmen. Die dort ebenfalls enthaltenen Aussagen über Maximal- und Minimalintegrale werden später verschärft werden. Für die Eindeutigkeit ist eine Abschätzung

$$|\mathbf{f}(t, \mathbf{z}) - \mathbf{f}(t, \bar{\mathbf{z}})| \leqq \boldsymbol{\omega}(t, |\mathbf{z} - \bar{\mathbf{z}}|) \tag{4}$$

mit $\boldsymbol{\omega} \in \mathscr{E}^n$ [bzw. $\boldsymbol{\omega} \in \mathscr{E}_1^n$, wenn $\mathbf{f}$ im Punkte $(0, \boldsymbol{\eta})$ stetig ist] hinreichend[1].

Etwas mehr Schwierigkeiten bereitet 5 III, insbesondere das n-dimensionale Analogon zu der Bedingung 5 III (γ). Es ist enthalten im folgenden

VII. Satz. *Es sei $\mathbf{f}(t, \mathbf{z})$ quasimonoton wachsend in $\mathbf{z}$, ferner $\mathbf{v}, \mathbf{w} \in Z_{ac}(\mathbf{f})$ und*

(α) $\mathbf{v}(0+) < \mathbf{w}(0+)$;

(β) $\mathbf{v}' \leqq \mathbf{f}(t, \mathbf{v})$, $\mathbf{w}' \geqq \mathbf{f}(t, \mathbf{w})$ *f.ü. in J.*

Dann gilt

$$\mathbf{v} < \mathbf{w} \quad in \quad J_0,$$

wenn $\mathbf{f}$ außerdem der folgenden Bedingung genügt:

(γ) *Die Komponente f_ν besitzt die Eigenschaft* 5 III (γ) *bezüglich z_ν, d.h. zu jedem $t_0 \in J_0$ und jedem ν gibt es ein $\omega(t, z) \in \mathscr{E}$, so daß in einer linksseitigen Umgebung von t_0*

$$f_\nu(t, \mathbf{z}) - f_\nu(t, \bar{\mathbf{z}}) \geqq -\omega(t_0 - t, z_\nu - \bar{z}_\nu) \quad \text{für} \quad z_\nu \geqq \bar{z}_\nu,\ z_\mu = \bar{z}_\mu\ (\mu \neq \nu)$$

ist (soweit die Argumente in $D(\mathbf{f})$ liegen).

Der Beweis von 5 III muß modifiziert werden. Die Stelle t_0 wird so gewählt, daß $\mathbf{v} < \mathbf{w}$ für $0 < t < t_0$ und $v_\nu(t_0) = w_\nu(t_0)$ für mindestens ein ν ist. Mit den Bezeichnungen $\bar{\mathbf{v}}(t) = \mathbf{v}(t - t_0)$, $\bar{\mathbf{w}}(t) = \mathbf{w}(t - t_0)$, $\bar{\mathbf{f}}(t, \mathbf{z}) = -\mathbf{f}(t - t_0, \mathbf{z})$, $d(t) = \bar{w}_\nu(t) - \bar{v}_\nu(t)$ wird

$$\begin{aligned} d' = \bar{w}_\nu' - \bar{v}_\nu' &\leqq \bar{f}_\nu(t, \bar{\mathbf{w}}) - \bar{f}_\nu(t, \bar{\mathbf{v}}) \\ &\leqq \bar{f}_\nu(t, \bar{v}_1, \ldots, \bar{v}_{\nu-1}, \bar{w}_\nu, \bar{v}_{\nu+1}, \ldots, \bar{v}_n) - \bar{f}_\nu(t, \mathbf{v}) \leqq \omega(t, d), \end{aligned}$$

wobei die Monotonie von $\mathbf{f}$ benutzt wurde. Alles Weitere ergibt sich wie in 5 III. Wir bemerken noch, daß von den Voraussetzungen (β) (γ) nur in der folgenden schwächeren Form Gebrauch gemacht wurde:

(β') Ist $\mathbf{v} < \mathbf{w}$ in einem Intervall $0 < t < t_0$ und $v_\nu(t_0) = w_\nu(t_0)$, so gilt

$$v_\nu' \leqq f_\nu(t, \mathbf{v}), \quad w_\nu' \geqq f_\nu(t, \mathbf{w}) \quad \text{f.ü. in} \quad t_0 - \varepsilon < t < t_0 \quad (\varepsilon > 0);$$

(γ') $g_\nu(t, z) = f_\nu(t, v_1, \ldots, v_{\nu-1}, z, v_{\nu+1}, \ldots, v_n)$ besitzt die Eigenschaft 5 III (γ) ($\nu = 1, \ldots, n$).

---

[1] Man beachte die schon in Nr. 5 angewandte Schreibweise $\mathbf{f}(t, \mathbf{z})$ und $\boldsymbol{\omega}(t, \mathbf{z})$ statt $\mathbf{f}(\tau, \mathbf{z})$ und $\boldsymbol{\omega}(\tau, \mathbf{z})$.

Der vorstehende Satz ist, ebenso wie 5 III, grundlegend. Der wesentliche Fortschritt gegenüber III drückt sich in der Bedingung (γ) aus, die an die Stelle der Monotonie getreten ist. Allerdings ist der Unterschied nicht so auffällig wie bei *einer* DGl, da bei der Komponente f_ν die Monotonieforderung in den Variablen z_μ mit $\mu \neq \nu$ bestehen bleibt. Nun lassen sich auch 5 IV—VIII in verschärfter Form übertragen. Wir werden uns dabei kurz fassen.

Ober- und Unterfunktionen können wie in 5 IV definiert werden, wenn $\boldsymbol{f}$ in $\boldsymbol{z}$ quasimonoton wachsend ist und der Bedingung VII (γ) genügt. Aus 5 V wird der folgende

VIII. Abschätzungssatz. *Die Funktion* $\boldsymbol{\omega}(t, \boldsymbol{z})$ *sei auf* $J \times \{\boldsymbol{z} \geqq \boldsymbol{0}\}$ *erklärt und in* $\boldsymbol{z}$ *quasimonoton wachsend; sie genüge ferner der Bedingung* VII (γ). *Für die Funktionen* $\boldsymbol{u}, \boldsymbol{v} \in Z_{ac}(\boldsymbol{f})$, $\boldsymbol{\rho} \in Z_{ac}(\boldsymbol{\omega})$ *und* $\boldsymbol{\delta}(t)$ *gelte*

(α) $|\boldsymbol{v} - \boldsymbol{u}|(0+) < \boldsymbol{\rho}(0+)$;

(β) $\boldsymbol{u}' = \boldsymbol{f}(t, \boldsymbol{u})$, $|\boldsymbol{v}' - \boldsymbol{f}(t, \boldsymbol{v})| \leqq \boldsymbol{\delta}(t)$ *f.ü. in* J;

(γ) $\boldsymbol{\rho}' \geqq \boldsymbol{\delta}(t) + \boldsymbol{\omega}(t, \boldsymbol{\rho})$ *f.ü. in* J;

(δ) $\left.\begin{matrix} f_\nu(t, \boldsymbol{v}) - f_\nu(t, \boldsymbol{v} - \boldsymbol{z}) \\ f_\nu(t, \boldsymbol{v} + \boldsymbol{z}) - f_\nu(t, \boldsymbol{v}) \end{matrix}\right\} \leqq \omega_\nu(t, |\boldsymbol{z}|)$ *für* $|\boldsymbol{z}| \leqq \boldsymbol{\rho}$, $0 \leqq z_\nu \leqq \varrho_\nu$.

Dann ist

$$|\boldsymbol{u} - \boldsymbol{v}| < \boldsymbol{\rho} \quad in \quad J_0.$$

Wir deuten den Beweis nur an. Zunächst ergibt sich aus VII [mit $\boldsymbol{v} \equiv \boldsymbol{0}, \boldsymbol{w} = \boldsymbol{\rho}$ und $\boldsymbol{f} = \boldsymbol{\omega}$], daß $\boldsymbol{\rho} > \boldsymbol{0}$ ist [nach (δ) ist $\boldsymbol{\omega}(t, \boldsymbol{0}) \geqq \boldsymbol{0}$]. Der eigentliche Beweis geschieht durch Zurückführung auf VII mit $|\boldsymbol{v} - \boldsymbol{u}|$, $\boldsymbol{\rho}$, $\boldsymbol{\delta}(t) + \boldsymbol{\omega}(t, \boldsymbol{z})$ anstelle von $\boldsymbol{v}, \boldsymbol{w}, \boldsymbol{f}(t, \boldsymbol{z})$, wobei dieser Satz mit der Voraussetzung (β') angewandt wird[1].

In VIII ist enthalten ein

IX. Eindeutigkeitssatz. *Das AWP* (3) *besitzt höchstens eine C-Lösung, wenn* $\boldsymbol{f}(t, \boldsymbol{z})$ *eine Abschätzung*

$$f_\nu(t, \boldsymbol{z}) - f_\nu(t, \bar{\boldsymbol{z}}) \leqq \omega_\nu(t, |\boldsymbol{z} - \bar{\boldsymbol{z}}|) \quad \text{für} \quad z_\nu \geqq \bar{z}_\nu \quad \text{und} \quad (t, \boldsymbol{z}), (t, \bar{\boldsymbol{z}}) \in D(\boldsymbol{f})$$

$(\nu = 1, \ldots, n)$ *mit* $\boldsymbol{\omega} \in \mathscr{E}_2^n$ *[bzw.* $\boldsymbol{\omega} \in \mathscr{E}_3^n$, *falls* $\boldsymbol{f}$ *an der Stelle* $(0, \boldsymbol{\eta})$ *stetig ist] gestattet.*

Dabei sind die beiden Klassen $\mathscr{E}_2^n$, $\mathscr{E}_3^n$ wie die entsprechenden Klassen in 5 VI definiert $(\boldsymbol{\omega}(t, \boldsymbol{z}), \boldsymbol{\rho}, \boldsymbol{\varepsilon} > \boldsymbol{0}, \boldsymbol{\delta} > \boldsymbol{0})$, jedoch mit VII (γ) statt 5 III (γ) sowie der Forderung, daß $\boldsymbol{\omega}$ in $\boldsymbol{z}$ quasimonoton wachsend ist.

[1] Der obige Satz unterscheidet sich von dem entsprechenden eindimensionalen Abschätzungssatz 5 V vor allem darin, daß nach oben und nach unten mit ein und derselben Schranke abgeschätzt wird. Ein allgemeinerer Satz für Systeme, dem dieser Mangel nicht anhaftet, wird in 13 V bewiesen werden (seine Übertragung auf C-Lösungen ist nicht schwierig). Die Bemerkungen im Anschluß an 13 V zeigen jedoch, daß ein solcher Satz nur geringe praktische Bedeutung hat.

Als letzte Anwendung von VII bringen wir einen Satz über Maximal- und Minimalintegrale. Genügt die in $\boldsymbol{z}$ quasimonoton wachsende Funktion $\boldsymbol{f}(t, \boldsymbol{z})$ der Bedingung VII (γ) und sind für eine Folge $\boldsymbol{\epsilon}_n$ von Vektoren mit den Eigenschaften $\boldsymbol{\epsilon}_n > \boldsymbol{\epsilon}_{n+1} > \boldsymbol{0}$, $\boldsymbol{\epsilon}_n \to \boldsymbol{0}$ die AWPe

$$\boldsymbol{u}' = \boldsymbol{f}(t, \boldsymbol{u}), \quad \boldsymbol{u}(0) = \boldsymbol{\eta} + \boldsymbol{\epsilon}_n$$

lösbar — eine Lösung möge $\boldsymbol{u}_n$ heißen — so ergibt sich aus VII, daß $\boldsymbol{u}_n > \boldsymbol{u}_{n+1}$ und $\boldsymbol{u}_n > \boldsymbol{u}$ für jede Lösung $\boldsymbol{u}$ des AWPs (3) ist. Schreibt man diese AWPe als IGln, so kann man unter sehr allgemeinen Voraussetzungen über $\boldsymbol{f}$ unter dem Integralzeichen den Grenzübergang $n \to \infty$ durchführen. Auf diese Weise zeigt man, daß die Folge $\boldsymbol{u}_n$ gegen eine Lösung $\boldsymbol{u}^*$, nämlich das gesuchte Maximalintegral des AWPs (3), konvergiert. Ähnlich verfährt man beim Minimalintegral.

X. Satz. Das AWP (3) besitzt, wenn $\boldsymbol{f} \in \mathscr{K}$ in $\boldsymbol{z}$ quasimonoton wachsend ist und die Eigenschaft VII (γ) hat, in J ein Maximal- und ein Minimalintegral. Ist $\boldsymbol{f}$ nur aus $\mathscr{K}_0$, so existiert das Maximalintegral entweder in J oder in einem größten Intervall $0 \leqq t < T^* \leqq T$; im letzteren Fall gilt $\limsup_{t \to T^*} |u_\nu(t)| = \infty$ für mindestens ein ν (entsprechend für das Minimalintegral).

XI. Ober- und Unterfunktionen lassen sich auch für beliebige rechte Seiten $\boldsymbol{f}$ durch DUnGln charakterisieren. Es besteht allerdings die Schwierigkeit, daß man gleichzeitig eine Ober- und eine Unterfunktion angeben muß. Die Funktion $\boldsymbol{v} \in Z_{ac}(\boldsymbol{f})$ ist eine Unterfunktion, die Funktion $\boldsymbol{w} \in Z_{ac}(\boldsymbol{f})$ eine Oberfunktion bezüglich des AWPs (3), wenn

(α) $\boldsymbol{v}(0+) < \boldsymbol{u}(0+) < \boldsymbol{w}(0+)$ für jede Lösung $\boldsymbol{u}$;

(β) $\boldsymbol{v}'(t) \leqq \boldsymbol{f}(t, \boldsymbol{z}) \leqq \boldsymbol{w}'(t)$ für $\boldsymbol{v}(t) \leqq \boldsymbol{z} \leqq \boldsymbol{w}(t)$ f.ü. in J

ist. Genügt $\boldsymbol{f}$ der Bedingung VII (γ), so darf (β) ersetzt werden durch

(β') $v_\nu'(t) \leqq f_\nu(t, \boldsymbol{z})$ für $\boldsymbol{v}(t) \leqq \boldsymbol{z} \leqq \boldsymbol{w}(t)$, $v_\nu(t) = z_\nu$ f.ü. in J
$w_\nu'(t) \geqq f_\nu(t, \boldsymbol{z})$ für $\boldsymbol{v}(t) \leqq \boldsymbol{z} \leqq \boldsymbol{w}(t)$, $w_\nu(t) = z_\nu$ f.ü. in J.

In beiden Fällen ist

$$\boldsymbol{v} < \boldsymbol{u} < \boldsymbol{w} \text{ in } J_0 \text{ für jede Lösung } \boldsymbol{u} \text{ des AWPs (3).}$$

Nehmen wir zum Beweis an, eine dieser UnGln sei falsch, und es sei etwa $\boldsymbol{v} < \boldsymbol{u} < \boldsymbol{w}$ für $0 < t < t_0$, $u_\nu(t_0) = w_\nu(t_0)$. Im ersten Fall haben wir dann $\boldsymbol{u}' \leqq \boldsymbol{w}'$ im ganzen Intervall $0 \leqq t \leqq t_0$, woraus sofort ein Widerspruch folgt. Im zweiten Fall ist für $0 \leqq t \leqq t_0$

$$u_\nu' = g(t, u_\nu), \quad w_\nu' = g(t, w_\nu) \quad \text{mit} \quad g(t, z) = f_\nu(t, u_1, \ldots, u_{\nu-1}, z, u_{\nu+1}, \ldots, u_n).$$

Ein Widerspruch zur Gleichung $u_\nu(t_0) = w_\nu(t_0)$ ergibt sich hieraus mit Hilfe von 5 III, angewandt auf u_ν, w_ν, g statt v, w, f [man beachte, daß g die Eigenschaft 5 III (γ) besitzt].

Die zu XI analogen Ergebnisse für DGln im klassischen Sinne wurden von M. Müller (1927) gefunden.

7. Abschätzung von Systemen mit *K*-Normen

Eine zweite Methode, um den Satz 4 I und ähnliche Sätze auf Systeme zu übertragen, besteht darin, von der Vektorfunktion $\boldsymbol{v}(t)-\boldsymbol{u}(t)$ [$\boldsymbol{u}(t)$ sei eine Lösung, $\boldsymbol{v}(t)$ eine Näherungslösung der Gl (6.2)] mittels einer Norm auf die skalare Funktion $\|\boldsymbol{v}(t)-\boldsymbol{u}(t)\|$ überzugehen und diese skalare Funktion mit Hilfe entsprechender „skalarer" Sätze abzuschätzen. So erhält man skalare Schranken im Gegensatz zu Nr. 6, wo die Schranke ein n-dimensionaler Vektor war. Grundsätzlich sind zwischen diesen beiden Extremen auch Zwischenstufen möglich. Die Schranke ist dann ein Vektor von niedrigerer Dimension, und es werden die Komponenten der abzuschätzenden Funktion in Gruppen eingeteilt, wobei jede Gruppe durch eine skalare Funktion abgeschätzt wird. Wir lassen es bei diesem Hinweis bewenden und gehen nun zur zweiten Methode über.

I. Definition (*Norm, K-Norm,* $\|\boldsymbol{z}\|_e$). Eine für $\boldsymbol{z}\in E^n$ erklärte reellwertige (skalare) Funktion $\|\boldsymbol{z}\|$ nennen wir K-Norm [oder mit Hukuhara (1941 a) „Funktion von Kamke"], wenn sie die beiden Eigenschaften

(α) $\|\boldsymbol{y}+\boldsymbol{z}\|\leqq\|\boldsymbol{y}\|+\|\boldsymbol{z}\|$ (Dreiecksungleichung)

(β) $\|\alpha\boldsymbol{z}\|=\alpha\|\boldsymbol{z}\|$ für reelle $\alpha\geqq 0$

hat, während eine Norm in der üblichen Weise durch die drei Eigenschaften (α),

(β′) $\|\alpha\boldsymbol{z}\|=|\alpha|\,\|\boldsymbol{z}\|$ für reelle α

(γ) $\|\boldsymbol{z}\|>0$ für $\boldsymbol{z}\neq\boldsymbol{0}$

definiert ist. Jede Norm ist eine K-Norm, aber nicht umgekehrt.

In Lehrbüchern wird bei der Behandlung von Systemen gewöhnlicher DGln meist die Norm

(δ) $\|\boldsymbol{z}\|=|z_1|+\cdots+|z_n|$,

gelegentlich auch der Euklid-Abstand

(ε) $\|\boldsymbol{z}\|_e=\sqrt{z_1^2+\cdots+z_n^2}$

benutzt. Von den beiden Beispielen

(ζ) $\|\boldsymbol{z}\|=\max\limits_{\nu}|z_\nu|$

(η) $\|\boldsymbol{z}\|=\max\limits_{\nu} z_\nu$

ist das erste eine Norm, das zweite eine K-Norm.

Daß die hier in Rede stehenden Sätze von einer speziellen Norm ganz unabhängig sind, ja sogar für K-Normen ausgesprochen werden können, wurde durch eine Arbeit von Kamke (1930a) offenbar [schon vorher hat Müller (1927) Eindeutigkeitssätze mit der K-Norm (η) bewiesen].

II. Einige Eigenschaften von K-Normen. (α) Die UnGl

$$\|\mathfrak{y}\|-\|\mathfrak{z}\|\leqq\|\mathfrak{y}-\mathfrak{z}\|$$

folgt aus I (α), wenn man dort $\mathfrak{y}$ durch $\mathfrak{y}-\mathfrak{z}$ ersetzt.

(β) Es gibt zu jeder K-Norm eine Konstante $N>0$ derart, daß

$$|\|\mathfrak{z}\||\leqq N\sum_\nu|z_\nu|$$

ist. Bezeichnen wir nämlich mit $\mathfrak{e}_\nu\in E^n$ den Vektor, der an der ν-ten Stelle eine 1 und sonst lauter Nullen hat, so ist $\mathfrak{z}=\sum_\nu z_\nu\mathfrak{e}_\nu$, also nach I ($\alpha$) ($\beta$)

$$\|\mathfrak{z}\|\leqq\sum_\nu\|z_\nu\mathfrak{e}_\nu\|=\sum_\nu|z_\nu|\|\pm\mathfrak{e}_\nu\|\leqq N\sum_\nu|z_\nu|$$

(wobei das positive oder negative Vorzeichen zu nehmen ist, je nachdem, ob z_ν positiv oder negativ ist). Ferner folgt aus I (α) mit $\mathfrak{y}=-\mathfrak{z}$

$$0\leqq\|-\mathfrak{z}\|+\|\mathfrak{z}\|,\quad\text{also}\quad-\|\mathfrak{z}\|\leqq\|-\mathfrak{z}\|\leqq N\sum_\nu|z_\nu|.$$

(γ) Aus (α) und (β) ergibt sich die (für Normen wohlbkeannte) Tatsache, daß jede K-Norm eine stetige Funktion ist. Weiter ist hiernach $\|\boldsymbol{\varphi}(t)\|$ eine stetige bzw. totalstetige skalare Funktion, wenn $\boldsymbol{\varphi}(t)$ eine stetige bzw. totalstetige Vektorfunktion ist.

(δ) Ist die Vektorfunktion $\boldsymbol{\varphi}(t)$ an der Stelle t links- bzw. rechtsseitig differenzierbar, so ist

$$D^-\|\boldsymbol{\varphi}(t)\|\leqq\|\boldsymbol{\varphi}'_-(t)\|\quad\text{bzw.}\quad D^+\|\boldsymbol{\varphi}(t)\|\leqq\|\boldsymbol{\varphi}'_+(t)\|.$$

Nach (α) und I (β) ist nämlich für $t<\bar{t}$

$$\frac{\|\boldsymbol{\varphi}(\bar{t})\|-\|\boldsymbol{\varphi}(t)\|}{\bar{t}-t}\leqq\left\|\frac{\boldsymbol{\varphi}(\bar{t})-\boldsymbol{\varphi}(t)}{\bar{t}-t}\right\|,$$

woraus für $t\to\bar{t}-0$ bzw. $\bar{t}\to t+0$ wegen der Stetigkeit der K-Norm die Behauptung folgt.

(ε) Nach (γ) und (δ) ist also mit $\boldsymbol{\varphi}(t)$ auch $\|\boldsymbol{\varphi}(t)\|$ totalstetig, und es gilt f. ü.

$$\|\boldsymbol{\varphi}(t)\|'\leqq\|\boldsymbol{\varphi}'(t)\|.$$

(ζ) Ist $\boldsymbol{\varphi}(t)$ über ein Intervall $a\leqq t\leqq b$ L-integrierbar, so gilt dasselbe von $\|\boldsymbol{\varphi}(t)\|$, und es ist

$$\left\|\int_a^b\boldsymbol{\varphi}(t)\,dt\right\|\leqq\int_a^b\|\boldsymbol{\varphi}(t)\|\,dt$$

(ebenso für mehrdimensionale Integrale). Denn für positive ε_i ist nach I (α) (β)

$$\left\|\sum_i\varepsilon_i\,\boldsymbol{\varphi}(t_i)\right\|\leqq\sum_i\varepsilon_i\|\boldsymbol{\varphi}(t_i)\|.$$

Diese Summen sind aber für geeignet gewählte ε_i und t_i Riemannsche Näherungssummen für die obigen Integrale. Man erhält so die obige UnGl zunächst im Falle Riemannscher Integrierbarkeit und daraus den allgemeinen Fall in bekannter Weise.

Eine genauere Untersuchung der K-Normen führte M. HUKUHARA (1941 a) durch. Er bewies u.a. in Verschärfung von (δ), daß die rechts- bzw. linksseitige Ableitung von $\|\boldsymbol{\varphi}(t)\|$ existiert, wenn dies für $\boldsymbol{\varphi}(t)$ gilt. Die Eigenschaft (γ) scheint ihm entgangen zu sein, da er sie in die Axiome mit aufnimmt. K-Normen kommen auch an anderer Stelle vor; vgl. etwa BANACH (1932, S. 28f.).

Nach diesen Vorbereitungen soll der Abschätzungssatz 4 I auf ein System von IGln oder, allgemeiner gesprochen, auf eine Operator-Gl

$$\boldsymbol{u} = \boldsymbol{g} + \boldsymbol{K}\boldsymbol{u} \tag{1}$$

übertragen werden. Wir setzen voraus, daß ähnlich wie in (4.2) eine Abschätzung

$$\|\boldsymbol{K}\boldsymbol{\varphi} - \boldsymbol{K}\overline{\boldsymbol{\varphi}}\| \leqq \Omega(\|\boldsymbol{\varphi} - \overline{\boldsymbol{\varphi}}\|) \tag{2}$$

besteht. Hierin ist jetzt $\boldsymbol{K}$ ein Vektor-Operator im Sinne von 6 II, Ω ein skalarer Operator im Sinne von 1 IV.

III. Abschätzungssatz. *Es sei $\boldsymbol{K}$ ein (Vektor-)Operator, Ω ein monoton wachsender (skalarer) Operator und $\|\cdot\|$ eine K-Norm, und es bestehe, wenn $\boldsymbol{\varphi}, \overline{\boldsymbol{\varphi}} \in Z_c(\boldsymbol{K})$ und $\|\boldsymbol{\varphi} - \overline{\boldsymbol{\varphi}}\| \in Z(\Omega)$ ist, die Abschätzung* (2). *Die Funktionen $\boldsymbol{u}, \boldsymbol{v}, \varrho, d, \boldsymbol{g}$ seien in J erklärt, und es sei $\boldsymbol{u}, \boldsymbol{v} \in Z_c(\boldsymbol{K})$, $\|\boldsymbol{v} - \boldsymbol{u}\|$, $\varrho \in Z_c(\Omega)$. Dann folgt aus*

(α) $\|\boldsymbol{v} - \boldsymbol{u}\|(0+) < \varrho(0+)$;

(β) $\boldsymbol{u} = \boldsymbol{g} + \boldsymbol{K}\boldsymbol{u}$, $\|\boldsymbol{v} - \boldsymbol{g} - \boldsymbol{K}\boldsymbol{v}\| \leqq d$ *in* J_0;

(γ) $\varrho > d + \Omega\varrho$ *in* J_0

die UnGl

$$\|\boldsymbol{v} - \boldsymbol{u}\| < \varrho \quad \text{in} \quad J_0.$$

Genügt der Operator Ω den Voraussetzungen von 2 IV und ist $\sigma(t)$ das Maximalintegral der Gl

$$\sigma = d + \Omega\sigma, \tag{3}$$

so folgt aus $\|\boldsymbol{v}(0) - \boldsymbol{u}(0)\| \leqq \sigma(0)$ und (β)

$$\|\boldsymbol{v} - \boldsymbol{u}\| \leqq \sigma \quad \text{in} \quad J.$$

Der Beweis von 4 I kann übernommen werden; es sind lediglich die Absolutstriche durch Doppelstriche und u, v, g, K durch entsprechenden Fettdruck zu ersetzen.

IV. Eindeutigkeitssatz. *Es sei $(\boldsymbol{K}\boldsymbol{\varphi})(0) = 0$ für alle $\boldsymbol{\varphi} \in Z_c(\boldsymbol{K})$. Ferner gebe es einen Operator $\Omega \in \mathscr{E}$, so daß für alle $\boldsymbol{\varphi}, \overline{\boldsymbol{\varphi}} \in Z_c(\boldsymbol{K})$ die Abschät-*

zung (2) *besteht, und zwar mit einer K-Norm, welche die Eigenschaft besitzt, daß* $\|\boldsymbol{z}\| = \|-\boldsymbol{z}\| = 0$ *nur für* $\boldsymbol{z} = \boldsymbol{0}$ *ist. Dann besitzt die Operator-Gl* (1) *höchstens eine C-Lösung.*

Denn aus dem vorangehenden Satz folgt, wenn $\boldsymbol{u}$ und $\boldsymbol{v}$ zwei Lösungen sind, genau wie beim Beweis von 4 III, $\|\boldsymbol{v}-\boldsymbol{u}\| \leqq 0$, und, da man $\boldsymbol{u}$ und $\boldsymbol{v}$ vertauschen darf, $\|\boldsymbol{u}-\boldsymbol{v}\| \leqq 0$. Da aber, wie wir in II (β) gesehen haben, $\|\boldsymbol{z}\| + \|-\boldsymbol{z}\| \geqq 0$ ist, haben wir $\|\boldsymbol{v}-\boldsymbol{u}\| = \|\boldsymbol{u}-\boldsymbol{v}\| = 0$ und damit $\boldsymbol{u} = \boldsymbol{v}$.

V. Systeme von Integralgleichungen. Sind $\boldsymbol{K}$ und Ω Integraloperatoren mit den Kernen $\boldsymbol{k}(t, \tau, \boldsymbol{z})$ und $\omega(t, \tau, z)$, so gilt das unter 4 IV Gesagte mutatis mutandis. Die Abschätzung (2) ist wegen II (ζ) eine Folge von

$$\|\boldsymbol{k}(t, \tau, \boldsymbol{z}) - \boldsymbol{k}(t, \tau, \bar{\boldsymbol{z}})\| \leqq \omega(t, \tau, \|\boldsymbol{z}-\bar{\boldsymbol{z}}\|). \tag{2'}$$

Ist eine solche Abschätzung (im Definitionsbereich von $\boldsymbol{k}$) mit einer Funktion $\omega \in \mathscr{E}$ und einer K-Norm, welche die bei IV genannte Eigenschaft hat, möglich, dann herrscht Eindeutigkeit. Ist $\boldsymbol{k}$ im Punkt $(0, 0, \boldsymbol{g}(0))$ stetig, so genügt sogar $\omega \in \mathscr{E}_1$.

Bei Anwendungen wird $\boldsymbol{k}$ häufig einer Lipschitz-Bedingung

$$\|\boldsymbol{k}(t, \tau, \boldsymbol{z}) - \boldsymbol{k}(t, \tau, \bar{\boldsymbol{z}})\| \leqq l(\tau)\, \|\boldsymbol{z}-\bar{\boldsymbol{z}}\| \quad \text{mit} \quad l(\tau) \geqq 0$$

genügen. Die Schranke ϱ in III läßt sich dann explizit angeben. Auf eine Formulierung dieses wichtigen Spezialfalles können wir verzichten, da sie (bis auf Fettdruck und Doppelstriche) wörtlich mit 4 V (α) übereinstimmt.

Wie schon in Nr. 5 ist es zweckmäßig, das AWP für ein System von DGln

$$\boldsymbol{u}' = \boldsymbol{f}(t, \boldsymbol{u}), \qquad \boldsymbol{u}(0) = \boldsymbol{\eta} \tag{4}$$

nicht einfach als Sonderfall der Gl (1) zu betrachten. Durch Zurückgehen auf Nr. 5 erhält man schärfere Sätze, welche frei von Monotonieforderungen sind.

VI. Abschätzungssatz für Systeme von Differentialgleichungen. *Es sei* $\varrho(t)$ *eine in* J_0 *positive Funktion aus* $Z_{ac}(\omega)$, *wobei* $\omega(t, z)$ *für* $0 \leqq z \leqq \varrho(t)$ *erklärt sei und die Eigenschaft* 5 III (γ) *habe. Ferner sei* $\boldsymbol{u}, \boldsymbol{v} \in Z_{ac}(\boldsymbol{f})$, $\delta(t)$ *eine in* J *erklärte Funktion, und es gelte*

(α) $\|\boldsymbol{v}-\boldsymbol{u}\|(0+) < \varrho(0+)$;

(β) $\boldsymbol{u}' = \boldsymbol{f}(t, \boldsymbol{u})$, $\|\boldsymbol{v}' - \boldsymbol{f}(t, \boldsymbol{v})\| \leqq \delta(t)$ *f. ü. in* J;

(γ) $\varrho' \geqq \delta(t) + \omega(t, \varrho)$ *f. ü. in* J.

(δ) $\|\boldsymbol{f}(t, \boldsymbol{v}) - \boldsymbol{f}(t, \boldsymbol{v}+\boldsymbol{z})\| \leqq \omega(t, \|\boldsymbol{z}\|)$ *für* $0 \leqq \|\boldsymbol{z}\| \leqq \varrho(t)$, $(t, \boldsymbol{v}+\boldsymbol{z}) \in D(\boldsymbol{f})$.

Dann ist

$$\|\boldsymbol{v}-\boldsymbol{u}\| < \varrho \quad \text{in} \quad J_0.$$

Dieser Satz läßt sich auf 5 III zurückführen, wenn man dort v, w, f durch $\|\boldsymbol{v}-\boldsymbol{u}\|$, ϱ, $\delta+\omega$ ersetzt. Dabei geht (α) in 5 III (α) über. Ferner ist $\|\boldsymbol{v}-\boldsymbol{u}\|$ nach II (ε) totalstetig, und aus $\|\boldsymbol{v}-\boldsymbol{u}\|<\varrho$ für $0<t<t_0$, $\|\boldsymbol{v}-\boldsymbol{u}\|=\varrho$ für $t=t_0$ folgt $0\leqq\|\boldsymbol{v}-\boldsymbol{u}\|\leqq\varrho$ in einer linksseitigen Umgebung von t_0, also nach (β) (δ)

$$\|\boldsymbol{v}-\boldsymbol{u}\|'\leqq\|\boldsymbol{v}'-\boldsymbol{u}'\|=\|\boldsymbol{v}'-\boldsymbol{f}(t,\boldsymbol{v})+\boldsymbol{f}(t,\boldsymbol{v})-\boldsymbol{f}(t,\boldsymbol{u})\|\leqq\delta(t)+\omega(t,\|\boldsymbol{v}-\boldsymbol{u}\|).$$

Es gilt also auch 5 III (β') mit den neuen Größen.

Aus VI ergibt sich sehr einfach der folgende

VII. Eindeutigkeitssatz für Systeme von Differentialgleichungen. *Es sei $\|\cdot\|$ eine K-Norm, bei der $\|\boldsymbol{z}\|=\|-\boldsymbol{z}\|=0$ nur für $\boldsymbol{z}=\boldsymbol{0}$ gilt. Das AWP* (4) *hat höchstens eine C-Lösung, wenn die rechte Seite der DGl eine Abschätzung*

$$\|\boldsymbol{f}(t,\boldsymbol{z})-\boldsymbol{f}(t,\bar{\boldsymbol{z}})\|\leqq\omega(t,\|\boldsymbol{z}-\bar{\boldsymbol{z}}\|) \quad \text{für} \quad \|\boldsymbol{z}-\bar{\boldsymbol{z}}\|\geqq 0 \quad \text{und} \quad (t,\boldsymbol{z}),(t,\bar{\boldsymbol{z}})\in D(\boldsymbol{f})$$

mit einer Funktion $\omega\in\mathscr{E}_2$ gestattet. Ist $\boldsymbol{f}$ an der Stelle $(0,\boldsymbol{\eta})$ stetig, so genügt $\omega\in\mathscr{E}_3$.

VIII. Bemerkung. Die hier bewiesenen Sätze unterscheiden sich, soweit sie Systeme von DGln im Sinne von CARATHÉODORY betreffen, von entsprechenden wohlbekannten Sätzen, abgesehen von Kleinigkeiten, vor allem in drei Punkten. Sie gelten nicht nur für Normen, sondern sogar für K-Normen, die Abschätzung von $\boldsymbol{f}$ durch ω braucht nicht für alle Argumente, sondern etwa beim Eindeutigkeitssatz nur für $\|\boldsymbol{z}-\bar{\boldsymbol{z}}\|\geqq 0$ zu gelten, und schließlich ist eine Monotonieforderung bei ω überflüssig. Von diesen Verallgemeinerungen sind die beiden ersten ohne nennenswerte Beweiskomplikation zu erreichen, während die dritte letztlich auf 5 III und seinen anders gearteten Beweis zurückgeht. Natürlich wird durch den Zusatz „für $\|\boldsymbol{z}-\bar{\boldsymbol{z}}\|\geqq 0$" für Normen keine Verallgemeinerung erzielt; dagegen kann sie für K-Normen von erheblicher Bedeutung sein. So ist jetzt der Eindeutigkeitssatz 5 VII ein Sonderfall von VII geworden, und zwar in voller Schärfe einschließlich der nur einseitigen Abschätzung 5 V (δ). Man hat dazu nur in VII $n=1$ und $\|z\|=z$ zu setzen.

IX. Beispiel. Wir betrachten das System von linearen IGln

$$\boldsymbol{u}(t)=\boldsymbol{b}(t)+\int_0^t A(t,\tau)\,\boldsymbol{u}(\tau)\,d\tau. \tag{5}$$

Dabei sei $A(t,\tau)$ eine $n\times n$-Matrix aus der Klasse $L(0\leqq\tau\leqq t)$ für jedes $t\in J$, die Funktionen $\boldsymbol{u}(t)$, $\boldsymbol{b}(t)\in C(J)$ sind als Spaltenvektoren aufzufassen. Sind $\|\boldsymbol{z}\|$ und $\|A\|$ Normen für Spaltenvektoren $\boldsymbol{z}$ und $n\times n$-

Matrizen A derart, daß $\|Az\| \leqq \|A\| \, \|z\|$ ist (z.B. $\|z\| = |z_1| + \cdots + |z_n|$, $\|A\| = \max |a_{\mu\nu}|$), so folgt aus (5) die UnGl

$$\|u(t)\| \leqq g(t) + \int_0^t h(t, \tau) \|u(\tau)\| \, d\tau$$

mit

$$g(t) \geqq \|b(t)\|, \quad h(t, \tau) \geqq \|A(t, \tau)\|.$$

Ist $h(t, \tau) \in L(0 \leqq \tau \leqq t)$ für jedes $t \in J$ sowie monoton wachsend in t, $g(t) \in C(J)$, so gilt die Abschätzung

$$\|u(t)\| \leqq g(t) + \int_0^t g(\tau) h(t, \tau) e^{H(t,t) - H(t,\tau)} \, d\tau$$

mit

$$H(t, \tau) = \int_0^\tau h(t, s) \, ds,$$

insbesondere für $g(t) = \text{const.}$

$$\|u(t)\| \leqq g(0) e^{H(t,t)}.$$

Das ergibt sich für die Stelle $t = T$ sofort aus 1 III, wenn man die dortige Funktion $h(\tau)$ durch $h(T, \tau)$ ersetzt. Da dieser Schluß aber auch in jedem Teilintervall $0 \leqq t \leqq T^* < T$ richtig ist, folgt die Behauptung für beliebiges $t = T^* \in J$.

Diese Abschätzung verallgemeinert ein Ergebnis von SATŌ (1952); vgl. auch BUTLEWSKI (1948, 1959).

X. Integral- und Differentialgleichungen in Banach-Räumen. Die Sätze dieser Nummer lassen sich ohne Schwierigkeiten auf Funktionen, deren Werte einem Banach-Raum angehören, übertragen. Von mehreren Möglichkeiten der Übertragung, zu denen die verschiedenen Topologien und Integralbegriffe in einem Banach-Raum Anlaß geben, sei wenigstens eine skizziert.

Wir betrachten einen Banach-Raum B mit der Norm $\|\cdot\|$ und Funktionen $\varphi(t)$, deren Werte für jedes $t \in J$ in B liegen. Allen Grenzprozessen legen wir die Normtopologie (starke Topologie) zugrunde. Die Funktion $\varphi(t)$ ist also stetig im Punkte t_0 bzw. differenzierbar mit der Ableitung $\varphi'(t_0)$, wenn

$$\|\varphi(t_0 + h) - \varphi(t_0)\| \to 0 \quad \text{bzw.} \quad \left\| \frac{1}{h} [\varphi(t_0 + h) - \varphi(t_0)] - \varphi'(t_0) \right\| \to 0$$

für $h \to 0$ gilt. Unter $C(J)$ verstehen wir die Menge der in diesem Sinne in J stetigen Funktionen, unter einem Operator $\boldsymbol{K}$ eine Abbildung einer Menge $Z_c(\boldsymbol{K}) \subset C(J)$ in $C(J)$.

Der Abschätzungssatz III *und der Eindeutigkeitssatz* IV *gelten ohne Änderung.* Die Beweise sind ebenfalls übertragbar.

Bei der Anwendung auf IGln werde etwa das Bochner-Integral zugrundegelegt (vgl. HILLE-PHILLIPS (1957, Kap. 3.1)). Der Kern $\boldsymbol{k}(t, \tau, \boldsymbol{z})$ $(0 \leqq \tau \leqq t \leqq T, \boldsymbol{z} \in B, \boldsymbol{k} \in B)$ erzeugt den I Operator

$$(\boldsymbol{K}\boldsymbol{\varphi})(t) = \int_0^t \boldsymbol{k}(t, \tau, \boldsymbol{\varphi}(\tau))\, d\tau;$$

dabei ist $\boldsymbol{\varphi} \in Z_c(k)$, wenn $\boldsymbol{\varphi} \in C(J)$ ist und dieses Bochner-Integral für jedes $t \in J$ existiert [d.h. $\|\boldsymbol{k}(t, \tau, \boldsymbol{\varphi}(\tau))\|$ integrierbar im üblichen Sinne, und $\boldsymbol{k}(t, \tau, \boldsymbol{\varphi})$ meßbar; vgl. HILLE-PHILLIPS, Theorem 3.7.4].

Insbesondere lassen sich diese Sätze auf gewöhnliche DGln im Banach-Raum

$$\boldsymbol{u}' = \boldsymbol{f}(t, \boldsymbol{u}) \tag{6}$$

anwenden. Bei der Definition der Klasse Z_{ac} hat man zu beachten, daß die Totalstetigkeit der Funktion $\|\boldsymbol{u}(t)\|$ die Existenz der Ableitung $\boldsymbol{u}'(t)$ (f.ü. in J) im allgemeinen *nicht* nach sich zieht. Man definiert also Z_{ac} als Klasse der in J stetigen, f.ü. differenzierbaren Funktionen $\boldsymbol{u}(t)$, für welche $\|\boldsymbol{u}(t)\|$ totalstetig ist. Für $\boldsymbol{u} \in Z_{ac}$ gilt der Hauptsatz der Differential- und Integralrechnung $\boldsymbol{u}(t) = \boldsymbol{u}(0) + \int_0^t \boldsymbol{u}'(\tau)\, d\tau$ (HILLE-PHILLIPS, Theorem 3.8.6). In dieser Lösungsklasse — es ist naheliegend, auch hier von Lösungen im Sinne von CARATHÉODORY zu sprechen — läßt sich das AWP für die Gl (6) in eine IGl transformieren. *Es gelten dann die Sätze* V *und* VI *und im besonderen die speziellen Eindeutigkeitskriterien* 4 V.

Über DGln in Banach-Räumen hat sich in den letzten Jahren eine umfangreiche Literatur gebildet. Sachliche und methodische Beziehungen zu den hier angeschnittenen Problemen enthalten u.a. die Arbeiten von KRASNOSEL'SKII und KREIN (1955), KATO (1956), CORDUNEANU (1957), KISYŃSKI (1959), MLAK (1959), PULVIRENTI (1960, 1961), LAKSHMIKANTHAM (1962a, 1962b).

Zweites Kapitel

Gewöhnliche Differentialgleichungen

8. Grundlegende Sätze über Differential-Ungleichungen

Viele Sätze dieses Kapitels sind entsprechenden Sätzen aus dem vorangehenden Kapitel sehr ähnlich. Wenn wir dem alten Gegenstand trotzdem ein neues Kapitel widmen, so wird das gerechtfertigt durch die neue Methode, welche hier zur Anwendung kommt. Bei ihr wird von Anfang an konsequent mit *Differential*-Gleichungen und -Ungleichungen gearbeitet, während früher die entsprechende IGl im Vordergrund stand. Es geschieht aber nicht nur, um den alten Sätzen einen zweiten Beweis zu geben. Vielmehr stellen diese beiden ersten Kapitel neben ihrer konkreten Aussage auch eine methodische Vorbereitung auf die späteren, auf partielle DGln bezogenen Fragestellungen dar. Das den hyperbolischen DGln gewidmete Kap. III beinhaltet im wesentlichen eine Übertragung von Kap. I ins Mehrdimensionale, während die Theorie der parabolischen Gln in Kap. IV eng mit dem vorliegenden Kap. II verbunden ist.

Dieses Kapitel kann insofern unabhängig von Kap. I gelesen werden, als die früheren Ergebnisse nicht benötigt werden; eine Ausnahme bilden die Existenzaussagen 2 II. Dagegen wird auf die früheren Bezeichnungen und Definitionen, insbesondere 1 I, V, 2 I, III, 5 I, 6 I, II, 7 I, II zurückgegriffen.

I. Definition (φ', φ'_+, φ'_-, $D^+\varphi$, $D_+\varphi$, $D^-\varphi$, $D_-\varphi$, *Regeln für* $\pm\infty$). Die Ableitung einer Funktion $\varphi(t)$ wird mit $\varphi'(t)$, die rechtsseitige Ableitung mit $\varphi'_+(t)$, die rechtsseitigen (Dini-)Derivierten werden mit $D^+\varphi(t)$, $D_+\varphi(t)$ bezeichnet, bei den entsprechenden linksseitigen Begriffen tritt ein $-$ anstelle des $+$. Es ist also z.B.

$$\varphi'_-(t) = \lim_{\bar{t}\to t-0} \frac{\varphi(t)-\varphi(\bar{t})}{t-\bar{t}}, \qquad D^+\varphi(t) = \limsup_{\bar{t}\to t+0} \frac{\varphi(\bar{t})-\varphi(t)}{\bar{t}-t}.$$

Wenn von der Ableitung oder einseitigen Ableitung einer Funktion die Rede ist, so wird impliziert, daß es sich um einen *endlichen* Wert der Ableitung handelt; bei Dini-Derivierten sind dagegen die Werte $\pm\infty$ zugelassen. Dabei gelten die üblichen Rechenregeln für ∞, insbesondere

$$a<\infty\ [a>-\infty] \quad \text{bedeutet:} \quad a \text{ reelle Zahl oder } \quad a=-\infty\,[+\infty].$$

II. Hilfssatz. *Es seien* $\varphi(t)$, $\psi(t)$ *zwei in* J_0 *stetige Funktionen mit der Eigenschaft: Ist* $\varphi=\psi$ *an einer Stelle* $t_0 \in J_0$, *so ist*

$$D_-\varphi < D_-\psi \quad \textit{oder} \quad D^-\varphi < D^-\psi$$

an dieser Stelle t_0 *(also* $\varphi'(t_0)<\psi'(t_0)$, *falls die Ableitungen existieren).*

Dann liegt genau einer der beiden Fälle vor:

(α) $\varphi<\psi$ *in* J_0;

(β) *es gibt ein* $\bar{t}>0$ *mit* $\varphi\geqq\psi$ *für* $0<t\leqq\bar{t}$.

Der Beweis ist einfach. Wenn der Fall (α) nicht vorliegt, so gibt es ein $\bar{t}\in J_0$ mit $\varphi(\bar{t})\geqq\psi(\bar{t})$. Wir wollen zeigen, daß dann kein $t_1<\bar{t}$ mit $\varphi(t_1)<\psi(t_1)$ existiert. Wäre nämlich für ein $t_1\in J_0$ diese UnGl richtig, so gäbe es rechts von t_1 eine erste Stelle, an welcher $\varphi=\psi$ ist, d.h. ein $t_0>t_1$ mit den Eigenschaften

$$\varphi(t_0)=\psi(t_0), \quad \varphi<\psi \quad \text{für} \quad t_1\leqq t<t_0.$$

Daraus würde sich dann

$$\frac{\varphi(t)-\varphi(t_0)}{t-t_0} > \frac{\psi(t)-\psi(t_0)}{t-t_0} \quad \text{für} \quad t_1 \leqq t < t_0$$

(die Nenner sind negativ!) und hieraus schließlich, indem man für $t \to t_0 - 0$ zum lim sup bzw. lim inf übergeht,

$$D_-\varphi(t_0) \geqq D_-\psi(t_0) \quad \text{und} \quad D^-\varphi(t_0) \geqq D^-\psi(t_0)$$

ergeben, im Widerspruch zur Voraussetzung.

Dieser Hilfssatz ist grundlegend für alle weiteren Betrachtungen. Etwas überspitzt kann man sagen, daß alle Abschätzungs- und Eindeutigkeitssätze dieses Kapitels nichts anderes darstellen als die Anwendung dieses Hilfssatzes auf geeignete Funktionen. Die Beweise laufen meist darauf hinaus nachzuweisen, daß die Voraussetzungen von II gelten und daß der Fall (β) nicht eintreten kann. Wir merken in diesem Zusammenhang an, daß (β) mit jeder der drei folgenden Eigenschaften unverträglich ist:

(γ_1) $\varphi(0+) < \psi(0+)$;

(γ_2) $\varphi(0) < \psi(0)$;

(γ_3) $\varphi(0) = \psi(0)$, $D_+\varphi(0) < D_+\psi(0)$ oder $D^+\varphi(0) < D^+\psi(0)$.

Bei (γ_2) und (γ_3) ist $\varphi, \psi \in C(J)$ vorausgesetzt.

III. Das Anfangswertproblem (= AWP) für eine gewöhnliche DGl 1. Ordnung besteht darin, zu einer auf einer Punktmenge $D(f) \subset E^2$ erklärten reellwertigen Funktion $f(t, z)$ und einem vorgegebenen Anfangswert η eine Funktion u zu ermitteln, die der DGl

$$u' = f(t, u) \quad \text{in} \quad J_0 \tag{1}$$

und der Anfangsbedingung

$$u(0) = \eta \tag{2}$$

genügt. Eine *Lösung* ist eine Funktion $u \in Z(f)$ mit diesen beiden Eigenschaften[1]. Dieser bereits in 5 I eingeführte Lösungsbegriff weicht insofern vom üblichen ab, als die Existenz von $u'_+(0)$ und das Bestehen der DGl für $t=0$ nicht verlangt wird. Diese Verallgemeinerung ist nicht sehr wichtig, da in den meisten Fällen f an der Stelle $(0, \eta)$ stetig und damit (1) automatisch auch für $t=0$ erfüllt ist. Andererseits hat sie nirgends Komplikationen im Gefolge, und es kommen hin und wieder Aufgaben vor, bei denen f an der Stelle $t=0$ eine Singularität hat. Auch im Hinblick auf parabolische DGln ist unser Lösungsbegriff der natürlichere; dort werden für $t=0$ Anfangswerte vorgeschrieben, die DGl ist

[1] Wendungen wie „Lösung für $0 \leqq t < T_0 (\leqq T)$" verstehen sich wohl von selbst; hierbei ist Stetigkeit in $[0, T_0)$, Differenzierbarkeit in $(0, T_0)$ vorausgesetzt.

aber im allgemeinen nur im Innern des Gebietes, also nicht für $t=0$ erfüllt.

Die meisten der folgenden Sätze gelten ohne irgendeine Regularitätsvoraussetzung bezüglich f; eine solche wird, wenn immer sie notwendig ist, ausdrücklich formuliert.

IV. Definition (*Defekt P*). Unter dem Defekt Pv einer Funktion $v(t)$ (bezüglich der DGl (1)) verstehen wir die Funktion

$$Pv \equiv Pv(t) \equiv v'(t) - f(t, v(t)).$$

Der Defekt ist nur dort definiert, wo v differenzierbar ist. Die bekannten, vom Defekt ausgehenden Abschätzungssätze erlauben jedoch, wie wir sehen werden, eine Ausdehnung auf stetige Funktionen v, wenn Pv etwa durch $D^- v(t) - f(t, v)$ ersetzt wird.

V. Satz. *Gelten für zwei Funktionen $v, w \in Z(f)$ die Beziehungen*

(α) $v(0+) < w(0+)$;

(β) $Pv < Pw$ *in* J_0,

so ist

$$v(t) < w(t) \quad \text{in} \quad J_0.$$

Zum Beweis greifen wir auf den Hilfssatz II zurück. Da aus $v(t_0) = w(t_0)$ zunächst $f(t_0, v) = f(t_0, w)$ und dann wegen (β) $v'(t_0) < w'(t_0)$ folgt, ist dessen Voraussetzung (mit v und w statt φ und ψ) erfüllt. Da ferner der Fall II (β) wegen (α) ausscheidet, gilt II (α), wie behauptet war.

Der Beweis zeigt, daß die Voraussetzung (β) wie folgt abgeschwächt werden kann und der Satz dann sogar für $v, w \in C(J_0)$ richtig ist:

(β') $D^- v(t_0) - f(t_0, v) < D^- w(t_0) - f(t_0, w)$ (oder die entsprechende Voraussetzung mit D_-) gilt für alle $t_0 \in J_0$ mit $v(t_0) = w(t_0)$.

VI. Ober- und Unterfunktionen. Diese beiden Begriffe wurden ursprünglich von PERRON für das AWP (1) (2) eingeführt. Eine in J stetige, links- und rechtsseitig differenzierbare Funktion $w(t)$ heißt nach PERRON (1915) Oberfunktion für das AWP (1) (2), wenn $w(0) = \eta$ ist und die UnGln $w'_\pm(t) > f(t, w)$ in J gelten.

Aus V läßt sich sofort ein allgemeineres Kriterium ablesen[1]. Die Funktion w ist eine Oberfunktion [die Funktion v ist Unterfunktion], wenn sie in J stetig ist und die beiden Eigenschaften

(α) $w(0+) > u(0+)$ $[v(0+) < u(0+)]$ *für jede Lösung u des AWPs;*

(β) $D^- w(t) > f(t, w)$ $[D_- v(t) < f(t, v)]$ *in* J_0

besitzt. Denn nach V ist in J_0

$$v < u < w \quad \text{für jede Lösung} \quad u.$$

[1] Man beachte, daß die Begriffe „Oberfunktion" und „Unterfunktion" hier eine andere Bedeutung als bei PERRON haben; vgl. E IV.

Häufig wird (α) in der Form

(α_1) $w(0) > \eta$ $[v(0) < \eta]$

vorliegen. Wir bemerken noch: Gilt die DGl (1) auch für $t=0$, so genügt

(α_2) $w(0)=\eta$ *und* $D^+ w(0) > f(0, \eta)$ $[v(0)=\eta$ *und* $D_+ v(0) < f(0, \eta)]$.

Denn wegen $u'(0)=f(0, \eta)$ ist dann $u(0)=w(0)$, $D^+ u(0) < D^+ w(0)$; man vergleiche dazu II (γ_3).

Es gibt eine Reihe von hierhergehörigen Tatsachen, die sich nur im Zusammenwirken von Abschätzungs- und Existenzsätzen klären lassen. Deshalb ist es notwendig, auf die Existenztheorie kurz einzugehen.

VII. Bemerkungen zum Existenzproblem ($\mathcal{F}$, $\mathcal{F}_0$). Die rechte Seite der DGl $f(t, z)$ gehört zur Klasse $\mathcal{F}$, wenn $D(f)$ der Durchschnitt einer offenen Menge des E^2 mit dem Streifen $J \times E^1$ und f auf $D(f)$ stetig ist. Nach dem klassischen Existenzsatz von Peano (1890) hat das AWP mindestens eine Lösung, wenn $f \in \mathcal{F}$ und $(0, \eta) \in D(f)$ ist. Diese Lösung $u(t)$ existiert im allgemeinen nicht im ganzen Intervall, aber sie läßt sich, wie man kurz sagt, „nach rechts bis zum Rand von $D(f)$ fortsetzen". Das soll genauer heißen: Sie existiert in J oder in einem Intervall $0 \leqq t < T_1 \leqq T$; liegt der letztere Fall vor, so ist entweder $\limsup_{t \to T_1} |u(t)| = \infty$ oder, wenn $\delta(t)$ der (Euklidische) Abstand des Punktes $(t, u(t))$ von der komplementären Menge $E^2 - D(f)$ ist, $\lim_{t \to T_1} \delta(t) = 0$.

Die Funktion $f(t, z)$ gehört der Klasse $\mathcal{F}_0 > \mathcal{F}$ an, wenn $D(f)$ wie oben beschaffen ist, wenn f in den Punkten von $D(f)$ mit $t > 0$ stetig ist und wenn zu jedem η mit $(0, \eta) \in D(f)$ ein $\delta > 0$ und eine Funktion $h(t) \in L(J)$ existieren, so daß

$$|f(t, z)| \leqq h(t) \quad \text{für} \quad 0 < t < \delta, \quad |z - \eta| < \delta$$

ist (für hinreichend kleines δ liegen diese Punkte in $D(f)$)[1]. Auch für die Klasse $\mathcal{F}_0$ gelten die obigen Existenzaussagen. Das folgt in bekannter Weise aus den Ausführungen von Nr. 2 über die Existenz von C-Lösungen, da eine C-Lösung bei stetigem f selbst stetig differenzierbar, also eine Lösung ist.

VIII. Satz. *Ist $f \in \mathcal{F}_0$ und $u \in Z(f)$ eine in J existierende und eindeutig bestimmte*[2] *Lösung des AWPs* (1) (2), *so existieren für hinreichend kleine Werte von $|\varepsilon|$ und $|\delta|$ die Lösungen der AWPe*

$$\varphi' = f(t, \varphi) + \varepsilon, \quad \varphi(0) = \eta + \delta \tag{3}$$

in ganz J, und sie konvergieren für $\delta \to 0$, $\varepsilon \to 0$ gleichmäßig in J gegen $u(t)$.

---

[1] Die Werte von f für $t=0$ spielen also keine Rolle.

[2] Das soll heißen: Ist $\bar{u}$ eine der Anfangsbedingung (2) genügende Lösung von (1) in $0 \leqq t < T_1 \leqq T$, so ist $\bar{u} = u$ in diesem Intervall.

Zum Beweis sei $f \in \mathscr{F}$ und G die Menge aller in $J \times E^1$ liegenden Punkte, welche von einem Kurvenpunkt $(t, u(t))$ einen Abstand $\leqq \alpha$ haben $(\alpha > 0)$. Für hinreichend kleines α liegt G in $D(f)$. Wird f unter Beibehaltung seiner Werte in G als stetige und beschränkte Funktion auf den ganzen Streifen $J \times E^1$ fortgesetzt, so sind die AWPe (3) mit dem neuen f sicher in J lösbar. Diese Lösungen bilden, wenn etwa $|\varepsilon| + |\delta| \leqq 1$ ist, eine Menge von gleichgradig stetigen Funktionen. Sind (δ_k), (ε_k) zwei Nullfolgen und ist die Folge (φ_k) der zugehörigen Lösungen konvergent (also gleichmäßig konvergent!), so stellt der Limes φ dieser Folge eine Lösung von (1) mit dem neuen f dar. Das zeigt man in der üblichen Weise durch Übergang zur Integraldarstellung. Solange diese Lösung in G verläuft, ist sie mit u identisch, da u eindeutig bestimmt ist. Daraus ergibt sich leicht, daß sie den Bereich G nicht verlassen kann, also in J mit u übereinstimmt. Aus der gleichgradigen Stetigkeit der Lösungen von (3) und der eben bewiesenen Tatsache, daß der Limes eindeutig bestimmt ist, folgen beide Behauptungen des Satzes für das neue f. Da die Lösungen aber wegen der gleichmäßigen Konvergenz für kleines $|\varepsilon|$ und $|\delta|$ in G verlaufen, gelten sie auch für das alte f.

Für $f \in \mathscr{F}_0$ bedarf es nur geringfügiger Änderungen im Beweis.

IX. Maximal- und Minimalintegral. Im folgenden sind j, j^* in J gelegene, den Nullpunkt enthaltende Intervalle. Eine in j^* existierende Lösung u^* des AWPs (1) (2) wird Maximalintegral genannt, wenn für eine beliebige Lösung u — sie möge in j existieren —

$$u(t) \leqq u^*(t) \quad \text{in} \quad j \cap j^*$$

gilt. Aufgrund von VII läßt sich das Maximalintegral leicht konstruieren. Ist $f \in \mathscr{F}_0$, sind δ_k, ε_k zwei streng monoton fallende Nullfolgen und $\varphi = w_k$ Lösungen der Gl (3) mit $\delta = \delta_k$, $\varepsilon = \varepsilon_k$, so gilt nach V

$$u < w_{k+1} < w_k$$

für jede Lösung u (soweit die Integrale existieren). Die w_k konvergieren gegen das gesuchte Maximalintegral u^* [vgl. Kamke (1945) S. 78]. Die w_k und damit auch u^* werden im allgemeinen nicht im ganzen Intervall J existieren. Das Maximalintegral läßt sich jedoch wie jede andere Lösung bis zum Rand von $D(f)$ nach rechts fortsetzen.

Wie unter VIII läßt sich zeigen: *Ist $f \in \mathscr{F}_0$ und existiert das Maximalintegral zum AWP (1) (2) in J, so existieren auch die Lösungen φ von (3) mit hinreichend kleinem $\varepsilon > 0$, $\delta > 0$ in ganz J. Diese Funktionen φ sind Oberfunktionen, welche für $\varepsilon \to +0$, $\delta \to +0$ gleichmäßig in J gegen das Maximalintegral konvergieren.*

Offenbar ist damit auch die folgende Form dieses Satzes bewiesen: *Ist $f \in \mathscr{F}_0$ und existiert das Maximalintegral im Intervall $0 \leqq t < T_1$, so* *läßt sich in jedem Intervall* $0 \leqq t \leqq T_1 - \delta$ ($\delta > 0$) *durch Oberfunktionen* φ, *welche Lösungen von* (3) *mit positivem* ε *und* δ *sind, gleichmäßig approximieren.*

Die entsprechenden Sachverhalte gelten für das Minimalintegral.

Es ist nicht uninteressant, diese Verhältnisse mit den entsprechenden bei C-Lösungen zu konfrontieren. Bei stetigem f läßt sich das Maximalintegral durch Oberfunktionen w, welche der entsprechenden DUnGl

$$w' > f(t, w)$$

genügen, approximieren, und man kann darauf einen einfachen Existenzbeweis für das Maximalintegral gründen. Unter Carathéodory-Voraussetzungen, etwa $f \in \mathscr{K}$, ist eine solche Approximation durch Oberfunktionen nach Satz 2 IV ebenfalls möglich, wenn f in z monoton wachsend ist [diese ließe sich, unter Berufung auf 5 III, auch schon unter der schwächeren Voraussetzung 5 III (γ) bewerkstelligen]. Der allgemeine Fall im Bereich der C-Lösungen bedarf jedoch eines auf ganz anderer Grundlage ruhenden Beweises 2 V. Dabei geht die obengenannte und, wie in 1 IX (β) näher ausgeführte wurde, so wichtige Eigenschaft des Maximalintegrals verloren.

Die folgenden beiden Sätze resultieren aus der Anwendung der beiden in 1 IX (β) (γ) genannten Prinzipien auf das vorliegende AWP.

X. Satz. *Ist* $f(t, z) \in \mathscr{F}_0$ *und* u^* [*bzw.* u_*] $\in Z(f)$ *das zum AWP* (1) (2) *gehörige Maximalintegral* [*Minimalintegral*] — *es möge in* J *existieren* — *und ist für eine Funktion* v [*bzw.* w] $\in Z(f)$

(α) $v(0) \leqq \eta$ $[w(0) \geqq \eta]$;

(β) $v' \leqq f(t, v)$ $[w' \geqq f(t, w)]$ *in* J_0,

so ist

$$v \leqq u^* \quad [w \geqq u_*] \quad in \quad J.$$

Statt (β) genügt die schwächere Voraussetzung (der Satz gilt dann auch für stetige Funktionen v bzw. w): Für ein $\delta > 0$ gilt

(β') $D_- v(t) \leqq f(t, v)$, falls $t \in J_0$ und $u^*(t) < v(t) < u^*(t) + \delta$ ist
[$D^- w(t) \geqq f(t, w)$, falls $t \in J_0$ und $u_*(t) - \delta < w(t) < u_*(t)$ ist].

Bezeichnen wir zum Beweis mit G die durch die UnGln $0 < t \leqq T$, $u^*(t) < z < u^*(t) + \delta$ definierte Punktmenge der (t, z)-Ebene. Nach den Ausführungen von IX gibt es zu jedem positiven $\varepsilon < \delta$ eine in J existierende Oberfunktion $\overline{w} < u^* + \varepsilon$, welche also ganz in G verläuft. Aus V, angewandt auf v und $\overline{w}$, folgt also $v < \overline{w} \leqq u^* + \varepsilon$ und damit die Behauptung $v \leqq u^*$. Der andere Teil des Satzes wird analog bewiesen.

XI. Satz. *Genügt* f *einer Eindeutigkeitsbedingung* (10.3) *mit* $\omega \in \mathscr{E}_5$, *und gilt für zwei Funktionen* $v, w \in Z(f)$

(α) $v(0) \leqq w(0)$;

(β) $Pv \leqq Pw$ *in* J_0,

so ist

$$v(t) \leqq w(t) \quad in \quad J.$$

Dieser Satz wird auf dem in 1 IX (γ) angegebenen Weg aus V abgeleitet. Ist $\varrho' > \omega(t, \varrho)$ und $0 < \delta \leqq \varrho \leqq \varepsilon$, so läßt sich V auf die Funktionen v und $\overline{w} = w + \varrho$ anwenden. Die Voraussetzung V (β) folgt aus (β) und den UnGln

$$P\overline{w} - Pw = \varrho' - f(t, w + \varrho) + f(t, w) \geqq \varrho' - \omega(t, \varrho) > 0.$$

Es ist demnach $v < \overline{w} = w + \varrho \leqq w + \varepsilon$, also $v \leqq w$.

Damit läßt sich für den Fall, daß f einer Eindeutigkeitsbedingung genügt, Satz VI ersetzen durch einen Satz

VIa: *v ist Unterfunktion, wenn* $v(0) \leqq \eta$, $v' \leqq f(t, v)$ *ist;*
w ist Oberfunktion, wenn $w(0) \geqq \eta$, $w' \geqq f(t, w)$ *ist.*

Auch hier genügt die Stetigkeit der beiden Funktionen, wenn man die Ableitungen durch $D_- v$ bzw. $D^- w$ ersetzt.

XII. Bemerkungen. (α) Die wesentlichen Sätze dieser Nummer sind, meist unter schärferen Voraussetzungen, wohlbekannt; in sehr allgemeiner Form finden sie sich — abgesehen von neueren Arbeiten — bereits bei HUKUHARA (1940) (das gilt auch für die nächste Nummer). WAŻEWSKI (1952) hat zuerst darauf aufmerksam gemacht, daß die DUnGl X (β) nicht für alle $t \in J$ erfüllt sein muß, sondern nur dann, wenn der Punkt $(t, v(t))$ in der im Beweis zu X definierten Menge G liegt. Er nennt diese Menge „épiderme superieur"; a. a. O. wird die „épiderme superieur" noch etwas allgemeiner statt mit der Konstante δ mit einer (in unseren Bezeichnungen) für $0 < t < T$ stetigen Funktion $\delta(t) > 0$ gebildet. Es sei bemerkt, daß der von WAŻEWSKI formulierte Satz nur richtig ist unter der zusätzlichen Voraussetzung, daß in einer rechtsseitigen Umgebung des Nullpunktes $\delta(t) \geqq \delta_1 > 0$ ist [dagegen ist $\delta(t) \to 0$ für $t \to T$ zulässig]: Gegenbeispiel[1]: $f(t, z) \equiv 0$, $u^*(t) \equiv 0$, $\delta(t) = t$, $v(t) = 2t$.

(β) Es sei nochmals auf den Unterschied der Sätze V und VI gegenüber den entsprechenden Sätzen für totalstetige Funktionen 5 III und 5 IV hingewiesen. Die Sätze dieser Nummer gelten für ganz beliebige Funktionen f. Diese Verallgemeinerung wird erkauft mit einer verschärften Forderung (β), die jetzt in *jedem* Punkt und unter Ausschluß des Gleichheitszeichens gelten muß. Diese Sätze werden falsch, wenn auch nur für *einen* t-Wert in (β) das Gleichheitszeichen steht[2]. Ist z. B. $f(t, z) = 4\sqrt{|z|}$, $u(t) \equiv 0$, $v(t) = (t-1)^3$, $T = 2$, so ist $v(0) < 0$, $v' = 3(t-1)^2 < 4\sqrt{|v|}$ für $t \neq 1$, aber v keine Unterfunktion, da $v > u$ für $1 < t \leqq 2$ ist.

(γ) Bei der unserer Darstellung zugrunde liegenden Formulierung des AWPs ist angenommen, daß die Stelle t_0, an der AWe vorgeschrieben werden, immer mit dem Nullpunkt zusammenfällt. Eine Übertragung der Sätze auf Intervalle $t_0 \leqq t \leqq T$, $t_0 \leqq t < T$, $t_0 \leqq t < \infty$ ist trivial, eine solche auf $T \leqq t \leqq t_0$ $(-\infty < T < t_0)$

[1] Vgl. auch das Referat von STEWART in den Mathematical Reviews **15**, 704 (1954).

[2] In KAMKE (1959) S. 11, 2.7 (d), müssen die Zeichen $\leqq$, $\geqq$ durch $<$, $>$ ersetzt werden.

mittels der Substitution $\bar{t}=t_0-t$ ebenfalls leicht durchführbar. Daß wir hier ein rechts abgeschlossenes t-Intervall zugrunde legen, entbehrt nicht der Willkür. Man kann dafür einen physikalischen Grund ins Feld führen, der bei der Behandlung parabolischer Gln noch deutlicher wird: Die Variable t repräsentiert bei Anwendungen häufig die Zeit, und man möchte aus einer bekannten Ausgangslage ($t=0$) die Verhältnisse zur Zeit $t=T$ berechnen.

(δ) Mehrfach wurde durch Zusätze darauf hingewiesen, daß die zunächst für differenzierbare Funktionen formulierten Sätze auch für stetige Funktionen gelten, wenn man die Ableitungen durch linksseitige Dini-Derivierte ersetzt. Insbesondere darf man an allen Stellen Ableitungen durch linksseitige Ableitungen ersetzen. Dementsprechend kann die Klasse $Z(f)$ erweitert (und damit der Begriff der Lösung verallgemeinert) werden, indem man nur linksseitige Differenzierbarkeit in J_0 fordert.

(ε) Eine weitere Besonderheit unserer Darstellung beruht darin, daß wir in II und dementsprechend auch in allen späteren Sätzen mit *links*seitigen Derivierten bzw. Ableitungen arbeiten. Solange man nur gewöhnliche DGln betrachtet, besteht dazu kein zwingender Grund. Der Hilfssatz II hat nämlich das folgende Gegenstück.

IIa. Hilfssatz. Es seien $\varphi(t)$, $\psi(t)$ zwei in J_0 stetige Funktionen mit der Eigenschaft: Ist $\varphi=\psi$ an einer Stelle $t_0\in J_0$, so ist

$$D^+\varphi<D^+\psi \quad \text{oder} \quad D_+\varphi<D_+\psi$$

an dieser Stelle t_0.

Dann liegt genau einer der beiden Fälle vor:

(α) $\varphi\leqq\psi$ in J_0;

(β) es gibt ein $\bar{t}>0$ mit $\varphi>\psi$ für $0<t<\bar{t}$.

Beim Beweis geht man, wenn (α) nicht gilt, aus von einer Stelle $\bar{t}\in J_0$ mit $\varphi(\bar{t})>\psi(\bar{t})$ und sucht dazu die nächste links von $\bar{t}$ gelegene Stelle t_0 mit $\varphi(t_0)=\psi(t_0)$. Würde ein solches $t_0>0$ existieren, so wäre $[\varphi(t)-\varphi(t_0)]/(t-t_0)>[\psi(t)-\psi((t_0)]/(t-t_0)$ für $t_0<t<\bar{t}$, woraus sich aber für $t\to t_0+0$ ähnlich wie in II ein Widerspruch zur Voraussetzung ergibt.

Damit ist es möglich, die Sätze dieses Kapitels auch für rechtsseitige Derivierte auszusprechen. Es muß dann, da (α) jetzt $\varphi\leqq\psi$ und nicht wie früher $\varphi<\psi$ lautet, bei einigen Sätzen in der Behauptung das Gleichheitszeichen hinzugesetzt werden. Diese Unsymmetrie zwischen links- und rechtsseitigen Derivierten verstärkt sich bei parabolischen DGln in Kap. IV. Dort ist man *gezwungen*, in t-Richtung linksseitige Ableitungen zu betrachten, und es ist unmöglich, die entsprechenden Sätze für rechtsseitige Ableitungen auszusprechen. — Es sei bemerkt, daß in der Literatur über Abschätzungen bei gewöhnlichen DGln vielfach DUnGln für die links- *und* rechtsseitige Ableitung verlangt werden. Das ist jedoch unnötig.

9. Abschätzungssätze für das Anfangswertproblem bei einer gewöhnlichen Differentialgleichung erster Ordnung

Der Satz V der vorigen Nummer eignet sich zur näherungsweisen Bestimmung einer Lösung $u(t)$ des AWPs für die DGl

$$u'=f(t,u) \tag{1}$$

nur dann, wenn Ober- und Unterfunktionen explizit angegeben werden können. Meist wird man jedoch — entweder durch Probieren mit einem geeignet erscheinenden Funktionsansatz oder durch Anwendung eines der bekannten Verfahren zur numerischen Integration der DGl — zu einer „Näherungslösung" $v(t)$ gelangen, für die der Defekt Pv zwar klein, aber nicht von einerlei Vorzeichen ist. Das Problem besteht dann darin, aus der Kenntnis von v [und damit von Pv und $v(0)-\eta$] Angaben über die Güte der Approximation zu machen. Hat man eine Näherungslösung v gefunden, für die die Ausdrücke Pv und $v(0)-\eta$ nur „wenig" von Null verschieden sind, so wird man geneigt sein anzunehmen, daß dasselbe auch von der Differenz $v(t)-u(t)$ gilt. Ob und inwieweit aber diese Annahme berechtigt ist, das hängt entscheidend von den Eigenschaften der Funktion f ab und bedarf in jedem Fall einer sorgfältigen Analyse. Unseren Sätzen liegt eine Abschätzung von $f(t, z)$ durch eine Funktion $\omega(t, z)$ zugrunde, die im einfachsten Fall

$$|f(t, z)-f(t, \bar{z})| \leqq \omega(t, |z-\bar{z}|) \tag{2}$$

lautet und als Verallgemeinerung der klassischen Lipschitz-Bedingung angesehen werden kann. Da aber die Güte einer Abschätzung für $v-u$ mit der Güte einer Abschätzung von f durch ω steht oder fällt, muß auf diesen Punkt große Sorgfalt verwandt werden. Es erweist sich, daß häufig statt (2) schon eine einseitige Schranke

$$f(t, z)-f(t, \bar{z}) \leqq \omega(t, z-\bar{z}) \quad \text{für} \quad z \geqq \bar{z} \tag{3}$$

hinreicht, ja, daß die Menge der zur Konkurrenz zuzulassenden Werte $z, \bar{z}$ oft noch weiter reduziert werden kann. Bei den beiden ersten Sätzen tritt noch eine Verfeinerung hinzu. Es werden für die Abschätzung nach oben und nach unten zwei verschiedene Funktionen $\omega, \bar{\omega}$ benutzt.

Ist in einem Satz etwa über ϱ und ω als einzige Voraussetzung $\varrho \in Z(\omega)$ notiert, so besagt das gemäß 5 I: ϱ ist in J stetig, in J_0 differenzierbar, $\omega(t, z)$ ist auf einer Punktmenge $D(\omega) \subset E^2$ als reellwertige Funktion erklärt, und es ist $(t, \varrho(t)) \in D(\omega)$ für $t \in J_0$.

I. Abschätzungssatz. *Für die Funktionen* $u, v \in Z(f)$, $\varrho \in Z(\omega)$, $\bar{\varrho} \in Z(\bar{\omega})$ *mögen mit geeigneten in* J_0 *erklärten Funktionen* $\delta(t)$, $\bar{\delta}(t)$ *die Relationen*

(α) $-\bar{\varrho}(0+) < (v-u)(0+) < \varrho(0+)$;

(β) $u' = f(t, u)$ *und* $-\bar{\delta}(t) \leqq Pv \equiv v' - f(t, v) \leqq \delta(t)$ *in* J_0;

(γ) $\varrho' > \omega(t, \varrho) + \delta(t)$ *und* $\bar{\varrho}' > \bar{\omega}(t, \bar{\varrho}) + \bar{\delta}(t)$ *in* J_0

gelten. Ferner gestatte f *die Abschätzungen*

(δ) $f(t, v) - f(t, v-\varrho) \leqq \omega(t, \varrho)$, *falls* $t \in J_0$, $(t, v-\varrho) \in D(f)$,
$f(t, v+\bar{\varrho}) - f(t, v) \leqq \bar{\omega}(t, \bar{\varrho})$, *falls* $t \in J_0$, $(t, v+\bar{\varrho}) \in D(f)$.

Dann ist

$$-\bar{\varrho}(t) < v(t) - u(t) < \varrho(t) \quad \textit{in} \quad J_0.$$

Tatsächlich handelt es sich hier um zwei voneinander unabhängige Sätze. Wenn nur die auf die überstrichenen [bzw. nicht überstrichenen]

Größen bezüglichen Abschätzungen bestehen, so gilt die linke [bzw. rechte] Seite der Behauptung. Ferner genügt es, wenn v, ϱ, $\bar{\varrho}$ in J stetig sind und wenn die UnGln (β) (γ) mit $D^- v$, $D^- \varrho$, $D_- \bar{\varrho}$ oder $D_- v$, $D_- \varrho$, $D^- \bar{\varrho}$ statt v', ϱ', $\bar{\varrho}'$ gelten (diese Bemerkung ist nützlich, wenn ein Streckenzug als Näherungsfunktion vorliegt).

Zum Beweis der UnGl $v-u<\varrho$ wenden wir 8 II mit $\varphi=v-u$, $\psi=\varrho$ an. Es genügt dann zu zeigen, daß $v'-u'<\varrho'$ für alle t mit $v-u=\varrho$ ist. In der Tat ist für diese t nach (β)—(δ)

$$\begin{aligned} v'-u' &\leqq \delta(t)+f(t,v)-f(t,u)=\delta(t)+f(t,v)-f(t,v-\varrho) \\ &\leqq \delta(t)+\omega(t,\varrho)<\varrho', \end{aligned}$$

womit dieser Teil der Behauptung bewiesen ist. Ganz ähnlich geht man beim zweiten Teil vor.

Die DUnGln in (γ) sind bei Anwendungen oft unbequem. Es ist manchmal leichter, Funktionen σ, $\bar{\sigma}$ zu bestimmen, die den entsprechenden Gln genügen. Der folgende Satz gibt Bedingungen, unter denen das erlaubt ist.

II. Abschätzungssatz. Die Funktionen δ, $\bar{\delta}$ seien in J_0 stetig und über J integrierbar, die Funktionen ω, $\bar{\omega}$ aus $\mathscr{F}_0$, und es möge für zwei Funktionen $u, v \in Z(f)$

(α) $-\bar{\varepsilon} \leqq v(0)-u(0) \leqq \varepsilon$;

(β) $u'=f(t,u)$ und $-\bar{\delta}(t) \leqq Pv \leqq \delta(t)$ in J_0

gelten. Ferner seien $\sigma(t) \in Z(\omega)$, $\bar{\sigma}(t) \in Z(\bar{\omega})$ die Maximalintegrale[1] von

(γ) $\sigma'=\omega(t,\sigma)+\delta(t), \sigma(0)=\varepsilon$ bzw. $\bar{\sigma}'=\bar{\omega}(t,\bar{\sigma})+\bar{\delta}(t), \bar{\sigma}(0)=\bar{\varepsilon}$.

Es gebe eine positive Zahl α mit der Eigenschaft, daß

(δ) $f(t,v)-f(t,v-z) \leqq \omega(t,z)$, falls $\sigma(t)<z<\sigma(t)+\alpha$, $(t, v-z) \in D(f)$
$f(t,v+z)-f(t,v) \leqq \bar{\omega}(t,z)$, falls $\bar{\sigma}(t)<z<\bar{\sigma}(t)+\alpha$, $(t,v+z) \in D(f)$.

Dann ist

$$-\bar{\sigma}(t) \leqq v(t)-u(t) \leqq \sigma(t) \quad \text{in} \quad J.$$

Zunächst bemerken wir, daß die in (δ) vorkommenden Argumente $(t,z) \in D(\omega)$ bzw. $\in D(\bar{\omega})$ sind, wenn α hinreichend klein ist, da diese Mengen offen sind und die Punkte (t,σ) bzw. $(t,\bar{\sigma})$ enthalten. Die Behauptung ergibt sich in wohlbekannter Schlußweise aus I. Zu einem beliebig vorgegebenen positiven $\beta<\alpha$ gibt es nach 8 IX Funktionen ϱ, $\bar{\varrho}$, die in J den UnGln I (γ) und

$$\sigma<\varrho<\sigma+\beta, \quad \bar{\sigma}<\bar{\varrho}<\bar{\sigma}+\beta$$

genügen. Da I (δ) für diese Funktionen ϱ, $\bar{\varrho}$ eine Folge von (δ) ist, gilt die Behauptung von I, woraus, da β beliebig ist, die jetzige Behauptung folgt.

---

[1] Es wird also vorausgesetzt, daß diese Maximalintegrale in J existieren.

Im Sonderfall $\delta=\bar{\delta}$, $\omega=\bar{\omega}$ nehmen die Sätze I, II die folgende übersichtlichere Form an.

III. Folgerung. *Es gelte für* $u, v\in Z(f)$, $\varrho\in Z(\omega)$

(α) $|v-u|(0+)<\varrho(0+)$;

(β) $u'=f(t,u)$ *und* $|Pv|\equiv|v'-f(t,v)|\leqq\delta(t)$ *in* J_0;

(γ) $\varrho'>\omega(t,\varrho)+\delta(t)$ *in* J_0;

(δ) $\left.\begin{matrix} f(t,v+\varrho)-f(t,v) \\ f(t,v)-f(t,v-\varrho)\end{matrix}\right\}\leqq\omega(t,\varrho)$, *falls* $(t,v\pm\varrho)\in D(f)$ *ist.*

Dann ist

$$|v-u|<\varrho \quad in \quad J_0.$$

Ist $\delta\in C(J_0)$ *und* $\in L(J)$, $\omega\in\mathscr{F}_0$, *ist ferner* $\sigma\in Z(\omega)$ *das in* J *existierende Maximalintegral eines AWPs*

(γ') $\sigma'=\omega(t,\sigma)+\delta(t)$ *mit* $\sigma(0)\geqq|v(0)-u(0)|$,

und gilt (β) *sowie (für ein* $\alpha>0$)

(δ') $\left.\begin{matrix} f(t,v+z)-f(t,v) \\ f(t,v)-f(t,v-z)\end{matrix}\right\}\leqq\omega(t,z)$, *falls* $\sigma(t)<z<\sigma(t)+\alpha$ *und* $(t,v\pm z)\in D(f)$

ist, so ist

$$|u-v|\leqq\sigma \quad in \quad J.$$

Das ergibt sich unmittelbar aus I, II, da die Abschätzungen I (δ) bzw. II (δ) aus der Abschätzung (δ) folgen, wenn $\omega=\bar{\omega}$ ist.

Aus den beiden Voraussetzungen (δ), (δ') ersieht man, daß zur Abschätzung viel weniger als die UnGl (2) (für beliebige $z,\bar{z}$) nötig ist. *Sowohl* (δ) *als auch* (δ') *ist eine Folge der einseitigen Abschätzung* (3).

IV. Verallgemeinerungen und Bemerkungen. (α) Man wird sich vielleicht fragen, aus welchem Grunde die Schranke ϱ in III positiv ist; eine diesbezügliche Voraussetzung wurde ja nicht getroffen. Nach III (δ) ist $\omega(t,0)\geqq 0$, falls $\varrho(t)=0$ ist. Hiernach, wegen III (γ) und wegen $\delta(t)\geqq 0$ ist $\varrho'>0$, falls $\varrho=0$ ist. Also ist $\varrho>0$ nach Lemma 8 II.

(β) Die im Anschluß an I gegebenen Verallgemeinerungen lassen sich mit geringen Änderungen auch bei II und III durchführen. Im besonderen kann in I—III (bei sonst ungeänderten Voraussetzungen) statt Pv einer der Ausdrücke $D_-v-f(t,v)$, $D^-v-f(t,v)$ stehen, wenn v nur stetig ist.

(γ) Zur *beidseitigen* Abschätzung der Differenz $v-u$ nach III genügt es, daß f eine sehr spezielle *einseitige* Abschätzung III (δ) oder III (δ') zuläßt. Jede dieser beiden Voraussetzungen ist eine Folge der einseitigen Abschätzung (3). Ist z.B. bekannt, daß in $D(f)$ eine UnGl $A(t)\leqq f_z(t,z)\leqq B(t)$ gilt (vgl. auch E IX), so kann für ω in III (auch bei negativem B) die Funktion $B(t)z$ gewählt werden. Hätte man dagegen in III, wie es an vielen Stellen der Literatur zu finden ist, eine Abschätzung des Betrages wie in (2) zu erfüllen, so müßte man $\omega(t,z) = C(t)z$ mit $C = \max(|A|, |B|)$ setzen. Dadurch würde die Fehlerabschätzung unter Umständen wesentlich verschlechtert. Das sei an dem durchsichtigen Beispiel V erläutert.

(δ) Bei den Sätzen I und II sind auch negative Schranken $\varrho, \bar{\varrho}, \sigma, \bar{\sigma}$ zugelassen. Es ist daher wichtig zu bemerken, daß im Falle negativer Schranken die Voraussetzungen (δ) dieser Sätze *nicht* aus (3) folgen (bei positiven Schranken ist das der Fall). Bei praktischen Aufgaben kann es durchaus vorkommen, daß man, ausgehend von einer Näherungsfunktion v, nach Satz I zwei Schranken ϱ, $\bar{\varrho}$ von verschiedenem Vorzeichen und damit einen „Streifen“ $v(t) - \varrho(t) < z < v(t) + \bar{\varrho}(t)$ in der (t, z)-Ebene erhält, welcher die Funktion v *nicht* enthält und in welchem die Lösung u verlaufen muß. Das Beispiel VIII ist von dieser Art.

Man kann auch für Schranken beliebigen Vorzeichens eine handliche, leicht anwendbare Formulierung finden. Es seien der Einfachheit halber $\omega_1(t, z)$, $\omega_2(t, z)$ zwei auf $J \times \{z \geqq 0\}$ definierte Funktionen, die für $z = 0$ verschwinden. Mit ihrer Hilfe lasse sich f in seinem Definitionsbereich gemäß

$$\omega_1(t, z - \bar{z}) \leqq f(t, z) - f(t, \bar{z}) \leqq \omega_2(t, z - \bar{z}) \quad \text{für} \quad z \geqq \bar{z} \tag{4}$$

abschätzen. Setzt man nun

$$\omega(t, z) = \bar{\omega}(t, z) = \begin{cases} \omega_2(t, z) & \text{für} \quad z \geqq 0 \\ -\omega_1(t, -z) & \text{für} \quad z < 0, \end{cases}$$

so sind die Bedingungen I (δ) und II (δ) sicher erfüllt. Man benötigt also im Falle einer negativen Schranke ϱ oder $\bar{\varrho}$ eine Abschätzung der f-Differenz „nach unten“.

V. Beispiel. Das AWP laute $u' = u$, $u(0) = \eta$, die Näherungslösung $v(t)$ erfülle $|Pv| = |v' - v| \leqq \delta$, $|v(0) - \eta| \leqq \varepsilon$. Dann folgt aus III mit $\omega(t, z) = z$

$$|v - u| \leqq (\varepsilon + \delta)e^t - \delta.$$

Liegt dagegen das AWP $u' = -u$, $u(0) = \eta$ vor und gilt wieder $|Pv| = |v' + v| \leqq \delta$, $|v(0) - \eta| \leqq \varepsilon$, so würde man bei einem Abschätzungssatz, der (2) verwendet, dieselbe Fehlerabschätzung erhalten, wogegen aus III mit $\omega(t, z) = -z$ die wesentlich bessere Abschätzung

$$|v - u| \leqq (\varepsilon - \delta)e^{-t} + \delta$$

folgt.

Im folgenden Beispiel soll die in V bereits benutzte Lipschitz-Bedingung noch etwas allgemeiner besprochen werden.

VI. Die Lipschitz-Bedingung. (α) *Einseitige Lipschitz-Abschätzung.* Die Funktion $f(t, z)$ genüge, falls $(t, z), (t, \bar{z}) \in D(f)$ ist, einer einseitigen Lipschitz-Bedingung

$$f(t, z) - f(t, \bar{z}) \leqq l(t)(z - \bar{z}) \quad \text{für} \quad z \geqq \bar{z}.$$

In der Abschätzung von Satz II ist dann

$$\sigma(t) = e^{L(t)}\left[\varepsilon + \int_0^t \delta(\tau) e^{-L(\tau)} d\tau\right], \qquad L(t) = \int_0^t l(\tau)\, d\tau;$$

entsprechend ist $\bar{\sigma}$ definiert. Dabei muß $\sigma(t) \geqq 0, \bar{\sigma}(t) \geqq 0$ sein. Das Ergebnis ist, wenn man davon absieht, daß jetzt $\delta(t), \bar{\delta}(t), l(t)$ in J_0 stetige und über J integrierbare Funktionen sind, identisch mit 5 VIII.

(β) *Lipschitz-Abschätzung nach oben und unten.* Wir lassen nun die Bedingung $\sigma, \bar{\sigma} \geqq 0$ fallen und behandeln die Lipschitz-Bedingung unter dem allgemeineren Gesichtspunkt IV (δ). Es bestehe eine Abschätzung

$$\bar{l}(t)(z - \bar{z}) \leqq f(t, z) - f(t, \bar{z}) \leqq l(t)(z - \bar{z}) \quad \text{für} \quad z \geqq \bar{z},$$

falls $(t, z), (t, \bar{z}) \in D(f)$ ist, und es sei

$$\omega(t, z) = \bar{\omega}(t, z) = \begin{cases} l(t) z & \text{für} \quad z \geqq 0 \\ \bar{l}(t) z & \text{für} \quad z < 0. \end{cases}$$

Dann folgen aus den Beziehungen II (α) (β) die UnGln

$$-\bar{\sigma}(t) \leqq v(t) - u(t) \leqq \sigma(t) \quad \text{in} \quad J,$$

wenn $\sigma(t), \bar{\sigma}(t)$ die Lösungen der AWPe II (γ) sind. Hierbei sind nun, das ist das Neue gegenüber (α), keine Voraussetzungen über das Vorzeichen von $\varepsilon, \bar{\varepsilon}, \sigma(t), \bar{\sigma}(t)$ notwendig. Die Integrale $\sigma, \bar{\sigma}$ lassen sich mit Hilfe der bekannten Formel zur Integration linearer DGln leicht geschlossen angeben. Es sei bemerkt, daß dieser ganze Problemkreis auch mit den Methoden von Nr. 5 behandelt werden kann, so daß auch die Voraussetzung $\delta, \bar{\delta}, l, \bar{l} \in L(J)$ (ohne Stetigkeit in J_0) hinreicht.

Es sei erwähnt, daß die Regularitätsvoraussetzungen in (α), die hier schärfer als in Nr. 5 sind, auch im Rahmen der jetzigen Theorie beträchtlich gemildert werden können. Besitzt $\delta(t)$ die folgende Eigenschaft

(γ) $\delta(t)$ ist in J_0 endlich und für jedes positive α über das Intervall $\alpha \leqq t \leqq T$ L-integrierbar, wobei der Limes $\int_0^T \delta(t)\, dt = \lim_{\alpha \to +0} \int_\alpha^T \delta(t)\, dt$ existiert, und es gilt

$$\delta^*(t) = \limsup_{h \to +0} \frac{1}{h} \int_{t-h}^{t} \delta(\tau)\, d\tau \geqq \delta(t) \text{ in } J_0$$

(für δ^* ist der Wert $+\infty$ zugelassen);

und haben auch die anderen Funktionen $\bar{\delta}(t)$, $l(t)$ diese Eigenschaft, so gelten bereits die oben besprochenen Abschätzungen. Unter diesen Voraussetzungen ist für die Funktion $\sigma(t)$ von (α)

$$D^-\sigma(t) = \delta^*(t) + l^*(t)\sigma(t) \geqq \delta(t) + l(t)\sigma(t).$$

Ersetzt man in der Formel für σ die Funktion $\delta(t)$ durch $\delta(t)+\beta$ $(\beta>0)$, so hat man damit eine Funktion, nennen wir sie ϱ, für welche I (γ) mit $D^-\varrho$ statt ϱ' gilt. Aus Satz I ergibt sich dann die Abschätzung von (α) für $\beta\to 0$.

VII. Zur Konstruktion von Schranken. (α) In den meisten nichttrivialen (und damit nichtlinearen) Fällen läßt sich entweder gar keine oder nur eine sehr schlechte Lipschitz-Konstante angeben. Man muß dann zunächst den Definitionsbereich $D(f)$ passend einschränken. Hat man bei vorgelegtem AWP bereits eine Oberfunktion w und eine Unterfunktion v gefunden, so betrachtet man nur noch die durch $v(t)\leqq z\leqq w(t)$ abgegrenzte Punktmenge (vgl. E X). Ist das nicht der Fall, so kann man etwa so vorgehen. Es liege etwa eine Näherungslösung $v(t)$ vor, die nach VI (α) abgeschätzt werden soll, und es sei $v(0)=u(0)$. Man gibt zwei beliebige Konstanten α, $\overline{\alpha}>0$ vor und bestimmt die Lipschitz-„Konstante" $l(t)=l(t;\alpha,\overline{\alpha})$ bezüglich des Bereiches $v(t)-\alpha\leqq z\leqq v(t)+\overline{\alpha}$ sowie die hierzu gemäß VI (α) gehörigen Schranken $\sigma(t;\alpha,\overline{\alpha})$ und $\overline{\sigma}(t;\alpha,\overline{\alpha})$. Die so gefundene Abschätzung $v-\sigma\leqq u\leqq v+\overline{\sigma}$ gilt sicher, solange die Funktionen $v-\sigma$ und $v+\overline{\sigma}$ in dem abgegrenzten Streifen verlaufen, d.h. sie gelten nach rechts solange, als $\sigma(t;\alpha,\overline{\alpha})\leqq\alpha$ und $\overline{\sigma}(t;\alpha,\overline{\alpha})\leqq\overline{\alpha}$ ist. Man kann dann so vorgehen, daß man zunächst mit kleinen Zahlen α, $\overline{\alpha}$ beginnt und diese vergrößert, sobald $\sigma>\alpha$ oder $\overline{\sigma}>\overline{\alpha}$ geworden ist (manchmal sind die Schranken von so einfacher Gestalt, daß man für jede Stelle t die günstigsten Werte von α, $\overline{\alpha}$ leicht angeben kann).

(β) Es gibt noch einen anderen Weg, um diese Schwierigkeiten zu umgehen. Wir greifen dazu auf Satz I zurück und nehmen an, die partielle Ableitung $f_z(t,z)$ existiere und sei monoton wachsend [bzw. fallend] in z; außerdem sei $\varrho\geqq 0$, $\overline{\varrho}\geqq 0$. Den Bedingungen I ($\delta$) ist dann wegen

$$f(t,v)-f(t,v-\varrho)\leqq\varrho(t)f_z(t,v)\,[\text{bzw. }\leqq\varrho(t)f_z(t,v-\varrho)]$$

$$f(t,v+\overline{\varrho})-f(t,v)\leqq\overline{\varrho}(t)f_z(t,v+\overline{\varrho})\,[\text{bzw. }\leqq\overline{\varrho}(t)f_z(t,v)]$$

Genüge getan, wenn man im Falle, daß f_z monoton wächst,

$$\omega(t,z)=l(t)z\quad\text{mit}\quad l(t)=f_z(t,v(t))$$

$$\overline{\omega}(t,z)=f_z(t,v(t)+z)z,$$

und im Falle, daß f_z monoton fällt,

$$\omega(t,z)=f_z(t,v(t)-z)z$$

$$\overline{\omega}(t,z)=l(t)z\quad\text{mit}\quad l(t)=f_z(t,v(t))$$

setzt. Damit sind die früheren Betrachtungen über den Definitionsbereich ganz überflüssig geworden. Man beachte jedoch, daß man für die eine der Schranken eine lineare DGl, für die andere dagegen eine im allgemeinen *nichtlineare* DUnGl erhält. Dieselben Überlegungen lassen sich auch anstellen, wenn eine der Schranken negativ ist.

Ein einfaches

VIII. Beispiel soll das Gesagte verdeutlichen. Es sei das AWP

$$u'=u^2-t,\quad u(0)=1\tag{5}$$

gegeben [das ist eine spezielle Riccati-Gl, welche nicht elementar integrierbar ist; vgl. Kamke (1945), S. 37f.]. Eine einfache Unterfunktion ist $v(t)=1+t$, eine Oberfunktion erhält man z.B., indem man in der DGl das Glied $-t$ vernachlässigt und dieses Problem löst; es ergibt sich $w(t)=1/(1-t)$. Für die Lösung $u(t)$ ist also

$$v=1+t<u(t)<1/(1-t)=w.$$

Damit kann man $f(t, z) = z^2 - t$ in dem durch $1+t \leqq z \leqq 1/(1-t)$ abgegrenzten Definitionsgebiet nach oben und unten gemäß

$$2(1+t)(z-\bar{z}) \leqq f(t, z) - f(t, \bar{z}) \leqq 2(z-\bar{z})/(1-t) \quad \text{für} \quad z \geqq \bar{z}$$

abschätzen. Nun soll die Oberfunktion w als *Näherungslösung* betrachtet und mit Hilfe von Satz I oder II eine Abschätzung

$$-\bar{\sigma} \leqq w - u \leqq \sigma, \quad \text{d.h.} \quad w - \sigma \leqq u \leqq w + \bar{\sigma}$$

abgeleitet werden. Die Schranke σ bestimmt sich nach Satz II aus der DGl

$$\sigma' = t + \frac{2}{1-t}\sigma \quad \text{mit} \quad \sigma(0) = 0$$

zu

$$\sigma(t) = \frac{t^2}{12(1-t)^2}(6 - 8t + 3t^2).$$

Nun wollen wir versuchen, die obere Schranke w zu verbessern, d.h. ein negatives $\bar{\sigma}$ zu finden. Dazu braucht man — vgl. IV (δ) und VI (β) — eine Lipschitz-Abschätzung „nach unten"; eine entsprechende Lipschitz-„Konstante" ist, wie wir gesehen haben, $2(1+t)$. Nach II hat man

$$\bar{\sigma}' = -t + 2(1+t)\bar{\sigma}, \quad \bar{\sigma}(0) = 0,$$

woraus

$$\bar{\sigma}(t) = -\int_0^t \tau e^{2t-2\tau+t^2-\tau^2} d\tau \leqq -\int_0^t \tau\, e^{(2+t)(t-\tau)} d\tau$$

$$= \frac{-1}{(2+t)^2}\left[e^{t(2+t)} - (1+t)^2\right] = -\left(\frac{t^2}{2} + \frac{t^3}{3} + \cdots\right)$$

folgt. Damit sind zwei neue Schranken

$$v_1 = w - \sigma \leqq u \leqq w_1 = w + \bar{\sigma}$$

gewonnen.

Nun wollen wir das Bisherige gewissermaßen vergessen und demonstrieren, wie man ohne Kenntnis von Schranken vorgehen kann. Aus der DGl entnimmt man $u'(0) = 1$, der einfachste Ansatz ist also $v(t) = 1 + t$ mit $Pv = -t(1+t)$. Nun soll, ausgehend von dieser Näherungslösung (die zugleich Unterfunktion ist), eine obere Schranke $v + \bar{\sigma}$ nach Satz II gefunden werden. Nach dem Vorgehen von VII (α) wählen wir $\alpha = 0$, $\bar{\alpha} > 0$ und erhalten $l(t; 0, \bar{\alpha}) = 2(1 + \bar{\alpha} + t)$ und damit

$$\bar{\sigma}' = t(1+t) + 2(1+\bar{\alpha}+t)\bar{\sigma} \quad \text{mit} \quad \bar{\sigma}(0) = 0,$$

d.h.

$$\bar{\sigma}(t; 0, \bar{\alpha}) = \int_0^t \tau(1+\tau) e^{2(1+\bar{\alpha})(t-\tau)+t^2-\tau^2} d\tau < \int_0^t \tau(1+\tau) e^{2A(t-\tau)} d\tau$$

$$= \frac{t^2}{2} + \frac{1+A}{4A^3}\left(e^{2At} - 1 - 2At - 2A^2 t^2\right) = \frac{t^2}{2} + 2(1+A)t^3 \sum_{\nu=0}^{\infty} \frac{(2At)^\nu}{(\nu+3)!},$$

wobei $A = 1 + \bar{\alpha} + t$ gesetzt wurde.

Diese Abschätzung $u \leqq v + \bar{\sigma} = w_2$ gilt nach rechts solange, als $\bar{\sigma}(t; 0, \bar{\alpha}) \leqq \bar{\alpha}$ ist. Bei der numerischen Auswertung beginnt man mit einem kleinen $\bar{\alpha}$, etwa $\bar{\alpha} = \frac{1}{2}$, und vergrößert dann $\bar{\alpha}$, sobald $\bar{\sigma} > \frac{1}{2}$ geworden ist, usw.

Machen wir nun von den Ausführungen in VII (β) Gebrauch. Wir nehmen etwa die Näherungslösungen $w(t) = 1/(1-t)$ und bestimmen dazu Funktionen $\varrho, \bar{\varrho}$. Bei ϱ

kommen wir genau auf die frühere DGl, für die negative Schranke $\bar{\varrho}$ können wir dagegen aus

$$f(t, w+\bar{\varrho})-f(t, w) \leqq \bar{\varrho} f_z(t, w+\bar{\varrho})=2\bar{\varrho}(w+\bar{\varrho})$$

gemäß Satz I die Bedingungen

$$\bar{\varrho}'>2\bar{\varrho}\left(\bar{\varrho}+\frac{1}{1-t}\right)-t, \quad \bar{\varrho}(0)=0$$

(es liegt nicht genau der in VII diskutierte Fall vor, da $\bar{\varrho}<0$ werden soll) und daraus z. B. die Funktion

$$\bar{\varrho}(t)=\frac{-0{,}4t^2}{1-t}$$

gewinnen, welche besser als die frühere Schranke ist. Man behalte jedoch im Auge, daß das Auffinden von $\bar{\varrho}$ jetzt eine schwierigere, von Erfahrung (und Glück) abhängende Sache ist, während früher eine lineare DGl und damit ein systematischer Weg gegeben war. Überdies kann man mit Recht einwenden: Wenn schon nichtlineare Probleme auftreten, so bleibt man am besten bei der Methode der Ober- und Unterfunktionen; in der Tat stellt ja $w_3=w+\bar{\varrho}=(1-2t^2/5)/(1-t)$ nichts anderes als eine neue Oberfunktion dar, die man ebenso leicht (oder schwer) anhand der ursprünglichen DGl (also gemäß 8 VI) hätte finden können[1].

Unterfunktionen kann man in unserem Beispiel sehr einfach aus der Potenzreihenentwicklung von u gewinnen, da nur positive Koeffizienten vorkommen. Man findet z. B.

$$v_2=1+t+\frac{t^2}{2}+\frac{2t^3}{3}+\frac{7t^4}{12}+\frac{33t^5}{60}.$$

Oft ist es möglich, die DGl durch kleine Abänderungen in einen elementar integrierbaren Typus überzuführen. Im vorliegenden Fall betrachtet man etwa die AWPe

$$u'=u^2+a, \quad u(0)=1.$$

Sie sind elementar integrierbar, wenn a eine Konstante, also auch, wenn $a=a(t)$ eine Treppenfunktion ist. Wählt man eine Treppenfunktion $a(t) \geqq -t$ bzw. $a(t) \leqq -t$, so erhält man eine Ober- bzw. Unterfunktion. Damit kann man die Lösung grundsätzlich mit jeder gewünschten Genauigkeit approximieren.

Dieses Verfahren erlaubt, was die Unterfunktion anbelangt, eine wichtige Verbesserung. Es ist nämlich zweckmäßiger, von der entsprechenden Volterra-IGl

$$u(t)=1+\int_0^t [u^2(\tau)-\tau]\, d\tau$$

auszugehen und darauf die Methoden von Kapitel I anzuwenden. Will man im Intervall $0 \leqq t \leqq T$ eine Unterfunktion als Lösung von $v'=v^2-\alpha^2$ mit konstantem α bestimmen, so lautet die Bedingung nach 1 VII

$$v(t)=1+\int_0^t [v^2(\tau)-\alpha^2]\, d\tau<1+\int_0^t [v^2(\tau)-\tau]\, d\tau \quad \text{für} \quad 0 \leqq t \leqq T,$$

---

[1] Natürlich sind auch die anderen Schranken Ober- bzw. Unterfunktionen, wie ja überhaupt ganz allgemein in Satz I die Funktion $v-\varrho$ eine Unter- und die Funktion $v+\bar{\varrho}$ eine Oberfunktion im Sinne von 8 VI darstellt. Von da aus gesehen ist Satz I gewissermaßen ein Rezept zum Finden von Unter- und Oberfunktionen. Diese Auffassung, bei welcher Satz I als Spezialfall von 8 VI erscheint (man könnte auch den Beweis entsprechend einrichten), wird hier bewußt *nicht* betont, weil ihre konsequente Übertragung auf Systeme von DGln nicht möglich ist.

also $\alpha^2 > t/2$. Mit anderen Worten: Wir erhalten gemäß 1 VII eine Unterfunktion im Intervall $0 \leqq t \leqq T$ aus

$$v' = v^2 - \alpha^2 \quad \text{mit} \quad \alpha^2 = T/2, \tag{6}$$

während wir unter Bezugnahme auf 8 VI $\alpha^2 = T$ setzen müssen.

Bei Aufgaben, welche sich als IGl mit einem monoton wachsenden Kern schreiben lassen, bringt der Übergang zur IGl regelmäßig Vorteile dieser Art.

Die Lösung von (6) mit dem Anfangswert 1 lautet

$$v(t) = \alpha \frac{\operatorname{ctgh}(\alpha t) - \alpha}{\alpha \operatorname{ctgh}(\alpha t) - 1}.$$

Sie stellt eine Unterfunktion für $0 \leqq t \leqq T$ dar, wenn $\alpha^2 = T/2$ ist, insbesondere für $t = T$. Da dies für jedes positive T gilt, erhält man so die Unterfunktion $v_3(t)$:

$$v_3(2\alpha^2) = \alpha \frac{\operatorname{ctgh}(2\alpha^3) - \alpha}{\alpha \operatorname{ctgh}(2\alpha^3) - 1}.$$

Für die Lage der Asymptote T_1 ($u(t) \to \infty$ für $t \to T_1$) ergeben sich aus w und v_3 die Schranken

$$1 < T_1 < 1{,}59.$$

In Abb. 3 sind einige Schranken, zusammen mit einer nach RUNGE-KUTTA berechneten Näherungslösung $u^*(t)$, aufgezeichnet[1].

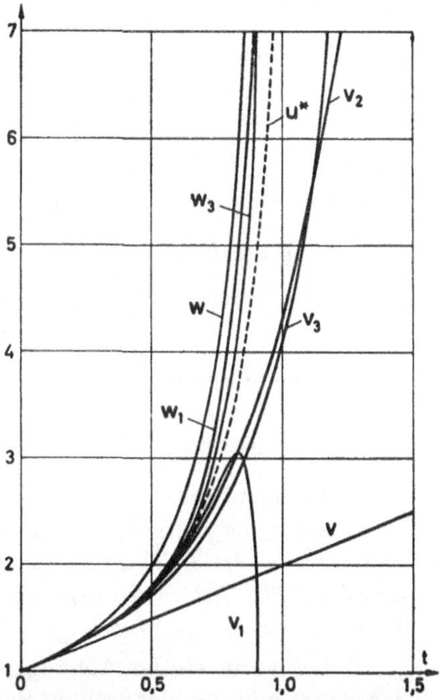

Abb. 3. Einige Schranken für das Problem (5). Die nach RUNGE-KUTTA berechnete Lösung ist gestrichelt

10. Eindeutigkeitssätze

In dieser Nummer wird gezeigt, wie der Abschätzungssatz 9 III zur Herleitung von Eindeutigkeitskriterien verwandt werden kann. Sind u und v zwei Lösungen ein und desselben AWPs

$$u' = f(t, u) \quad \text{in} \quad J_0, \quad u(0) = \eta, \tag{1}$$

so hat die Differenz $d(t) = v(t) - u(t)$ gemäß Definition 8 III die Eigenschaft $d(0) = 0$. Betrachten wir jedoch, was hier gelegentlich geschehen soll, Lösungen, die auch für $t = 0$ differenzierbar sind und der DGl genügen[2], so gilt

$$d(0) = d'_+(0) = 0, \quad \text{d.h.} \quad d(t) = o(t) \quad \text{für} \quad t \to +0. \tag{2}$$

[1] Die Lösung wurde auf der elektronischen Rechenmaschine Z 23 der Technischen Hochschule Karlsruhe unter Benutzung des dort vorhandenen Bibliotheksprogramms berechnet (Schrittweite 0,05).

[2] Das ist automatisch der Fall, wenn f an der Stelle $(0, \eta)$ stetig ist.

Für Lösungen in diesem letzteren Sinne lassen sich die Eindeutigkeitskriterien verschärfen.

Wir geben nun einige Klassen von Funktionen $\omega(t, z)$ an, für die aus einer Abschätzung

$$f(t, z) - f(t, \bar{z}) \leqq \omega(t, z - \bar{z}) \quad \text{für} \quad z \geqq \bar{z} \quad \text{und} \quad (t, z), (t, \bar{z}) \in D(f) \tag{3}$$

Eindeutigkeit folgt.

I. Definition ($\mathscr{E}_4, \mathscr{E}_5, \mathscr{E}_6$). Die Klasse $\mathscr{E}_i$ $(i = 4, 5, 6)$ umfaßt alle in $J_0 \times \{z \geqq 0\}$ erklärten Funktionen $\omega(t, z)$ mit der Eigenschaft: Zu jedem $\varepsilon > 0$ gibt es eine Zahl $\delta > 0$ und eine Funktion $\varrho(t) \in Z(\omega)$ derart, daß $0 < \varrho(t) \leqq \varepsilon$ in J_0 und

$$\mathscr{E}_4\colon\ \varrho' > \omega(t, \varrho) + \delta \quad \text{und} \quad \varrho(t) \geqq \delta \quad \text{in} \quad J_0;$$

$$\mathscr{E}_5\colon\ \varrho' > \omega(t, \varrho) \quad \text{und} \quad \varrho(t) \geqq \delta \quad \text{in} \quad J_0;$$

$$\mathscr{E}_6\colon\ \varrho' > \omega(t, \varrho) \quad \text{in} \quad J_0, \quad \varrho(t_k) \geqq \delta t_k \quad \text{für eine Folge} \quad t_k \to +0$$

gilt.

Die zweite Bedingung in $\mathscr{E}_6$ läßt sich auch als „$\varrho(t) \neq o(t)$ für $t \to +0$" schreiben. Ferner würde es in allen drei Fällen genügen zu verlangen, daß ϱ stetig ist und die DUnGl mit $D^- \varrho$ statt ϱ' besteht.

II. Eindeutigkeitssatz. *Das AWP* (1) *besitzt höchstens eine Lösung, und diese hängt stetig vom Anfangswert [bzw. vom Anfangswert und der rechten Seite der DGl] ab, wenn f eine Abschätzung* (3) *mit $\omega \in \mathscr{E}_5$ [bzw. $\omega \in \mathscr{E}_4$] zuläßt. Betrachten wir Lösungen, welche die DGl auch für $t = 0$ erfüllen*[1], *so ist für die Eindeutigkeit $\omega \in \mathscr{E}_6$ hinreichend.*

Dabei ist die stetige Abhängigkeit vom Anfangswert [bzw. vom Anfangswert und von der rechten Seite] wie folgt definiert: zu jedem $\varepsilon > 0$ gibt es ein $\delta > 0$, so daß $|u - v| < \varepsilon$ in J ist, wenn $u \in Z(f)$ die Lösung des AWPs (1), $v \in Z(f)$ eine Lösung der DGl $Pv = 0$ in J_0 mit $|v(0) - \eta| < \delta$ [bzw. v eine Funktion aus $Z(f)$ mit $|Pv| < \delta$ in J_0 und $|v(0) - \eta| < \delta$] bezeichnet.

Nehmen wir für den Beweis zunächst an, der Fall $\mathscr{E}_6$ liege vor, u und v seien zwei Lösungen von (1) und ϱ habe die in I angegebenen Eigenschaften. Dann läßt sich 9 III, worin natürlich jetzt $\delta(t) = 0$ ist, nicht sofort anwenden, da 9 III (α) im allgemeinen verletzt ist. Diese Schwierigkeit macht eine kleine Zusatzüberlegung notwendig. Da $|v(t) - u(t)| = o(t)$ und $\varrho(t) \neq o(t)$ für $t \to +0$ ist, gibt es beliebig kleine positive Zahlen t_k mit $|v(t_k) - u(t_k)| < \varrho(t_k)$. Dann kann 9 III auf das Intervall $t_k \leqq t \leqq T$ angewandt werden. Es ergibt sich $|v - u| < \varrho$ im Intervall $t_k \leqq t \leqq T$ und damit in J_0, womit der Satz, da unterhalb jeder positiven Schranke ε eine Funktion ϱ liegt, bewiesen ist. In den Fällen $\mathscr{E}_4$ und $\mathscr{E}_5$ wird der Beweis einfacher, da man 9 III sofort auf J anwenden kann.

III. Bemerkung $(\mathscr{E}[o(g(t))], \ldots)$. Die Eindeutigkeitsaussage ist also davon abhängig, was man über das Verhalten der Differenz zweier Lösungen $d(t)$ für kleine positive t aussagen kann. In diesem Sinne stellen die beiden Klassen $\mathscr{E}_5$ und $\mathscr{E}_6$ zwei mehr oder weniger willkürlich herausgegriffene Sonderfälle des folgenden allgemeinen Prinzips dar. Weiß man, daß je zwei Lösungen die Eigenschaft $|v(t)-u(t)|=o(g(t))$ oder $O(g(t))$ für $t\to+0$ haben, so definiert man eine entsprechende Klasse $\mathscr{E}[o(g(t))]$ bzw. $\mathscr{E}[O(g(t))]$ wie in I, jedoch mit

$$\mathscr{E}[o(g(t))]: \ \varrho'>\omega(t,\varrho) \ \text{ in } J_0, \ \varrho(t)\neq o(g(t)) \ \text{ für } t\to+0;$$
$$\mathscr{E}[O(g(t))]: \ \varrho'>\omega(t,\varrho) \ \text{ in } J_0, \ \varrho(t)\neq O(g(t)) \ \text{ für } t\to+0,$$

und kann dann einen entsprechenden Eindeutigkeitssatz beweisen[1]:

Genügt f einer Abschätzung (3) mit $\omega\in\mathscr{E}[o(g(t))]$ bzw. $\omega\in\mathscr{E}[O(g(t))]$ und sind u und v zwei Lösungen von (1), für welche $|v(t)-u(t)|=o(g(t))$ bzw. $=O(g(t))$ ist, so sind diese beiden Lösungen identisch.

Ein Beispiel: Ist die DGl für $t=0$ nicht erfüllt, ist aber f in einer Umgebung des Punktes $(0,\eta)$ beschränkt, so ist $|v-u|=O(t)$. Für diesen Fall ist z.B. das von ROSENBLATT (1909) angegebene Kriterium $\omega(t,z)=\beta z/t$, $0<\beta<1$, zulässig; es ist $\beta z/t\in\mathscr{E}[O(t)]$. Dagegen liefert die Nagumo-Funktion $\omega(t,z)=z/t$ keine Eindeutigkeit. Man betrachte dazu das folgende AWP: $\eta=0$, $f(t,z)=0$ für $z\leqq 0$, $f(t,z)=\min(1,z/t)$ für $z>0$, $t>0$. Alle Funktionen $u(t)=Ct$, $0\leqq C\leqq 1$, sind Lösungen, obwohl f beschränkt ist und einer Nagumo-Bedingung genügt.

Ähnliche Erweiterungen des Eindeutigkeitssatzes wurden von BRAUER (1959a), WALTER (1960a) und LAKSHMIKANTHAM (1962) angegeben. Außerdem sei auf die Arbeit von OLECH (1960) hingewiesen, in welcher Beziehungen zwischen den verschiedenen Eindeutigkeitskriterien bei stetigem f untersucht werden.

IV. Beispiel. Es sei

$$\omega(t,z)=l(t)\,\psi(z), \tag{4}$$

wobei $l(t)$ in J_0 stetig (stattdessen genügt 9 VI (γ)) und nichtnegativ, $\psi(z)$ für $z\geqq 0$ stetig, für $z>0$ positiv, $\psi(0)=0$ sowie

$$\int_0^1 \frac{ds}{\psi(s)}=\infty$$

ist. Es sollen Funktionen $\varrho(t)$ mit den bei I verlangten Eigenschaften als Lösungen von

$$\varrho'=(l(t)+\gamma)\,\psi(\varrho) \ \text{ in } J_0 \ \text{ mit } \varrho(T)=\varepsilon \quad (\gamma>0) \tag{5}$$

[1] In dieser Bezeichnungsweise ist $\mathscr{E}_6=\mathscr{E}[o(t)]$ und $\mathscr{E}_5\subset\mathscr{E}[o(1)]$.

bestimmt werden. Damit ist gewährleistet, daß $\varrho(t) \leqq \varepsilon$ und $\varrho' > \omega(t, \varrho)$ ist. Die Lösung $\varrho(t)$ von (5) ergibt sich aus

$$\int_{\varrho(t)}^{\varepsilon} \frac{ds}{\psi(s)} = \int_{t}^{T} l(s)\, ds + \gamma(T - t). \tag{6}$$

Sie ist eindeutig bestimmt, läßt sich nach links bis $t = 0$ fortsetzen und ist positiv in J_0 [aus $\varrho(t_0) = 0$, $t_0 > 0$, ergibt sich ein Widerspruch zu (6), da für $t \to t_0 + 0$ die rechte Seite von (6) beschränkt bleibt, die linke Seite dagegen über alle Grenzen wächst].

(α) Ist — neben den obigen Voraussetzungen — $l(t) \in L(J)$, so ist $\omega \in \mathscr{E}_4$. In diesem Fall ist der eben skizzierte Schluß auch noch für $t_0 = 0$ richtig, d.h. es ist $\varrho(0) > 0$ und damit $\varrho(t) \geqq \alpha > 0$ in J. Hiernach ist ferner

$$\varrho' = (l(t) + \gamma)\psi(\varrho) > l(t)\psi(\varrho) + \delta,$$

wenn etwa $\delta = \beta\gamma/2$ und β die (positive) untere Grenze von $\psi(\varrho(t))$ in J ist.

Damit ist also gezeigt, daß die Bedingung von Osgood-Montel-Tonelli (vgl. 4 V (β)), insbesondere die verallgemeinerte Lipschitz-Bedingung, die stetige Abhängigkeit von Anfangswert und rechter Seite beim AWP (1) nach sich zieht.

(β) Aus $\delta t \leqq \varrho(t)$ folgt

$$\int_{\delta t}^{\varepsilon} \frac{ds}{\psi(s)} \geqq \int_{\varrho(t)}^{\varepsilon} \frac{ds}{\psi(s)}$$

und umgekehrt. Also ist $\omega \in \mathscr{E}_6$, wenn zu jedem $\varepsilon > 0$ zwei positive Zahlen γ, δ existieren, so daß — man vergleiche (6) —

$$\int_{\delta t}^{\varepsilon} \frac{ds}{\psi(s)} \geqq \int_{t}^{T} l(s)\, ds + \gamma(T - t) \tag{7}$$

mindestens für die Werte $t = t_k$ einer Folge mit $t_k \to +0$ ist. Hinreichend für die Gültigkeit von (7) ist jede der beiden Beziehungen

$$\limsup_{t \to +0} \int_{t}^{\alpha} \left[\frac{1}{\psi(s)} - l(s)\right] ds = \infty \quad \text{(für ein } \alpha > 0) \tag{7'}$$

$$\limsup_{t \to +0} \int_{t}^{\alpha} \left[\frac{1}{\psi(s)} - l(s)\right] ds > -\infty \quad \text{und} \quad \psi(s) \leqq s. \tag{7''}$$

Diese beiden hinreichenden Bedingungen für $l(t)\psi(z) \in \mathscr{E}_6$ wurden von Filippov (1948) angegeben; vgl. auch LaSalle (1949). Daß (7) aus (7') folgt, ist sofort ersichtlich; bei (7'') hat man zu beachten, daß

$$\int_{\delta t}^{t} \frac{ds}{\psi(s)} \geqq \ln \frac{t}{\delta t} = \ln \frac{1}{\delta}$$

ist, also durch entsprechende Wahl von $\delta > 0$ beliebig groß gemacht werden kann.

(γ) Im linearen Fall $\omega(t, z) = l(t)z$ ergibt sich aus (7″) die auch von WINTNER (1956a) angegebene Bedingung für $\omega \in \mathscr{E}_6$

$$\liminf_{t \to +0} \left[\log t + \int_t^T l(s)\, ds\right] < \infty.$$

Der Eindeutigkeitssatz läßt sich noch verallgemeinern. Betrachten wir dazu die folgende Funktionenklasse.

V. Definition ($\mathscr{E}_7$). Es ist $\omega \in \mathscr{E}_7$, wenn folgendes gilt: Zu jedem $\varepsilon > 0$ gibt es ein $\delta > 0$, eine Zahlenfolge $\tau_i \to +0$ $(i \to \infty)$, $\tau_i > 0$, und eine Folge von Funktionen $\varrho_i(t)$, die in $\tau_i \leqq t \leqq T$ differenzierbar sind und den UnGln $0 \leqq \varrho_i \leqq \varepsilon$ genügen und für die

$$\varrho_i' > \omega(t, \varrho_i) \quad \text{in} \quad \tau_i \leqq t \leqq T, \quad \varrho_i(\tau_i) \geqq \delta \tau_i$$

ist.

VI. Eindeutigkeitssatz. *Das AWP hat höchstens eine Lösung, welche die DGl auch für $t = 0$ erfüllt, wenn sich f gemäß (3) mit $\omega \in \mathscr{E}_7$ abschätzen läßt.*

Da die Differenz zweier Lösungen $|v - u| = o(t)$ ist, ist $|v(\tau_i) - u(\tau_i)| < \varrho_i(\tau_i)$ für alle großen i. Aus 9 III läßt sich deshalb $|v - u| < \varrho_i$ für $\tau_i \leqq t \leqq T$ ableiten, woraus die Eindeutigkeit folgt.

VII. Beispiel. Es sei $\omega(t, z)$ stetig in $J_0 \times \{z \geqq 0\}$, $\omega(t, 0) = 0$, $\omega(t, z) \geqq 0$ für $z \geqq 0$, und für jedes $t_0 \in J_0$ sei die Funktion $\varphi(t) \equiv 0$ die einzige in $0 < t \leqq t_0$ differenzierbare Funktion, für die $\varphi' = \omega(t, \varphi)$ in $0 < t \leqq t_0$ und $\varphi(t) = o(t)$ für $t \to 0$ gilt. Dann ist $\omega \in \mathscr{E}_7$.

Wir deuten kurz an, wie man in diesem Fall die Existenz der Funktionen ϱ_i von Definition V nachweist. Nach bekannten Sätzen gibt es durch den Punkt (T, ε) ein Minimalintegral $\sigma(t)$ der DGl $\sigma' = \omega(t, \sigma)$, das nach links bis $t = 0$ fortgesetzt werden kann und die Eigenschaften $0 \leqq \sigma \leqq \varepsilon$ in J_0, $\sigma(t) \neq o(t)$ hat. Es gibt also eine Nullfolge τ_i und ein $\delta > 0$, so daß $\sigma(\tau_i) > \delta \tau_i$ ist. Das Minimalintegral σ kann in jedem Intervall $\tau_i \leqq t \leqq T$ von unten approximiert werden durch eine Funktion $\varrho_i(t)$, die die verlangten Eigenschaften besitzt [man beachte, daß jetzt bei der Approximation von *unten* $\varrho_i' > \omega(t, \varrho_i)$ ist, da ein *links* vom Anfangswert $t = T$ gelegenes Intervall betrachtet wird].

Der dem Beispiel VII entsprechende Eindeutigkeitssatz wurde [mit der Einschränkung, daß in (3) ein $<$-Zeichen steht] von IYANAGA (1928) und [mit einer Abschätzung (9.2) und sogleich für Systeme] von KAMKE (1930) angegeben. Wir haben die etwas kompliziert anmutende Klasse $\mathscr{E}_7$ nur eingeführt, um den bekannten Eindeutigkeitssatz von KAMKE unserer Theorie unterordnen zu können. Die Möglichkeit, daß dazu schon die Klasse $\mathscr{E}_6$ ausreicht, soll nicht ausgeschlossen werden (es gelang uns weder ein Beweis noch ein Gegenbeispiel)[1].

Wir weisen noch auf die Bemerkung E X hin, die bei der Anwendung von Eindeutigkeitssätzen von Nutzen ist. Ferner ist wohlbekannt, daß bei gewöhnlichen DGln die Eindeutigkeit „im Großen" aus der Eindeutigkeit „im Kleinen" folgt. Es ist also hinreichend für die Eindeutigkeit, wenn es zu jedem $t_0 \in J_0$ ein $\delta > 0$ und ein ω aus einer der genannten Funktionsklassen gibt, so daß

$$f(t, z) - f(t, \bar{z}) \leqq \omega(t - t_0, z - \bar{z}) \quad \text{für} \quad t_0 < t < t_0 + \delta, \quad z \geqq \bar{z} \tag{8}$$

ist.

[1] Die Schwierigkeit besteht darin, daß in den DUnGln von 9 III (γ) bzw. I ein $<$-Zeichen steht, während man es in VII mit Lösungen der entsprechenden Gl zu tun hat. Die Beziehung $\mathscr{E}_7 = \mathscr{E}_6$ wäre bewiesen, wenn man zeigen könnte: Zu jeder Funktion ω, welche die Eigenschaften von VII hat, gibt es eine Funktion $\overline{\omega}$, die ebenfalls diese Eigenschaften hat und für die $\omega(t, z) < \overline{\omega}(t, z)$ für $t \in J_0$, $z > 0$ ist.

11. Systeme von gewöhnlichen Differentialgleichungen. Abschätzung durch K-Normen

In den folgenden vier Nummern dieses Kapitels betrachten wir das AWP für ein System von gewöhnlichen DGln

$$u_\nu' = f_\nu(t, u_1, \ldots, u_n), \quad u_\nu(0) = \eta_\nu \quad (\nu = 1, \ldots, n;\ n \geqq 1); \tag{1}$$

in vektorieller Schreibweise lautet es

$$\boldsymbol{u}' = \boldsymbol{f}(t, \boldsymbol{u}), \quad \boldsymbol{u}(0) = \boldsymbol{\eta}. \tag{2}$$

Dabei sind $\boldsymbol{u} = (u_1, \ldots, u_n)$, $\boldsymbol{f} = (f_1, \ldots, f_n)$, $\boldsymbol{\eta} = (\eta_1, \ldots, \eta_n)$ Vektoren aus E^n. In den Nummern 6 und 7 wurden eine Reihe von Bezeichnungen und Definitionen für Vektoren eingeführt, welche hier ständig Verwendung finden. $\boldsymbol{P v} = \boldsymbol{v}' - \boldsymbol{f}(t, \boldsymbol{v})$ ist der Defekt (vgl. 8 IV).

Der Abschätzungssatz 9 III läßt sich wörtlich auf Systeme übertragen. An die Stelle des absoluten Betrages tritt eine beliebige K-Norm.

I. Abschätzungssatz. *Für zwei Vektorfunktionen* $\boldsymbol{u}, \boldsymbol{v} \in Z(\boldsymbol{f})$, *die skalaren Funktionen* $\delta(t)$, $\omega(t, z)$, $\varrho(t) \in Z(\omega)$ *und eine K-Norm* $\|\cdot\|$ *gelte*

(α) $\|\boldsymbol{v} - \boldsymbol{u}\|(0+) < \varrho(0+)$;

(β) $\boldsymbol{u}' = \boldsymbol{f}(t, \boldsymbol{u})$, $\|\boldsymbol{P v}\| = \|\boldsymbol{v}' - \boldsymbol{f}(t, \boldsymbol{v})\| \leqq \delta(t)$ in J_0;

(γ) $\varrho' > \omega(t, \varrho) + \delta(t)$ in J_0;

(δ) $\|\boldsymbol{f}(t, \boldsymbol{v}) - \boldsymbol{f}(t, \boldsymbol{u})\| \leqq \omega(t, \|\boldsymbol{v} - \boldsymbol{u}\|)$, *falls* $\|\boldsymbol{v} - \boldsymbol{u}\| = \varrho(t)$ *ist.*

Dann ist

$$\|\boldsymbol{v}(t) - \boldsymbol{u}(t)\| < \varrho(t) \quad \textit{in} \quad J_0.$$

Ist $\omega \in \mathscr{F}_0$, ist die Funktion $\delta(t)$ in J_0 stetig und über J integrierbar und existiert das Maximalintegral $\sigma(t) \in Z(\omega)$ eines AWPs

(γ') $\sigma' = \omega(t, \sigma) + \delta(t)$ mit $\sigma(0) \geqq \|\boldsymbol{v}(0) - \boldsymbol{u}(0)\|$

in J, so gilt

$$\|\boldsymbol{v}(t) - \boldsymbol{u}(t)\| \leqq \sigma(t) \quad \text{in} \quad J,$$

falls neben (β) die Voraussetzung (mit einem $\alpha > 0$)

(δ') $\|\boldsymbol{f}(t, \boldsymbol{v}) - \boldsymbol{f}(t, \boldsymbol{v} - \boldsymbol{z})\| \leqq \omega(t, \|\boldsymbol{z}\|)$ für $\sigma(t) < \|\boldsymbol{z}\| < \sigma(t) + \alpha$

besteht.

Daß ω für die in (δ') auftretenden Argumente definiert ist, ergibt sich aus der Tatsache, daß $D(\omega)$ offen ist und die Punkte (t, σ) enthält.

Der zweite Teil des Satzes folgt in bekannter Weise aus dem ersten Teil, indem das Maximalintegral σ von oben durch Funktionen ϱ approximiert wird. Zum Beweis der Abschätzung mit der Schranke ϱ greifen wir auf das Lemma 8 II zurück. Es braucht dann nur gezeigt zu werden, daß an jeder Stelle t, an der $\|\boldsymbol{v} - \boldsymbol{u}\| = \varrho$ ist, die UnGl

$$D^- \|\boldsymbol{v} - \boldsymbol{u}\| < \varrho'$$

gilt. Für diese t folgt aus (β) (γ) (δ) mit 7 II (δ) und der Dreiecks-UnGl 7 I (α)

$$D^- \|\boldsymbol{v}-\boldsymbol{u}\| \leqq \|\boldsymbol{v}'-\boldsymbol{u}'\| = \|\boldsymbol{v}'-\boldsymbol{f}(t,\boldsymbol{v})+\boldsymbol{f}(t,\boldsymbol{v})-\boldsymbol{f}(t,\boldsymbol{u})\|$$
$$\leqq \delta(t)+\omega(t,\|\boldsymbol{v}-\boldsymbol{u}\|) = \delta(t)+\omega(t,\varrho) < \varrho',$$

q.e.d.

Während wir im Falle *einer* DGl die Voraussetzung (δ) immer so formulieren konnten, daß die Lösung $\boldsymbol{u}$ nicht auftritt, ist das hier nicht in einfacher Weise möglich. Die Zusatzbedingung „falls $\|\boldsymbol{v}-\boldsymbol{u}\|=\varrho$" in ($\delta$) ist natürlich bei unbekannter Lösung schwer greifbar. Immerhin entnimmt man ihr, daß (δ) durch

$$(\delta'')\quad \|\boldsymbol{f}(t,\boldsymbol{v})-\boldsymbol{f}(t,\boldsymbol{v}-\boldsymbol{z})\| \leqq \omega(t,\|\boldsymbol{z}\|) \text{ für } \|\boldsymbol{z}\|=\varrho(t)$$

ersetzbar ist. Ist etwa die Schranke ϱ bzw. σ positiv, so kann man sich auf die $\boldsymbol{z}$ mit $\|\boldsymbol{z}\|>0$ beschränken; insbesondere genügt dann die im folgenden Eindeutigkeitssatz auftretende Bedingung (3)[1].

Schließlich merken wir an, daß I den Satz 9 III enthält. Man hat lediglich, wenn $n=1$ ist, einmal $\|z\|=z$ und einmal $\|z\|=-z$ zu wählen.

Aus I ergibt sich in Verbindung mit einer Abschätzung

$$\|\boldsymbol{f}(t,\boldsymbol{z})-\boldsymbol{f}(t,\bar{\boldsymbol{z}})\| \leqq \omega(t,\|\boldsymbol{z}-\bar{\boldsymbol{z}}\|) \text{ für } \|\boldsymbol{z}-\bar{\boldsymbol{z}}\|>0 \text{ und } (t,\boldsymbol{z}),\,(t,\bar{\boldsymbol{z}})\in D(\boldsymbol{f}) \quad (3)$$

ähnlich wie in Nr. 10 ein

II. Eindeutigkeitssatz. *Das AWP* (2) *besitzt höchstens eine Lösung aus* $Z(\boldsymbol{f})$, *die der DGl auch für* $t=0$ *genügt, wenn* $\boldsymbol{f}$ *eine Abschätzung* (3) *mit* $\omega\in\mathscr{E}_6$ *oder* $\omega\in\mathscr{E}_7$ *zuläßt und wenn dabei* $\|.\|$ *eine K-Norm ist, bei welcher* $\|\boldsymbol{z}\|=\|-\boldsymbol{z}\|=0$ *nur für* $\boldsymbol{z}=\boldsymbol{0}$ *gilt. Gilt die Abschätzung* (3) *sogar mit einer Norm und mit* $\omega\in\mathscr{E}_5$ *bzw.* $\omega\in\mathscr{E}_4$, *so hängt die Lösung stetig vom Anfangswert bzw. vom Anfangswert und von der rechten Seite der DGl ab (die DGl braucht dabei nur in* J_0 *zu gelten).*

Die stetige Abhängigkeit ist wie in 10 II definiert: aus $\|\boldsymbol{v}(0)-\boldsymbol{\eta}\|<\delta$ bzw. $\|\boldsymbol{v}(0)-\boldsymbol{\eta}\|<\delta$ und $\|P\boldsymbol{v}\|<\delta$ soll $\|\boldsymbol{u}-\boldsymbol{v}\|<\varepsilon$ folgen[2].

Wie beim Beweis von 10 II ergibt sich nämlich, wenn $\omega\in\mathscr{E}_6$ ist, $\|\boldsymbol{v}-\boldsymbol{u}\|\leqq 0$ und, da man $\boldsymbol{u}$ und $\boldsymbol{v}$ vertauschen darf, auch $\|\boldsymbol{u}-\boldsymbol{v}\|\leqq 0$. Da aber die Summe $\|\boldsymbol{z}\|+\|-\boldsymbol{z}\|$ nach der Dreiecks-UnGl nie negativ ist, gilt $\|\boldsymbol{v}-\boldsymbol{u}\|=\|\boldsymbol{u}-\boldsymbol{v}\|=0$, d.h. nach der über die K-Norm gemachten Voraussetzung $\boldsymbol{v}-\boldsymbol{u}=\boldsymbol{0}$. Die weiteren Behauptungen leiten sich ebenfalls leicht aus I ab.

Dieser Satz enthält eine Reihe bekannter Eindeutigkeitssätze als Spezialfälle. Mit der Norm 7 I (δ) und Beispiel 10 VII ergibt sich der Eindeutigkeitssatz von KAMKE (1945, S. 139); s. auch CODDINGTON-

[1] Diese Bemerkung ist für Normen gegenstandslos, jedoch nicht für K-Normen. Man vergleiche dazu die Bemerkung V.

[2] Diese Definition ist unabhängig von der speziellen Norm, da zu jeder Norm $\|\cdot\|$ zwei Zahlen α, $\beta>0$ mit $\alpha\|\boldsymbol{z}\|_e \leqq \|\boldsymbol{z}\| \leqq \beta\|\boldsymbol{z}\|_e$ existieren ($\|\boldsymbol{z}\|_e$ ist die Euklid-Norm).

LEVINSON (1955, Theorem 2.3). CAFIERO (1949) und ZWIRNER (1950) geben weitere Eindeutigkeitskriterien. Unserer Darstellung kommen am nächsten die Ergebnisse von HUKUHARA (1941). Die Sätze von M. MÜLLER (1927) sind insofern spezieller, als dort nur die K-Normen 7 I (ζ), (η) Verwendung finden, insofern allgemeiner, als die Werte von $\mathfrak{z}, \bar{\mathfrak{z}}$ in (3) einer weiteren Einschränkung unterliegen, die bei Anwendungen von Bedeutung sein kann und auf die deshalb kurz eingegangen werden soll.

III. Zusatz. Verwendet man in I oder II eine der beiden K-Normen $\|\mathfrak{z}\| = \max z_\nu$ oder $\|\mathfrak{z}\| = \max |z_\nu|$, so darf man die Voraussetzung I (δ) durch

(δ^*) $f_\nu(t, \mathfrak{z}) - f_\nu(t, \bar{\mathfrak{z}}) \leqq \omega(t, \|\mathfrak{z} - \bar{\mathfrak{z}}\|)$, falls $\|\mathfrak{z} - \bar{\mathfrak{z}}\| = z_\nu - \bar{z}_\nu = \varrho(t)$ und $(t, \mathfrak{z}), (t, \bar{\mathfrak{z}}) \in D(\mathfrak{f})$ ist ($\nu = 1, \ldots, n$);

und die Voraussetzung (3) durch

$$f_\nu(t, \mathfrak{z}) - f_\nu(t, \bar{\mathfrak{z}}) \leqq \omega(t, \|\mathfrak{z} - \bar{\mathfrak{z}}\|) \quad \text{für} \quad z_\nu \geqq \bar{z}_\nu \quad \text{und} \quad (t, \mathfrak{z}), (t, \bar{\mathfrak{z}}) \in D(\mathfrak{f}) \tag{3*}$$

ersetzen.

Der Beweis von I erfährt eine kleine Änderung. Ist die Behauptung falsch, so gibt es eine erste Stelle t_0, an der $\|\mathfrak{v} - \mathfrak{u}\| = \varrho$ und damit für mindestens einen Index ν $v_\nu - u_\nu = \varrho$ oder $u_\nu - v_\nu = \varrho$ ist. Hierzu ergibt sich ein Widerspruch mit Hilfe von 8 II, indem man dieses Lemma auf $\varphi = v_\nu - u_\nu$ (bzw. $u_\nu - v_\nu$), $\psi = \varrho$ anwendet. Der Nachweis, daß aus $\varphi = \psi$ folgt $\varphi' < \psi'$, geschieht wieder mit einer Kette von UnGln ähnlich wie beim Beweis von I.

Das Neue an dieser Schlußweise besteht also darin, daß man vom Vektor $\mathfrak{v} - \mathfrak{u}$ zunächst zu einer Komponente $v_\nu - u_\nu$ übergeht und dann mit dieser Komponente arbeitet. Sie ist hier nur bei den beiden genannten Normen möglich; in den folgenden Nummern wird sie uns in etwas anderem Rahmen mehrfach begegnen.

IV. Beispiel (Lipschitz-Bedingung). Genügt $\mathfrak{f}$ in $D(\mathfrak{f})$ einer Lipschitz-Bedingung

$$\|\mathfrak{f}(t, \mathfrak{z}) - \mathfrak{f}(t, \bar{\mathfrak{z}})\| \leqq l(t) \|\mathfrak{z} - \bar{\mathfrak{z}}\| \tag{4}$$

und ist $\mathfrak{u}$ eine Lösung des AWPs (2), $\mathfrak{v}$ eine Näherungslösung, für die

$$\|\mathfrak{v}(0) - \boldsymbol{\eta}\| \leqq \varepsilon \quad \text{und} \quad \|P\mathfrak{v}\| = \|\mathfrak{v}' - \mathfrak{f}(t, \mathfrak{v})\| \leqq \delta(t)$$

ist, so besteht die Abschätzung

$$\|\mathfrak{v} - \mathfrak{u}\| \leqq e^{L(t)} \left[\varepsilon + \int_0^t \delta(\tau) e^{-L(\tau)} d\tau\right] \quad \text{mit} \quad L(t) = \int_0^t l(\tau) d\tau. \tag{5}$$

Diese Formel wurde für C-Lösungen bereits in 7 V abgeleitet, mit der Voraussetzung $\delta(t)$, $l(t) \in L(J)$. [Es war außerdem $l(t) \geqq 0$ verlangt worden; das ist für IGln notwendig, bei DGln aber überflüssig, wie 7 VI zeigt.] Bei der jetzigen Herleitung aus I wird außerdem $l, \delta \in C(J_0)$ verlangt; statt dessen genügt jedoch die Eigenschaft 9 VI (γ). Ist die Schranke in (5) positiv, so genügt es, wenn (4) für $\|z-\bar{z}\|>0$ gilt. Ist sie positiv und wird eine der in III genannten K-Normen benutzt, so kann (4) durch

$$f_\nu(t,z)-f_\nu(t,\bar{z})\leqq l(t)\|z-\bar{z}\| \quad \text{für} \quad z_\nu \geqq \bar{z}_\nu \quad (\nu=1,\ldots,n) \qquad (4^*)$$

ersetzt werden.

V. Bemerkung. Der Zusatz „für $\|z-\bar{z}\|>0$" in der Bedingung (3) des Eindeutigkeitssatzes ist natürlich gegenstandslos, wenn man nur Normen betrachtet. Für allgemeinere K-Normen ist er jedoch von Bedeutung. So geht Satz II etwa für $n=1$, $\|z\|=z$ in 10 II über, mit anderen Worten: Der Eindeutigkeitssatz 10 II [mit der *einseitigen* Bedingung (10.3)!] ist ein Sonderfall von II, was bei der Beschränkung auf Normen nicht der Fall wäre.

Ebenso kann die durch (3*) gewonnene Verschärfung durchaus gravierend sein. Das sei an einem Beispiel ($n=2$)

$$u_\nu'=g_{\nu 1}(t,u_1)+g_{\nu 2}(t,u_2) \qquad (\nu=1,2)$$

erläutert. Wir wählen $\|z\|=\max\{|z_1|,|z_2|\}$ und fragen nach Bedingungen, damit (3*) mit $\omega(t,z)=Lz$ gilt. Das ist der Fall, wenn die Funktionen g_{12}, g_{21} einer Lipschitz-Bedingung und die Funktionen g_{11}, g_{22} einer einseitigen Lipschitz-Bedingung

$$g_{\nu\nu}(t,z)-g_{\nu\nu}(t,\bar{z})\leqq L(z-\bar{z}) \quad \text{für} \quad z\geqq\bar{z} \qquad (\nu=1,2)$$

genügen. Bei Berufung auf (3) dagegen braucht man auch für die $g_{\nu\nu}$ eine volle Lipschitz-Bedingung.

VI. Allgemeine Abstände. Für manche Fragen ist es zweckmäßig, statt einer K-Norm $\|z\|$ einen allgemeineren, explizit von t abhängenden Abstand $V(t,z)$ einzuführen. Eine Möglichkeit der Ausdehnung von I auf diesen Fall lautet:

Die Funktion $V(t,z)$ sei in $J\times E^n$ stetig differenzierbar. Für zwei Funktionen $\boldsymbol{u}, \boldsymbol{v}\in Z(\boldsymbol{f})$ und die skalaren Funktionen $\delta(t)$, $\omega(t,z)$, $\varrho(t)\in Z(\omega)$ gelte

(α) $V(0,\boldsymbol{v}(0)-\boldsymbol{u}(0))<\varrho(0)$;

(β) $\boldsymbol{Pu}=0$ *und* $V_z(t,\boldsymbol{v}-\boldsymbol{u})\cdot\boldsymbol{Pv}\leqq\delta(t)$ *in* J_0;

(γ) $\varrho'>\omega(t,\varrho)+\delta(t)$ *in* J_0;

(δ) $V_t(t,\boldsymbol{v}-\boldsymbol{u})+V_z(t,\boldsymbol{v}-\boldsymbol{u})\cdot[\boldsymbol{f}(t,\boldsymbol{v})-\boldsymbol{f}(t,\boldsymbol{u})]\leqq\omega(t,V(t,\boldsymbol{v}-\boldsymbol{u}))$

(*mindestens für alle t mit $V(t,\boldsymbol{v}-\boldsymbol{u})=\varrho(t)$*).

Dann ist

$$V(t, \boldsymbol{v}-\boldsymbol{u})<\varrho(t) \quad in \quad J_0.$$

Hierbei ist $V_{\boldsymbol{z}}$ der Vektor grad V und $V_{\boldsymbol{z}}\cdot\boldsymbol{z}$ das Skalarprodukt. Setzt man zum Beweis $\varphi(t)=V(t, \boldsymbol{v}-\boldsymbol{u})$, $\psi(t)=\varrho(t)$, so folgt aus $\varphi=\psi$

$$\varphi'=V_t+V_{\boldsymbol{z}}\cdot(\boldsymbol{v}'-\boldsymbol{u}')=V_t+V_{\boldsymbol{z}}\cdot[\boldsymbol{f}(t,\boldsymbol{v})-\boldsymbol{f}(t,\boldsymbol{u})]+V_{\boldsymbol{z}}\cdot \boldsymbol{P}\boldsymbol{v}\leqq\delta(t)+\omega(t,\varrho)<\varrho'.$$

Die Behauptung folgt also aus 8 II.

Statt der stetigen Differenzierbarkeit von $V(t, \boldsymbol{z})$ genügt es, wenn $V(t, \boldsymbol{z})$ in $J\times E^n$ stetig ist und wenn zwei in $J\times E^n$ erklärte Funktionen $V_t(t, \boldsymbol{z})$, $V_{\boldsymbol{z}}(t, \boldsymbol{z})$ existieren, so daß für eine in J differenzierbare Funktion $\boldsymbol{\psi}(t)$ die UnGl

$$D_- V(t, \boldsymbol{\psi}(t))\leqq V_t(t, \boldsymbol{\psi})+V_{\boldsymbol{z}}(t, \boldsymbol{\psi})\cdot\boldsymbol{\psi}$$

gilt[1].

VII. Bemerkung zur Stabilitätstheorie. Der obige Satz steht in enger Beziehung zur zweiten Methode von Lyapunov. Bei dieser Methode werden mit Hilfe von geeignet gewählten Funktionen $V(t, \boldsymbol{z})$ — sog. Lyapunovschen Funktionen — Aussagen über das Verhalten der Lösungen von (2) für $t\to\infty$ abgeleitet; vgl. etwa Antosiewicz (1958), Hahn (1959), Cesari (1959, § 7).

Betrachten wir den Fall, daß $\boldsymbol{f}(t, \boldsymbol{0})=\boldsymbol{0}$ und $\boldsymbol{u}=\boldsymbol{0}$ und daß $\boldsymbol{v}$ eine Lösung der DGl $\boldsymbol{P}\boldsymbol{v}=\boldsymbol{0}$ ist (in der Stabilitätstheorie ist es üblich, die DGl so zu transformieren, daß die auf Stabilität zu untersuchende Lösung die Funktion $\boldsymbol{u}=\boldsymbol{0}$ ist), so lautet der obige Satz:

Aus

$$V_t(t, \boldsymbol{v})+V_{\boldsymbol{z}}(t, \boldsymbol{v})\cdot\boldsymbol{f}(t, \boldsymbol{v})\leqq\omega(t,V(t, \boldsymbol{v})), \quad \varrho'>\omega(t, \varrho) \quad in \quad J_0$$

folgt

$$V(t, \boldsymbol{v})<\varrho(t) \quad in \quad J_0,$$

wenn diese UnGl für $t=0$ besteht.

Hieraus lassen sich die wesentlichen Sätze über Stabilität im Sinne von Lyapunov ohne Mühe gewinnen. *Untere* Schranken für $V(t, \boldsymbol{v}-\boldsymbol{u})$ können ähnlich wie in VI bestimmt werden; sie lassen sich zum Beweis von Sätzen über Instabilität im Lyapunovschen Sinne heranziehen.

Die Einführung eines allgemeinen Abstandes $V(t, \boldsymbol{z})$ in die Abschätzungssätze geht zurück auf eine Arbeit von Conti (1956a). Vertieft—insbesondere im Hinblick auf die Stabilitätstheorie — wurden diese Gedanken von Brauer und Sternberg (1958), Antosiewicz (1960, 1962), Corduneanu (1959, 1960), Brauer (1961), Lakshmikantham (1961, 1961a) u.a. Vgl. auch Wintner (1946a).

---

[1] Die Voraussetzung, daß $V(t, \boldsymbol{z})$ überall partielle Ableitungen nach t und z_ν besitzt [und damit auch die Voraussetzung von Brauer und Sternberg (1958)] genügt nicht. Gegenbeispiel: $n=1$, $V(t, z)=r\sin 2\varphi$ mit $r=\sqrt{t^2+z^2}$, $\varphi=\operatorname{arctg} z/t$; V_z und V_t existieren überall und verschwinden im Nullpunkt, aber $V(t, t)=\sqrt{2}|t|$!!

VIII. Differentialgleichungen in Banach-Räumen. Wir greifen auf die in 7 X eingeführten Bezeichnungen zurück. Die Klasse $Z(\mathfrak{f})$ enthält die in J stetigen, in J_0 differenzierbaren Funktionen $\boldsymbol{\varphi}(t)$, für welche $\mathfrak{f}(t,\boldsymbol{\varphi})$ erklärt ist $(\boldsymbol{\varphi}, \mathfrak{f} \in B)$. Die in 7 II ($\delta$) bewiesene UnGl $D^- \|\boldsymbol{\varphi}(t)\| \leqq \|\boldsymbol{\varphi}'(t)\|$ gilt auch unter den jetzigen Voraussetzungen.

Der Abschätzungssatz I *sowie der Eindeutigkeitssatz* II *gelten ohne Änderung auch für DGln im Banach-Raum.* Die Beweise können wörtlich übernommen werden. Auch die Übertragung der Betrachtungen von VI und VII auf DGln im Banach-Raum ist leicht durchführbar. Abschätzungs- und Eindeutigkeitssätze von dieser Art wurden von Hukuhara (1959) bewiesen. Eine Stabilitätstheorie unter diesem Gesichtspunkt gibt Lakshmikantham (1962a). Ważewski (1960) und Olech (1960a) verwenden das Iterationsverfahren in Verbindung mit Abschätzungssätzen zum Beweis von Existenz- und Eindeutigkeitssätzen. Man vergleiche auch die in 7 X zitierte Literatur.

12. Systeme von Differential-Ungleichungen

Der Abschätzungssatz der vorangehenden Nummer wird in vielen Fällen nur unbefriedigende Fehlerschranken ergeben. Das ist leicht verständlich, wenn man bedenkt, daß bei einer Näherungsfunktion $\boldsymbol{v}(t)$ einige Komponenten $v_\nu(t)$ die Lösungskomponente $u_\nu(t)$ möglicherweise sehr gut, andere Komponenten $v_\nu(t)$ die entsprechenden Lösungskomponenten $u_\nu(t)$ dagegen weniger gut approximieren werden. Solche Unterschiede werden aber durch den Übergang zur Norm verwischt und treten in der Abschätzungsformel nicht in Erscheinung (sie finden auch im Beweis keine Berücksichtigung). In gewissem Umfang kann man dem Übel abhelfen, indem man durch Wahl geeigneter Normen — ein einfaches Beispiel ist $\|\boldsymbol{z}\| = c_1|z_1| + \cdots + c_n|z_n|$ mit $c_\nu > 0$ — die einzelnen Komponenten verschieden bewichtet.

Nun soll eine zweite Methode zur Gewinnung von Abschätzungssätzen für Systeme entwickelt werden, bei der die einzelnen Komponenten „individuell" abgeschätzt werden. Für sie ist charakteristisch, daß zunächst der grundlegende Hilfssatz 8 II selbst auf Vektorfunktionen übertragen wird. Daran anschließend erhalten die Sätze der Nummern 8 und 9 eine n-dimensionale Fassung, bei der Vektoren durch Vektoren und nicht, wie in Nr. 11, mittels einer Norm durch Skalare abgeschätzt werden. Bei Systemen von IGln sind wir in Nr. 6 ähnlich vorgegangen.

I. Hilfssatz. *Die Vektorfunktionen* $\boldsymbol{\varphi}(t)$, $\boldsymbol{\psi}(t)$ *seien in* J_0 *stetig. Ferner gelte: ist* $\boldsymbol{\varphi} \leqq \boldsymbol{\psi}$, $\varphi_\nu = \psi_\nu$ *für einen Index* ν *und eine Stelle* $t_0 \in J_0$, *so ist*

$$D_- \varphi_\nu(t_0) < D_- \psi_\nu(t_0) \quad \textit{oder} \quad D^- \varphi_\nu(t_0) < D^- \psi_\nu(t_0)$$

(also $\varphi'_\nu(t_0) < \psi'_\nu(t_0)$, *falls die Ableitungen existieren).*

Dann liegt genau einer der beiden Fälle vor:

(α) $\boldsymbol{\varphi}<\boldsymbol{\psi}$ *in* J_0;

(β) *es gibt ein* $\bar{t}\in J_0$ *und einen Index* ν *mit* $\varphi_\nu \geqq \psi_\nu$ *in* $0<t<\bar{t}$.

Nehmen wir für den Beweis an, der Fall (α) liege nicht vor, und ν und $\bar{t}$ seien so bestimmt, daß $\varphi_\nu(\bar{t})\geqq\psi_\nu(\bar{t})$ ist. Dann wird zum Nachweis von (β) mit den Funktionen φ_ν, ψ_ν genauso verfahren wie mit φ, ψ im Beweis von 8 II.

Die Übertragung von 8 V auf Systeme ist, solange keinerlei Voraussetzungen über $\boldsymbol{f}$ eingeführt werden, nur in der folgenden, etwas unhandlichen Form möglich.

II. Satz. *Die Vektorfunktionen* $\boldsymbol{v}$, $\boldsymbol{w}$ *seien aus* $Z(\boldsymbol{f})$, *und es gelte*

(α) $\boldsymbol{v}(0+)<\boldsymbol{w}(0+)$;

(β) $v_\nu'-f_\nu(t,\boldsymbol{z})<w_\nu'-f_\nu(t,\boldsymbol{w})$, *falls* $\boldsymbol{v}(t)\leqq\boldsymbol{z}\leqq\boldsymbol{w}(t)$, $z_\nu=v_\nu(t)$, $(t,\boldsymbol{z})\in D(\boldsymbol{f})$ *ist* $(\nu=1,\ldots,n)$; *oder*

(β') $v_\nu'-f_\nu(t,\boldsymbol{v})<w_\nu'-f_\nu(t,\boldsymbol{z})$, *falls* $\boldsymbol{v}(t)\leqq\boldsymbol{z}\leqq\boldsymbol{w}(t)$, $z_\nu=w_\nu(t)$, $(t,\boldsymbol{z})\in D(\boldsymbol{f})$ *ist* $(\nu=1,\ldots,n)$.

Dann ist

$$\boldsymbol{v}(t)<\boldsymbol{w}(t) \quad \textit{in} \quad J_0.$$

Weiter gilt die Behauptung auch für stetige Funktionen $\boldsymbol{v}$, $\boldsymbol{w}$ mit D_- oder D^- anstelle der Ableitungen.

Ist nämlich $\boldsymbol{v}\leqq\boldsymbol{w}$ und $v_\nu=w_\nu$ an der Stelle t_0, so nach (β) auch $v_\nu'<w_\nu'$. Die Behauptung folgt also aus I.

Ein wesentlicher Unterschied zu 8 V liegt in der verschärften Voraussetzung (β). Damit wird der Anwendungsbereich von II stark eingeschränkt. Ist z.B. die Vektorfunktion $\boldsymbol{u}(t)$ eine Lösung des AWPs

$$\boldsymbol{u}'=\boldsymbol{f}(t,\boldsymbol{u}) \quad \text{in } J_0, \quad \boldsymbol{u}(0)=\boldsymbol{\eta}, \tag{1}$$

die durch die Vektorfunktion $\boldsymbol{w}(t)$ nach oben abgeschätzt werden soll, so müssen wir, falls über $\boldsymbol{u}$ keine weitere Information vorliegt, verlangen, daß $\boldsymbol{w}(0)>\boldsymbol{\eta}$ und für $\nu=1,\ldots,n$

$$w_\nu'>f_\nu(t,\boldsymbol{z})$$

für $t\in J_0$ und alle $\boldsymbol{z}$ mit $z_\mu\leqq w_\mu(t)$ $(\mu\neq\nu)$, $z_\nu=w_\nu(t)$ ist. Dann ist nach dem eben bewiesenen Satz (mit $\boldsymbol{u}=\boldsymbol{v}$) in der Tat $\boldsymbol{u}(t)<\boldsymbol{w}(t)$ in J. Ähnliches gilt für Abschätzungen nach unten. Wir haben also das folgende Kriterium für

III. Ober- und Unterfunktionen für das AWP (1). Sind die Funktionen $\boldsymbol{v}$, $\boldsymbol{w}\in Z(\boldsymbol{f})$ und ist

(α) $\boldsymbol{v}(0+) < \boldsymbol{u}(0+)$ bzw. $\boldsymbol{w}(0+) > \boldsymbol{u}(0+)$ für jede Lösung des AWPs;

(β) $v_\nu' < f_\nu(t, \boldsymbol{z})$, falls $\boldsymbol{z} \geqq \boldsymbol{v}(t)$, $z_\nu = v_\nu(t)$ und $(t, \boldsymbol{z}) \in D(\boldsymbol{f})$ ist, bzw.

$w_\nu' > f_\nu(t, \boldsymbol{z})$, falls $\boldsymbol{z} \leqq \boldsymbol{w}(t)$, $z_\nu = w_\nu(t)$ und $(t, \boldsymbol{z}) \in D(\boldsymbol{f})$ ist,

so ist $\boldsymbol{v}$ eine Unterfunktion, $\boldsymbol{w}$ eine Oberfunktion. Es gilt dann

$$\boldsymbol{v} < \boldsymbol{u} < \boldsymbol{w} \quad \text{in} \quad J_0 \quad \text{für jede Lösung } \boldsymbol{u} \text{ des AWPs.}$$

Hierin ist (β), wie schon gesagt, eine sehr einschneidende Forderung. Man kommt mit etwas geringeren Voraussetzungen aus, wenn man die Lösung *gleichzeitig* nach oben und nach unten abschätzt. Es gilt nämlich, wie von M. Müller (1927) zuerst bewiesen wurde:

IV. Ober- und Unterfunktionen *sind die Funktionen* $\boldsymbol{w}(t)$, $\boldsymbol{v}(t) \in Z(\boldsymbol{f})$ *bereits dann, wenn sie den beiden Voraussetzungen*

(α) $\boldsymbol{v}(0+) < \boldsymbol{u}(0+) < \boldsymbol{w}(0+)$ *für jede Lösung* $\boldsymbol{u}$;

(β) $v_\nu' < f_\nu(t, \boldsymbol{z})$, *falls* $\boldsymbol{v}(t) \leqq \boldsymbol{z} \leqq \boldsymbol{w}(t)$, $v_\nu(t) = z_\nu$, $(t, \boldsymbol{z}) \in D(\boldsymbol{f})$,
$w_\nu' > f_\nu(t, \boldsymbol{z})$, *falls* $\boldsymbol{v}(t) \leqq \boldsymbol{z} \leqq \boldsymbol{w}(t)$, $w_\nu(t) = z_\nu$, $(t, \boldsymbol{z}) \in D(\boldsymbol{f})$

genügen. Wieder gilt $\boldsymbol{v} < \boldsymbol{u} < \boldsymbol{w}$ *in* J_0.

Übrigens gelten beide Kriterien auch für $\boldsymbol{v}, \boldsymbol{w} \in Z_c(\boldsymbol{f})$ mit $D_- v_\nu$, $D_- w_\nu$ oder $D^- v_\nu$, $D^- w_\nu$ anstelle von v_ν', w_ν'.

Ist nämlich $\boldsymbol{v} \leqq \boldsymbol{u} \leqq \boldsymbol{w}$ in einem Intervall $0 < t \leqq t_0$, so folgt durch zweimalige Anwendung von II sogar $\boldsymbol{v} < \boldsymbol{u} < \boldsymbol{w}$ in demselben Intervall. Daraus ergibt sich die Behauptung in der üblichen Weise.

Die Voraussetzungen (β) in II—IV vereinfachen sich wesentlich, wenn $f_\nu(t, z)$ in einigen der von z_ν verschiedenen Variablen z_μ monoton ist. Nehmen wir etwa an, f_ν sei monoton wachsend [bzw. monoton fallend] in z_λ ($\lambda \neq \nu$). Dann kann in II—IV in der ersten Zeile von (β) der Variationsbereich der Komponente z_λ eingeschränkt werden zu $z_\lambda = v_\lambda(t)$ [bzw. $z_\lambda = w_\lambda(t)$], in der zweiten Zeile von (β) zu $z_\lambda = w_\lambda(t)$ [bzw. $z_\lambda = v_\lambda(t)$].

Besonders einfach werden diese Voraussetzungen dann, wenn alle Komponenten f_ν in allen Variablen z_μ mit $\mu \neq \nu$ monoton wachsend sind; dafür wurde in 6 II der Ausdruck „quasimonoton wachsend" geprägt. Die DGl-Systeme mit einer in der Variablen $\boldsymbol{z}$ quasimonoton wachsenden rechten Seite $\boldsymbol{f}(t, \boldsymbol{z})$ sind für die Theorie von großer Bedeutung. Es gibt eine Reihe von Eigenschaften einer gewöhnlichen DGl, die sich nicht auf beliebige Systeme, sondern gerade auf Systeme mit quasimonoton wachsendem $\boldsymbol{f}$ übertragen lassen. Darunter fallen so zentrale Begriffe wie das Maximal- und Minimalintegral sowie die Sätze 8 V, VI.

V. Satz. *Ist* $\boldsymbol{f}(t, \boldsymbol{z})$ *in* $\boldsymbol{z}$ *quasimonoton wachsend und* $\boldsymbol{v}, \boldsymbol{w} \in Z(\boldsymbol{f})$, *so folgt aus*

(α) $\boldsymbol{v}(0+) < \boldsymbol{w}(0+)$;

(β) $\boldsymbol{P}\boldsymbol{v} < \boldsymbol{P}\boldsymbol{w}$ *in* J_0

die UnGl

$$v(t) < w(t) \quad in \quad J_0.$$

Dabei ist natürlich $Pv = v' - f(t, v)$.

VI. Ober- und Unterfunktionen. Ist die Funktion $f(t, z)$ quasimonoton wachsend in z, so ist $v \in Z(f)$ eine Unterfunktion, $w \in Z(f)$ eine Oberfunktion, wenn

(α) $v(0+) < u(0+)$ bzw. $u(0+) < w(0+)$ für jede Lösung u;

(β) $v' < f(t, v)$ bzw. $w' > f(t, w)$ in J_0

ist. Jede Lösung u des AWPs (1) liegt dann zwischen v und w:

$$v < u < w \quad \text{in} \quad J_0.$$

Diese beiden Sätze folgen sofort aus II und III. Sie lassen sich in der üblichen Weise auf stetige Funktionen verallgemeinern.

VII. Bemerkungen zum Existenzproblem ($\mathscr{F}^n$, $\mathscr{F}_0^n$). Die Ergebnisse von 8 VII, VIII sind auf Systeme übertragbar. Sind alle Komponenten $f_\nu(t, z_1, \ldots, z_n)$ von $f(t, z)$ auf einer Menge $D(f)$, welche Durchschnitt einer offenen Menge des $(n+1)$-dimensionalen (t, z)-Raumes mit der Menge $J \times E^n$ ist, erklärt und stetig, so ist $f \in \mathscr{F}^n$; ist dagegen f nur in den Punkten von $D(f)$ mit positivem t stetig, so ist $f \in \mathscr{F}_0^n$, falls zu jedem $\eta = (\eta_1, \ldots, \eta_n)$ eine Zahl $\delta > 0$ und eine Funktion $h(t) \in L(J)$ existieren, so daß

$$|f_\nu(t, z)| \leqq h(t) \quad \text{für} \quad 0 < t < \delta, \quad |z_\mu - \eta_\mu| < \delta \quad (\mu, \nu = 1, \ldots, n)$$

ist.

Das AWP (1) hat (mindestens) eine Lösung, wenn $f \in \mathscr{F}_0^n$ und $(0, \eta) \in D(f)$ ist. Jede Lösung läßt sich nach rechts bis an den Rand von $D(f)$ fortsetzen. Ist $u \in Z(f)$ eine Lösung des AWPs, welche in J existiert und eindeutig bestimmt ist[1], so existieren, wenn $\delta = (\delta_1, \ldots, \delta_n)$, $\epsilon = (\varepsilon_1, \ldots, \varepsilon_n)$ und die $|\delta_\nu|$, $|\varepsilon_\nu|$ hinreichend klein sind, alle Lösungen der AWPe

$$\varphi' = f(t, \varphi) + \epsilon, \quad \varphi(0) = \eta + \delta \tag{2}$$

in J, und sie konvergieren für $\epsilon \to 0$, $\delta \to 0$ gleichmäßig in J gegen $u(t)$.

Während das alles dem eindimensionalen Fall 8 VII, VIII entspricht und im wesentlichen auch genauso bewiesen wird, gehören die

VIII. Maximal- und Minimalintegrale zu jenen Begriffen, welche nur für quasimonoton wachsendes $f(t, z)$ eingeführt werden können. Sie existieren, wie gesagt, wenn f aus der Klasse $\mathscr{F}_0^n$ und quasimonoton wachsend in z ist und können nach rechts bis zum Rande von $D(f)$ fortgesetzt werden. Jede andere Lösung u liegt zwischen dem Minimalintegral u_* und dem Maximalintegral u^*:

$$u_*(t) \leqq u(t) \leqq u^*(t)$$

[1] Vgl. die Fußnote 2, S. 58.

(soweit die Lösungen existieren). Das Maximalintegral [Minimalintegral] läßt sich, wenn es in J existiert, gleichmäßig in J durch Funktionen $\boldsymbol{\varphi}$ approximieren, welche Lösungen von (2) mit $\boldsymbol{\varepsilon} > \mathbf{0}$, $\boldsymbol{\delta} > \mathbf{0}$ [$\boldsymbol{\varepsilon} < \mathbf{0}$, $\boldsymbol{\delta} < \mathbf{0}$] sind.

Daß diese Tatsachen und ihre Beweise aus 8 IX übernommen werden können, beruht letztlich auf der Gleichartigkeit der Sätze V und 8 V.

IX. Satz. *Ist $\boldsymbol{f}(t, \boldsymbol{z}) \in \mathscr{F}_0^n$ quasimonoton wachsend in $\boldsymbol{z}$, ist ferner $\boldsymbol{u}^*$ [bzw. $\boldsymbol{u}_*$] $\in Z(\boldsymbol{f})$ das zum AWP (1) gehörige Maximalintegral [Minimalintegral] — es möge in J existieren — und ist für eine Funktion $\boldsymbol{v}$ [bzw. $\boldsymbol{w}$] $\in Z(\boldsymbol{f})$*

(α) $\boldsymbol{v}(0) \leqq \boldsymbol{\eta}$ [$\boldsymbol{w}(0) \geqq \boldsymbol{\eta}$];

(β) $\boldsymbol{v}' \leqq \boldsymbol{f}(t, \boldsymbol{v})$ *in* J_0 [$\boldsymbol{w}' \geqq \boldsymbol{f}(t, \boldsymbol{w})$ *in* J_0],

so ist

$$\boldsymbol{v} \leqq \boldsymbol{u}^* [\boldsymbol{w} \geqq \boldsymbol{u}_*] \quad in \quad J.$$

Die Behauptungen gelten auch mit der schwächeren Voraussetzung (β'), und dann sogar für stetige Funktionen $\boldsymbol{v}$, $\boldsymbol{w}$:

(β') $D_- v_\nu \leqq f_\nu(t, \boldsymbol{v})$, falls $\boldsymbol{v}(t) \leqq \boldsymbol{u}^*(t) + \boldsymbol{\delta}$ und $u_\nu^*(t) < v_\nu(t) < u_\nu^*(t) + \delta_\nu$,
$D^- w_\nu \geqq f_\nu(t, \boldsymbol{w})$, falls $\boldsymbol{w}(t) \geqq \boldsymbol{u}_*(t) - \boldsymbol{\delta}$ und $u_{*\nu}(t) - \delta_\nu < w_\nu(t) < u_{*\nu}(t)$,
wobei $\boldsymbol{\delta} > \mathbf{0}$ ist.

Auch das ergibt sich ganz wie in 8 X. — Ähnliche Sätze wurden von Szarski (1947, 1950, 1951) aufgestellt. Die Verschärfung 8 X (β'), welche Ważewski zum Begriff der „épiderme supérieur" geführt hat, ist oben in (β') für Systeme ausgesprochen. Sie wurde (in einer weniger allgemeinen Form) zuerst von Mlak (1956) angegeben und von Lasota (1959) weiter verschärft.

Daß (β') hier komplizierter geworden ist, liegt in der Natur der Sache. Der Satz wird nämlich falsch, wenn man statt (β') einfach 8 X (β') abschreibt und $\boldsymbol{v}' \leqq \boldsymbol{f}(t, \boldsymbol{v})$, falls $\boldsymbol{u}^*(t) < \boldsymbol{v}(t) < \boldsymbol{u}^*(t) + \boldsymbol{\delta}$ ($\boldsymbol{\delta} > \mathbf{0}$), verlangt. Beispiel: $\boldsymbol{f}(t, \boldsymbol{z}) \equiv \mathbf{0}$, $\boldsymbol{u}^*(t) = \boldsymbol{\eta} = \mathbf{0}$, $\boldsymbol{v}(t) = (t, -1)$, $n = 2$.

X. Bemerkungen. (α) Die Funktion $\boldsymbol{f}$ sei quasimonoton wachsend in $\boldsymbol{z}$ und genüge einer Eindeutigkeitsbedingung (14.2) mit $\omega \in \mathscr{E}_5^n$. Ferner sei $\boldsymbol{v}, \boldsymbol{w} \in Z(\boldsymbol{f})$. Dann lassen sich die Sätze V, VI in kompakter Form angeben, nämlich

Va: *Aus* $\boldsymbol{v}(0) \leqq \boldsymbol{w}(0)$ *und* $\boldsymbol{P}\boldsymbol{v} \leqq \boldsymbol{P}\boldsymbol{w}$ *in* J_0 *folgt* $\boldsymbol{v} \leqq \boldsymbol{w}$ *in* J.

VIa: $\boldsymbol{v}$ *ist Unterfunktion, wenn* $\boldsymbol{v}(0) \leqq \boldsymbol{\eta}$ *und* $\boldsymbol{v}' \leqq \boldsymbol{f}(t, \boldsymbol{v})$ *in* J_0 *ist;*
$\boldsymbol{w}$ *ist Oberfunktion, wenn* $\boldsymbol{w}(0) \geqq \boldsymbol{\eta}$ *und* $\boldsymbol{w}' \geqq \boldsymbol{f}(t, \boldsymbol{w})$ *in* J_0 *ist.*

Beides entspricht 8 XI und wird auch wie dort bewiesen.

(β) Ähnliches gilt übrigens auch für die Sätze II—IV. So nimmt etwa das Kriterium IV für Ober- und Unterfunktionen, wenn $\boldsymbol{f}$ einer

Eindeutigkeitsbedingung (14.2) mit $\omega \in \mathscr{E}_5^n$ (ist $\boldsymbol{f}$ an der Stelle $(0, \boldsymbol{\eta})$ stetig, so darf $\omega \in \mathscr{E}_6^n$ sein) genügt, die folgende Form IVa an:

IVa (α) $\boldsymbol{v}(0) \leqq \boldsymbol{\eta} \leqq \boldsymbol{w}(0)$;

(β) $v_\nu' \leqq f_\nu(t, \boldsymbol{z})$, *falls* $\boldsymbol{v}(t) \leqq \boldsymbol{z} \leqq \boldsymbol{w}(t)$ *und* $v_\nu(t) = z_\nu$,
$w_\nu' \geqq f_\nu(t, \boldsymbol{z})$, *falls* $\boldsymbol{v}(t) \leqq \boldsymbol{z} \leqq \boldsymbol{w}(t)$ *und* $w_\nu(t) = z_\nu$ *ist*.

Auch hier zeigt man, ähnlich wie früher in 8 XI: genügen die Funktionen $\boldsymbol{v}, \boldsymbol{w} \in Z(\boldsymbol{f})$ diesen Bedingungen und hat $\boldsymbol{\rho}$ die Eigenschaften von 14 I, so sind die Funktionen $\boldsymbol{v} - \boldsymbol{\rho}$, $\boldsymbol{w} + \boldsymbol{\rho}$ Unter- und Oberfunktionen im Sinne von IV.

(γ) Es kann vorkommen, daß $\boldsymbol{f}$ durch einfache Vorzeichenwechsel in eine quasimonoton wachsende Funktion überführt werden kann. Ein Beispiel: Ist $n=3$ und f_1 monoton fallend in z_2 und z_3, f_2 monoton fallend in z_1, wachsend in z_3, f_3 monoton fallend in z_1, wachsend in z_2, so ist die Funktion $\boldsymbol{f}^*(t, \boldsymbol{z}) = (f_1(t, \boldsymbol{z}^*), -f_2(t, \boldsymbol{z}^*), -f_3(t, \boldsymbol{z}^*)$ mit $\boldsymbol{z}^* = (z_1, -z_2, -z_3)$ quasimonoton wachsend in $\boldsymbol{z}$. Ferner folgt aus $\boldsymbol{u}' = \boldsymbol{f}(t, \boldsymbol{u})$ und $\boldsymbol{u}^* = (u_1, -u_2, -u_3)$ die Gl $\boldsymbol{u}^{*\prime} = \boldsymbol{f}^*(t, \boldsymbol{u}^*)$. — Eine Aufzählung aller möglichen Fälle geben Burton und Whyburn (1952).

13. Komponentenweise Abschätzung bei Systemen

Nachdem nun die nötigen Hilfsmittel bereitgestellt worden sind, können die Abschätzungen von Nr. 9 in verschärfter Form auf Systeme übertragen werden. Das Problem besteht darin, für die Differenz $\boldsymbol{v}(t) - \boldsymbol{u}(t)$ einer Näherungslösung $\boldsymbol{v}$ und einer (es wird keine Eindeutigkeit vorausgesetzt!) exakten Lösung des AWPs

$$\boldsymbol{u}' = \boldsymbol{f}(t, \boldsymbol{u}), \quad \boldsymbol{u}(0) = \boldsymbol{\eta} \tag{1}$$

Schranken anzugeben. Dabei sollen nur solche Daten verwandt werden, die als bekannt angesehen werden dürfen, nämlich der Defekt $\boldsymbol{P}\boldsymbol{v} = \boldsymbol{v}' - \boldsymbol{f}(t, \boldsymbol{v})$ und die Abweichung vom Anfangswert $\boldsymbol{v}(0) - \boldsymbol{\eta}$ sowie eine Abschätzung der Funktion $\boldsymbol{f}(t, \boldsymbol{z})$. Die vorliegende Information über diese Größen wird nun in einer gegenüber Nr. 11 verfeinerten Weise ausgenutzt. Das bedeutet z.B., daß der (bekannte) Defekt $\boldsymbol{P}\boldsymbol{v}$ nicht nur über eine UnGl $\|\boldsymbol{P}\boldsymbol{v}\| \leqq \delta(t)$ in die Abschätzung eingeht, sondern daß für jede Komponente des Defekts Schranken

$$|v_\nu' - f_\nu(t, \boldsymbol{v})| \leqq \delta_\nu(t) \qquad (\nu = 1, \ldots, n)$$

angegeben und bei der Gewinnung der Abschätzungsformel auch berücksichtigt werden. Dasselbe gilt für den Anfangswert und für die Funktion $\boldsymbol{f}$; für die letztere wird angenommen, daß Abschätzungen

$$f_\nu(t, \boldsymbol{z}) - f_\nu(t, \bar{\boldsymbol{z}}) \leqq \omega_\nu(t, |\boldsymbol{z} - \bar{\boldsymbol{z}}|)$$

vorliegen (die hinsichtlich der zugelassenen Werte von $\boldsymbol{z}$, $\overline{\boldsymbol{z}}$ näher zu präzisieren sind). Diese Abschätzungen entsprechen den Voraussetzungen von 9 III. Beim Versuch, ähnlich wie in 9 I und II von noch allgemeineren Voraussetzungen $-\overline{\delta}_\nu(t) \leqq v'_\nu - f_\nu(t, \boldsymbol{v}) \leqq \delta_\nu(t), \ldots$ auszugehen und die Abschätzung nach oben von der nach unten zu trennen, treten Schwierigkeiten auf. Wir verschieben deshalb diese Übertragung auf das Ende der Nummer und beginnen mit 9 III.

Es wird wieder, wo immer es möglich ist, die vektorielle Schreibweise benutzt und besonders daran erinnert, daß $|\boldsymbol{z}|$ (im Gegensatz zu $\|\boldsymbol{z}\|$) ein *Vektor* mit den Komponenten $|z_\nu|$ ist.

I. Abschätzungssatz. *Für die Vektorfunktionen* $\boldsymbol{u}, \boldsymbol{v} \in Z(\boldsymbol{f})$, $\boldsymbol{\rho} \in Z(\boldsymbol{\omega})$, *wobei* $\boldsymbol{\omega}(t, \boldsymbol{z})$ *für* $0 < t \leqq T$, $\boldsymbol{0} \leqq \boldsymbol{z} \leqq \boldsymbol{\rho}(t)$ *erklärt und in* $\boldsymbol{z}$ *quasimonoton wachsend ist, und für* $\boldsymbol{\delta}(t)$ *gelte*

(α) $|\boldsymbol{v} - \boldsymbol{u}|(0+) < \boldsymbol{\rho}(0+)$;

(β) $\boldsymbol{u}' = \boldsymbol{f}(t, \boldsymbol{u})$ *und* $|\boldsymbol{P}\boldsymbol{v}| \equiv |\boldsymbol{v}' - \boldsymbol{f}(t, \boldsymbol{v})| \leqq \boldsymbol{\delta}(t)$ *in* J_0;

(γ) $\boldsymbol{\rho}' > \boldsymbol{\omega}(t, \boldsymbol{\rho}) + \boldsymbol{\delta}(t)$ *in* J_0;

(δ) $f_\nu(t, \boldsymbol{v}) - f_\nu(t, \boldsymbol{u}) \leqq \omega_\nu(t, |\boldsymbol{v} - \boldsymbol{u}|)$, *falls* $|\boldsymbol{v} - \boldsymbol{u}| \leqq \boldsymbol{\rho}$, $v_\nu - u_\nu = \varrho_\nu(t)$,
$f_\nu(t, \boldsymbol{u}) - f_\nu(t, \boldsymbol{v}) \leqq \omega_\nu(t, |\boldsymbol{v} - \boldsymbol{u}|)$, *falls* $|\boldsymbol{v} - \boldsymbol{u}| \leqq \boldsymbol{\rho}$, $u_\nu - v_\nu = \varrho_\nu(t)$
ist $(\nu = 1, \ldots, n)$.

Dann ist

$$|\boldsymbol{v}(t) - \boldsymbol{u}(t)| < \boldsymbol{\rho}(t) \quad in \quad J_0.$$

II. Folgerung. Für zwei Funktionen $\boldsymbol{u}, \boldsymbol{v} \in Z(\boldsymbol{f})$, eine in J_0 stetige und über J integrierbare Funktion $\boldsymbol{\delta}(t)$ und ein $\boldsymbol{\epsilon} \geqq \boldsymbol{0}$ gelte

(α) $|\boldsymbol{v}(0) - \boldsymbol{u}(0)| \leqq \boldsymbol{\epsilon}$;

(β) $\boldsymbol{u}' = \boldsymbol{f}(t, \boldsymbol{u})$, $|\boldsymbol{P}\boldsymbol{v}| \equiv |\boldsymbol{v}' - \boldsymbol{f}(t, \boldsymbol{v})| \leqq \boldsymbol{\delta}(t)$ in J_0.

Ferner existiere in J das Maximalintegral $\boldsymbol{\sigma}(t) \in Z(\boldsymbol{\omega})$ von

(γ) $\boldsymbol{\sigma}' = \boldsymbol{\omega}(t, \boldsymbol{\sigma}) + \boldsymbol{\delta}(t)$, $\boldsymbol{\sigma}(0) = \boldsymbol{\epsilon}$;

über $\boldsymbol{\omega}(t, \boldsymbol{z})$ wird vorausgesetzt, daß für einen Vektor $\boldsymbol{\gamma} > \boldsymbol{0}$ diese Funktion mindestens im Bereich $0 \leqq t \leqq T$, $\boldsymbol{0} \leqq \boldsymbol{z} \leqq \boldsymbol{\sigma}(t) + \boldsymbol{\gamma}$ erklärt und quasimonoton wachsend in $\boldsymbol{z}$ sowie aus der Klasse $\mathscr{F}_0^n$ ist.

Hieraus und aus

(δ) $f_\nu(t, \boldsymbol{v}) - f_\nu(t, \boldsymbol{u}) \leqq \omega_\nu(t, |\boldsymbol{v} - \boldsymbol{u}|)$, falls $|\boldsymbol{v} - \boldsymbol{u}| \leqq \boldsymbol{\sigma} + \boldsymbol{\gamma}$,
$\sigma_\nu < v_\nu - u_\nu < \sigma_\nu + \gamma_\nu$,
$f_\nu(t, \boldsymbol{u}) - f_\nu(t, \boldsymbol{v}) \leqq \omega_\nu(t, |\boldsymbol{v} - \boldsymbol{u}|)$, falls $|\boldsymbol{v} - \boldsymbol{u}| \leqq \boldsymbol{\sigma} + \boldsymbol{\gamma}$,
$\sigma_\nu < u_\nu - v_\nu < \sigma_\nu + \gamma_\nu$;

folgt

$$|\boldsymbol{v}(t) - \boldsymbol{u}(t)| \leqq \boldsymbol{\sigma}(t) \quad \text{in} \quad J.$$

Der Beweis von I verläuft nach dem üblichen Schema. Nehmen wir an, es sei $|\boldsymbol{v} - \boldsymbol{u}| \leqq \boldsymbol{\rho}$ für $0 \leqq t \leqq T_1$. Dann ist, wenn t eine Stelle aus diesem

Intervall und ν ein Index mit $v_\nu(t) - u_\nu(t) = \varrho_\nu(t)$ ist, nach I (β)—(δ)

$$v'_\nu - u'_\nu \leqq \delta_\nu(t) + f_\nu(t, \mathbf{v}) - f_\nu(t, \mathbf{u}) \leqq \delta_\nu(t) + \omega_\nu(t, |\mathbf{v} - \mathbf{u}|)$$
$$\leqq \delta_\nu(t) + \omega_\nu(t, \boldsymbol{\rho}) < \varrho'_\nu$$

an der Stelle t (dabei wurde die Quasimonotonie von $\boldsymbol{\omega}$ benutzt). Nach Lemma 12 I, angewandt auf das Intervall $0 \leqq t \leqq T_1$ und $\boldsymbol{\varphi} = \mathbf{v} - \mathbf{u}$, $\boldsymbol{\psi} = \boldsymbol{\rho}$, ist $\mathbf{v} - \mathbf{u} < \boldsymbol{\rho}$ in $0 \leqq t \leqq T_1$. In gleicher Weise zeigt man, daß auch $\mathbf{u} - \mathbf{v} < \boldsymbol{\rho}$ in diesem Intervall ist. Es hat sich also ergeben, daß aus einer UnGl $|\mathbf{v} - \mathbf{u}| \leqq \boldsymbol{\rho}$ in dem abgeschlossenen Intervall $0 \leqq t \leqq T_1$ die schärfere UnGl $|\mathbf{v} - \mathbf{u}| < \boldsymbol{\rho}$ in demselben Intervall folgt. Hieraus ergibt sich die Behauptung von I auf einfache Weise.

Die Folgerung II ist dann leicht zu gewinnen, indem das Maximalintegral $\boldsymbol{\sigma}(t)$ gemäß 12 VIII durch Oberfunktionen $\boldsymbol{\rho}(t)$ approximiert wird, auf die Satz I zutrifft.

Die Voraussetzung (δ) gibt Anlaß zu einigen Bemerkungen. Sie unterscheidet sich von den entsprechenden Voraussetzungen bei *einer* DGl in Nr. 9 vor allem darin, daß — sowohl in $\mathbf{f}$ als auch in den „falls"-Zusätzen — die Lösung $\mathbf{u}$ auftritt. Da diese aber im allgemeinen unbekannt ist, lassen sich die Bedingungen des Zusatzes gar nicht nachprüfen, und es scheint auf den ersten Blick, als ob man für beliebige $\mathbf{z}$, $\bar{\mathbf{z}}$ eine Abschätzung

$$|f_\nu(t, \mathbf{z}) - f_\nu(t, \bar{\mathbf{z}})| \leqq \omega_\nu(t, |\mathbf{z} - \bar{\mathbf{z}}|)$$

benötigen würde[1]. Bei näherer Betrachtung ergibt sich jedoch, daß allein durch Ausnutzung von „$v_\nu - u_\nu = \varrho_\nu$" bzw. „$u_\nu - v_\nu = \varrho_\nu$" in Verbindung mit der Tatsache, daß $\varrho_\nu > 0$, $\sigma_\nu \geqq 0$ ist, jede der beiden folgenden Voraussetzungen (δ'), (δ'') hinreichend für die Gültigkeit von (δ) in I und II ist:

(δ') $f_\nu(t, \mathbf{v}) - f_\nu(t, \mathbf{v} - \mathbf{z}) \leqq \omega_\nu(t, |\mathbf{z}|)$ für $z_\nu \geqq 0$, $(t, \mathbf{v} - \mathbf{z}) \in D(\mathbf{f})$,
$f_\nu(t, \mathbf{v} + \mathbf{z}) - f_\nu(t, \mathbf{v}) \leqq \omega_\nu(t, |\mathbf{z}|)$ für $z_\nu \geqq 0$, $(t, \mathbf{v} + \mathbf{z}) \in D(\mathbf{f})$;

(δ'') $f_\nu(t, \mathbf{z}) - f_\nu(t, \bar{\mathbf{z}}) \leqq \omega_\nu(t, |\mathbf{z} - \bar{\mathbf{z}}|)$ für $z_\nu \geqq \bar{z}_\nu$, $(t, \mathbf{z})$, $(t, \bar{\mathbf{z}}) \in D(\mathbf{f})$.

Es wird also auch bei Systemen nicht eine für alle $\mathbf{z}$, $\bar{\mathbf{z}}$ gültige Abschätzung des Betrages von $\mathbf{f}(t, \mathbf{z}) - \mathbf{f}(t, \bar{\mathbf{z}})$, sondern nur für gewisse $\mathbf{z}$, $\bar{\mathbf{z}}$ eine einseitige Abschätzung benötigt. Deshalb ist es auch hier in manchen Fällen möglich, $\mathbf{f}$ durch Funktionen $\boldsymbol{\omega}$ abzuschätzen, die (für $\mathbf{z} \geqq \mathbf{0}$) negative Werte annehmen, und monoton fallende Fehlerschranken $\boldsymbol{\rho}$ bzw. $\boldsymbol{\sigma}$ anzugeben; man vergleiche dazu die Beispiele III, IV. Allerdings ist zu beachten, daß bei *einer* gewöhnlichen DGl in (9.3) eine Forderung für „die Hälfte" aller Zahlen z, $\bar{z}$ gestellt wird, bei Systemen aber gemäß (δ'') nur „ein 2^n-tel" aller Vektoren $\mathbf{z}$, $\bar{\mathbf{z}}$ ausgenommen ist.

---

[1] Ob man links vom $\leqq$-Zeichen Absolutstriche setzt oder wegläßt, ist bedeutungslos. Man darf ja $\mathbf{z}$ und $\bar{\mathbf{z}}$ vertauschen, wobei die linke Seite mit -1 multipliziert wird, die rechte aber in sich übergeht.

Setzt man in den beiden Sätzen $n=1$, so ergibt sich genau 9 III. Die in 9 IV (β) erwähnten Verallgemeinerungen sind auch hier durchführbar. Wir bemerken davon nur folgendes. Bei den in I und II auftretenden Funktionen $\mathfrak{u}$, $\mathfrak{v}$ und $\mathfrak{p}$ genügt die linksseitige Differenzierbarkeit und die Gültigkeit der entsprechenden UnGln mit der linksseitigen Ableitung; sind $\mathfrak{u}$ und $\mathfrak{p}$ linksseitig differenzierbar, so genügt sogar die Stetigkeit von $\mathfrak{v}$, und statt $\mathfrak{v}'$ darf die Dini-Derivierte $D^-\mathfrak{v}$ oder $D_-\mathfrak{v}$ eingesetzt werden.

Abschätzungs- und Eindeutigkeitssätze für Systeme, denen eine gewisse Abschätzung von $f_\nu(t,\mathfrak{z})-f_\nu(t,\bar{\mathfrak{z}})$ nur für die Vektoren $\mathfrak{z}$, $\bar{\mathfrak{z}}$ mit $z_\nu \geqq \bar{z}_\nu$ zugrundeliegt, wurden zuerst von M. MÜLLER (1927) angegeben[1].

III. Beispiel. Betrachten wir das AWP

$$u_1'=-2u_1+g(t,u_2),\quad u_1(0)=\eta_1$$
$$u_2'=h(t,u_1)-2u_2,\quad u_2(0)=\eta_2.$$

Dabei mögen die Funktionen g, h einer Lipschitz-Bedingung mit der Lipschitz-Konstanten 1 genügen:

$$|g(t,z)-g(t,\bar{z})|\leqq|z-\bar{z}|,\quad |h(t,z)-h(t,\bar{z})|\leqq|z-\bar{z}|.$$

Ist v eine gegebene Näherungslösung, für die folgende Daten

$$|v_1'+2v_1-g(t,v_2)|\leqq\delta_1,\quad |v_1(0)-\eta_1|\leqq\varepsilon_1$$
$$|v_2'-h(t,v_1)+2v_2|\leqq\delta_2,\quad |v_2(0)-\eta_2|\leqq\varepsilon_2$$

bekannt sind, so folgt aus II mit

$$\omega_1(t,z_1,z_2)=-2z_1+z_2,\quad \omega_2(t,z_1,z_2)=z_1-2z_2$$

die Abschätzung

$$|v_1-u_1|\leqq\tfrac{1}{6}[3(\varepsilon_1+\varepsilon_2-\delta_1-\delta_2)e^{-t}+(3\varepsilon_1-3\varepsilon_2+\delta_2-\delta_1)e^{-3t}+4\delta_1+2\delta_2]$$
$$|v_2-u_2|\leqq\tfrac{1}{6}[3(\varepsilon_1+\varepsilon_2-\delta_1-\delta_2)e^{-t}+(3\varepsilon_2-3\varepsilon_1+\delta_1-\delta_2)e^{-3t}+2\delta_1+4\delta_2].$$

Demgegenüber würde ein Abschätzungssatz in Verbindung mit der Forderung

$$|\mathfrak{f}(t,\mathfrak{z})-\mathfrak{f}(t,\bar{\mathfrak{z}})|\leqq\boldsymbol{\omega}(t,|\mathfrak{z}-\bar{\mathfrak{z}}|)\quad \text{für alle}\quad \mathfrak{z},\bar{\mathfrak{z}}$$

in diesem Beispiel die Auflösung des Systems

$$\sigma_1'=2\sigma_1+\sigma_2+\delta_1,\quad \sigma_2'=\sigma_1+2\sigma_2+\delta_2$$

[1] Diese Arbeit scheint, wie sich bei der Lektüre mancher neueren Arbeit erweist, weithin unbekannt zu sein.

unter der Anfangsbedingung $\sigma_1(0)=\varepsilon_1$, $\sigma_2(0)=\varepsilon_2$ notwendig machen und die wesentlich ungünstigeren Schranken

$$|v_1-u_1|\leqq\tfrac{1}{6}[3(\varepsilon_1-\varepsilon_2+\delta_1-\delta_2)e^t+(3\varepsilon_1+3\varepsilon_2+\delta_1+\delta_2)e^{3t}-4\delta_1+2\delta_2]$$
$$|v_2-u_2|\leqq\tfrac{1}{6}[3(\varepsilon_2-\varepsilon_1+\delta_2-\delta_1)e^t+(3\varepsilon_1+3\varepsilon_2+\delta_1+\delta_2)e^{3t}+2\delta_1-4\delta_2]$$

ergeben.

IV. Die Lipschitz-Bedingung. Es genüge $\boldsymbol{f}$ der folgenden Lipschitz-Bedingung

$$f_\nu(t,\boldsymbol{z})-f_\nu(t,\bar{\boldsymbol{z}})\leqq l_{\nu 1}(t)|z_1-\bar{z}_1|+\cdots+l_{\nu n}(t)|z_n-\bar{z}_n|, \quad \text{falls} \quad z_\nu\geqq\bar{z}_\nu$$

und $(t,\boldsymbol{z})$, $(t,\bar{\boldsymbol{z}})\in D(\boldsymbol{f})$ ist $(\nu=1,\ldots,n)$. Dabei seien die $l_{\mu\nu}$ in J_0 stetige und über J integrierbare Funktionen (statt dessen genügt die Bedingung 9 VI (γ)) und $l_{\mu\nu}(t)\geqq 0$ für $\mu\neq\nu$. Ist dann $\boldsymbol{\sigma}(t)$ die Lösung von

$$\sigma_\nu'=l_{\nu 1}(t)\sigma_1+\cdots+l_{\nu n}(t)\sigma_n+\delta_\nu(t), \quad \sigma_\nu(0)=\varepsilon_\nu \quad (\nu=1,\ldots,n),$$

so besteht zwischen der Lösung $\boldsymbol{u}$ des AWPs (1) und einer Näherungslösung $\boldsymbol{v}(t)$, für die $|\boldsymbol{v}(0)-\boldsymbol{\eta}|\leqq\boldsymbol{\epsilon}$, $|\boldsymbol{P}\boldsymbol{v}|\leqq\boldsymbol{\delta}(t)$ ist, die Abschätzung

$$|\boldsymbol{v}(t)-\boldsymbol{u}(t)|\leqq\boldsymbol{\sigma}(t) \quad \text{in} \quad J.$$

Für den Sonderfall, daß die $l_{\mu\nu}$ und die δ_ν Konstanten sind, wurde diese Abschätzung auf anderem Wege von Uhlmann (1957) bewiesen; vgl. auch Eltermann (1955) und Collatz (1955, S. 108—109). Schließlich sei noch bemerkt, daß diese Abschätzung auch aus dem Satz 6 VIII abgeleitet werden kann und damit auch für $l_{\mu\nu}(t)$, $\delta_\nu(t)\in L(J)$ und $\boldsymbol{u}$, $\boldsymbol{v}\in Z_{ac}(\boldsymbol{f})$ gültig ist (und zwar auch ohne eine Voraussetzung über das Vorzeichen von $l_{\nu\nu}$).

Der Vollständigkeit halber geben wir noch das n-dimensionale Analogon zu 9 I an.

V. Abschätzungssatz. Die Funktionen $\boldsymbol{\omega}(t,\boldsymbol{z})$ und $\bar{\boldsymbol{\omega}}(t,\boldsymbol{z})$ seien (der Einfachheit halber) in ganzen Streifen $J_0\times E^n$ erklärt und quasimonoton wachsend in $\boldsymbol{z}$. Für die Vektorfunktionen $\boldsymbol{u}$, $\boldsymbol{v}\in Z(\boldsymbol{f})$, $\boldsymbol{\rho}\in Z(\boldsymbol{\omega})$, $\bar{\boldsymbol{\rho}}\in Z(\bar{\boldsymbol{\omega}})$ und $\boldsymbol{\delta}(t)$, $\bar{\boldsymbol{\delta}}(t)$ gelte

(α) $-\bar{\boldsymbol{\rho}}(0+)<(\boldsymbol{v}-\boldsymbol{u})(0+)<\boldsymbol{\rho}(0+)$;

(β) $\boldsymbol{u}'=\boldsymbol{f}(t,\boldsymbol{u})$ und $-\bar{\boldsymbol{\delta}}(t)\leqq\boldsymbol{v}'-\boldsymbol{f}(t,\boldsymbol{v})\leqq\boldsymbol{\delta}(t)$ in J_0;

(γ) $\boldsymbol{\rho}'>\boldsymbol{\delta}(t)+\boldsymbol{\omega}(t,\boldsymbol{\rho})$ und $\bar{\boldsymbol{\rho}}'>\bar{\boldsymbol{\delta}}(t)+\bar{\boldsymbol{\omega}}(t,\bar{\boldsymbol{\rho}})$ in J_0;

(δ) $f_\nu(t,\boldsymbol{v})-f_\nu(t,\boldsymbol{v}-\boldsymbol{z})\leqq\omega_\nu(t,\boldsymbol{\rho})$, falls $[-\bar{\boldsymbol{\rho}}(t)\leqq]\boldsymbol{z}\leqq\boldsymbol{\rho}(t)$, $z_\nu=\varrho_\nu(t)$,
$f_\nu(t,\boldsymbol{v}+\boldsymbol{z})-f_\nu(t,\boldsymbol{v})\leqq\bar{\omega}_\nu(t,\bar{\boldsymbol{\rho}})$, falls $[-\boldsymbol{\rho}(t)\leqq]\boldsymbol{z}\leqq\bar{\boldsymbol{\rho}}(t)$, $z_\nu=\bar{\varrho}_\nu(t)$

[und natürlich $(t,\boldsymbol{v}-\boldsymbol{z})$ bzw. $(t,\boldsymbol{v}+\boldsymbol{z})\in D(\boldsymbol{f})$] ist.

Dann ist

$$-\bar{\boldsymbol{\rho}}(t)<\boldsymbol{v}(t)-\boldsymbol{u}(t)<\boldsymbol{\rho}(t) \quad \text{in} \quad J_0.$$

Die Abschätzung durch $\boldsymbol{\rho}$ ist unabhängig von der Abschätzung durch $\bar{\boldsymbol{\rho}}$,wenn in (δ) das in eckigen Klammern Stehende gestrichen wird. Wird gleichzeitig durch $\boldsymbol{\rho}$ und $\bar{\boldsymbol{\rho}}$ abgeschätzt, so genügt die schwächere Voraussetzung, bei der in (δ) die eckigen Klammern mit berücksichtigt werden.

Diese Fallunterscheidung ist ganz analog zu der von 12 III und 12 IV. Beweisen wir etwa die erste UnGl $-\bar{\mathfrak{p}}<\boldsymbol{v}-\boldsymbol{u}$, d.h. $\boldsymbol{u}-\boldsymbol{v}<\bar{\mathfrak{p}}$ unabhängig von der anderen. Nach Lemma 12 I genügt es zu zeigen, daß $\boldsymbol{u}-\boldsymbol{v}\leqq\bar{\mathfrak{p}}$ und $u_\nu-v_\nu=\bar{\varrho}_\nu$ an der Stelle t die UnGl $u'_\nu-v'_\nu<\bar{\varrho}'_\nu$ an derselben Stelle t nach sich zieht. Das geschieht auf die übliche Weise mit $(\beta)-(\delta)$:

$$u'_\nu-v'_\nu\leqq f_\nu(t,\boldsymbol{u})-f_\nu(t,\boldsymbol{v})+\bar{\delta}_\nu(t)\leqq\bar{\delta}_\nu(t)+\bar{\omega}_\nu(t,\bar{\mathfrak{p}})<\bar{\varrho}'_\nu.$$

Die zweite Zeile von (δ) durfte angewandt werden, da $\boldsymbol{u}=\boldsymbol{v}+\boldsymbol{z}$ und $\boldsymbol{u}-\boldsymbol{v}\leqq\bar{\mathfrak{p}}$, $u_\nu-v_\nu=\bar{\varrho}_\nu$, also $\boldsymbol{z}\leqq\bar{\mathfrak{p}}$, $z_\nu=\bar{\varrho}_\nu$ ist.

Hat man den Fall der gleichzeitigen Abschätzung durch $\mathfrak{p}$ und $\bar{\mathfrak{p}}$ vor Augen, so tritt an den Anfang des Beweises eine kleine Zusatzüberlegung. Man geht aus vom größten Intervall $0\leqq t\leqq T_1$, in dem $-\bar{\mathfrak{p}}\leqq\boldsymbol{v}-\boldsymbol{u}\leqq\mathfrak{p}$ ist. In diesem Intervall wird wie oben zunächst $-\bar{\mathfrak{p}}<\boldsymbol{v}-\boldsymbol{u}$ und sodann auf gleiche Weise $\boldsymbol{v}-\boldsymbol{u}<\mathfrak{p}$ bewiesen. Daraus ergibt sich dann $T_1=T$ und die Behauptung. Bei der Anwendung von Lemma 12 I zum Beweis von $-\bar{\mathfrak{p}}<\boldsymbol{v}-\boldsymbol{u}$ für $0\leqq t\leqq T_1$ hat man dann zu zeigen, daß aus $-\bar{\mathfrak{p}}\leqq\boldsymbol{v}-\boldsymbol{u}\leqq\mathfrak{p}$, $u_\nu-v_\nu=\bar{\varrho}_\nu$ (an der Stelle t) die UnGl $u'_\nu-v'_\nu<\bar{\varrho}'_\nu$ (an derselben Stelle) folgt. Das geschieht wie oben, wobei (δ) nur in der durch Berücksichtigung der eckigen Klammern abgeschwächten Fassung benötigt wird.

Die zu Satz 9 II analoge Übertragung auf den Fall, daß statt mit $\mathfrak{p}$, $\bar{\mathfrak{p}}$ mit Funktionen $\boldsymbol{\sigma}$, $\bar{\boldsymbol{\sigma}}$ abgeschätzt wird, welche Maximalintegrale der entsprechenden DGln sind, ist leicht möglich und soll dem Leser überlassen bleiben.

Der Grund, warum dieser Satz keine große praktische Bedeutung hat, wird an einem einfachen Beispiel sichtbar. Nehmen wir an, es sei ein System gegeben, bei dem die erste der n DGln $u'_1=-u_2$ lautet $(f_1=-z_2)$. Die erste Zeile von (δ) für $\nu=1$

$$-v_2+(v_2-z_2)=-z_2\leqq\omega_1(t,\varrho)\quad\text{für}\quad[-\bar{\varrho}_2(t)\leqq]\,z_2\leqq\varrho_2(t)$$

ist ohne Berücksichtigung der eckigen Klammern überhaupt nicht erfüllbar. [Man könnte sich damit helfen, daß man $D(\boldsymbol{f})$ einschränkt; das würde aber immer noch ein i.allg. ungünstiges ω_1 ergeben.] *Mit* Berücksichtigung der eckigen Klammer hängt es vom Größenverhältnis von ϱ_2 und $\bar{\varrho}_2$ ab, ob man ein „vernünftiges" ω_1 angeben kann.

Satz V wird für die Praxis interessant, wenn $\boldsymbol{f}(t,\boldsymbol{z})$ in $\boldsymbol{z}$ quasimonoton wachsend ist. Die Bedingungen (δ) lauten dann einfach

$$f_\nu(t,\boldsymbol{v})-f_\nu(t,\boldsymbol{v}-\mathfrak{p})\leqq\omega_\nu(t,\mathfrak{p})$$
$$f_\nu(t,\boldsymbol{v}+\mathfrak{p})-f_\nu(t,\boldsymbol{v})\leqq\omega_\nu(t,\bar{\mathfrak{p}}),$$

mit anderen Worten: *Liegt ein System mit einer rechten Seite vor, die in $\boldsymbol{z}$ quasimonoton wachsend ist, so darf man* 9 I *und übrigens auch* 9 II *„vektoriell" lesen.*

14. Weitere Eindeutigkeitsaussagen für Systeme

Mit Hilfe der eben gewonnenen Ergebnisse sind wir nun in der Lage, die Eindeutigkeitstheorie von Nr. 11 für das AWP

$$\boldsymbol{u}'=\boldsymbol{f}(t,\boldsymbol{u})\quad\text{in}\quad J_0,\quad\boldsymbol{u}(0)=\boldsymbol{\eta}\tag{1}$$

zu verschärfen. Wir werden uns dabei kurz fassen, da die Art und Weise, wie der Abschätzungssatz 13 I herangezogen wird, durchsichtig und ganz analog zu dem in Nr. 10 behandelten eindimensionalen Fall ist.

I. Definition ($\mathcal{E}_4^n - \mathcal{E}_7^n$). Die für $t \in J_0$, $\mathbf{z} \geqq \mathbf{0}$ definierte und in $\mathbf{z}$ quasimonoton wachsende Funktion $\boldsymbol{\omega}(t, \mathbf{z})$ gehört zu einer der Klassen $\mathcal{E}_4^n$ bis $\mathcal{E}_7^n$, wenn sie die entsprechende in 10 I bzw. 10 V angegebene Eigenschaft besitzt, jedoch mit der Abänderung, daß jetzt $\boldsymbol{\varepsilon} = (\varepsilon_1, \ldots, \varepsilon_n) > \mathbf{0}$, $\boldsymbol{\delta} = (\delta_1, \ldots, \delta_n) > \mathbf{0}$ sowie $\boldsymbol{\rho}$ und $\boldsymbol{\omega}$ Vektoren sind.

II. Eindeutigkeitssatz. *Das AWP* (1) *hat höchstens eine Lösung* $\mathbf{u} \in Z(\mathbf{f})$, *und diese hängt stetig vom Anfangswert [bzw. vom Anfangswert und der rechten Seite der DGl] ab, wenn für* $\nu = 1, \ldots, n$ *eine Abschätzung*

$$f_\nu(t, \mathbf{z}) - f_\nu(t, \bar{\mathbf{z}}) \leqq \omega_\nu(t, |\mathbf{z} - \bar{\mathbf{z}}|) \quad \text{für} \quad z_\nu \geqq \bar{z}_\nu \quad \text{und} \quad (t, \mathbf{z}), (t, \bar{\mathbf{z}}) \in D(\mathbf{f}) \tag{2}$$

mit $\boldsymbol{\omega} \in \mathcal{E}_5^n$ *[bzw.* $\boldsymbol{\omega} \in \mathcal{E}_4^n$*] besteht. Genügen die Lösungen auch noch für* $t = 0$ *der DGl, so ist für die Eindeutigkeit* $\boldsymbol{\omega} \in \mathcal{E}_6^n$ oder $\boldsymbol{\omega} \in \mathcal{E}_7^n$ *hinreichend.*

Die stetige Abhängigkeit wurde in 11 II definiert.

Der Beweis ergibt sich ohne Schwierigkeit aus 13 I, indem man diesen Satz auf zwei Lösungen $\mathbf{u}$, $\mathbf{v}$ anwendet. Die Voraussetzung 13 I (α) ist in den Fällen $\boldsymbol{\omega} \in \mathcal{E}_4^n$, $\boldsymbol{\omega} \in \mathcal{E}_5^n$ erfüllt. In den beiden anderen Fällen hat man wie in 10 II und 10 VI vorzugehen.

Die Bemerkungen 10 III können ohne weiteres auf Systeme übertragen werden; sie führen auf Klassen $\mathcal{E}^n[o(\mathbf{g}(t))], \ldots$ Wir gehen darauf nicht näher ein, da sich keinerlei Schwierigkeiten ergeben.

III. Beispiele. Es mögen die am Anfang von 10 IV genannten Voraussetzungen über $l(t)$ und $\psi(z)$ gelten.

(α) Ist außerdem $l(t) \in L(J)$, so ist die durch

$$\omega_\nu(t, \mathbf{z}) = l(t)\,\psi(z_1 + \cdots + z_n) \qquad (\nu = 1, \ldots, n)$$

definierte Funktion $\boldsymbol{\omega}$ aus der Klasse $\mathcal{E}_4^n$. Dieses Kriterium reduziert sich für $n = 1$ auf 10 IV (α).

Passende Funktionen $\boldsymbol{\rho}$ erhält man hier ähnlich wie in 10 IV (α), indem man $\varphi(t)$ als Lösung der DGl $\varphi' = [l(t) + 1]\,\psi(n\varphi)$ mit $\varphi(T) = \varepsilon > 0$ bestimmt und $\varrho_\nu = \varphi$ für alle ν setzt. Es gilt $\varphi > 0$ in J und

$$\varrho_\nu' = [l(t) + 1]\,\psi(\varrho_1 + \cdots + \varrho_n) > l(t)\,\psi(\varrho_1 + \cdots + \varrho_n) + \delta$$

für ein positives δ.

(β) Untersuchen wir noch den allgemeineren Ansatz

$$\omega_\nu(t, \mathbf{z}) = l_{\nu 1}(t)\,\psi_{\nu 1}(z_1) + \cdots + l_{\nu n}(t)\,\psi_{\nu n}(z_n);$$

die $l_{\mu\nu} \geqq 0$ mögen in J stetig sein, die $\psi_{\mu\nu}$ die Eigenschaft von 10 IV haben. Sind alle $\psi_{\mu\nu}$ gleich, so ist das trivialerweise eine Eindeutigkeitsbedingung, denn es ist $\boldsymbol{\omega} \leqq \boldsymbol{\omega}^* \in \mathcal{E}_4^n$, wenn man $\omega_\nu^*(t, \mathbf{z}) = l(t)\,\psi(z_1 + \cdots + z_n)$ mit $\psi_{\mu\nu} = \psi$, $l(t) = n \max\limits_{\mu,\nu} l_{\mu\nu}(t)$ setzt. Im allgemeinen Fall ist das jedoch *nicht* richtig. Da die Konstruktion eines Gegenbeispiels nicht auf der Hand liegt, wollen wir ein solches angeben. Wir benötigen dazu einen Hilfssatz:

Es gibt zwei Funktionen $\varphi_1(z)$, $\varphi_2(z)$, die im Intervall $0<z<\infty$ stetig differenzierbar, positiv und monoton fallend sind, eine monoton wachsende Ableitung besitzen und für die

$$\int_0^1 \varphi_1(z)\,dz=\int_0^1 \varphi_2(z)\,dz=\infty,\quad \int_0^1 \min(\varphi_1,\varphi_2)\,dz<\infty$$

ist.

Der Beweis ist nicht allzu schwierig und soll dem Leser überlassen bleiben. Mit diesen beiden Funktionen wird $\psi_1=1/\varphi_1$, $\psi_2=1/\varphi_2$ für $z>0$, $\psi_1(z)=\psi_2(z)=0$ für $z\leqq 0$ und

$$\omega_1(t,\mathfrak{z})=\omega_2(t,\mathfrak{z})=\psi_1(z_1)+\psi_2(z_2)\qquad (n=2)$$

gesetzt. Wir wollen zeigen, daß diese Funktion $\boldsymbol{\omega}$ *keine* Eindeutigkeitsbedingung darstellt und betrachten dazu das AWP

$$u_1'=u_2'=\psi_1(u_1)+\psi_2(u_2),\quad u_1(0)=u_2(0)=0.$$

Dieses Problem hat außer der identisch verschwindenden Lösung eine weitere Lösung mit $u_1(t)\equiv u_2(t)>0$. Das folgt aus der Konvergenz des Integrals

$$\int_0^1 \frac{dz}{\psi_1(z)+\psi_2(z)}<\int_0^1 \frac{dz}{\max(\psi_1,\psi_2)}=\int_0^1 \min(\varphi_1,\varphi_2)\,dz<\infty;$$

vgl. Kamke (1945) S. 20. Andererseits läßt sich aber die rechte Seite $f_1=f_2=\psi_1(z_1)+\psi_2(z_2)$ gemäß (2) mit der obigen Funktion (ω_1,ω_2) abschätzen; es ist nämlich

$$|\psi_\nu(z)-\psi_\nu(\bar z)|\leqq\psi_\nu(|z-\bar z|)\quad \text{für beliebige } z,\bar z \text{ und } \nu=1,2,$$

da $\psi_\nu(z)$ für $z\geqq 0$ von oben konvex ist. Also gilt (2) (sogar mit Absolutstrichen).

(γ) *Verallgemeinerte Nagumo-Bedingung.* Die beiden durch

$$\omega_\nu(t,\mathfrak{z})=\frac{1}{t}(a_{\nu 1}z_1+\cdots+a_{\nu n}z_n)$$

und

$$\omega_\nu(t,\mathfrak{z})=\frac{1}{t}(a_{\nu 1}z_1+\cdots+a_{\nu n}z_n)+l(t)(z_1+\cdots+z_n)$$

definierten Funktionen $\boldsymbol{\omega}(t,\mathfrak{z})$ sind aus der Klasse $\mathscr{E}_6^n$, wenn folgendes gilt:

Die $n\times n$-Matrix $A=(a_{\mu\nu})$ hat außerhalb der Hauptdiagonale nur nichtnegative Elemente, $a_{\mu\nu}\geqq 0$ für $\mu\neq\nu$, sie ist unzerlegbar, und der Eigenwert λ mit dem größten Realteil (der nach dem Satz von Frobenius reell ist) hat den Wert $\lambda=1$. Für $l(t)$ gelte 9 VI (γ).

Hierzu gehörige Funktionen $\boldsymbol{\rho}(t)$ lassen sich genau wie in 6 VI (β) konstruieren. Das einzig Neue an dieser Bedingung gegenüber 6 VI (β) besteht darin, daß das Vorzeichen der Diagonalelemente $a_{\nu\nu}$ jetzt beliebig ist.

IV. Ergänzende Bemerkung. Die zahlreichen Eindeutigkeitskriterien der beiden ersten Kapitel dürfen nicht darüber hinwegtäuschen, daß damit keine Zusammenfassung, vielmehr nur eine bescheidene Auswahl des Schrifttums über Eindeutigkeitsfragen dargeboten wurde. Dieses auf den ersten Blick so einfache und erst bei näherem Zusehen seine Tücken offenbarende Problem übt, wie es scheint, auf eine große Zahl von Mathematikern einen besonderen Reiz aus. Der Reichtum an Begriffsbildungen, Ideen und Sätzen, welche im Zusammenhang damit hervorgebracht wurden und werden, legt beredtes Zeugnis ab von der (höchstens von Nichtmathematikern gelegentlich bezweifelten) ausgeprägten Phantasie des Mathematikers.

Eine originelle neue Idee, welche ihren Ausgang nimmt von KRASNOSEL'SKII und KREIN (1956), und von LUXEMBURG (1958), KOOI (1958) und BRAUER (1959, 1959a) weiterverfolgt wurde, soll noch erwähnt werden. Es sei der Einfachheit halber $n=1$. Statt *einer* Abschätzung werden *zwei* gleichzeitig zu erfüllende Abschätzungen

$$f(t,z)-f(t,\bar{z}) \leqq \omega_i(t, z-\bar{z}) \quad \text{für} \quad z \geqq \bar{z} \qquad (i=1,2) \tag{3}$$

zugrundegelegt. Wir betrachten Lösungen des AWPs $u'=f(t,u)$ in J_0, $u(0)=\eta$ aus der Klasse $Z(f)$. Sind u und v zwei Lösungen dieses AWPs und ist $\varrho_1' > \omega_1(t, \varrho_1)$ in J_0, $\varrho_1(0)>0$, so gilt $|v-u|<\varrho_1$ nach 9 I, also

$$|v-u| \leqq g(t) \quad \text{in} \quad J \quad \text{mit} \quad g(t)=\inf\{\varrho_1(t) \mid \varrho_1' > \omega_1(t,\varrho_1),\ \varrho_1(0)>0\}.$$

Nun habe ω_2 die Eigenschaft: zu jedem $\varepsilon>0$ existiere ein $\varrho_2 \in Z(\omega_2)$ mit

$$\varrho_2' > \omega_2(t,\varrho_2) \quad \text{in } J_0, \quad \varrho_2(0+) > g(0+), \quad 0 \leqq \varrho_2 \leqq \varepsilon \quad \text{in } J.$$

Dann ist, wieder nach 9 I, $|v-u| \leqq \varrho_2 \leqq \varepsilon$, also $v=u$.

Die Differenz zweier Lösungen wird also bei diesem Verfahren in zwei Etappen zu Null gemacht. Betrachten wir als Beispiel $\omega_1(t,z)= Cz^\alpha$, $0<\alpha<1$, so ergibt sich $g(t)=[(1-\alpha)Ct]^{1/(1-\alpha)}$. Setzt man nun $\omega_2(t,z)=kz/t$ mit $k(1-\alpha)<1$, so ist $\varrho_2'>\omega_2(t,\varrho_2)$ in J_0 z.B. für die Funktionen $\varrho_2(t)=At^k e^t$ $(A>0)$, und für diese Funktionen ist auch $\varrho_2(0+)>g(0+)$.

Damit haben wir das von KRASNOSEL'SKII und KREIN angegebene Eindeutigkeitskriterium

$$f(t,z)-f(t,\bar{z}) \leqq \begin{cases} C(z-\bar{z})^\alpha \\ k(z-\bar{z})/t \end{cases} \quad \text{für} \quad z \geqq \bar{z}$$

$\bigl(k(1-\alpha)<1\bigr)$ bewiesen (es wird a.a.O. für Systeme mit einer entsprechenden Normabschätzung bewiesen). Verallgemeinerungen verschiedener Art liegen unmittelbar auf der Hand. Sie betreffen andere Funktionen ω_i, andere Lösungsklassen, die Ausdehnung auf Systeme entweder mit den Methoden von Nr. 11 [Abschätzung mittels K-Normen oder allgemeiner mittels Abstandsfunktionen $V(t,\mathfrak{z})$] oder mit denen der vorliegenden Nummer, schließlich die Ausdehnung auf Volterra-IGln, Operatorgleichungen und DGln im Banach-Raum. Übrigens: warum soll man bei *zwei* Abschätzungen stehenbleiben?[1]

[1] *Zusatz bei der Korrektur:* Gelten die beiden Abschätzungen (3) und setzt man $\omega(t,z)=\min\{\omega_1(t,z), \omega_2(t,z)\}$, so gilt natürlich auch die Abschätzung (9.3) für ω. Eine nähere Untersuchung dieser Funktion ω (bei den in der Literatur angegebenen Funktionen ω_1, ω_2) ergibt, daß $\omega \in \mathfrak{E}_7$ ist (!). M.a.W.: Die auf zwei Abschätzungen (3) basierenden Eindeutigkeitsaussagen sind bereits im Eindeutigkeitssatz von KAMKE enthalten. Vgl. die demnächst in der Mathematischen Zeitschrift erscheinende Arbeit WALTER (1964).

15. Differentialgleichungen höherer Ordnung

Das AWP für eine DGl n-ter Ordnung ($n \geqq 1$)

$$u^{(n)} = f(t, u, u', \ldots, u^{(n-1)}) \tag{1}$$

$$u(0) = \eta_0, \ u'(0) = \eta_1, \ldots, u^{(n-1)}(0) = \eta_{n-1} \tag{2}$$

läßt sich in bekannter Weise, indem man

$$u(t) = u_1(t), \ u'(t) = u_2(t), \ldots, u^{(n-1)}(t) = u_n(t) \tag{3}$$

setzt, in ein AWP für ein System von DGln erster Ordnung

$$\left.\begin{aligned} &u_1' = u_2, \ u_2' = u_3, \ldots, u_{n-1}' = u_n \\ &u_n' = f(t, u_1, \ldots, u_n) \end{aligned}\right\} \tag{4}$$

$$u_1(0) = \eta_0, \ldots, u_n(0) = \eta_{n-1} \tag{5}$$

überführen. Damit stellen alle Aussagen über Systeme von DGln erster Ordnung auch Aussagen über DGln n-ter Ordnung dar. An einigen Stellen ergeben sich allerdings, herrührend von der speziellen Gestalt des Systems (4), Besonderheiten, die ein Eingehen auf diesen Fall notwendig machen. Zunächst übertragen wir einige frühere Bezeichnungen sinngemäß auf den jetzigen Sachverhalt.

I. Definition ($Z(f)$, *quasimonoton wachsend in* $\mathfrak{z}$, $f \in \mathscr{F}^n$, $\mathscr{F}_0^n$, *Summierungsvereinbarung mit* α, β). Die Funktion $f(t, z_1, \ldots, z_n) = f(t, \mathfrak{z})$ sei definiert in einem Bereich $D(f) \subset E^{n+1}$ (man beachte, daß der Index bei z_ν wie bisher von 1 bis n läuft und damit die Variable z_ν der Ableitung $u^{(\nu-1)}$ entspricht). Ist die Funktion $\varphi(t)$ in J $(n-1)$-mal stetig differenzierbar, ist $\varphi^{(n-1)}$ in J_0 differenzierbar und sind alle Punkte $(t, \varphi(t), \ldots, \varphi^{(n-1)}(t))$ für $t \in J_0$ in $D(f)$ gelegen, so ist $\varphi \in Z(f)$. Die Funktion $f(t, \mathfrak{z})$ ist aus der Klasse $\mathscr{F}^n$ bzw. $\mathscr{F}_0^n$, wenn die rechte Seite von (4), d.h. der Vektor $\mathfrak{f}$ mit $f_\nu = z_{\nu+1}$ $(\nu = 1, \ldots, n-1)$ und $f_n = f$ diese Eigenschaft hat. Ebenso ist $f(t, \mathfrak{z})$ quasimonoton wachsend in $\mathfrak{z}$, wenn dies für die rechte Seite von (4) gilt, d.h. wenn

$$f(t, \mathfrak{z}) \leqq f(t, \bar{\mathfrak{z}}) \quad \text{für} \quad \mathfrak{z} \leqq \bar{\mathfrak{z}}, \quad z_n = \bar{z}_n$$

ist.

Da Indizes im folgenden häufig von 0 bis $n-2$ oder $n-1$ laufen, wird für diese Nummer vereinbart: Der Index α durchläuft immer die Zahlen 0 bis $n-1$, der Index β die Zahlen 0 bis $n-2$. In dieser Notation lautet z.B. die Anfangsbedingung (2) einfach $u^{(\alpha)}(0) = \eta_\alpha$.

II. Vorbemerkungen. Da wir den Übergang von der Gl (1) zum System (4) gemäß (3) vollziehen, haben wir es mit den speziellen Vektoren $\boldsymbol{\varphi} = (\varphi_1, \ldots, \varphi_n) = (\varphi, \varphi', \ldots, \varphi^{(n-1)})$ und $\boldsymbol{\psi} = (\psi_1, \ldots, \psi_n) =$

$(\psi, \psi', \ldots, \psi^{(n-1)})$ zu tun, die von in J $(n-1)$-mal stetig differenzierbaren Funktionen $\varphi(t)$, $\psi(t)$ „erzeugt" werden. Ist für solche Vektoren $\boldsymbol{\varphi}, \boldsymbol{\psi}$

$$\varphi^{(\beta)}(0) \leqq \psi^{(\beta)}(0), \quad \varphi^{(n-1)}(0+) < \psi^{(n-1)}(0+), \tag{6}$$

und ist $\varphi^{(n-1)}(t) < \psi^{(n-1)}(t)$ etwa für $0 < t < t_0$, so gilt $\boldsymbol{\varphi} < \boldsymbol{\psi}$ in diesem Intervall, da alle Ableitungen von einer Ordnung $< n-1$ als Integrale über die $(n-1)$-te Ableitung dargestellt werden können. Betrachten wir nun den Hilfssatz 12 I, oder genauer seine Anwendung auf diese speziellen Vektoren $\boldsymbol{\varphi}, \boldsymbol{\psi}$. Gilt (6) und liegt der Fall 12 I (α) „$\boldsymbol{\varphi} < \boldsymbol{\psi}$ in J_0" *nicht* vor, so tritt das Gleichheitszeichen zuerst dei der n-ten Komponente auf, d. h. es existiert dann ein t_0 mit $\boldsymbol{\varphi} < \boldsymbol{\psi}$ in $0 < t < t_0$, $\varphi^{(n-1)}(t_0) = \psi^{(n-1)}(t_0)$.

Aus diesem Grund genügt es [wenn (6) gilt], die Voraussetzung von 12 I *nur für den Index* $\nu = n$ *zu fordern*:

$$D_- \varphi^{(n-1)}(t_0) < D_- \psi^{(n-1)}(t_0) \quad \text{oder} \quad D^- \varphi^{(n-1)}(t_0) < D^- \psi^{(n-1)}(t_0);$$

dann gilt bereits 12 I (α). Da weiter alle Abschätzungssätze der Nr. 12 durch Zurückführung auf 12 I bewiesen wurden, muß man bei der Übertragung dieser Sätze auf das spezielle System (4) die entsprechende DUnGl — das ist die Voraussetzung (β) des entsprechenden Satzes — lediglich für den Index $\nu = n$ voraussetzen.

Aufgrund dieser Bemerkung ergeben sich die folgenden Sätze automatisch aus denen der Nr. 12.

III. Satz. *Die Funktionen v, w seien aus $Z(f)$, und es gelte*

(α) $v^{(\beta)}(0) \leqq w^{(\beta)}(0), \quad v^{(n-1)}(0+) < w^{(n-1)}(0+)$;

(β) $v^{(n)} - f(t, z_1, \ldots, z_n) < w^{(n)} - f(t, w, \ldots, w^{(n-1)})$ *oder*
$v^{(n)} - f(t, v, \ldots, v^{(n-1)}) < w^{(n)} - f(t, z_1, \ldots, z_n)$

mindestens für jene Stellen $t \in J_0$ und Vektoren $\mathfrak{z}$, für die gleichzeitig $v^{(\beta)}(t) \leqq z_{\beta+1} \leqq w^{(\beta)}(t)$, $v^{(n-1)}(t) = z_n = w^{(n-1)}(t)$ und $(t, \mathfrak{z}) \in D(f)$ ist.

Dann ist

$$v^{(\alpha)}(t) < w^{(\alpha)}(t) \quad in \quad J_0.$$

IV. Ober- und Unterfunktionen. Wir verzichten auf die Übertragung von 12 III und beschränken uns auf die gleichzeitige Abschätzung nach oben und unten.

Es seien v, w zwei Funktionen aus $Z(f)$, welche den beiden Voraussetzungen genügen:

(α) $v^{(\beta)}(0) \leqq \eta_\beta \leqq w^{(\beta)}(0), \quad v^{(n-1)}(0+) < u^{(n-1)}(0+) < w^{(n-1)}(0+)$ *für jede Lösung u des AWPs;*

(β) $v^{(n)} < f(t, z_1, \ldots, z_{n-1}, v^{(n-1)})$ *und* $w^{(n)} > f(t, z_1, \ldots, z_{n-1}, w^{(n-1)})$,

falls

$$v^{(\beta)}(t) \leqq z_{\beta+1} \leqq w^{(\beta)}(t)$$

und $(t, z_1, \ldots, z_{n-1}, v^{(n-1)})$ bzw. $(t, z_1, \ldots, z_{n-1}, w^{(n-1)}) \in D(f)$ ist.

Dann gilt

$$v^{(\alpha)} < u^{(\alpha)} < w^{(\alpha)} \text{ in } J_0 \text{ für jede Lösung } u \text{ des AWPs}. \tag{7}$$

Natürlich vereinfachen sich die Voraussetzungen (β) wieder erheblich, wenn f Monotonieeigenschaften besitzt. Wie in Nr. 12 beschränken wir uns darauf, den quasimonotonen Fall herauszugreifen.

V. Satz. *Ist $f(t, z)$ in z quasimonoton wachsend und $v, w \in Z(f)$, so folgen aus*

(α) $v^{(\beta)}(0) \leqq w^{(\beta)}(0)$, $\quad v^{(n-1)}(0+) < w^{(n-1)}(0+)$;

(β) $Pv < Pw$ *in* J_0

die UnGln

$$v^{(\alpha)}(t) < w^{(\alpha)}(t) \quad \text{in} \quad J_0.$$

Dabei ist jetzt

$$Pv = v^{(n)} - f(t, v, \ldots, v^{(n-1)}). \tag{8}$$

VI. Ober- und Unterfunktionen. Ist $f(t, z)$ quasimonoton wachsend in z, so ist $v \in Z(f)$ eine Unterfunktion, $w \in Z(f)$ eine Oberfunktion, wenn

(α) wie IV (α);

(β) $v^{(n)} < f(t, v, \ldots, v^{(n-1)})$ bzw. $w^{(n)} > f(t, w, \ldots, w^{(n-1)})$ in J_0

ist. Es gilt dann (7); die beiden Abschätzungen sind voneinander unabhängig.

VII. Maximal- und Minimalintegrale. Nach 12 VII besitzt das AWP (1) (2) eine Lösung, die sich nach rechts bis an den Rand von $D(f)$ fortsetzen läßt, wenn $f \in \mathscr{F}_0^n$ ist. Existiert sie in ganz J und ist sie eindeutig bestimmt, so streben die Lösungen der AWPe

$$\varphi^{(n)} = f(t, \varphi, \ldots, \varphi^{(n-1)}) + \varepsilon, \quad \varphi^{(\alpha)}(0) = \eta_\alpha + \delta_\alpha \tag{9}$$

für $\varepsilon \to 0$, $\delta_\alpha \to 0$ gleichmäßige in J gegen u (auch die Ableitungen bis zur Ordnung $n-1$ konvergieren gleichmäßig).

Ein Maximalintegral u^* und ein Minimalintegral u_* zum AWP (1) (2) existieren nach 12 VIII, wenn $f \in \mathscr{F}_0^n$ in z quasimonoton wachsend ist. Für jede andere Lösung u gilt

$$u_*^{(\alpha)}(t) \leqq u^{(\alpha)}(t) \leqq u^{*(\alpha)}(t).$$

Das Maximalintegral läßt sich durch Oberfunktionen, welche Lösungen von (9) mit $\varepsilon > 0$, $\delta_\alpha > 0$ sind, von oben approximieren.

VIII. Bemerkungen. (α) Wie schon früher lassen sich die Voraussetzungen über die n-te Ableitung mildern. Man darf sie an allen Stellen durch die linksseitige n-te Ableitung ersetzen, bei den Unterfunktionen ist sogar $D_- v^{(n-1)}$ statt $v^{(n)}$, bei den Oberfunktionen $D^- w^{(n-1)}$ statt $w^{(n)}$ erlaubt.

(β) Wie bereits in 12 X (α) bemerkt wurde, sind in den Sätzen III bis VI an den entsprechenden Stellen Gleichheitszeichen zugelassen, wenn f einer Eindeutigkeitsbedingung genügt. Wir beschränken uns darauf, V für diesen Fall zu formulieren.

Die Funktion f genüge in ihrem Definitionsbereich der UnGl (11) mit einer Funktion $\omega \in \overline{\mathcal{E}}_5^n$, und sie sei quasimonoton wachsend in z. Die Funktionen v, w seien aus der Klasse $Z(f)$. Dann gilt der Satz

Va: *Aus* $v^{(\alpha)}(0) \leqq w^{(\alpha)}(0)$ *und* $Pv \leqq Pw$ *folgt* $v^{(\alpha)}(t) \leqq w^{(\alpha)}(t)$ *in* J.

Wir kommen zu den Abschätzungs- und Eindeutigkeitssätzen der Nrn. 13 und 14.

IX. Abschätzungssatz. Es sei $u, v \in Z(f)$ und $\delta(t)$ eine in J erklärte Funktion. Ferner sei $\omega(t, z)$ quasimonoton wachsend in z, $\mathfrak{p} = (\varrho_1, \ldots, \varrho_n)$ eine in J stetige und in J_0 differenzierbare Vektorfunktion und $(t, z) \in D(\omega)$ für $t \in J_0$, $0 \leqq z_\alpha \leqq \varrho_\alpha(t)$, $z_n = \varrho_n(t)$. Es gelte

(α) $|v^{(\beta)}(0) - u^{(\beta)}(0)| \leqq \varrho_{\beta+1}(0)$, $\quad |v^{(n-1)} - u^{(n-1)}|(0+) < \varrho_n(0+)$;

(β) $u^{(n)} = f(t, u, \ldots, u^{(n-1)})$ und $|Pv| \equiv |v^{(n)} - f(t, v, \ldots, v^{(n-1)})| \leqq \delta(t)$ in J_0;

(γ) $\varrho_\nu' \geqq \varrho_{\nu+1}$ $(1 \leqq \nu \leqq n-1)$ und $\varrho_n' > \omega(t, \varrho_1, \ldots, \varrho_n) + \delta(t)$ in J_0;

(δ) $f(t, z) - f(t, \bar{z}) \leqq \omega(t, |z - \bar{z}|)$, falls $|z_{\beta+1} - \bar{z}_{\beta+1}| \leqq \varrho_{\beta+1}(t)$ $z_n - \bar{z}_n = \varrho_n(t)$ und (t, z), $(t, \bar{z}) \in D(f)$ ist.

Dann ist
$$|v^{(\alpha)}(t) - u^{(\alpha)}(t)| < \varrho_{\alpha+1}(t) \quad \text{in} \quad J_0.$$

Ist insbesondere $\varrho(t)$ eine (skalare) Funktion aus $Z(\omega)$ und gilt

(α') $|v^{(\beta)}(0) - u^{(\beta)}(0)| \leqq \varrho^{(\beta)}(0)$, $\quad |v^{(n-1)} - u^{(n-1)}|(0+) < \varrho^{(n-1)}(0+)$;

(γ') $\varrho^{(n)} > \omega(t, \varrho, \ldots, \varrho^{(n-1)}) + \delta(t)$ in J_0

sowie (β) und die Abschätzung in (δ), falls $|z_{\beta+1} - \bar{z}_{\beta+1}| \leqq \varrho^{(\beta)}(t)$ und $z_n - \bar{z}_n = \varrho^{(n-1)}(t)$ ist, so ist
$$|v^{(\alpha)}(t) - u^{(\alpha)}(t)| < \varrho^{(\alpha)}(t) \text{ in } J_0.$$

Der zweite Teil des Satzes stellt einen Sonderfall des ersten dar. Setzt man nämlich in den $n-1$ ersten UnGln von (γ) das Gleichheitszeichen und $\varrho = \varrho_1$, so ist $\varrho_{\alpha+1} = \varrho^{(\alpha)}$ und $\varrho \in Z(\omega)$ (man beachte, daß die höheren Ableitungen von ϱ im Nullpunkt existieren).

Der erste Teil wird, indem man mittels der Transformationsregel (3) auf Systeme übergeht, auf 13 I zurückgeführt. Er ist insofern *kein* Sonderfall von 13 I, als dort in (γ) bei allen Komponenten das $>$-Zeichen steht; außerdem ist (α) abgeändert.

Zunächst zeigen wir: Ist für ein festes ν $(1 \leqq \nu \leqq n-1)$
$$|v^{(\nu)} - u^{(\nu)}| < \varrho_{\nu+1} \quad \text{für} \quad 0 < t < t_0, \tag{10}$$

so ist in demselben Intervall auch

$$|v^{(\nu-1)} - u^{(\nu-1)}| < \varrho_\nu.$$

Wir benötigen dazu folgende Tatsache: Ist die Funktion $d(t)$ in J stetig und in J_0 differenzierbar und ist $d(0) \geqq 0$, $d'(t) > 0$ für $0 < t < t_0$, so ist $d(t) > 0$ für $0 < t < t_0$ (Beweis mit Mittelwertsatz). Wenden wir dies nun auf die beiden Funktionen $d = \varrho_\nu \pm (v^{(\nu-1)} - u^{(\nu-1)})$ an! Nach (α) ist $d(0) \geqq 0$, ferner nach (10) und (γ)

$$d' = \varrho'_\nu \pm (v^{(\nu)} - u^{(\nu)}) \geqq \varrho_{\nu+1} \pm (v^{(\nu)} - u^{(\nu)}) > 0 \quad \text{für} \quad 0 < t < t_0,$$

d.h. $d(t) > 0$, wie behauptet war. Daraus folgt nun erstens, daß (10) für $0 \leqq \nu \leqq n-1$ gilt, zweitens, daß, falls die Behauptung falsch ist, die Gleichheit $|v^{(\nu)}(t) - u^{(\nu)}(t)| = \varrho_{\nu+1}(t)$ zum erstenmal für $\nu = n-1$ auftritt. Aufgrund dieser Bemerkungen (die übrigens im wesentlichen bereits in II enthalten sind) kann man nun den Beweis von 13 I übernehmen; dort ist jetzt $\nu = n$, also $f_\nu = f$, $v'_\nu = v^{(n)}, \ldots$.

Die andere, 13 II entsprechende Fassung dieses Satzes zu finden, bei welcher in (γ') statt einer DUnGl die entsprechende DGl steht, sei dem Leser als Aufgabe empfohlen. Eine hinreichende Bedingung für die Gültigkeit von (δ) lautet

$$f(t, z) - f(t, \bar{z}) \leqq \omega(t, |z - \bar{z}|), \text{ falls } z_n \geqq \bar{z}_n \text{ und } (t, z), (t, \bar{z}) \in D(f) \quad (11)$$

ist. Für lineares ω wurde ein ähnlicher Satz von UHLMANN (1957a) bewiesen.

Daß wir den Abschätzungssatz zunächst in einer unsymmetrischen Form gegeben haben, bei welcher gleichzeitig DGln n-ter Ordnung und Systeme von DGln bzw. DUnGln erster Ordnung auftreten, hat seine guten Gründe. Es ist nämlich in manchen Fällen leicht, der Bedingung (γ) Genüge zu tun, während dasselbe bei (γ') schwierig ist; vgl. dazu das Beispiel XII.

Die im vorstehenden Beweis bereits zum Ausdruck gekommene Besonderheit, die ihren Ursprung in der Verschiedenheit der Voraussetzungen (α) und (γ) in IX und 13 I hat, zwingt uns, die Definition der Klassen $\mathscr{E}_i^n$ geringfügig abzuändern.

X. Definition ($\overline{\mathscr{E}}_4^n - \overline{\mathscr{E}}_6^n$). Die Funktion $\omega(t, z)$ gehört zur Klasse $\overline{\mathscr{E}}_i^n$, wenn sie für $t \in J_0$, $z \geqq 0$ erklärt und in z quasimonoton wachsend ist und die Eigenschaft besitzt:

Zu jedem $\varepsilon > 0$ gibt es ein $\delta > 0$ und eine in J stetige, in J_0 differenzierbare Vektorfunktion $\mathfrak{p}(t) = (\varrho_1, \ldots, \varrho_n)$, so daß $\varrho'_\nu \geqq \varrho_{\nu+1}$ in J_0 für

$\nu=1, \ldots, n-1$ sowie

$$\overline{\mathcal{E}}_4^n\colon\ \varrho_n' > \omega(t, \varrho_1, \ldots, \varrho_n) + \delta \text{ und } \delta \leqq \varrho_n(t) \leqq \varepsilon \text{ in } J_0,\ \varrho_\nu(0) \geqq \delta \quad (1 \leqq \nu \leqq n-1)$$

$$\overline{\mathcal{E}}_5^n\colon\ \varrho_n' > \omega(t, \varrho_1, \ldots, \varrho_n) \quad \text{ und } \delta \leqq \varrho_n(t) \leqq \varepsilon \text{ in } J_0,\ \varrho_\nu(0) \geqq \delta \quad (1 \leqq \nu \leqq n-1)$$

$$\overline{\mathcal{E}}_6^n\colon\ \varrho_n' > \omega(t, \varrho_1, \ldots, \varrho_n) \quad \text{ und } \delta t \leqq \varrho_n(t) \leqq \varepsilon \text{ in } J_0,\ \varrho_\nu(0) \geqq 0 \quad (1 \leqq \nu \leqq n-1)$$

ist.

XI. Eindeutigkeitssatz. *Die Funktion $f(t, z)$ genüge einer Abschätzung* (11) *mit einer Funktion $\omega \in \overline{\mathcal{E}}_5^n$ [bzw. $\omega \in \overline{\mathcal{E}}_4^n$]. Dann besitzt das AWP* (1) (2) *höchstens eine Lösung $u \in Z(f)$, und diese hängt stetig von den Anfangswerten η_α [bzw. von den Anfangswerten η_α und von der rechten Seite der DGl] ab. Ist f im Punkt $(0, \eta_0, \ldots, \eta_{n-1})$ stetig, so ist $\omega \in \overline{\mathcal{E}}_6^n$ hinreichend für die Eindeutigkeit.*

Das folgt in bekannter Weise aus dem vorangehenden Abschätzungssatz. Man wird übrigens in den meisten Fällen bereits mit dem Eindeutigkeitssatz 14 II auskommen. Denn ist $\boldsymbol{\omega}(t, z) = (\omega_1, \ldots, \omega_n)$ aus der Klasse $\mathcal{E}_i^n$ und ist dabei $\omega_\nu(t, z) \geqq z_{\nu+1}$ für $\nu=1, \ldots, n-1$, so ist $\omega_n \in \overline{\mathcal{E}}_i^n$. Speziell sind hiernach die Lipschitz-Bedingung und Montel-Bedingung 14 III (α) verwendbar [letztere, wenn $\psi(z) \geqq z$ ist]. Im folgenden Beispiel geben wir zwei schärfere Kriterien, die nicht in Nr. 14 enthalten sind.

XII. Beispiel *(verallgemeinerte Nagumo-Bedingung).* Die Funktion

$$\omega(t, z) = \sum_{\nu=1}^{n} \frac{\alpha_\nu z_\nu}{t^{n+1-\nu}} \quad \text{mit} \quad \sum_{\nu=1}^{n} \frac{\alpha_\nu}{(n+1-\nu)!} \leqq 1 \quad \text{und} \quad \alpha_\nu \geqq 0 \text{ für } 1 \leqq \nu \leqq n-1$$

(das Vorzeichen von α_n ist beliebig) ist aus $\overline{\mathcal{E}}_6^n$, und dasselbe gilt auch noch für

$$\omega(t, z) = \sum_{\nu=1}^{n} \frac{\alpha_\nu z_\nu}{t^{n+1-\nu}} + l(t)(z_1 + \cdots + z_n),$$

falls $l(t) \geqq 0$, in J_0 stetig und über J integrierbar ist.

Zum Beweis der zweiten Behauptung definieren wir Funktionen $\varrho_1, \ldots, \varrho_n$ durch

$$\varrho_\nu(t) = C \frac{t^{n+1-\nu}}{(n+1-\nu)!} e^{kL(t)}, \quad \text{wobei} \quad L(t) = \int_0^t l(\tau)\, d\tau,\ C > 0$$

und k eine noch zu bestimmende positive Konstante ist. Wie man sofort sieht, ist $\varrho_\nu' \geqq \varrho_{\nu+1}$ für $\nu=1, \ldots, n-1$. Die noch verbleibende UnGl

$$\varrho_n' = Ce^{kL}(1 + ktl) > Ce^{kL} \sum_\nu \frac{\alpha_\nu}{(n+1-\nu)!} + Cle^{kL} \sum_\nu \frac{t^{n+1-\nu}}{(n+1-\nu)!}$$

gilt, wenn

$$k > \sum_\nu \frac{t^{n-\nu}}{(n+1-\nu)!}, \quad \text{also etwa} \quad k = 1 + \sum_\nu \frac{T^{n-\nu}}{(n+1-\nu)!}$$

ist. Durch dieses Beispiel wird ein Kriterium von WINTNER (1956) verallgemeinert.

XIII. Die Blasius-Gleichung. (α) Bei der Umströmung der ebenen Platte tritt nach BLASIUS (1908) das folgende AWP

$$u''' = uu'', \quad u(0) = u'(0) = 0, \quad u''(0) = 1 \tag{12}$$

auf (meist wird die Gl in der Form $u''' + uu'' = 0$ angegeben, die aus der unsrigen hervorgeht, wenn man t durch $-t$ ersetzt). Es soll der Verlauf der Lösung für positive t, insbesondere der Wert der Unendlichkeitsstelle T_a berechnet werden.

Bedingungen für Unterfunktionen v und Oberfunktionen w lauten gemäß VI und VIII (β)

$$\left.\begin{array}{llll} v(0) \leqq 0, & v'(0) \leqq 0, & v''(0) \leqq 1, & v''' \leqq vv'' \\ w(0) \geqq 0, & w'(0) \geqq 0, & w''(0) \geqq 1, & w''' \geqq ww''. \end{array}\right\} \tag{13}$$

Dabei muß man sich auf Vergleichsfunktionen mit nichtnegativen zweiten Ableitungen beschränken, da $f(t, z_1, z_2, z_3) = z_1 z_3$ nur für $z_3 \geqq 0$ monoton wachsend in z_1 ist.

Eine Lösung der DGl lautet

$$\varphi(t) = \frac{3}{\alpha - t} \quad \text{für beliebiges } \alpha. \tag{14}$$

Diese Funktion φ ist Oberfunktion für das AWP (12), wenn $\varphi''(0) = 6/\alpha^3 \geqq 1$, also $\alpha \leqq \sqrt[3]{6}$ ist. Die einfachste Unterfunktion lautet $t^2/2$. So ergibt sich fast ohne Rechnung

$$v_1 = \frac{t^2}{2} < u(t) < w_1 = \frac{3}{\sqrt[3]{6} - t} \quad \text{und} \quad T_a \geqq \sqrt[3]{6} > 1{,}8.$$

Wir werden nun zwei Möglichkeiten zur Gewinnung von genaueren Schranken diskutieren.

(β) *Ein erster Ansatz.* Die Potenzreihenentwicklung (es treten nur Exponenten $2 + 3k$ auf)

$$u(t) = \sum_{k=0}^{\infty} \frac{a_k}{3^k} t^{2+3k} \tag{15}$$

mit

$$a_0 = \frac{1}{2}, \quad a_1 = \frac{1}{40}, \quad a_2 = \frac{11}{40 \cdot 112}, \quad a_3 = \frac{5}{22 \cdot 8 \cdot 112}, \ldots$$

ergibt für kleine t brauchbare Unterfunktionen (aus der Rekursionsformel für die a_k folgt sofort $a_k > 0$, d.h. endlich viele Glieder der Potenzreihe stellen Unterfunktionen dar), doch läßt sich daraus keine obere Schranke für T_a gewinnen. Um eine solche zu erhalten, wird ein Stück weit die Potenzreihe genommen und daran die in (14) definierte Funktion φ angesetzt. Der Ansatz lautet also z. B.

$$v_2(t) = \begin{cases} \dfrac{1}{2} t^2 + \dfrac{1}{120} t^5 + \dfrac{11}{360 \cdot 112} t^8 & \text{für} \quad 0 \leqq t \leqq t_0, \\ \dfrac{3}{\alpha - t} & \text{für} \quad t_0 < t < \alpha. \end{cases}$$

Dabei müssen die Anschlußbedingungen[1]

$$v_2(t_0) \geqq \frac{3}{\alpha - t_0}, \quad v_2'(t_0) \geqq \frac{3}{(\alpha - t_0)^2}, \quad v_2''(t_0) \geqq \frac{6}{(\alpha - t_0)^3} \tag{16}$$

bestehen. Wählt man z. B. $t_0 = 2$, so ist $\alpha = 3{,}284$ zulässig.

Der entsprechende Ansatz für Oberfunktionen

$$w_2(t) = \begin{cases} \frac{1}{2} t^2 + \frac{1}{120} t^5 + \beta t^8 & \text{für} \quad 0 \leqq t \leqq t_0 \\ \frac{3}{\alpha - t} & \text{für} \quad t_0 < t < \alpha \end{cases}$$

bereitet mehr Mühe, da man *vor* der Nachprüfung der Anschlußbedingungen

$$w_2(t_0) \leqq \frac{3}{\alpha - t_0}, \quad w_2'(t_0) \leqq \frac{3}{(\alpha - t_0)^2}, \quad w_2''(t_0) \leqq \frac{6}{(\alpha - t_0)^3} \tag{16'}$$

die Konstante β so bestimmen muß, daß die erste Zeile eine Oberfunktion für $0 \leqq t \leqq t_0$ darstellt. Es muß also die UnGl

$$\frac{1}{2} t^2 + 336 \beta t^5 \geqq \left(\frac{1}{2} t^2 + \frac{1}{120} t^5 + \beta t^8\right)\left(1 + \frac{1}{6} t^3 + 56 \beta t^6\right) \quad \text{für} \quad 0 \leqq t \leqq t_0$$

bestehen, welche gleichbedeutend mit

$$336 \beta \geqq \frac{11}{120} + t_0^3 \left(29\beta + \frac{1}{720}\right) + \frac{19}{30} \beta t_0^6 + 56 \beta^2 t_0^9 \tag{17}$$

ist. Für $t_0 = 2$ ist sie unerfüllbar, für $t_0 = 1$ erhält man $\beta = 3{,}038 \cdot 10^{-4}$ und daraus $\alpha = 2{,}695$.

Die der Gl $u''' = u u''$ entsprechende Funktion $f(t, z_1, z_2, z_3) = z_1 z_3$ ist sogar in allen Variablen z_ν monoton wachsend (wenn man sich auf $z_1 \geqq 0$, $z_3 \geqq 0$ beschränkt). In einem solchen Fall geht man immer mit Vorteil von der DGl zur entsprechenden IGl über, welche dann einen monoton wachsenden Integraloperator enthält. Für das Problem (12) lautet die äquivalente IGl für $U(t) = u''(t)$

$$U(t) = 1 + K U = 1 + \int_0^t U(\tau) u(\tau)\, d\tau \quad \text{mit} \quad u(t) = \int_0^t (t - \tau) U(\tau)\, d\tau. \tag{18}$$

Der Operator K ist (wenn sein Definitionsbereich auf $U \geqq 0$ eingeschränkt wird) monoton wachsend im Sinne von 1 IV. Unterfunktionen $V(t)$ und Oberfunktionen $W(t)$ lassen sich also durch

$$V \leqq 1 + K V, \quad W \geqq 1 + K W$$

charakterisieren.

Betrachten wir unter diesem Gesichtspunkt die obige Funktion w_2 oder besser deren zweite Ableitung $W_2(t) = 1 + \frac{1}{6} t^3 + 56 \beta t^6$ im Intervall $0 \leqq t \leqq t_0$. Die an β zu stellende Bedingung

$$W_2 \geqq 1 + K W_2 = 1 + \int_0^t \left(1 + \frac{\tau^3}{6} + 56 \beta \tau^6\right)\left(\frac{\tau^2}{2} + \frac{\tau^5}{120} + \beta \tau^8\right) d\tau$$

für $0 \leqq t \leqq t_0$ ist gleichbedeutend mit

$$336 \beta \geqq \frac{11}{120} + \frac{2}{3}\left(29\beta + \frac{1}{720}\right) t_0^3 + \frac{19}{60} \beta t_0^6 + \frac{112}{5} \beta^2 t_0^9 \tag{19}$$

[1] Hierin bedeuten natürlich $v_2(t_0)$, $v_2'(t_0)$, ... die Werte, welche sich aus der *ersten* Zeile in der Definition von v_2 ergeben.

und damit günstiger als (17). Aus ihr folgt:

$$\text{für } t_0=1: \quad \beta=2{,}793\cdot 10^{-4}, \quad \alpha=2{,}695;$$
$$\text{für } t_0=2: \quad \beta=6{,}448\cdot 10^{-4}, \quad \alpha=2{,}9496.$$

Durch Aneinanderstückeln eines in t^3 quadratischen Polynoms und der Lösung φ lassen sich also Ober- und Unterfunktionen gewinnen, deren Differenz im Intervall $0\leqq t\leqq 1$ kleiner als $6{,}5\cdot 10^{-6}\, t^8$, im Intervall $1\leqq t\leqq 2$ kleiner also $3{,}72\cdot 10^{-4}\, t^8$ ist. Ferner ergibt sich aus diesen Schranken $2{,}949 < T_a < 3{,}284$.

(γ) *Ein zweiter Ansatz.* Sucht man einen einzigen geschlossenen Ausdruck für Ober- und Unterfunktionen, so ist der Ansatz v, $w=P(t)/(1-\beta t)$ naheliegend (P Polynom). Um eine möglichst gute Übereinstimmung mit der Potenzreihenentwicklung (15) zu gewinnen, wird er abgeändert zu

$$v, w=\frac{t^2 P(t^3/3)}{1-\beta t^3/3}=\frac{t^2 P(s)}{1-\beta s} \quad \text{mit} \quad s=\frac{t^3}{3}. \tag{20}$$

Wie man leicht nachrechnet, liegt eine Oberfunktion (Unterfunktion) vor, wenn

$$\left.\begin{aligned} &9s^2(A^3P'''+3\beta A^2P''+6\beta^2 AP'+6\beta^3 P)+\\ &\qquad+36s(A^3P''+2\beta A^2P'+2\beta^2 AP)+20(A^3P'+A^2\beta P)\\ &\underset{(\leqq)}{\geqq} P[2A^2P+18s(A^2P'+\beta AP)+9s^2(A^2P''+2\beta AP'+2\beta^2 P)]\\ &\text{für}\quad 0\leqq s<1/\beta \end{aligned}\right\} \tag{21}$$

ist; hierin ist

$$A=1-\beta s \quad \text{und} \quad P(s)=\tfrac{1}{2}+b_1 s+\cdots+b_q s^q.$$

Für $P(s)=\frac{1}{2}$ ($q=0$) erhält man z.B.

$$\tfrac{1}{2}(20\beta-1)A^2+\tfrac{9}{2}(8\beta-1)s\beta A+\tfrac{9}{2}(6\beta-1)s^2\beta^2 \underset{(\leqq)}{\geqq} 0,$$

d.h. $\beta=\frac{1}{6}$ (bzw. $\beta=\frac{1}{20}$). Danach ist also

$$v_3=\frac{t^2}{2}\cdot\frac{1}{1-\frac{1}{60}t^3}<u(t)<\frac{t^2}{2}\cdot\frac{1}{1-\frac{1}{18}t^3}$$

und

$$2{,}620<\sqrt[3]{18}\leqq T_a\leqq\sqrt[3]{60}<3{,}915.$$

Bei mehrgliedrigen Ansätzen für P wird man möglichst gute Übereinstimmung mit der Entwicklung (15) erstreben. Das wird durch

$$b_k=a_k-\beta a_{k-1} \qquad (k=1,\ldots,q) \tag{22}$$

erreicht. So erhält man z.B. für $q=1$, d.h. $P(s)=\frac{1}{2}+\left(\frac{1}{40}-\frac{\beta}{2}\right)s$, die Werte $\beta=\sqrt{1/120}$ (Unterfunktion) und $\beta=0{,}10089$ (Oberfunktion) und daraus

$$3{,}098<T_a<3{,}203,$$

für $q=3$ nach einiger Rechnung $\beta=\frac{1}{4}\sqrt[4]{5/231}$ (Unterfunktion) und $\beta=9299/91\,000$ (Oberfunktion), also

$$3{,}084<T_a<3{,}151.$$

Da die Entwicklung (15) nur positive Koeffizienten hat, ist T_a gleich dem Konvergenzradius dieser Reihe; er wurde verschiedentlich berechnet. Oudart

(1948) gab die Abschätzung $2{,}884 < T_a < 3{,}203$, die von OSTROSWKI (1948) zu $3{,}1 < T_a < 3{,}18$ verbessert wurde. Die schärferen, von PUNNIS (1956) angegebenen Schranken $3{,}11 \leqq T_a \leqq 3{,}13$ bedürfen einer genaueren Begründung, da zu ihrer Herleitung eine nach RUNGE-KUTTA berechnete Lösung einer gewöhnlichen DGl ohne nähere Fehlerdiskussion benutzt wird.

Auf der elektronischen Rechenmaschine Z 23 der Technischen Hochschule Karlsruhe wurde die Lösung mit Hilfe des dort vorhandenen Runge-Kutta-Programms berechnet. Es ergab sich

für Schrittweite	$h =$	0,1	0,05	0,02	0,01
Stop nach	$t_a =$	3,3	3,2	3,16	3,14

(„Stop" bedeutet, daß die Runge-Kutta-Prozedur, ausgehend von t_a, einen Wert $u''(t_a + h) > 10^{38}$ erreicht). Nimmt man an, daß das Runge-Kutta-Verfahren die Lösung im Intervall $0 \leqq t \leqq t_0$ *genau* wiedergibt, so kann man an der Stelle t_0 nach dem in (β) beschriebenen Verfahren die Funktion $\varphi(t)$ anstückeln und erhält durch Auflösen der Anschlußbedingungen (16) und (16') — hierin sind also $v(t_0)$, $v'(t_0)$, ..., $w''(t_0)$ durch die entsprechenden von der Maschine berechneten Werte zu ersetzen — zwei Zahlen $\alpha = \alpha_2$ und $\alpha = \alpha_1$. Da die Annahme sicher nicht exakt erfüllt ist, wird man zögern, α_1 und α_2 als untere und obere Schranken für T_a anzusprechen. Immerhin scheint uns das Ergebnis mitteilenswert:

t_0	α_1	α_2	t_0	α_1	α_2
1	2,69	6,90	2,7	3,120	3,132
2	2,98	3,27	2,8	3,122	3,130
2,5	3,106	3,138	2,9	3,1256	3,1283
2,6	3,118	3,135	3,0	3,1271	3,1277

16. Ergänzungen

Es werden in dieser Nummer einige weitere Probleme angeführt, welche der Behandlung mit unseren Methoden unmittelbar zugänglich sind.

I. Komplexe Differentialgleichungen. Die Theorie überträgt sich sofort auf gewöhnliche Differentialgleichungen, bei denen alle Größen außer t komplex sind. Ein solches System von n Gln

$$\boldsymbol{u}'(t) = \boldsymbol{f}(t, \boldsymbol{u}(t)) \qquad (0 \leqq t \leqq T) \tag{1}$$

ist äquivalent mit dem reellen System von $2n$ Gln ($\boldsymbol{u} = \boldsymbol{u}_1 + i\boldsymbol{u}_2$, $\boldsymbol{f} = \boldsymbol{f}_1 + i\boldsymbol{f}_2$, $i = \sqrt{-1}$)

$$\boldsymbol{u}_1' = \boldsymbol{f}_1(t, \boldsymbol{u}_1, \boldsymbol{u}_2), \quad \boldsymbol{u}_2' = \boldsymbol{f}_2(t, \boldsymbol{u}_1, \boldsymbol{u}_2). \tag{2}$$

Damit lassen sich die früheren Sätze heranziehen. Es gibt jedoch noch eine zweite Möglichkeit, die manchen Fragestellungen besser angepaßt ist. Ihre Grundlage bildet der folgende

II. Abschätzungssatz für komplexe Systeme. *Die komplexwertigen Funktionen $\boldsymbol{u}(t)$, $\boldsymbol{v}(t)$ seien aus $Z(\boldsymbol{f})$, die skalaren, in J_0 positiven Funk-*

tionen $\varrho_i(t)\in Z(\omega_i)$, $i=1, 2$. *Mit Hilfe einer konstanten positiv definiten Hermite-Matrix*[1] C ($C=\overline{C}^T$) *definieren wir ein Skalarprodukt* $(\boldsymbol{z}, \boldsymbol{z}')=\boldsymbol{z}^T C \boldsymbol{z}'$ *und eine Norm* $\|\boldsymbol{z}\|=\sqrt{(\boldsymbol{z}, \boldsymbol{z})}$. *Es gelte*

(α) $\varrho_1(0+)<\|\boldsymbol{v}-\boldsymbol{u}\|(0+)<\varrho_2(0+)$;

(β) $\boldsymbol{u}'=\boldsymbol{f}(t, \boldsymbol{u})$, $\|\boldsymbol{v}-\boldsymbol{u}\|\delta_1(t)\leqq \operatorname{Re}(\boldsymbol{v}-\boldsymbol{u}, \boldsymbol{P}\boldsymbol{v})\leqq\|\boldsymbol{v}-\boldsymbol{u}\|\delta_2(t)$;

(γ) $\varrho_1'<\omega_1(t, \varrho_1)+\delta_1(t)$, $\varrho_2'>\omega_2(t, \varrho_2)+\delta_2(t)$ *in* J_0;

(δ) $\|\boldsymbol{v}-\boldsymbol{u}\|\omega_1(t, \|\boldsymbol{v}-\boldsymbol{u}\|)\leqq\operatorname{Re}(\boldsymbol{v}-\boldsymbol{u}, \boldsymbol{f}(t, \boldsymbol{v})-\boldsymbol{f}(t, \boldsymbol{u}))$
$\leqq\|\boldsymbol{v}-\boldsymbol{u}\|\omega_2(t, \|\boldsymbol{v}-\boldsymbol{u}\|)$,

wobei die UnGl mit ω_i *nur für die t mit* $\|\boldsymbol{v}-\boldsymbol{u}\|=\varrho_i(t)$ *zu gelten braucht.*

Dann ist
$$\varrho_1(t)<\|\boldsymbol{v}-\boldsymbol{u}\|<\varrho_2(t) \quad \text{in} \quad J_0.$$

Hierin ist natürlich $\boldsymbol{P}\boldsymbol{v}=\boldsymbol{v}'-\boldsymbol{f}(t, \boldsymbol{v})$. Die beiden Abschätzungen von $\|\boldsymbol{v}-\boldsymbol{u}\|$ sind übrigens unabhängig voneinander.

Zum Beweis wenden wir den Hilfssatz 8 II auf die Funktionen $\varphi=\|\boldsymbol{v}-\boldsymbol{u}\|^2$, $\psi=\varrho_2^2$ an. Aus $\varphi=\psi$, d.h. $\|\boldsymbol{v}-\boldsymbol{u}\|=\varrho_2$ folgt nämlich

$$\begin{aligned}\varphi'&=2\operatorname{Re}(\boldsymbol{v}-\boldsymbol{u}, \boldsymbol{v}'-\boldsymbol{u}')=2\operatorname{Re}\big(\boldsymbol{v}-\boldsymbol{u}, \boldsymbol{P}\boldsymbol{v}+\boldsymbol{f}(t, \boldsymbol{v})-\boldsymbol{f}(t, \boldsymbol{u})\big)\\ &\leqq 2\|\boldsymbol{v}-\boldsymbol{u}\|\delta_2(t)+2\|\boldsymbol{v}-\boldsymbol{u}\|\omega_2(t, \|\boldsymbol{v}-\boldsymbol{u}\|)=2\varrho_2\big(\delta_2(t)+\omega_2(t, \varrho_2)\big)\\ &<2\varrho_2\varrho_2'=\psi'.\end{aligned}$$

Damit ist die Abschätzung nach oben bewiesen, während die nach unten sich ganz ähnlich ergibt.

III. Bemerkung zum Eindeutigkeitsproblem. Auch der vorstehende Satz enthält eine Reihe von Eindeutigkeitsaussagen, die sich von 11 II im wesentlichen nur dadurch unterscheiden, daß anstelle der Abschätzung (11.3) die folgende $\boldsymbol{f}$-Abschätzung

$$\operatorname{Re}\big(\boldsymbol{v}-\boldsymbol{u}, \boldsymbol{f}(t, \boldsymbol{v})-\boldsymbol{f}(t, \boldsymbol{u})\big)\leqq\|\boldsymbol{v}-\boldsymbol{u}\|\omega(t, \|\boldsymbol{v}-\boldsymbol{u}\|) \tag{3}$$

oder, ohne explizite Bezugnahme auf die Funktionen $\boldsymbol{u}$ und $\boldsymbol{v}$,

$$\operatorname{Re}\big(\boldsymbol{z}-\boldsymbol{z}', \boldsymbol{f}(t, \boldsymbol{z})-\boldsymbol{f}(t, \boldsymbol{z}')\big)\leqq\|\boldsymbol{z}-\boldsymbol{z}'\|\omega(t, \|\boldsymbol{z}-\boldsymbol{z}'\|) \tag{3'}$$

tritt. Auch der Beweis entspricht ganz dem Übergang von 11 I zu 11 II.

Der Sonderfall, daß in II und III alle Größen reell sind und C die Einheitsmatrix ist (er ist nicht in früheren Sätzen enthalten, aber natürlich verwandt damit), führt auf Sätze, welche zuerst von Eltermann (1955) bewiesen wurden; vgl. auch Collatz (1955, S. 108—109).

IV. Bemerkung zur Stabilitätstheorie. Die eben gewonnene Abschätzung hat wichtige Konsequenzen in der Stabilitätstheorie der

[1] Für eine komplexe Matrix M bedeutet $\overline{M}$ die konjugiert-komplexe, M^T die transponierte Matrix. In Matrizenprodukten sind Vektoren $\boldsymbol{z}\in E^n$ als Spaltenvektoren aufzufassen; $\boldsymbol{z}^T$ ist der entsprechende Zeilenvektor.

gewöhnlichen DGln. CONTI (1956) beweist einen Abschätzungssatz, welcher in II enthalten ist und gibt Anwendungen auf Stabilitätsprobleme. Ein auf WAŻEWSKI (1948) zurückgehendes, auf die lineare Gl

$$\boldsymbol{u}' = A(t)\,\boldsymbol{u} + \boldsymbol{b}(t) \tag{4}$$

bezogenes Resultat soll nun aus II abgeleitet werden. In (4) ist $A(t)$ eine komplexe Matrix, $\boldsymbol{u}$ und $\boldsymbol{b}$ sind als (ebenfalls komplexe) Spaltenvektoren aufzufassen. Ist $\boldsymbol{u}(t)$ eine Lösung von (4) und $\boldsymbol{v}(t) \equiv \boldsymbol{0}$, so lauten die Voraussetzungen von II

(α) $\varrho_1(0+) < \|\boldsymbol{u}\|(0+) < \varrho_2(0+)$;

(β) $\|\boldsymbol{u}\|\delta_1(t) \leqq \mathrm{Re}\,(\boldsymbol{u}, \boldsymbol{b}(t)) \leqq \|\boldsymbol{u}\|\delta_2(t)$ in J_0;

(γ) $\varrho_1' < \lambda_1(t)\varrho_1 + \delta_1(t)$ und $\varrho_2' > \lambda_2(t)\varrho_2 + \delta_2(t)$ in J_0;

(δ) $(\boldsymbol{u}, \boldsymbol{u})\lambda_1(t) \leqq \mathrm{Re}\,(\boldsymbol{u}, A(t)\boldsymbol{u}) \leqq (\boldsymbol{u}, \boldsymbol{u})\lambda_2(t)$ in J_0.

Es gilt dann

$$\varrho_1(t) < \|\boldsymbol{u}(t)\| < \varrho_2(t) \quad \text{in} \quad J_0.$$

Sind die Funktionen $\delta_i(t)$, $\lambda_i(t)$ in J_0 stetig und über J integrierbar (diese Voraussetzung läßt sich abschwächen), so lautet die Abschätzung nach dem üblichen Grenzübergang zur DGl in (γ)

$$e^{-\mu_1(t)}\left[\|\boldsymbol{u}(0)\| + \int_0^t \delta_1(\tau)\, e^{\mu_1(t)-\mu_1(\tau)}\, d\tau\right] \leqq \|\boldsymbol{u}(t)\|$$
$$\leqq e^{-\mu_2(t)}\left[\|\boldsymbol{u}(0)\| + \int_0^t \delta_2(\tau)\, e^{\mu_2(t)-\mu_2(\tau)}\, d\tau\right]$$

mit

$$\mu_i(t) = \int_0^t \lambda_i(\tau)\, d\tau \qquad (i = 1, 2).$$

Wählt man hierbei C als Einheitsmatrix, so ist $(\boldsymbol{u}, \boldsymbol{u}) = |u_1|^2 + \cdots + |u_n|^2$ und die Funktionen $\lambda_1(t)$, $\lambda_2(t)$ in (δ) kann man dann als untere und obere Schranken für die (reellen!) Eigenwerte der Matrix $\frac{1}{2}(A + \bar{A}^T)$ interpretieren. Für diesen Fall wurde die Abschätzung von WAŻEWSKI (1948) bewiesen.

V. Implizite Differentialgleichungen. Sätze über Ober- und Unterfunktionen lassen sich auch für implizite DGln $F(t, u, u') = 0$ und für Systeme solcher DGln aufstellen, wenn sie die Form $F_\nu(t, u_1, \ldots, u_n, du_\nu/dt) = 0$ haben ($\nu = 1, \ldots, n$). Ähnliches gilt auch für die in Kap. I behandelten Probleme, also für implizite IGln. Man kann sogar einen Schritt weiter gehen und

VI. Integro-Differentialgleichungen betrachten. Es werden dann die Beweisideen von Kap. I und II gleichzeitig angewandt. Sehr einfach läßt sich z.B. folgender Satz beweisen (alle Größen sind wieder reell):

Die Funktion $F(t, z, p, q)$ sei schwach monoton wachsend in p, schwach monoton fallend in q. Ferner sei K ein monoton wachsender Operator (im Sinne von 1 IV). Ist dann $v, w \in Z_c(K)$ und

(α) $v(0+) < w(0+)$;

(β) $F(t, v, v', Kv) < F(t, w, w', Kw)$ *in* J_0,

so gilt

$$v < w \quad in \quad J_0.$$

Die Annahme, daß die Behauptung falsch und $v < w$ für $0 < t \leqq t_0$, $v(t_0) = w(t_0)$, $v'(t_0) \geqq w'(t_0)$ ist, führt im Verein mit $(Kv)(t_0) \leqq (Kw)(t_0)$ und den beiden Monotonieeigenschaften von F auf

$$F(t, v, v', Kv) \geqq F(t, w, w', Kw) \quad \text{für} \quad t = t_0$$

und damit auf einen Widerspruch zu (β).

Es liegt also eine Aufgabe von monotoner Art vor (vgl. E II). Die Anwendung dieses Satzes auf eine Integro-Differentialgleichung

$$F(t, u, u', Ku) = 0$$

liegt auf der Hand. Die Ausdehnung auf Systeme der Gestalt

$$F_\nu(t, u_1, \ldots, u_n, \partial u_\nu/\partial t, K_\nu u_\nu) = 0 \qquad (\nu = 1, \ldots, n)$$

bietet keine Schwierigkeiten ($F_\nu(t, z_1, \ldots, z_n, p, q)$ quasimonoton fallend in $z_1, \ldots, z_n$, monoton wachsend in p, monoton fallend in q, K_ν monoton wachsender Operator).

Den obigen Satz und weitere Untersuchungen über Integro-Differentialgleichungen findet man in der Arbeit von NICKEL (1961a).

VII. Lösungen im Sinne von CARATHÉODORY. Grundsätzlich lassen sich alle Abschätzungssätze dieses Kapitels auch für Lösungen im Sinne von CARATHÉODORY mit den Methoden von Kap. I herleiten. Wenn wir in Kap. I nur die wichtigsten dieser Sätze angegeben haben, so geschah das, um Wiederholungen zu vermeiden. Die wesentlichen Änderungen in den Voraussetzungen bei der Übertragung der Sätze dieses Kapitels auf totalstetige Funktionen lassen sich kurz so beschreiben: Erschwerend tritt als neue Voraussetzung (bei den Ober- und Unterfunktionen bezüglich f, bei den Abschätzungssätzen bezüglich ω) die Bedingung 5 III (γ) bzw. bei Systemen die Bedingung 6 VII (γ) hinzu. Auf der anderen Seite ist in den DUnGln — das ist bei den Ober- und Unterfunktionen die Voraussetzung (β), bei den Abschätzungssätzen die Voraussetzung (γ) — das Gleichheitszeichen zulässig, und das Bestehen dieser UnGln wird nur fast überall gefordert. Das Gesagte trifft insbesondere auf DGln n-ter Ordnung zu, welche in Kap. I nicht betrachtet wurden. Unter einer Lösung der DGl n-ter Ordnung (1) im

Sinne von CARATHÉODORY versteht man eine Lösung aus der Klasse $Z_{ac}(f)$ der in J $(n-1)$-mal stetig differenzierbaren und mit einer totalstetigen $(n-1)$-ten Ableitung versehenen Funktion. Liegt eine solche Gl (15.1) vor und hat dabei f die Eigenschaft 6 VII (γ), so gelten die Sätze 15 IV—VI auch für Funktionen v, $w \in Z_{ac}(f)$; dabei ist in den Voraussetzungen (β) das Gleichheitszeichen und eine Ausnahmemenge vom Maß 0 zugelassen.

Drittes Kapitel

Volterra-Integralgleichungen in mehreren Veränderlichen. Hyperbolische Differentialgleichungen

17. Abschätzung mit monotonen Operatoren

Das Hauptziel dieses Kapitels ist es, eine Abschätzungs- und Eindeutigkeitstheorie für hyperbolische DGln in zwei unabhängigen Veränderlichen in ähnlicher Vollständigkeit zu geben, wie das bei gewöhnlichen DGln in den beiden ersten Kapiteln geschehen ist. Diese Aufgabe führt, wird sie mit den Methoden des ersten Kapitels angegriffen, auf Volterra-IGln in zwei Veränderlichen, die weitgehend wie im eindimensionalen Fall behandelt werden können; auch die Betrachtung solcher IGln in einer beliebigen Anzahl m von unabhängigen Variablen bringt keine neuen Schwierigkeiten. Der wesentliche Teil des vorliegenden Kapitels ist der Ausarbeitung dieser Theorie gewidmet.

Die — bei den gewöhnlichen DGln in Kap. II durchgeführte — differentielle Betrachtungsweise läßt sich ebenfalls auf den hyperbolischen Fall ausdehnen. Wenn dieser zweiten Methode in Nr. 22 nur wenig Raum gegeben wird, so deshalb, weil ihr (im Gegensatz zum eindimensionalen Fall) dieselben scharfen Monotoniebedingungen wie der ersten Methode zugrunde liegen[1].

I. Definition (x, G, ∂G, $\overline{G}$, R_v, G_v, $G(x)$, $\varphi < \overline{\varphi}$ *auf* R_v^+). Es sei m eine natürliche Zahl und $G \subset E^m$ eine beschränkte offene Punktmenge (wir haben es in diesem Kapitel immer mit *beschränkten* Bereichen zu tun). Die Menge der Randpunkte von G wird mit ∂G, die abgeschlossene Hülle mit $\overline{G} = G + \partial G$ bezeichnet. Für Punkte $x = (x_1, \ldots, x_m)$ benützen wir keinen Fettdruck (dieser bleibt weiterhin den Punkten aus E^n vor-

[1] Das letzte Wort scheint hierüber noch nicht gesprochen zu sein. Man vergleiche auch die Bemerkungen 20 X und den Satz 22 VI; es erscheint zumindest nicht ausgeschlossen, daß auch im allgemeinen Fall eine Abschwächung der Monotonie möglich ist.

behalten; n ist die Zahl der Gln bei Systemen von Operator- und IGln). UnGln $x<\bar{x}, \ldots$ sind wie in 6 I definiert[1]. Unter $G(\bar{x})$ verstehen wir die Menge aller Punkte $x \in \bar{G}$, für die $x \leqq \bar{x}$ ist, unter R_v („vorderer Rand") die Menge aller $\bar{x}$, für welche $G(\bar{x})$ nur aus dem Punkt $\bar{x}$ besteht, unter G_v die Differenz $\bar{G} - R_v$. Es ist $R_v \subset \partial G$ (Abb. 4).

Ist z.B. G die Einheitskugel, so ist R_v die Menge der Punkte der Kugeloberfläche mit $x_\mu \leqq 0$ $(\mu=1, \ldots, m)$; ist $a, b \in E^m$, $a<b$ und G das m-dimensionale Intervall $a<x<b$, so besteht R_v aus dem Punkt a, während $G_v=[a, b]-\{a\}$ ist. In dem in Kap. I behandelten Fall $n=1$ ist $G=(0, T)$, $R_v=\{0\}$, $G_v=(0, T]=J_0$.

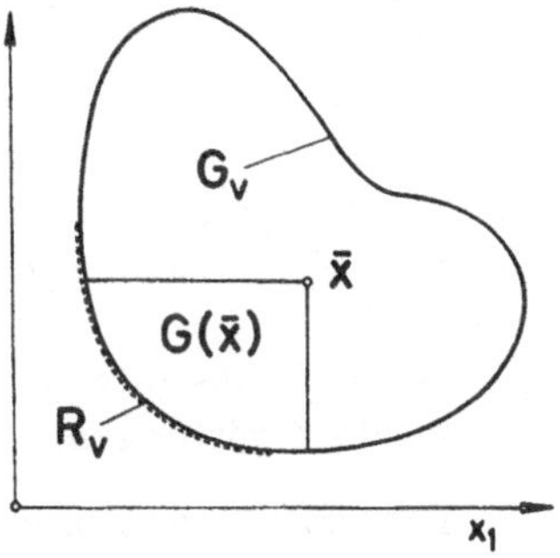

Abb. 4. Das Grundgebiet G (R_v ist gestrichelt)

In Analogie zu 1 V schreiben wir

$$\varphi<\bar{\varphi} \quad \text{auf} \quad R_v^+,$$

wenn die Funktionen $\varphi, \bar{\varphi}$ in G_v definiert sind und wenn es zu jedem $\bar{x} \in R_v$ eine Umgebung $U(\bar{x})$ gibt, so daß

$$\varphi(x)<\bar{\varphi}(x) \quad \text{für} \quad x \in G_v \cdot U(\bar{x})$$

ist[2]. Wenn die Funktionen $\varphi, \bar{\varphi}$ auf $\bar{G}$ stetig sind und $\varphi<\bar{\varphi}$ auf R_v ist, so ist $\varphi<\bar{\varphi}$ auf R_v^+. Ist aber z.B. G der Einheitswürfel $0<x_\mu<1$ $(\mu=1, \ldots, m)$ und $\varphi=0, \bar{\varphi}(x)=C(x_1+x_2+\cdots+x_m)$, $C>0$, so ist $\varphi<\bar{\varphi}$ auf R_v^+, aber nicht auf R_v.

II. Definition (*Operator, monoton wachsender Operator,* $Z_c(K), Z_c(k)$). Wir betrachten hier Operatoren K der folgenden Art. Ein Operator K ordnet jeder Funktion $\varphi(x)$ aus seinem Definitionsbereich $Z_c(K) \subset C(\bar{G})$ eine in $\bar{G}$ erklärte Funktion $\psi=K\varphi$ zu; wir schreiben $\psi(x)=(K\varphi)(x)$. Ferner hat K die Eigenschaft, daß $(K\varphi)(x_0)=(K\bar{\varphi})(x_0)$ ist, wenn $x_0 \in \bar{G}$, $\varphi, \bar{\varphi} \in Z_c(K)$ und $\varphi(x)=\bar{\varphi}(x)$ für $x \in G(x_0)$ ist. Es ist naheliegend, in Analogie zu 1 VIII (δ) auch jetzt im mehrdimensionalen Fall von „Operatoren von Volterrascher Art" zu sprechen. Denn der Wert von $K\varphi$ an der Stelle x ist bereits vollständig bestimmt durch die Werte, welche φ in $G(x)$ annimmt.

Der Operator K wird „*monoton wachsender Operator*" genannt, wenn er die folgende Eigenschaft hat:

---

[1] Die Bezeichnung $t=(t_1, \ldots, t_m)$ statt x würde die Analogie zu Kap. I deutlicher machen. Da es aber allgemein üblich ist, hyperbolische DGln in der Form $u_{xy}=f$ und nicht $u_{st}=f$ zu schreiben, haben wir die obige Bezeichnung gewählt.

[2] Durch diese Definition wird also nicht die Menge R_v^+, sondern der ganze Ausdruck „$\varphi<\bar{\varphi}$ auf R_v^+" erklärt. Doch wäre auch die übliche Interpretation „$\varphi(x)<\bar{\varphi}(x)$ für $x \in R_v^+$" möglich; R_v^+ müßte dann als Durchschnitt von G_v mit einer Umgebung von R_v definiert werden.

Wenn die Funktionen $\varphi, \overline{\varphi} \in Z_c(K)$ sind und für einen Punkt $x_0 \in G_v$ die UnGl $\varphi(x) \leqq \overline{\varphi}(x)$ in $G(x_0)$ gilt, so ist

$$(K\varphi)(x_0) \leqq (K\overline{\varphi})(x_0).$$

Der I-Operator

$$(K\varphi)(x) = \int\limits_{G(x)} k(x, \xi, \varphi(\xi))\, d\xi \tag{1}$$

stellt ein wichtiges Beispiel dar. Ist der „Kern" $k(x, \xi, z) = k(x_1, \ldots, x_m, \xi_1, \ldots, \xi_m, z)$ auf einer Menge $D(k) \subset E^{2m+1}$ erklärt, so besteht $Z_c(k)$ aus jenen in $\overline{G}$ stetigen Funktionen φ, für welche $(x, \xi, \varphi(\xi)) \in D(k)$ für $x, \xi \in \overline{G}$, $\xi \leqq x$ und $k(x, \xi, \varphi(\xi)) \in L(G(x))$ für jedes feste $x \in \overline{G}$ ist (kurz: für die das Integral einen Sinn hat). Ist $k(x, \xi, z)$ monoton wachsend in z (vgl. (1.2)), so ist der gemäß (1) definierte I-Operator monoton wachsend.

Der folgende Satz ist grundlegend. Er stimmt in Formulierung und Beweis fast wörtlich mit 1 VI überein.

III. Satz. *Für einen monoton wachsenden Operator K und zwei Funktionen $v, w \in Z_c(K)$ gelte*

(α) $v < w$ auf R_v^+;

(β) $v - Kv < w - Kw$ *in* G_v.

Dann ist

$$v < w \quad in \quad G_v.$$

Die Voraussetzung (α) kann weggelassen werden, wenn $(K\varphi)(\overline{x}) = 0$ für $\overline{x} \in R_v$ und alle $\varphi \in Z_c(K)$ ist und wenn (β) auch auf R_v gilt (dann folgt sie aus (β)).

Der Beweis gelingt ähnlich wie in 1 VI. Nehmen wir an, die Behauptung sei falsch und A sei die Menge derjenigen Punkte aus G_v, in denen $v \geqq w$ ist. Es sei $s(x) = x_1 + \cdots + x_m$ und s_0 die untere Grenze dieser Funktion bezüglich A. Wenn diese untere Grenze in einem Punkt von A angenommen wird, d.h. wenn $s_0 = s(x_0)$, $x_0 \in A$, ist, so ist in $G(x_0)$, abgesehen vom Punkt x_0, $s(x) < s(x_0)$ und damit $v < w$. An der Stelle x_0 ist nach (β) und wegen der Monotonie von K

$$v = (v - Kv) + Kv < (w - Kw) + Kv \leqq w$$

im Widerspruch zur Annahme $x_0 \in A$. Die Funktion $s(x)$ nimmt also ihr infimum (bezüglich A) auf A nicht an. Es existiert dann eine Folge $x_1, x_2, \ldots$ von Punkten aus A mit $s(x_k) \to s_0$ $(k \to \infty)$. Ist $\overline{x} \in \overline{G}$ ein Häufungspunkt dieser Folge, so ist $v(\overline{x}) \geqq w(\overline{x})$ wegen der Stetigkeit dieser Funktionen, ferner $\overline{x} \notin A$ und damit $\overline{x} \in R_v$. Das führt aber zum Widerspruch mit (α). Damit ist gezeigt, daß die Menge A leer und die Behauptung des Satzes richtig ist.

IV. Definition und Satz $(\boldsymbol{K}, Z_c(\boldsymbol{K}), Z_c(\boldsymbol{k}))$. Ähnlich wie früher in Nr. 6 treten auch hier, etwa bei Systemen von IGln, Operatoren $\boldsymbol{K}$ auf, welche einer in $\overline{G}$ stetigen Vektorfunktion $\boldsymbol{\varphi}(x)=(\varphi_1(x), \ldots, \varphi_n(x))$ eine in $\overline{G}$ erklärte Vektorfunktion $\boldsymbol{K}\boldsymbol{\varphi}$ zuordnen, wobei $(\boldsymbol{K}\boldsymbol{\varphi})(x_0)$ nur von den Werten, welche $\boldsymbol{\varphi}(x)$ in $G(x_0)$ annimmt, abhängt. Die Bedeutung von $Z_c(\boldsymbol{K})$, $Z_c(\boldsymbol{k})$ und von „$\boldsymbol{\varphi}<\overline{\boldsymbol{\varphi}}$ auf R_v^+" versteht sich wohl von selbst. Ebenso sind monoton wachsende Operatoren genau wie oben in II definiert: Ist $\boldsymbol{\varphi}, \overline{\boldsymbol{\varphi}} \in Z_c(\boldsymbol{K})$ und $\boldsymbol{\varphi}(x) \leqq \overline{\boldsymbol{\varphi}}(x)$ in $G(x_0)$, so soll $(\boldsymbol{K}\boldsymbol{\varphi})(x_0) \leqq (\boldsymbol{K}\overline{\boldsymbol{\varphi}})(x_0)$ gelten. Wir sprechen auch von Vektoroperatoren $\boldsymbol{K}$ im Gegensatz zu skalaren Operatoren K.

Satz III *gilt ungeändert auch für Vektor-Operatoren* $\boldsymbol{K}$ *und Vektorfunktionen* $\boldsymbol{v}, \boldsymbol{w}$.

Beim Beweis ist jetzt A die Menge der Punkte aus G_v, für die *nicht* $\boldsymbol{v}<\boldsymbol{w}$ gilt; sonst bleibt alles erhalten.

Diese Sätze geben uns die Möglichkeit,

V. Ober- und Unterfunktionen für die Gl

$$\boldsymbol{u}=\boldsymbol{g}+\boldsymbol{K}\boldsymbol{u} \tag{2}$$

durch UnGln zu charakterisieren. Eine *Lösung* ist eine Funktion $\boldsymbol{u} \in Z_c(\boldsymbol{K})$, die in $\overline{G}$ dieser Gl genügt. Die Funktion $\boldsymbol{v} \in Z_c(\boldsymbol{K})$ ist eine Unterfunktion [die Funktion $\boldsymbol{w} \in Z_c(\boldsymbol{K})$ eine Oberfunktion] bezüglich der Gl (2) mit monoton wachsendem $\boldsymbol{K}$, wenn

(α) $\boldsymbol{v}<\boldsymbol{u}$ [$\boldsymbol{u}<\boldsymbol{w}$] *auf* R_v^+ *für jede Lösung* $\boldsymbol{u}$;

(β) $\boldsymbol{v}<\boldsymbol{g}+\boldsymbol{K}\boldsymbol{v}$ [$\boldsymbol{w}>\boldsymbol{g}+\boldsymbol{K}\boldsymbol{w}$] *in* G_v

ist. Gilt (β) auch in den Punkten von R_v und ist $(\boldsymbol{K}\boldsymbol{\varphi})(x)=\boldsymbol{0}$ für $x \in R_v$ und $\boldsymbol{\varphi} \in Z_c(\boldsymbol{K})$, so ist ($\alpha$) überflüssig, da dann sogar $\boldsymbol{v}<\boldsymbol{u}<\boldsymbol{w}$ auf R_v ist. Es ist für jede Lösung $\boldsymbol{u}$ von (2)

$$\boldsymbol{v}<\boldsymbol{u}<\boldsymbol{w} \quad \text{in} \quad G_v.$$

Natürlich gilt das Gesagte insbesondere für $n=1$.

Ähnlich wie in Nr. 4 werden nun Abschätzungssätze bewiesen, welche für beliebige, nicht notwendig monotone Operatoren gelten und denen eine Abschätzung des Vektor-Operators $\boldsymbol{K}$ durch den Vektor-Operator $\boldsymbol{\Omega}$

$$|\boldsymbol{K}\boldsymbol{\varphi}-\boldsymbol{K}\overline{\boldsymbol{\varphi}}| \leqq \boldsymbol{\Omega}(|\boldsymbol{\varphi}-\overline{\boldsymbol{\varphi}}|) \tag{3}$$

zugrunde liegt. Wir behandeln sogleich den n-dimensionalen Fall (man beachte die Definition 6 I).

VI. Abschätzungssatz. *Zwischen dem Operator* $\boldsymbol{K}$ *und dem monoton wachsenden Operator* $\boldsymbol{\Omega}$ *bestehe, wenn* $\boldsymbol{\varphi}, \overline{\boldsymbol{\varphi}} \in Z_c(\boldsymbol{K})$ *und* $|\boldsymbol{\varphi}-\overline{\boldsymbol{\varphi}}| \in Z_c(\boldsymbol{\Omega})$ *ist,* *die Abschätzung* (3). *Die Funktionen* $\boldsymbol{u}, \boldsymbol{v}, \boldsymbol{\rho}, \boldsymbol{d}, \boldsymbol{g}$ *seien in* $\bar{G}$ *erklärt, und es sei* $\boldsymbol{u}, \boldsymbol{v} \in Z_c(\boldsymbol{K})$, $|\boldsymbol{v}-\boldsymbol{u}|, \boldsymbol{\rho} \in Z_c(\boldsymbol{\Omega})$. *Dann folgt aus*

(α) $|\boldsymbol{v}-\boldsymbol{u}| < \boldsymbol{\rho}$ *auf* R_v^+;

(β) $\boldsymbol{u} = \boldsymbol{g} + \boldsymbol{K}\boldsymbol{u}$ *und* $|\boldsymbol{v}-\boldsymbol{g}-\boldsymbol{K}\boldsymbol{v}| \leqq \boldsymbol{d}$ *in* G_v;

(γ) $\boldsymbol{\rho} > \boldsymbol{d} + \boldsymbol{\Omega}\boldsymbol{\rho}$ *in* G_v

die UnGl

$$|\boldsymbol{v}-\boldsymbol{u}| < \boldsymbol{\rho} \quad in \quad G_v.$$

Haben die Operatoren $\boldsymbol{K}$ und $\boldsymbol{\Omega}$ die Eigenschaft, daß $(\boldsymbol{K}\boldsymbol{\varphi})(x) = (\boldsymbol{\Omega}\boldsymbol{\varphi})(x) = \boldsymbol{0}$ für $x \in R_v$ und $\boldsymbol{\varphi} \in Z_c(\boldsymbol{K})$ bzw. $\boldsymbol{\varphi} \in Z_c(\boldsymbol{\Omega})$ ist, und gelten (β) und (γ) auch auf R_v, so ist (α) überflüssig. Es ist dann $|\boldsymbol{v}-\boldsymbol{u}| = |\boldsymbol{v}-\boldsymbol{g}| \leqq \boldsymbol{d} < \boldsymbol{\rho}$ auf R_v.

Man beweist diese Behauptung genau wie den entsprechenden Satz 4 I, indem man sie — mit der Ersetzung $|\boldsymbol{v}-\boldsymbol{u}|, \boldsymbol{\rho}, \boldsymbol{\Omega}$ statt $\boldsymbol{v}, \boldsymbol{w}, \boldsymbol{K}$ — auf III bzw. IV zurückführt.

In Nr. 7 haben wir noch eine andere Art von Abschätzungen kennengelernt, bei welcher der Vektoroperator $\boldsymbol{K}$ mit einem skalaren Operator Ω durch

$$\|\boldsymbol{K}\boldsymbol{\varphi} - \boldsymbol{K}\bar{\boldsymbol{\varphi}}\| \leqq \Omega(\|\boldsymbol{\varphi} - \bar{\boldsymbol{\varphi}}\|) \tag{4}$$

verknüpft wird. Dem Satz 7 III entspricht der

VII. Abschätzungssatz. *Es sei* $\boldsymbol{K}$ *ein (Vektor-)Operator,* Ω *ein monoton wachsender (skalarer) Operator,* $\|\cdot\|$ *eine K-Norm, und es bestehe, wenn* $\boldsymbol{\varphi}, \bar{\boldsymbol{\varphi}} \in Z_c(\boldsymbol{K})$ *und* $\|\boldsymbol{\varphi} - \bar{\boldsymbol{\varphi}}\| \in Z_c(\Omega)$ *ist, die Abschätzung* (4). *Die Funktionen* $\boldsymbol{u}, \boldsymbol{v}, \varrho, d, \boldsymbol{g}$, *seien in* $\bar{G}$ *erklärt, und es sei* $\boldsymbol{u}, \boldsymbol{v} \in Z_c(\boldsymbol{K})$, $\|\boldsymbol{v}-\boldsymbol{u}\|, \varrho \in Z_c(\Omega)$. *Dann folgt aus*

(α) $\|\boldsymbol{v}-\boldsymbol{u}\| < \varrho$ *auf* R_v^+;

(β) $\boldsymbol{u} = \boldsymbol{g} + \boldsymbol{K}\boldsymbol{u}$ *und* $\|\boldsymbol{v}-\boldsymbol{g}-\boldsymbol{K}\boldsymbol{v}\| \leqq d$ *in* G_v;

(γ) $\varrho > d + \Omega\varrho$ *in* G_v

die UnGl

$$\|\boldsymbol{v}-\boldsymbol{u}\| < \varrho \quad in \quad G_v.$$

Unter Bedingungen, die ähnlich den im Anschluß an VI genannten sind, ist (α) entbehrlich.

Bewiesen wird dieser Satz wie der vorangehende durch Zurückführung auf III mit $\|\boldsymbol{v}-\boldsymbol{u}\|, \varrho, \Omega$ statt v, w, K.

Dem nachstehenden Eindeutigkeitssatz entsprechen im eindimensionalen Fall die Sätze 4 III, 6 V und 7 IV, der Klasse $\mathscr{D}^n$ die Klasse $\mathscr{E}^n$.

VIII. Definition ($\mathscr{D}^n$). Der monoton wachsende Operator $\boldsymbol{\Omega}$ gehört zur Klasse $\mathscr{D}^n$, wenn zu jedem $\boldsymbol{\varepsilon} = (\varepsilon_1, \ldots, \varepsilon_n) > \boldsymbol{0}$ ein $\boldsymbol{\delta} = (\delta_1, \ldots, \delta_n) > \boldsymbol{0}$ und eine Funktion $\boldsymbol{\rho} \in Z_c(\boldsymbol{\Omega})$ existieren, so daß

$$\boldsymbol{\rho} > \boldsymbol{\Omega}\boldsymbol{\rho} \quad \text{in} \quad G_v \quad \text{und} \quad \boldsymbol{\delta} < \boldsymbol{\rho} < \boldsymbol{\varepsilon} \quad \text{in} \quad \bar{G}$$

ist, und wenn außerdem alle in $\bar{G}$ stetigen nichtnegativen Funktionen $\boldsymbol{\varphi}=(\varphi_1, \ldots, \varphi_n)$, welche auf R_v verschwinden, zu $Z_c(\boldsymbol{\Omega})$ gehören.

IX. Eindeutigkeitssatz. *Der Operator $\boldsymbol{K}$ habe die Eigenschaft, daß $(\boldsymbol{K}\boldsymbol{\varphi})(x)=\mathbf{0}$ für $x \in R_v$ und $\boldsymbol{\varphi} \in Z_c(\boldsymbol{K})$ ist. Für die Operatoren-Gl (2) besteht Eindeutigkeit, wenn für alle $\boldsymbol{\varphi}, \bar{\boldsymbol{\varphi}} \in Z_c(\boldsymbol{K})$ die Abschätzung (3) mit $\boldsymbol{\Omega} \in \mathfrak{D}^n$ gilt, oder auch, wenn für alle $\boldsymbol{\varphi}, \bar{\boldsymbol{\varphi}} \in Z_c(\boldsymbol{K})$ die Abschätzung (4) mit $\Omega \in \mathfrak{D}^1$ und mit einer K-Norm gilt, für welche $\|\boldsymbol{z}\|=\|-\boldsymbol{z}\|=0$ gleichbedeutend mit $\boldsymbol{z}=\mathbf{0}$ ist.*

Wenn für zwei beliebige Lösungen $\boldsymbol{u}, \bar{\boldsymbol{u}}$ von (2) auch die Funktion max $(\boldsymbol{u}, \bar{\boldsymbol{u}})$ *eine Lösung von (2) darstellt, oder wenn die Gl (2) eine Maximallösung hat, dann ist für die Eindeutigkeit eine einseitige Abschätzung hinreichend: Es gibt ein $\boldsymbol{\Omega} \in \mathfrak{D}^n$, so daß gilt*

(α) *für alle $\boldsymbol{\varphi}, \bar{\boldsymbol{\varphi}} \in Z_c(\boldsymbol{K})$, welche der UnGl $\bar{\boldsymbol{\varphi}} \leqq \boldsymbol{\varphi}$ in $\bar{G}$ genügen, ist*

$$\boldsymbol{K}\boldsymbol{\varphi}-\boldsymbol{K}\bar{\boldsymbol{\varphi}} \leqq \boldsymbol{\Omega}(\boldsymbol{\varphi}-\bar{\boldsymbol{\varphi}}). \tag{5}$$

Dieser Satz läßt sich leicht auf VI bzw. VII zurückführen. Er findet sich, wie auch die anderen bisherigen Sätze, für den Fall $n=2$ und für spezielle Gebiete bei WALTER (1961).

X. Ober- und Unterfunktionen im allgemeinen Fall. Ist der Operator $\boldsymbol{K}$ nicht monoton wachsend, so wird V i. allg. falsch. Man kann jedoch bei beliebigem Operator $\boldsymbol{K}$ wie in 4 VII *gleichzeitig* eine Oberfunktion $\boldsymbol{w}$ und eine Unterfunktion $\boldsymbol{v}$ durch die Bedingungen

(α) $\boldsymbol{v}<\boldsymbol{u}<\boldsymbol{w}$ *auf R_v^+ für jede Lösung $\boldsymbol{u}$;*

(β) $\boldsymbol{v}(x)<\boldsymbol{g}(x)+(\boldsymbol{K}\boldsymbol{\varphi})(x)<\boldsymbol{w}(x)$ *für $x \in G_v$ und alle Funktionen $\boldsymbol{\varphi} \in Z_c(\boldsymbol{K})$ mit $\boldsymbol{v} \leqq \boldsymbol{\varphi} \leqq \boldsymbol{w}$ in $G(x)$;*

charakterisieren.

Daß hieraus wieder

$$\boldsymbol{v}<\boldsymbol{u}<\boldsymbol{w} \quad \text{in} \quad G_v$$

folgt, wird im wesentlichen wie in III gezeigt. Man wählt eine feste Lösung $\boldsymbol{u}$ und definiert A als die Menge derjenigen Punkte von G_v, in denen mindestens eine der UnGln $\boldsymbol{v}<\boldsymbol{u}<\boldsymbol{w}$ verletzt ist. Ist dann x_0 wie im Beweis zu III bestimmt, so leitet man aus (β) mit x_0 und $\boldsymbol{u}$ anstelle von x und $\boldsymbol{\varphi}$

$$\boldsymbol{v}(x_0)<\boldsymbol{g}(x_0)+(\boldsymbol{K}\boldsymbol{u})(x_0)=\boldsymbol{u}(x_0)<\boldsymbol{w}(x_0),$$

also einen Widerspruch zu $x_0 \in A$ ab. Ebenso wie in III führt die andere Möglichkeit, daß kein $x_0 \in A$ mit $s_0=s(x_0)$ existiert, zum Widerspruch mit (α).

XI. Verallgemeinerungen und Bemerkungen. Die Sätze III bis X bilden das Fundament für alle weiteren Erörterungen dieses Kapitels.

Aus ihnen lassen sich eine Fülle wichtiger spezieller Ergebnisse, im besonderen alle bekannten Eindeutigkeitskriterien für hyperbolische DGln in zwei Veränderlichen (soweit sie die von uns betrachteten AWPe betreffen) herleiten.

(α) Was mögliche Verallgemeinerungen anbetrifft, so begnügen wir uns mit einem Hinweis auf die Bemerkungen 1 VIII, die leicht auf die jetzige Situation übertragbar sind. Man kann insbesondere die Theorie auf nichtlineare Gln $h(x, u, Ku)=0$ übertragen, was im Hinblick auf 1 VIII (γ) nicht weiter erstaunlich ist.

(β) Es sei $s(x)=x_1+\cdots+x_m$, s_0 die untere Grenze von $s(x)$ auf $\overline{G}$ und R_0 die Menge aller Punkte $x \in \overline{G}$ mit $s(x)=s_0$. Wir merken an, daß alle Sätze richtig bleiben, wenn man unter R_v eine beliebige Obermenge von R_0 versteht, wobei nach wie vor $G_v=\overline{G}-R_v$ ist.

(γ) Die für Theorie und Praxis wichtige Frage, wann in den UnGln der Abschätzungssätze Gleichheitszeichen erlaubt sind, kann unter den Gesichtspunkten von 1 IX befriedigend beantwortet werden. Da keine Schwierigkeiten und keine neuen Gesichtspunkte gegenüber dem eindimensionalen Fall auftreten, begnügen wir uns mit den folgenden Bemerkungen. Es sei $(\boldsymbol{K}\boldsymbol{\varphi})(x)=\boldsymbol{0}$ auf R_v. Dann gilt ein Satz

III a: *Aus* $\boldsymbol{v} \leqq \boldsymbol{g}+\boldsymbol{K}\boldsymbol{v}$, $\boldsymbol{u}^*=\boldsymbol{g}+\boldsymbol{K}\boldsymbol{u}^*$ *in* $\overline{G}$ *folgt* $\boldsymbol{v} \leqq \boldsymbol{u}^*$ *in* $\overline{G}$,

wenn $\boldsymbol{u}^*$ das Maximalintegral der Gl (2) ist und dieses sich durch Funktionen $\boldsymbol{w}$, welche der UnGl $\boldsymbol{w}>\boldsymbol{g}+\boldsymbol{K}\boldsymbol{w}$ genügen, beliebig gut approximieren läßt. Entsprechendes gilt für das Minimalintegral. In der folgenden Nummer wird für eine große Klasse von IGln die Existenz von Maximal- und Minimalintegralen nachgewiesen.

Es gilt ein Satz

III b: *Aus* $\boldsymbol{v} \leqq \boldsymbol{g}+\boldsymbol{K}\boldsymbol{v}$, $\boldsymbol{w} \geqq \boldsymbol{g}+\boldsymbol{K}\boldsymbol{w}$ *in* $\overline{G}$ *folgt* $\boldsymbol{v} \leqq \boldsymbol{w}$ *in* $\overline{G}$,

wenn eine Eindeutigkeitsbedingung (3) mit $\boldsymbol{\Omega} \in \mathcal{D}^n$ besteht.

Die Beweise von 1 IX bleiben gültig, ebenso die Bemerkungen über den Zusammenhang zwischen einem Satz III b und dem Eindeutigkeitsproblem für die Gl (2).

Ganz entsprechendes gilt für VI und VII. In VI (γ) und VII (γ) sind Gleichheitszeichen erlaubt (welche dann auch in der Behauptung stehen müssen), wenn $|\boldsymbol{\Omega}\boldsymbol{\varphi}-\boldsymbol{\Omega}\overline{\boldsymbol{\varphi}}| \leqq \boldsymbol{\Omega}^*(|\boldsymbol{\varphi}-\overline{\boldsymbol{\varphi}}|)$ mit $\boldsymbol{\Omega}^* \in \mathcal{D}^n$ bzw. $\|\boldsymbol{\Omega}\boldsymbol{\varphi}-\boldsymbol{\Omega}\overline{\boldsymbol{\varphi}}\| \leqq \Omega^*(\|\boldsymbol{\varphi}-\overline{\boldsymbol{\varphi}}\|)$ mit $\Omega^* \in \mathcal{D}^1$ gilt.

(δ) Die beiden Abschätzungssätze VI und VII werden für $n=1$ identisch, wenn man in VII die Norm $\|\boldsymbol{z}\|=|z_1|$ wählt. Satz VII ist aber im Falle $n=1$ allgemeiner als Satz VI. Er kann auch zur einseitigen Abschätzung verwandt werden, und das Vorzeichen von ϱ ist beliebig; man denke etwa an die K-Normen $\|\boldsymbol{z}\|=z_1$ oder $\|\boldsymbol{z}\|=-z_1$.

18. Existenzsätze

Wir betrachten zunächst ein System von n IGln

$$u_\nu(x) = g_\nu(x) + \int\limits_{H_\nu(x)} k_\nu\bigl(x, \xi, u_1(\xi), \ldots, u_n(\xi)\bigr)\, d\xi \quad \text{in } \overline{G} \tag{1}$$

$\bigl(\nu=1, \ldots, n;\ H_\nu(x) \subset G(x)\bigr)$, wobei $H_\nu(x)$ eine meßbare Punktmenge und das Integral ein m-dimensionales Lebesguesches Raumintegral, also $d\xi$ das Volumelement ist. Ein Existenzsatz für dieses Problem ist mit den Methoden von Nr. 2 verhältnismäßig einfach zu gewinnen.

I. Definition ($\mathscr{H}$, $\mathscr{H}_0$). Die (skalare) Funktion $k(x, \xi, z) = k(x_1, \ldots, x_m, \xi_1, \ldots, \xi_m, z_1, \ldots, z_n)$ sei für $x, \xi \in \overline{G}$, $\xi \leqq x$, $z \in E^n$ erklärt, bei festem $(x, z) \in \overline{G} \times E^n$ meßbar in $\xi \in G(x)$, bei festem $\xi \in \overline{G}$ stetig in $(x, z) \in \{x \mid x \in \overline{G},\ x \geqq \xi\} \times E^n$. Ferner gebe es zu jeder Konstanten $M > 0$ eine Funktion $h(x) \in L(\overline{G})$, so daß

$$|k(x, \xi, z)| \leqq h(\xi) \tag{2}$$

ist, falls $x, \xi \in \overline{G}$, $z \in E^n$ und $\xi \leqq x$, $|z_\nu| < M$ $(\nu=1, \ldots, n)$ ist. Dann ist $k \in \mathscr{H}_0$. Wenn es dabei möglich ist, für alle $M > 0$ mit ein und derselben Funktion $h(\xi)$ auszukommen, so ist $k \in \mathscr{H}$.

II. Existenzsatz. *Das System von IGln* (1) *besitzt mindestens eine in* $\overline{G}$ *stetige Lösung* $\boldsymbol{u}(x)$, *wenn für* $\nu=1, \ldots, n$ *die Funktionen* g_ν *in* $\overline{G}$ *stetig, die Funktionen* k_ν *aus* $\mathscr{H}$ *sind, und wenn ferner die Bereiche* $H_\nu(x)$ *L-meßbar sind und die folgende Eigenschaft haben:*

(α) *Es strebt*

$$|H_\nu(x) + H_\nu(\bar{x}) - H_\nu(x) \cdot H_\nu(\bar{x})| \to 0 \quad \text{für} \quad x \to \bar{x},$$

und zwar gleichmäßig für $\bar{x} \in \overline{G}$ ($|M|$ *bezeichnet das m-dimensionale L-Maß einer Menge* $M \subset E^m$).

Die Bedingung (α) bedeutet, daß bei „kleiner" Änderung von x auch $H_\nu(x)$ sich nur um „wenig" ändert. Wir führen, nur für die Zwecke dieses und des nachstehenden Beweises, einige Bezeichnungen ein. Mit $d(t)$, $\bar{d}(t)$, $d_\nu(t), \ldots$ bezeichnen wir Stetigkeitsmoduln; das sind Funktionen, welche für reelle $t \geqq 0$ stetig, nichtnegativ und monoton wachsend sind und für $t=0$ verschwinden. Unter $\|\cdot\|$ verstehen wir die Norm 7 I (δ), also $\|x\| = |x_1| + \cdots + |x_m|$ für $x \in E^m$, $\|z\| = |z_1| + \cdots + |z_n|$ für $z \in E^n$. Für $x \in E^m$ schreiben wir kurz $d(x), \ldots$ statt $d(\|x\|), \ldots$ (nur im Zusammenhang mit Stetigkeitsmoduln).

Der Beweis, der weitgehend wie in Nr. 2 geführt wird, stützt sich auf den Fixpunktsatz von Schauder. Wir betrachten die Abbildung $\boldsymbol{\varphi} \to \boldsymbol{g} + \boldsymbol{K}\boldsymbol{\varphi}$, wobei die Komponenten $(\boldsymbol{K}\boldsymbol{\varphi})_\nu$ durch

$$(\boldsymbol{K}\boldsymbol{\varphi})_\nu(x) = \int\limits_{H_\nu(x)} k_\nu\bigl(x, \xi, \boldsymbol{\varphi}(\xi)\bigr)\, d\xi \tag{3}$$

gegeben sind; natürlich ist $\boldsymbol{g}=(g_1, \ldots, g_n)$. Unsere Aufgabe besteht darin, eine geeignete kompakte und konvexe Menge $\Phi \subset C(\overline{G})$ abzugrenzen und zu zeigen, daß die genannte Abbildung stetig ist und Φ in sich überführt. Dann liegt in Φ mindestens ein Fixpunkt, und dieser ist Lösung von (1).

Es sei $\boldsymbol{k}=(k_1, \ldots, k_n)$,

$$M=\int_{\overline{G}} h(\xi)\, d\xi, \qquad M_1=nM+\max_{\overline{G}} \|\boldsymbol{g}\| \tag{4}$$

(alle k_ν mögen der Abschätzung (2) mit diesem $h(\xi)$ genügen) und $\delta(\xi, \varepsilon)$ die für $\varepsilon \geqq 0$ und $\xi \in \overline{G}$ erklärte Funktion

$$\delta(\xi, \varepsilon)=\sup\{|k_\nu(x, \xi, z)-k_\nu(\bar{x}, \xi, \bar{z})| \mid x, \bar{x}, \xi \in \overline{G}, \xi \leqq x, \xi \leqq \bar{x}, 1 \leqq \nu \leqq n,$$
$$\|x-\bar{x}\|+\|z-\bar{z}\| \leqq \varepsilon, \|z\|<M_1\}.$$

Diese Funktion hat dieselben Eigenschaften wie die entsprechende Funktion $\delta(\tau, \varepsilon)$ von (2.4): sie ist nichtnegativ und $\leqq 2h(\xi)$, meßbar in ξ, stetig und monoton fallend in ε, und es ist $\delta(\xi, 0)=0$ in $\overline{G}$, also

$$\int_{\overline{G}} \delta(\xi, \varepsilon)\, d\xi \leqq d(\varepsilon) \tag{5}$$

für einen geeigneten Stetigkeitsmodul $d(t)$.

Verstehen wir, wenn $d_0(t)$ ein (vorerst noch unbestimmter) Stetigkeitsmodul ist, unter Φ die Menge aller Funktionen $\boldsymbol{\varphi} \in C(\overline{G})$, für welche

$$|\varphi_\nu(x)-g_\nu(x)| \leqq M \quad \text{und} \quad |\varphi_\nu(x)-\varphi_\nu(\bar{x})| \leqq d_0(x-\bar{x}) \quad \text{in } \overline{G}$$

ist ($\nu=1, \ldots, n$), so ist die Kompaktheit und Konvexität dieser Menge sofort einzusehen. Die Stetigkeit der Abbildung (im Banach-Raum der in $\overline{G}$ stetigen Funktionen $\boldsymbol{\varphi}$ mit der Norm $\max_{\overline{G}} \|\boldsymbol{\varphi}(x)\|$) ergibt sich aus

$$\|(\boldsymbol{K\varphi})(x)-(\boldsymbol{K\bar{\varphi}})(x)\| \leqq \int_{G(x)} \|\boldsymbol{k}(x, \xi, \boldsymbol{\varphi})-\boldsymbol{k}(x, \xi, \boldsymbol{\bar{\varphi}})\|\, d\xi$$
$$\leqq n \int_{\overline{G}} \delta(\xi, \max_{\overline{G}} \|\boldsymbol{\varphi}-\boldsymbol{\bar{\varphi}}\|)\, d\xi$$

und (5). Es sei $e=(e_1, \ldots, e_m)$ und $x, x+e \in \overline{G}$ sowie

$$A=A(x, e, \nu)=H_\nu(x) \cdot H_\nu(x+e), \; B=H_\nu(x)-A, \; C=H_\nu(x+e)-A.$$

Nach der Voraussetzung (α) und wegen der Stetigkeit von g_ν ist für geeignete Stetigkeitsmoduln $d_1(t)$, $d_2(t)$, $d_3(t)$

$$|B|+|C| \leqq d_1(e), \quad \int_{B+C} h(\xi)\, d\xi \leqq d_2(e), \quad |g_\nu(x+e)-g_\nu(x)| \leqq d_3(e) \tag{6}$$

$(\nu=1, \ldots, n)$, also

$$|(\boldsymbol{K}\boldsymbol{\varphi})_\nu(x)-(\boldsymbol{K}\boldsymbol{\varphi})_\nu(x+e)| \leqq \int_A |k_\nu(x, \xi, \boldsymbol{\varphi})-k_\nu(x+e, \xi, \boldsymbol{\varphi})|\, d\xi +$$

$$+\int_B |k_\nu(x, \xi, \boldsymbol{\varphi})|\, d\xi + \int_C |k_\nu(x+e, \xi, \boldsymbol{\varphi})|\, d\xi$$

$$\leqq \int_A \delta(\xi, \|e\|)\, d\xi + 2d_2(e) \leqq d(e)+2d_2(e).$$

Diese Abschätzung zeigt in Verbindung mit $|(\boldsymbol{K}\boldsymbol{\varphi})_\nu(x)| \leqq M$, daß Φ in der Tat in sich abgebildet wird, wenn man etwa $d_0(t)=d(t)+2d_2(t)+d_3(t)$ setzt. Der Existenzsatz ist damit bewiesen.

Wenden wir uns nun dem wesentlich schwierigeren Fall zu, daß in (1) auch andere als räumliche Integrale vorkommen, und betrachten wir zunächst ein Beispiel einer IGl ohne stetige Lösung.

III. Beispiel. Es sei $n=1$, $m=2$, $G=\{x\,|\,0<x_1<1, |x_2|<1\}$, $H_1(x)=\{\xi\,|\,0\leqq\xi_1\leqq x_1, \xi_2=x_2\}$, $g_1(x)=x_2$ und

$$k_1(x, \xi, z)=f(z)=\begin{cases} 0 & \text{für } z\leqq 0 \\ 2\sqrt{z} & \text{für } z>0. \end{cases}$$

Die IGl lautet also

$$u(x_1, x_2)=x_2+\int_0^{x_1} f\big(u(\xi_1, x_2)\big)\, d\xi_1.$$

Setzen wir $u(t, x_2)=\varphi(t)$, wobei x_2 die Rolle eines Parameters spielt, so ist $\varphi(t)$ die Lösung eines AWPs für eine gewöhnliche DGl

$$\varphi'(t)=f\big(\varphi(t)\big), \quad \varphi(0)=x_2.$$

Dieses AWP läßt sich leicht lösen; es ergibt sich

$$u(x_1, x_2)=\begin{cases} (x_1+\sqrt{x_2})^2 & \text{für } x_2>0 \\ x_2 & \text{für } x_2<0, \end{cases}$$

während die Werte für $x_2=0$ nicht eindeutig bestimmt sind. Die Funktion u ist also unstetig längs der x_1-Achse, d.h. die genannte IGl besitzt keine stetige Lösung.

In entsprechender Weise kann man aus jedem *nicht-eindeutigen* AWP

$$\varphi'=f(t, \varphi), \quad \varphi(0)=\alpha \tag{7}$$

eine im Bereich der stetigen Funktionen *unlösbare* Volterra-IGl ableiten, z.B. die Gl

$$u(x_1, x_2)=\alpha+x_2(1+x_1)+\int_0^{x_1} f\big(\xi_1, u(\xi_1, x_2)\big)\, d\xi_1. \tag{8}$$

Für konstantes $x_2>0$ ist nämlich die Funktion $w(t)=u(t, x_2)$ eine Oberfunktion bezüglich des AWPs (7), d.h. es ist $w'>f(t, w)$ und $w(0)>\alpha$;

ebenso ist $v(t)=u(t, x_2)$ für $x_2<0$ eine Unterfunktion. Nach 8 VI hat also u auf der x-Achse Unstetigkeitsstellen (wir gingen von der Annahme aus, daß es mindestens zwei voneinander verschiedene Lösungen von (7) gibt). Ist umgekehrt f stetig und sind die AWPe $\varphi'=f(t,\varphi)+\beta$, $\varphi(0)=\alpha$ (α, β reell) stets eindeutig lösbar, so hängen die Lösungen nach 8 VIII stetig von α und β ab. Daraus folgt z.B., daß die IGl (8) dann eine stetige Lösung besitzt.

Dieses Beispiel zeigt den engen Zusammenhang zwischen dem *Existenzproblem* für eine Volterra-IGl und dem *Eindeutigkeitsproblem* für eine zugeordnete gewöhnliche DGl. Man kann in ähnlicher Weise für $m=3$ und einen in einer Ebene gelegenen Integrationsbereich $H_1(x)$ IGln aufstellen, welche gewissen, von einem Parameter abhängenden hyperbolischen DGln äquivalent sind, und auch da ist die Existenzfrage bei der IGl verknüpft mit der Eindeutigkeitsfrage (genauer mit dem Problem der stetigen Abhängigkeit von den Anfangswerten und von der rechten Seite der DGl) bei der DGl. Wir kommen auf diesen Sachverhalt in 21 IV zurück.

IV. Allgemeiner Fall. Darunter verstehen wir das System von Volterra-IGln

$$u_\nu(x)=g_\nu(x)+\int\limits_{H_\nu(x)} k_\nu(x,\xi,\boldsymbol{u}(\xi))\,(d\xi)_{p_\nu} \quad \text{in } \bar{G} \qquad (\nu=1,\ldots,n). \tag{9}$$

Hierin ist p_ν eine natürliche Zahl, $1\leqq p_\nu\leqq m$, $H_\nu(x)$ eine in einer p_ν-dimensionalen achsenparallelen Ebene[1] gelegene Untermenge von $G(x)$ und $(d\xi)_{p_\nu}$ das p_ν-dimensionale Volumelement in dieser Ebene; $H_\nu(x)$ sei, aufgefaßt als Punktmenge eines p_ν-dimensionalen Raumes, L-meßbar. Durch Umnumerierung kann erreicht werden, daß $p_\nu=m$ für $\nu=1,\ldots,n'$ und $p_\nu<m$ für $\nu=n'+1,\ldots,n$ ist. Die Indizes der ersten Art werden mit α, die der zweiten Art mit β bezeichnet. Es durchläuft also α im folgenden die Zahlen $1,\ldots,n'$; β die Zahlen $n'+1,\ldots,n$; ν die Zahlen $1,\ldots,n$.

Der Fall, daß keine β's auftreten, wurde in II in großer Allgemeinheit gelöst. Angesichts des obigen Beispiels ist es klar, daß jetzt ein Existenzbeweis nur in einer viel enger begrenzten Klasse von Kernen möglich ist und daß insbesondere die Stetigkeit der Kerne allein nicht ausreicht. Im einzelnen setzen wir voraus:

(α) Für die Mengen $H_\alpha(x)$ gelte II (α). Die Menge $H_\beta(x+e)$, $e\in E^m$, gehe aus $H_\beta(x)$ im wesentlichen durch Parallelverschiebung um e hervor.

---

[1] Unter einer p-dimensionalen achsenparallelen Ebene verstehen wir die Menge der Punkte x, die sich mit Hilfe von $p+1$ Punkten $x_0, \xi_1, \ldots, \xi_p \in E^m$, von denen die ξ_i alle verschieden sind und jedes ξ_i an einer Stelle eine 1 und sonst lauter Nullen hat, in der Form $x=x_0+\alpha_1\xi_1+\cdots+\alpha_p\xi_p$ (α_i reell) darstellen lassen.

Das soll genauer heißen: Bezeichnen wir für $D \subset E^m$ mit D_e die Menge $D_e = \{x \mid x - e \in D\}$ und definieren wir die Mengen A', B', C' gemäß

$$A' = A'(x, e, \beta) = H_\beta(x) \cdot [H_\beta(x+e)_{-e}], \quad \text{also} \quad A'_e = H_\beta(x)_e \cdot H_\beta(x+e),$$
$$B' = H_\beta(x) - A', \qquad C' = H_\beta(x+e) - A'_e,$$

so sei

$$|B'|_{p_\beta} + |C'|_{p_\beta} \leqq d_4(e) \qquad (x, x+e \in \overline{G}) \tag{10}$$

($|\cdot|_p$ bedeutet das p-dimensionale L-Maß) für einen geeigneten Stetigkeitsmodul $d_4(t)$.

(β) Alle Funktionen $g_\nu(x)$ seien stetig in $\overline{G}$, die Kerne k_α aus der Klasse $\mathscr{H}$, die Kerne k_β auf der durch $x, \xi \in \overline{G}$, $\xi \leqq x$, $z \in E^n$ abgegrenzten Punktmenge beschränkt und stetig in (x, ξ, z). Außerdem genüge jeder der Kerne k_β einer Lipschitz-Bedingung bezüglich aller Variablen z_β

$$\left. \begin{aligned} &|k_\beta(x, \xi, z_1, \ldots, z_n) - k_\beta(x, \xi, z_1, \ldots, z_{n'}, \bar{z}_{n'+1}, \ldots, \bar{z}_n)| \\ &\qquad \leqq L\,[|z_{n'+1} - \bar{z}_{n'+1}| + \cdots + |z_n - \bar{z}_n|] \end{aligned} \right\} \tag{11}$$

(falls beide Argumente in der genannten Punktmenge liegen).

Danach gibt es also eine Konstante M_2, so daß

$$|g_\nu(x)| \leqq M_2, \quad \int\limits_{H_\nu(x)} |k_\nu(x, \xi, z)|\,(d\xi)_{p_\nu} \leqq M_2, \quad |k_\beta(x, \xi, z)| \leqq M_2 \tag{12}$$

sowie einen Stetigkeitsmodul $d_5(t)$, so daß für $x, \bar{x}, \xi, \bar{\xi} \in \overline{G}$, $\xi \leqq x$, $\bar{\xi} \leqq \bar{x}$ und $|z_\nu|, |\bar{z}_\nu| \leqq 2nM_2$

$$|k_\beta(x, \xi, z) - k_\beta(\bar{x}, \bar{\xi}, \bar{z})| \leqq d_5(x - \bar{x}) + d_5(\xi - \bar{\xi}) + d_5(z - \bar{z}) \tag{13}$$

ist. Außerdem dürfen wir ohne Beschränkung der Allgemeinheit annehmen, daß G in dem Würfel $0 < x_\mu < N$, $N \geqq 1$ enthalten ist.

Nun soll — wieder mit Hilfe des Schauderschen Fixpunktsatzes — gezeigt werden, daß die Gl (9) unter den genannten Voraussetzungen mindestens eine Lösung besitzt. Dabei übernehmen wir die im Beweis von II benutzten Bezeichnungen mit folgenden Änderungen: In der Definition von $\delta(\xi, \varepsilon)$ ist ν durch α, $1 \leqq \alpha \leqq n'$, und M_1 durch die Konstante $2nM_2$ zu ersetzen; ebenso betreffen die beiden ersten Abschätzungen von (6) nur die Indizes α.

Wir betrachten den Banach-Raum der in $\overline{G}$ stetigen Funktionen $\boldsymbol{\varphi}(x)$ mit der Norm[1] $\max\limits_{\overline{G}} \|\boldsymbol{\varphi}(x)\|$ und darin die Untermenge Φ der Funktionen $\boldsymbol{\varphi}$, für die $\max\limits_{\overline{G}} \|\boldsymbol{\varphi}(x)\| \leqq 2nM_2$ und

$$\left. \begin{aligned} &|\varphi_\alpha(x) - \varphi_\alpha(x+e)| \leqq d(e) + 2d_2(e) + d_3(e) = \bar{d}(e) \\ &|\varphi_\beta(x) - \varphi_\beta(x+e)| \leqq e^{\gamma(x_1 + \cdots + x_m)}\, d^*(e) \qquad (x, x+e \in \overline{G}) \end{aligned} \right\} \tag{14}$$

[1] Nach wie vor ist $\|z\| = |z_1| + \cdots + |z_n|$.

ist. Die Zahl $\gamma > 0$ und der Stetigkeitsmodul $d^*(t)$ werden noch definiert. Die der Gl (9) entsprechende Abbildung ist wieder durch $\boldsymbol{\varphi} \to \boldsymbol{\psi} = \boldsymbol{g} + \boldsymbol{K}\boldsymbol{\varphi}, \boldsymbol{\varphi} \in \Phi$ gegeben, wobei jedoch in der Definition (3) das Integrationselement $(d\xi)_{p_\nu}$ statt $d\xi$ lautet. Der einfache Beweis der folgenden Tatsachen soll dem Leser überlassen werden: Die Abbildung ist stetig (Beweis für die α-Komponenten wie in II, für die β-Komponenten mit (13)); es ist $\|\boldsymbol{\psi}\| \leqq 2nM_2$; Φ ist konvex und kompakt (letzteres ist trivial); es ist $|\psi_\alpha(x) - \psi_\alpha(x+e)| \leqq \bar{d}(e)$ (Beweis wie in II). Danach bleibt lediglich zu zeigen (und darin besteht gerade die Schwierigkeit des Beweises), daß

$$|\psi_\beta(x) - \psi_\beta(x+e)| \leqq e^{\gamma(x_1 + \cdots + x_m)} d^*(e) \tag{15}$$

ist, genauer, daß γ und $d^*(t)$ so bestimmt werden können, daß (15) gilt.

Aus (10), (12), (13) folgt (wir schreiben p für p_β)

$$\begin{aligned}
|\psi_\beta(x) - \psi_\beta(x+e)| &\leqq |g_\beta(x) - g_\beta(x+e)| + |(\boldsymbol{K}\boldsymbol{\varphi})_\beta(x) - (\boldsymbol{K}\boldsymbol{\varphi})_\beta(x+e)| \\
&\leqq d_3(e) + \Big|\int_{A'} k_\beta(x, \xi, \boldsymbol{\varphi}(\xi))\,(d\xi)_p - \int_{A'_e} k_\beta(x+e, \xi, \boldsymbol{\varphi}(\xi))\,(d\xi)_p\Big| + \\
&\quad + \int_{B'} |k_\beta(x, \xi, \boldsymbol{\varphi})|\,(d\xi)_p + \int_{C'} |k_\beta(x+e, \xi, \boldsymbol{\varphi})|\,(d\xi)_p \\
&\leqq d_3(e) + M_2 d_4(e) + \int_{A'} |k_\beta(x, \xi, \boldsymbol{\varphi}(\xi)) - k_\beta(x+e, \xi+e, \boldsymbol{\varphi}(\xi+e))|\,(d\xi)_p.
\end{aligned}$$

Nun ist aber gemäß (11) und (13)

$$\begin{aligned}
&|k_\beta(x, \xi, \boldsymbol{\varphi}(\xi)) - k_\beta(x+e, \xi+e, \boldsymbol{\varphi}(\xi+e))| \\
&\qquad \leqq 2d_5(e) + d_5(n'\bar{d}(e)) + L(n-n')\,d^*(e)\,e^{\gamma(\xi_1 + \cdots + \xi_m)}
\end{aligned}$$

und (wenn etwa $d\xi_1$ in $(d\xi)_p$ vorkommt)

$$\int_{A'} e^{\gamma(\xi_1 + \cdots + \xi_m)}\,(d\xi)_p \leqq e^{\gamma(x_1 + \cdots + x_m)} N^{p-1} \int_0^{x_1} e^{\gamma\,\xi_1} d\xi_1 \leqq \frac{N^m}{\gamma} e^{\gamma(x_1 + \cdots + x_m)},$$

also

$$\begin{aligned}
|\psi_\beta(x) - \psi_\beta(x+e)| &\leqq d_3(e) + M_2 d_4(e) + \\
&\quad + N^m \Big[2d_5(e) + d_5(n\bar{d}(e)) + \frac{Ln}{\gamma} d^*(e)\,e^{\gamma(x_1 + \cdots + x_m)}\Big].
\end{aligned}$$

Aus dieser UnGl ersieht man, daß die Forderung (15) leicht erfüllt werden kann; man setze etwa $\gamma = 2LnN^m$ und $d^*(t) = 2\,[d_3(t) + M_2 d_4(t) + 2N^m d_5(t) + N^m d_5(n\bar{d}(t))]$. Die Menge Φ wird also bei dieser Wahl von γ und $d^*(t)$ in sich abgebildet, was allein noch zu beweisen war.

V. Existenzsatz. *Das System von IGln* (9) *besitzt unter den Voraussetzungen* IV (α) (β) *mindestens eine in* $\bar{G}$ *stetige Lösung.*

VI. Bemerkungen. (α) Man beachte, daß die schärferen Voraussetzungen von V nur die Kerne k_β betreffen, und daß in den z_α keine Lipschitz-Bedingung vorgeschrieben wird. Der Fall, daß alle k_ν in allen Variablen $z_\varrho(\nu, \varrho=1, \ldots, n)$ einer Lipschitz-Bedingung genügen, läßt sich wesentlich einfacher mittels sukzessiver Approximation erledigen. Zur Frage nach der Konvergenz der sukzessiven Approximation bei hyperbolischen DGln vgl. BIELECKI (1956), WALTER (1959a, S. 449ff.; 1964a) und KISYŃSKI (1960).

(β) Der Existenzsatz gilt auch, wenn die Kerne k_α nur aus $\mathscr{H}_0$ und die Kerne k_β nicht notwendig beschränkt sind. Die Lösung wird dann i. allg. nicht in ganz $\overline{G}$, sondern nur in den Punkten von $\overline{G}$, welche einer Umgebung von R_v angehören, existieren. Das zeigt man in der üblichen Weise, indem man — mit der Bezeichnung $[s]_C=\min(|s|, C)\operatorname{sgn} s\ (C>0)$ — statt $k_\nu(x, \xi, z)$ die Kerne $k_\nu^C(x, \xi, z)=k_\nu(x, \xi, [z_1]_C, \ldots, [z_n]_C)$ betrachtet, welche für $\nu=\alpha$ aus $\mathscr{H}$, für $\nu=\beta$ beschränkt sind.

In einem wichtigen Sonderfall läßt sich jedoch die ursprüngliche Behauptung von V aufrechterhalten, nämlich wenn eine Abschätzung

$$|k_\alpha(x, \xi, z)| \leqq h(\xi)(1+\|z\|), \quad |k_\beta(x, \xi, z)| \leqq M(1+\|z\|) \tag{16}$$

mit $h(\xi) \in L(\overline{G})$ *gilt.* Um das einzusehen, gibt man eine in $\overline{G}$ stetige Funktion $\boldsymbol{w}$ so an, daß $|\boldsymbol{u}|<\boldsymbol{w}$ für jede Lösung $\boldsymbol{u}$ ist, und betrachtet statt k_ν wieder die Kerne k_ν^C mit $C>w_\nu(x)$, die den Voraussetzungen von V genügen. Wie man eine solche Funktion $\boldsymbol{w}$ erhalten kann, zeigen wir am Fall $m=2$ (die Übertragung auf $m>2$ ist einfach). G sei im ersten Quadranten $x>0$ gelegen und M sei so groß, daß neben (16) noch $|g_\nu(x)|<M$ gilt. Durch $\bar{k}_\alpha(x, \xi, z)=h(\xi)(1+\|z\|)$, $\bar{k}_\beta(x, \xi, z)=M(1+\|z\|)$,

$$(\overline{\boldsymbol{K}}\boldsymbol{\varphi})_\nu(x)=\int\limits_{H_\nu(x)} \bar{k}_\nu(x, \xi, \boldsymbol{\varphi})\,(d\xi)_{p_\nu}$$

wird ein monoton wachsender Operator $\overline{\boldsymbol{K}}$ definiert. Ist $\boldsymbol{u}$ eine Lösung von (9), so genügt $\boldsymbol{v}=|\boldsymbol{u}|$ der UnGl $\boldsymbol{v} \leqq \overline{\boldsymbol{g}}+\overline{\boldsymbol{K}}\boldsymbol{v}$ mit $\bar{g}_\nu(x)\equiv M$. Nach 17 III ist die gestellte Aufgabe gelöst, wenn eine Funktion $\boldsymbol{w}$ mit $\boldsymbol{w}>\overline{\boldsymbol{g}}+\overline{\boldsymbol{K}}\boldsymbol{w}$ angegeben werden kann; es ist dann $\boldsymbol{v}=|\boldsymbol{u}|<\boldsymbol{w}$. Eine solche Funktion $\boldsymbol{w}$ wird durch

$$w_\nu(x)=\psi(x)=A\,e^{a[H(x)+x_1+x_2)]} \quad \text{mit} \quad H(x)=\int\limits_0^{x_1}\int\limits_0^{x_2} h(\xi_1, \xi_2)\,d\xi_1\,d\xi_2$$

mit geeigneten positiven Zahlen a, A gegeben (h sei irgendwie als positive Funktion auf den ersten Quadranten fortgesetzt). Man rechnet leicht nach, daß ψ monoton wachsend in x_1 und x_2 und

$$\psi_{x_1}>a\psi, \quad \psi_{x_2}>a\psi, \quad \psi_{x_1x_2}>ah(x)\psi \quad \text{in } \overline{G} \tag{17}$$

ist. Aus (17) folgt, wenn $A\geqq 1$ ist ($m=2$, $p_\alpha=2$, $p_\beta=1$)

$$\int\limits_{H_\alpha(x)} k_\alpha(x,\xi,\boldsymbol{w})\,(d\xi)_2 \leqq \int\limits_{G(x)} h(\xi)\,(1+n\psi)\,(d\xi)_2 \leqq \frac{n+1}{a}\int\limits_0^{x_1}\int\limits_0^{x_2}\psi_{x_1x_2}(\xi_1,\xi_2)\,d\xi_1\,d\xi_2$$

$$\leqq \frac{n+1}{a}\,\psi(x),$$

$$\int\limits_{H_\beta(x)} k_\beta(x,\xi,\boldsymbol{w})\,(d\xi)_1 \leqq \int\limits_{H_\beta(x)} M\,(1+n\psi)\,(d\xi)_1$$

$$\leqq \frac{M\,(n+1)}{a}\left\{\int\limits_0^{x_1}\psi_{x_1}(\xi_1,x_2)\,d\xi_1+\int\limits_0^{x_2}\psi_{x_2}(x_1,\xi_2)\,d\xi_2\right\}\leqq \frac{2M\,(n+1)}{a}\,\psi(x)\,.$$

Es ist also $\boldsymbol{w}>\overline{\boldsymbol{g}}+\overline{\boldsymbol{K}}\boldsymbol{w}$, wenn man etwa $A=3M$, $a=4M\,(n+1)$ setzt.

Für hyperbolische DGln gibt WALTER (1959a, S. 447—448) ein weitergehendes Ergebnis an.

(γ) Ohne Beweis sei angeführt: Man kann die Lipschitz-Bedingung (11) durch schwächere Bedingungen ersetzen, welche ähnlich wie die im „hyperbolischen Fall" von mehreren Autoren — vgl. etwa WALTER (1959a, S. 440) — angegebenen sind.

(δ) Am Ende von Nr. 2 wurde angedeutet, wie ein Existenzsatz für unbeschränkte Differenzkerne bewiesen wird. Auch für mehrdimensionale Differenzkerne von der Gestalt $k_\nu(x,\xi,z)=k_\nu^*(x-\xi,z)$ lassen sich ähnliche Überlegungen durchführen.

VII. Maximal- und Minimalintegrale *für die Gl* (9) *existieren unter den Voraussetzungen von* V, *wenn* $\boldsymbol{k}(x,\xi,z)=(k_1,\ldots,k_n)$ *in* z *monoton wachsend ist. Ist* $\boldsymbol{u}^*$ *das Maximalintegral,* $\boldsymbol{u}_*$ *das Minimalintegral, so ist* $\boldsymbol{u}_*\leqq\boldsymbol{u}\leqq\boldsymbol{u}^*$ *für jede Lösung* $\boldsymbol{u}$ *von* (9). *Das Minimalintegral [Maximalintegral] läßt sich durch Funktionen* $\boldsymbol{v}\,[\boldsymbol{w}]$, *welche der entsprechenden UnGl* $\boldsymbol{v}<\boldsymbol{g}+\boldsymbol{K}\boldsymbol{v}$ $[\boldsymbol{w}>\boldsymbol{g}+\boldsymbol{K}\boldsymbol{w}]$ *genügen, beliebig gut approximieren.*

Die Beweisidee entspricht der von 2 IV. Ist $\boldsymbol{u}(x;\boldsymbol{\varepsilon})$, $\boldsymbol{\varepsilon}\in E^n$, eine Lösung von (9), wenn dort g_ν durch $g_\nu+\varepsilon_\nu$ ersetzt wird, so ist nach 17 III $\boldsymbol{u}(x;\boldsymbol{\varepsilon})<\boldsymbol{u}(x;\overline{\boldsymbol{\varepsilon}})$ für $\boldsymbol{\varepsilon}<\overline{\boldsymbol{\varepsilon}}$. Ferner sind alle diese Lösungen (etwa für $\|\boldsymbol{\varepsilon}\|<1$) gleichgradig stetig, wie man den beim Beweis von V angestellten Überlegungen entnimmt. Für eine Folge $\boldsymbol{\varepsilon}=\boldsymbol{\varepsilon}_n$, die monoton wachsend oder fallend gegen $\boldsymbol{0}$ konvergiert, ist die zugehörige Folge $\boldsymbol{u}(x;\boldsymbol{\varepsilon}_n)$ ebenfalls monoton und damit gleichmäßig konvergent. Die Grenzwerte $\boldsymbol{u}_*$ bzw. $\boldsymbol{u}^*$ sind dann Lösungen von (9) mit den behaupteten Eigenschaften.

In 2 V haben wir noch einen zweiten Weg zur Konstruktion von Maximal- und Minimalintegralen kennengelernt. Dieser ist auch hier gangbar. Aber seine Bedeutung ist für $m>1$ gering, weil die Eigenschaft 2 V (β) meist verlorengeht (sie gilt jedoch z.B. für das in III angegebene Beispiel).

19. Abschätzungen für Integralgleichungen

In den nun folgenden Nummern dieses Kapitels werden wir die bisherigen Ergebnisse im Hinblick auf Volterra-IGln und hyperbolische DGln konkretisieren. Sprechen wir zunächst von IGln.

I. Ober- und Unterfunktionen $(Z_c(k))$. Wir betrachten eine Volterra-IGl

$$u(x)=g(x)+\int_{H(x)} k\big(x,\xi,u(\xi)\big)\,d\xi \quad \text{in } \bar{G} \quad \big(H(x)\subset G(x)\big) \tag{1}$$

und allgemeiner ein System von Volterra-IGln

$$u_\nu(x)=g_\nu(x)+\int_{H_\nu(x)} k_\nu\big(x,\xi,\boldsymbol{u}(\xi)\big)\,(d\xi)_{p_\nu} \quad \big(\nu=1,\ldots,n;\ H_\nu(x)\subset G(x)\big) \tag{2}$$

im Sinne von 18 IV[1].

Zur Klasse $Z_c(\boldsymbol{k})$ gehören diejenigen in $\bar{G}$ stetigen Funktionen $\boldsymbol{\varphi}(x)$, für welche $k_\nu\big(x,\xi,\boldsymbol{\varphi}(\xi)\big)$ für $x\in\bar{G}$ auf der Menge $H_\nu(x)$ erklärt und über diese Menge integrierbar ist[2]. Für den der Gl (2) entsprechenden Integraloperator $\boldsymbol{K}$ ist $(\boldsymbol{K\varphi})(x)=\boldsymbol{0}$ auf R_v. Ferner ist $\boldsymbol{K}$ ein monoton wachsender Operator, wenn $\boldsymbol{k}(x,\xi,\boldsymbol{z})=(k_1,\ldots,k_n)$ monoton wachsend in $\boldsymbol{z}$ ist (vgl. die Definition in 6 II). Nach 17 V ist also bei monoton wachsendem $\boldsymbol{k}$ die Funktion $\boldsymbol{v}$ bzw. $\boldsymbol{w}\in Z_c(\boldsymbol{k})$ eine Unter- bzw. Oberfunktion, wenn 17 V (β), d.h.

$$\left.\begin{aligned} &v_\nu(x)<g_\nu(x)+\int_{H_\nu(x)} k_\nu(x,\xi,v)\,(d\xi)_{p_\nu}\\ \text{bzw.}\quad &\\ &w_\nu(x)>g_\nu(x)+\int_{H_\nu(x)} k_\nu(x,\xi,w)\,(d\xi)_{p_\nu}\end{aligned}\right\} \tag{β}$$

in $\bar{G}$ gilt. Nach 17 XI (γ) sind hierin Gleichheitszeichen erlaubt, wenn $\boldsymbol{K}$ einer Eindeutigkeitsbedingung genügt (vgl. die Beispiele VI).

II. Die lineare Integralgleichung

$$u(x)=g(x)+\int_{H(x)} u(\xi)\,h(\xi)\,d\xi \tag{3}$$

betrachten wir hier unter der Voraussetzung, daß $g(x)$ in $\bar{G}$ stetig, $h(x)$ über $\bar{G}$ integrierbar und $H(x)\subset G(x)$ mit der Eigenschaft 18 II (α) versehen ist.

(α) Die (nach 18 II existierende) Lösung läßt sich als Neumannsche Reihe

$$u=\sum_{i=0}^{\infty} H^i g \quad \text{mit} \quad H\varphi=\int_{H(x)} h(\xi)\,\varphi(\xi)\,d\xi,\ H^0\varphi=\varphi,\ H^{i+1}\varphi=H(H^i\varphi) \tag{4}$$

---

[1] Übrigens kann man auch allgemeinere Gleichungssysteme zulassen, etwa solche mit Stieltjes-Integralen und mit Bereichen $H_\nu(x)$, welche nicht in einer achsenparallelen Ebene liegen.

[2] Diese Klasse hängt, was in der Bezeichnung nicht explizit zum Ausdruck kommt, auch von den $H_\nu(x)$ ab.

darstellen. Wir führen den Beweis in der üblichen Weise, indem wir zeigen, daß H, betrachtet als lineare Transformation eines geeigneten Banach-Raumes, eine Norm <1 besitzt. Als solchen wählen wir den Raum der in $\bar{G}$ stetigen Funktionen mit der Norm

$$\|\varphi\| = \max_{\bar{G}} |\varphi(x)| e^{-2M(x)}, \quad M(x) = \int_{\xi \leq x} |h(\xi)| \, d\xi,$$

wobei $h=0$ außerhalb $\bar{G}$ gesetzt wurde. Nun ist

$$\begin{aligned} |(H\varphi)(x)| e^{-2M(x)} &\leq e^{-2M(x)} \int_{H(x)} |h(\xi)\varphi(\xi)| e^{2M(\xi)-2M(\xi)} \, d\xi \\ &\leq \|\varphi\| e^{-2M(x)} \int_{\xi \leq x} |h(\xi)| e^{2M(\xi)} \, d\xi \leq \tfrac{1}{2} \|\varphi\|, \end{aligned}$$

letzteres wegen der für die Funktion $z(x) = e^{2M(x)}$ gültigen Beziehungen

$$z_{x_1 x_2 \ldots x_\mu} \geq 0 \quad (\mu = 1, \ldots, m-1), \quad z_{x_1 \ldots x_m} \geq 2|h(x)| z(x),$$

$$2 \int_{\xi \leq x} |h(\xi)| z(\xi) \, d\xi \leq \int_{-a}^{x_1} \ldots \int_{-a}^{x_m} z_{x_1 \ldots x_m}(\xi) \, d\xi_1 \ldots d\xi_m \leq z(x)$$

(a sei so groß, daß G im Bereich $x_\mu > -a$ gelegen ist)[1]. Danach ist also $\|H\| = \max_{\|\varphi\|=1} \|H\varphi\| \leq \frac{1}{2}$. Nebenbei bemerkt, ergibt sich daraus sofort die Eindeutigkeit (sie folgt auch aus späteren Sätzen). Ist nämlich w die Differenz zweier Lösungen von (3), so ist $w = Hw$, also $\|w\| = \|Hw\| \leq \|w\|/2$, d.h. $w=0$.

(β) Die Neumannsche Reihe (4) läßt sich mit Hilfe eines „lösenden Kernes" als Integral schreiben. Wir wollen die Herleitung für den Fall $H(x) = G(x)$ kurz andeuten. Es sei also $h(x)=0$ außerhalb $\bar{G}$ und $H(x) = G(x)$ für alle x. Dann ist für $i \geq 0$ (Beweis durch Induktion)

$$(H^i \varphi)(x) = \int_{G(x)} h(\xi) h_i(x, \xi) \varphi(\xi) \, d\xi \tag{5}$$

mit

$$h_1(x, \xi) = 1, \quad h_{i+1}(x, \xi) = \int_{\xi \leq \eta \leq x} h(\eta) h_i(\eta, \xi) \, d\eta \tag{6}$$

(man beachte, daß man statt über $G(x)$ über alle $\xi \leq x$ integrieren darf). Setzt man nun (Konvergenz vorausgesetzt)

$$h^*(x, \xi) = \sum_{i=1}^{\infty} h_i(x, \xi), \tag{7}$$

so ergibt sich für die Lösung u, falls $G(x) = H(x)$ ist, nach (4)

$$u(x) = g(x) + \int_{G(x)} g(\xi) h(\xi) h^*(x, \xi) \, d\xi \quad \text{in} \quad \bar{G}. \tag{4'}$$

---

[1] Daß diese für stetiges h durchsichtige Schlußweise auch im Falle $h \in L(\bar{G})$ gültig ist, folgt aus dem Satz von Fubini (oder indem man h durch stetige Funktionen approximiert).

Ist $\bar{h}(x)$ eine nichtnegative integrierbare Funktion, ist $|h(x)| \leqq \bar{h}(x)$ und sind der Operator $\bar{H}$ und die Funktionen $\bar{h}_i(x, \xi)$ entsprechend wie oben definiert, so läßt sich ohne Schwierigkeit zeigen (Induktion), daß

$$\left.\begin{array}{l} |h_i(x,\xi)| \leqq \bar{h}_i(x,\xi) \leqq \bar{H}^{i-1}\psi \\ \text{mit} \\ \qquad \psi(x) \equiv 1 \end{array}\right\} \quad (8)$$

ist. Setzt man speziell $\bar{h} = |h|$, so ist $\|\bar{H}\| \leqq \frac{1}{2}$, $\|\bar{H}^{i-1}\| \leqq 2^{1-i}$ und damit die Reihe (7) absolut und gleichmäßig konvergent.

Speziell wird für einen Produktansatz

$$\left.\begin{array}{l} h(x) = l_1(x_1) \ldots l_m(x_m), \\ l_\mu(t) \in L(a_\mu \leqq t \leqq b_\mu), \end{array}\right\} \quad (9)$$

wenn wir

$$L_\mu(t) = \int_{a_\mu}^{t} l_\mu(s)\, ds$$

setzen,

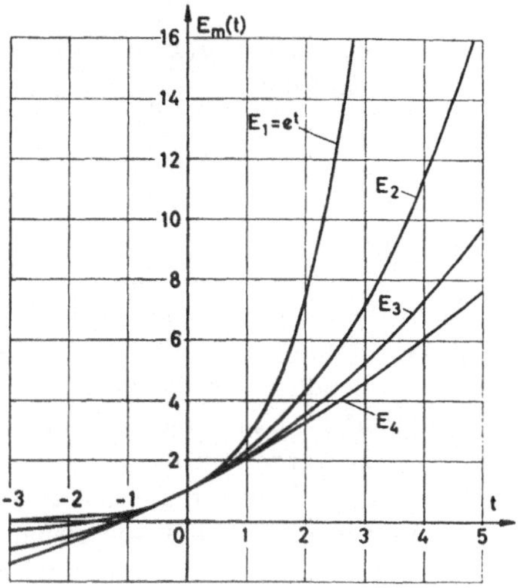

Abb. 5. Die Funktionen $E_m(t)$ für $m = 1, 2, 3, 4$

$$h_{i+1}(x,\xi) = \frac{1}{(i!)^m} \prod_{\mu=1}^{m} [L_\mu(x_\mu) - L_\mu(\xi_\mu)]^i \qquad (i \geqq 0),$$

also

$$h^*(x,\xi) = E_m([L_1(x_1) - L_1(\xi_1)] \ldots [L_m(x_m) - L_m(\xi_m)]), \tag{10}$$

gültig für $a \leqq \xi \leqq x \leqq b$, $a = (a_1, \ldots, a_m)$, $b = (b_1, \ldots, b_m)$. Dabei haben wir die Schreibweise

$$E_m(t) = \sum_{i=0}^{\infty} \frac{t^i}{(i!)^m}, \quad \text{speziell} \quad E_1(t) = e^t,\ E_2(t) = I_0(2\sqrt{t}) \tag{11}$$

benutzt[1]; vgl. Abb. 5.

III. Lemma von GRONWALL für mehrere Veränderliche. *Es sei* $v(x)$, $g(x) \in C(\bar{G})$, $0 \leqq h(x) \in L(\bar{G})$ *und*

$$v(x) \leqq g(x) + \int_{G(x)} h(\xi)\, v(\xi)\, d\xi \quad \text{in} \quad \bar{G}. \tag{12}$$

Dann gilt, wenn $h(x) = 0$ *außerhalb* $\bar{G}$ *gesetzt wird und* $h^*(x, \xi)$ *gemäß* (6) (7) *definiert ist,*

$$v(x) \leqq g(x) + \int_{G(x)} g(\xi)\, h(\xi)\, h^*(x,\xi)\, d\xi \quad \text{in} \quad \bar{G}. \tag{13}$$

[1] I_0 ist die modifizierte Bessel-Funktion 0-ter Ordnung.

Setzt man zusätzlich $v(x) \geqq 0$ voraus, so folgt (13) auch aus einer Abschätzung

$$v(x) \leqq g(x) + \int_{H(x)} h(\xi)\, v(\xi)\, d\xi \quad in \quad \bar{G} \quad mit \quad H(x) \subset G(x). \tag{12'}$$

Sind $g(x) = A$ und $h(x) = L$ konstant, und ist G in $\{x > 0\}$ gelegen, so gilt die Abschätzung

$$v(x) \leqq A\, E_m(L x_1 \ldots x_m). \tag{13'}$$

Zunächst sieht man, daß für $v \geqq 0$ aus (12') die Beziehung (12) folgt, so daß wir uns nur mit der im Zusammenhang mit (12) aufgestellten Behauptung beschäftigen müssen. Diese folgt aber sofort aus (4') und 17 III, angewandt auf den Operator H und die Funktionen v und $u = w$. Schließlich erhält man die Abschätzung (13'), wenn man in (13) für h^* gemäß (10) die Funktion $E_m\big(L(x_1 - \xi_1) \ldots L(x_m - \xi_m)\big)$ einsetzt und diese unendliche Reihe gliedweise über $0 \leqq \xi \leqq x$ integriert. (Man beachte: h^* ist i. allg. nicht gleich dieser Funktion, da ja $h = 0$ außerhalb $\bar{G}$ gesetzt wurde; wenn man aber h außerhalb $\bar{G}$ nicht durch 0, sondern durch $L > 0$ fortsetzt, so wird h^* höchstens vergrößert.)

Wir bemerken, daß die Behauptung in Verbindung mit (12') ohne die Voraussetzung $v \geqq 0$ falsch wird. Gegenbeispiel: $m = 1$, $G(x) = [0, x]$, $H(x) = \emptyset$, $g(x) = -1$, $v(x) = -1$; aus (13) wird $-1 \leqq -e^x$!!

IV. Abschätzungssätze. Obwohl es keine Schwierigkeiten bereitet, die beiden Abschätzungssätze VI und VII von Nr. 17 auf Integralgleichungen anzuwenden, werden einige Bemerkungen nützlich sein. Liegt ein System (2) vor, so benötigt man für 17 VI eine Abschätzung des (Vektor-) Kerns $\boldsymbol{k}$ durch einen in $\boldsymbol{z}$ monoton wachsenden (Vektor-)Kern $\boldsymbol{\omega}$

$$|\boldsymbol{k}(x, \xi, \boldsymbol{z}) - \boldsymbol{k}(x, \xi, \bar{\boldsymbol{z}})| \leqq \boldsymbol{\omega}(x, \xi, |\boldsymbol{z} - \bar{\boldsymbol{z}}|) \tag{14}$$

und betrachtet den durch $\boldsymbol{\omega}$ erzeugten Integraloperator

$$(\boldsymbol{\Omega} \boldsymbol{\varphi})_\nu(x) = \int_{H'_\nu(x)} \omega_\nu(x, \xi, \boldsymbol{\varphi})\, (d\xi)_{p_\nu} \qquad (\nu = 1, \ldots, n), \tag{15}$$

wobei $H_\nu(x) \subset H'_\nu(x) \subset G(x)$ (und H'_ν p_ν-dimensional) ist. Aus (14) und (15) folgt die Abschätzung (17.3)

Mit K-Normen und Satz 17 VII wird man vor allem arbeiten, wenn alle $H_\nu(x)$ von gleicher Dimension $p\,(1 \leqq p \leqq m)$ sind. Unter dieser Annahme ist (17.4) eine Folge von

$$\|\boldsymbol{k}(x, \xi, \boldsymbol{z}) - \boldsymbol{k}(x, \xi, \bar{\boldsymbol{z}})\| \leqq \omega(x, \xi, \|\boldsymbol{z} - \bar{\boldsymbol{z}}\|), \tag{16}$$

wenn

$$(\Omega \varphi)(x) = \int_{H(x)} \omega(x, \xi, \varphi)\, (d\xi)_p \quad \text{mit} \quad H_1(x) + \cdots + H_n(x) \subset H(x) \subset G(x) \tag{17}$$

gesetzt wird ($H(x)$ p-dimensional). Natürlich muß der Kern $\omega(x, \xi, z)$ in (16) monoton wachsend in z sein.

Sind dagegen nicht alle p_ν gleich, so treten bei Satz 17 VII Schwierigkeiten auf. Sie machen es wünschenswert, einen Satz zur Verfügung zu haben, welcher in gewissem Sinne in der Mitte zwischen 17 VI und 17 VII steht, indem gewisse Komponenten (nämlich solche gleicher Dimensionszahl) zu Gruppen zusammengefaßt werden. Am Anfang von Nr. 7 wurde eine solche Möglichkeit bereits angedeutet. Da die allgemeine Formulierung ziemlich schwerfällig wird, beschränken wir uns darauf, in Nr. 21 einen solchen Satz für Systeme von hyperbolischen DGln aufzustellen.

Auch bei den

V. Eindeutigkeitskriterien begnügen wir uns mit einigen Bemerkungen. Man kann hier nicht ohne weiteres, wie in 4 II, eine Beziehung $\boldsymbol{\omega}(x, \xi, z) \in \mathscr{D}^n$ definieren, da ein Operator $\boldsymbol{\Omega}$ nur durch die gleichzeitige Angabe des Kernes $\boldsymbol{\omega}$ und der Bereiche $H_\nu(x)$ bestimmt ist und es sehr wohl vorkommen kann, daß eine Abschätzung (14) oder (16) bei ein und derselben rechten Seite $\boldsymbol{\omega}$ für gewisse Bereiche H_ν hinreichend für die Eindeutigkeit ist, für andere Bereiche H_ν dagegen nicht. Wir wollen daher die Bezeichnung $\boldsymbol{\omega} \in \mathscr{D}^n$ nur dann verwenden, wenn *jeder* durch $\boldsymbol{\omega}$ erzeugte Integraloperator $\boldsymbol{\Omega}$ aus der Klasse $\mathscr{D}^n$ im Sinne von 17 IX ist (d.h. bei beliebiger Wahl von G und $H_\nu(x)$). Auch soll darauf verzichtet werden, in Analogie zur Klasse $\mathscr{E}_1^n$ in 6 V eine Klasse $\mathscr{D}_1^n$ einzuführen, welche der Möglichkeit Rechnung trägt, daß die Differenz zweier beliebiger Lösungen auf R_ν von höherer Ordnung verschwindet (bei den hyperbolischen DGln gehen wir darauf ein).

VI. Beispiele. (α) *Spezielle Lipschitz-Bedingung.* Die durch

$$\omega_\nu(x, \xi, z) = L(z_1 + \cdots + z_n) \qquad (L > 0) \tag{18}$$

definierte Funktion $\boldsymbol{\omega}$ ist aus $\mathscr{D}^n$. *Das System* (2) *hat also, wie auch G und $H_\nu(x)$ beschaffen sind, höchstens eine Lösung, wenn $\boldsymbol{k}$ einer Lipschitz-Bedingung genügt.*

Ist dies der Fall, so läßt sich auch leicht eine explizite Fehlerabschätzung für Näherungslösungen gewinnen. Es sei etwa $\boldsymbol{u}$ eine Lösung von (2), $\boldsymbol{v}$ eine Näherungslösung, und es gelte (d konstant)

$$\Big|v_\nu(x) - g_\nu(x) - \int\limits_{H_\nu(x)} k_\nu(x, \xi, v)\,(d\xi)_{p_\nu}\Big| \leqq d \qquad (\nu = 1, \ldots, n). \tag{19}$$

Ferner werde der einfachen Bezeichnung wegen angenommen, das Gebiet G liege ganz in $\{x > 0\}$. Dann gilt, so wird behauptet, die Abschätzung

$$|v_\nu(x) - u_\nu(x)| \leqq d\, e^{Ln(x_1 + \cdots + x_m)} \quad \text{in } \overline{G} \qquad (\nu = 1, \ldots, n), \tag{20}$$

wenn außerdem $L \geqq 1/n$ ist.

Nehmen wir zum Beweis der Einfachheit halber an, in der ν-ten Gl (2) werde bezüglich der Variablen $\xi_1, \xi_2, \ldots, \xi_{p_\nu}$ integriert. Bezeichnen wir die rechte Seite von (20) mit $\varphi(x)$ und schreiben wir p statt p_ν, so ist, da φ in allen Variablen monoton wachsend ist,

$$\int_{H_\nu(x)} \varphi(\xi)\,(d\xi)_p \leqq \int_0^{x_1} \cdots \int_0^{x_p} d\,e^{Ln(\xi_1+\cdots+\xi_p+x_{p+1}+\cdots+x_n)}\,d\xi_1 \ldots d\xi_p$$

$$\leqq d(Ln)^{-p}\,e^{Ln(x_{p+1}+\cdots+x_n)} \prod_{\varrho=1}^{p} (e^{Lnx_\varrho}-1) \leqq \frac{d}{Ln}\left[e^{Ln(x_1+\cdots+x_n)}-1\right]$$

(und dasselbe ergibt sich offenbar, wenn bezüglich anderer ξ_ν integriert wird). Setzt man also $\varrho_\nu(x) = \varphi(x)$ für alle ν, so wird nach (18)

$$\int_{H_\nu(x)} \omega_\nu(x, \xi, \boldsymbol{\rho})\,(d\xi)_p = \int_{H_\nu(x)} Ln\,\varphi(\xi)\,(d\xi)_p \leqq \varphi(x) - d.$$

Alle Voraussetzungen von 17 VI sind also erfüllt[1]. Aus (20) folgt natürlich sofort die obige Eindeutigkeitsaussage sowie ein Satz über die stetige Abhängigkeit der Lösung von $\boldsymbol{k}$ und $\boldsymbol{g}$.

(β) *Verallgemeinerte Lipschitz-Bedingung.* Handelt es sich in (2) für alle ν um m-dimensionale Integrale ($p_\nu = m$), so ist auch eine verallgemeinerte Lipschitz-Bedingung, bei welcher anstelle der Lipschitz-Konstanten L eine integrierbare Funktion $l(\xi)$ tritt, als Eindeutigkeitsbedingung zulässig.

Das wird sich wieder als Sonderfall eines Abschätzungssatzes ergeben, bei dem wir uns jetzt, anders als in (α), auf 17 VII beziehen. Es gelte demnach für eine K-Norm und eine nichtnegative Funktion $l(\xi) \in L(G)$ die Lipschitz-Abschätzung

$$\|\boldsymbol{k}(x, \xi, \boldsymbol{z}) - \boldsymbol{k}(x, \xi, \bar{\boldsymbol{z}})\| \leqq l(\xi)\,\|\boldsymbol{z} - \bar{\boldsymbol{z}}\| \tag{21}$$

(soweit beide Argumente in $D(\boldsymbol{k})$ liegen). Die Funktion $\boldsymbol{u}$ sei Lösung von (2), für $\boldsymbol{v} \in Z(\boldsymbol{k})$ gelte mit einer in $\bar{G}$ stetigen Funktion $d(x)$

$$\|\boldsymbol{v} - \boldsymbol{g} - \boldsymbol{K}\boldsymbol{v}\| \leqq d(x) \quad \text{in } \bar{G} \tag{22}$$

($\boldsymbol{K}$ ist der in (18.3) definierte Operator).

Dann besteht die Abschätzung

$$\|\boldsymbol{v} - \boldsymbol{u}\| \leqq d(x) + \int_{G(x)} d(\xi)\,l(\xi)\,l^*(x, \xi)\,d\xi \quad \text{in } \bar{G}, \tag{23}$$

wobei $l^*(x, \xi)$ mit Hilfe von $l(\xi)$ genau so definiert wird wie $h^*(x, \xi)$ mit $h(\xi)$ in (6) (7).

Insbesondere ist für konstantes $l(\xi) = L$

$$\|\boldsymbol{v} - \boldsymbol{u}\| \leqq d(x) + L \int_{G(x)} d(\xi)\,E_m(L(x_1 - \xi_1) \ldots (x_m - \xi_m))\,d\xi. \tag{23'}$$

Ist außerdem $d(x) = d$ konstant und G im Gebiet $\{x > 0\}$ gelegen, so ergibt sich die besonders einfache Formel

$$\|\boldsymbol{v} - \boldsymbol{u}\| \leqq d\,E_m(L x_1 \ldots x_m). \tag{23''}$$

---

[1] Das $<$-Zeichen in 17 VI (γ) erhält man in der üblichen Weise, indem man z. B. statt mit d mit $d + \varepsilon$ rechnet und dann $\varepsilon \to 0$ streben läßt.

Die Formel (23) folgt unmittelbar aus 17 VII und II, insbesondere (4'). Die Sonderfälle (23') und (23'') ergeben sich dann aus (10) (11) durch elementare Rechnung (gliedweise Integration der Reihe (11) über $0 \leqq \xi \leqq x$).

Schließlich soll der Formel (23'') eine für Anwendungen brauchbarere Form gegeben werden. Ist $d(x)$ eine gemäß (22) bestimmte Funktion, so gilt

$$\|v-u\| \leqq E_m(L x_1 \ldots x_m) \max_{\xi \in G(x)} d(\xi). \tag{23'''}$$

Denn es ist natürlich erlaubt, bei festgehaltenem x statt $\overline{G}$ den Bereich $G(x)$ zu betrachten und darauf (23'') anzuwenden.

(γ) *Bedingung von* Osgood. Hat $\psi(z)$ die in 4 V (β) genannten Eigenschaften, so ist die Funktion $\boldsymbol{\omega}$ mit den Komponenten

$$\omega_\nu(x, \xi, z) = \psi(z_1 + \cdots + z_n)$$

ebenfalls aus $\mathfrak{D}^n$.

Zum Beweis nehmen wir an, G sei im Würfel $0 < x_\mu < N$, $N \geqq 1$, gelegen. Die gewöhnliche DGl

$$\varphi'(t) = \alpha \psi(n\varphi) \quad \text{mit} \quad \alpha = N^m$$

hat im Intervall $0 \leqq t \leqq mN$ beliebig kleine positive und monoton wachsende Lösungen $\varphi(t)$. Setzen wir $\varrho_\nu(x) = \varphi(x_1 + \cdots + x_n)$ für alle ν und nehmen wir etwa an, daß in der ν-ten Gl (2) die Integration nach ξ_1 auftritt, so wird wegen der Monotonie von φ und ψ

$$\int\limits_{H_\nu(x)} \omega_\nu(x, \xi, \boldsymbol{\varrho})(d\xi)_{p_\nu} = \int\limits_{H_\nu(x)} \psi(n\varphi)(d\xi)_{p_\nu} \leqq N^{p_\nu - 1} \int\limits_0^{x_1} \psi(n\varphi(\xi_1 + x_2 + \cdots + x_n))\, d\xi_1$$

$$< \frac{N^m}{\alpha} \varphi(x_1 + \cdots + x_n) = \varrho_\nu(x),$$

was allein zu zeigen war.

VII. Bemerkungen. Bei der Auswertung des Integrals in (4') bzw. (23) kann man gelegentlich aus der Tatsache, daß (fast überall)

$$\frac{\partial^m}{\partial \xi_1 \ldots \partial \xi_m} h^*(x, \xi) = (-1)^m h(\xi)\, h^*(x, \xi)$$

ist, Nutzen ziehen. Es ist dann — entsprechende Differenzierbarkeitseigenschaften von $d(\xi)$ vorausgesetzt — möglich, das Integral durch partielle Integration in eine zur Berechnung geeignetere Form zu bringen. Im Falle $m=1$ wurde diese Umformung in (1.4) durchgeführt.

Der Beweis der obigen Formel ist im Sonderfall (10) trivial; im allgemeinen Fall hat man auf die Definition von h^* zurückzugreifen und die Integrale in (6) zu differenzieren.

20. Die hyperbolische Differentialgleichung $u_{xy} = f(x, y, u)$

Ist $I = [a, b] = \{x \mid a \leqq x \leqq b\}$, $a = (a_1, \ldots, a_m) \leqq b = (b_1, \ldots, b_m)$, ein m-dimensionales abgeschlossenes Intervall und $\varphi(x)$ eine gegebene Funktion, so versteht man unter der „Intervallfunktion" $\varphi(I)$ die Funktion

$$\varphi(I) = \sum_c (-1)^{\nu(c)} \varphi(c),$$

wobei $c \in E^m$ alle Eckpunkte von I durchläuft und $\nu(c)$ die Anzahl der in c vorkommenden Komponenten a_μ ist (vgl. KAMKE (1956, S. 42)). Für $m=1$ ist $\varphi(I)=\varphi(b)-\varphi(a)$, für $m=2$ ist $\varphi(I)=\varphi(b_1, b_2)+\varphi(a_1, a_2)-\varphi(a_1, b_2)-\varphi(b_1, a_2)$. Dieser Begriff spielt in der Theorie des Lebesgue-Stieltjes-Integrals eine fundamentale Rolle; wir erwähnen ihn hier nur, weil er die Beziehungen zwischen den gewöhnlichen und den hyperbolischen DGln klar hervortreten läßt. Mit den Bezeichnungen $D=\partial^m/\partial x_1 \ldots \partial x_m$ und $|I|=(b_1-a_1) \ldots (b_m-a_m)$ ist (unter geeigneten Regularitätsvoraussetzungen) $D\varphi(x)=\lim \varphi(I)/|I|$, wenn sich I auf den Punkt x zusammenzieht (d.h. $x \in I$, Durchmesser von $I \to 0$). Der Hauptsatz der Differential- und Integralrechnung lautet in dieser Bezeichnung ($m=1$)

$$\int_I D\varphi(x)\, dx=\varphi(I). \tag{1}$$

In dieser Form gilt der Satz jedoch für beliebiges $m \geqq 1$. So ist z.B. für $m=2$ (wir schreiben (x, y) statt (x_1, x_2))

$$\int_I \varphi_{xy}(x, y)\, dx\, dy=\varphi(I)=\varphi(b_1, b_2)+\varphi(a_1, a_2)-\varphi(a_1, b_2)-\varphi(a_2, b_1), \tag{2}$$

wie man leicht nachrechnet.

Unter diesem Gesichtspunkt ist also die Ableitung $\varphi_{xy}(x, y)$ die naturgemäße Verallgemeinerung der Ableitung $\varphi'(t)$ und damit auch die hyperbolische DGl

$$u_{xy}=f(x, y, u) \quad \text{für} \quad u=u(x, y) \tag{3}$$

das zweidimensionale Analogon zu der gewöhnlichen DGl

$$u'=f(t, u) \quad \text{für} \quad u=u(t). \tag{4}$$

Diese enge Beziehung läßt sich durch die ganze Theorie verfolgen. Daneben gibt es aber, und zwar bei den Abschätzungs- und Eindeutigkeitsproblemen, einige wesentliche Unterschiede, worauf wir später hinweisen werden.

I. Die drei Anfangswertprobleme. (*Problem* (a), (b), (c), Z^*, $Z^*(f)$.) Von den verschiedenen AWPn für die Gl (3) wollen wir hier drei näher betrachten und kurz mit (a), (b), (c) bezeichnen. Es sei R das Rechteck $0 \leqq x \leqq a$, $0 \leqq y \leqq b$ $(a, b>0)$. Beim Problem (a), dem *charakteristischen AWP*, fällt das Grundgebiet $\bar{G}$ mit R zusammen (Abb. 6). Es werden dabei die Werte der Lösung u von (3) auf den beiden Charakteristiken $x=0$ und $y=0$ vorgeschrieben. Die Anfangsbedingung lautet also

$$u(x, 0)=\sigma(x) \quad \text{für} \quad 0 \leqq x \leqq a, \qquad u(0, y)=\tau(y) \quad \text{für} \quad 0 \leqq y \leqq b, \tag{5}$$

wobei $\sigma(x)$ und $\tau(y)$ vorgegebene, in $[0, a]$ bzw. $[0, b]$ erklärte Funktionen sind und $\sigma(0)=\tau(0)$ ist[1].

[1] Die genauen Regularitätsvoraussetzungen werden später jeweils angegeben.

Nun sei C eine in R verlaufende Kurve, welche die beiden Eckpunkte $(0, b)$ und $(a, 0)$ verbindet und überdies streng monoton ist. Sie sei etwa durch eine im Intervall $[0, a]$ stetige, im engeren Sinne monoton fallende Funktion $y=\bar{y}(x)$ mit $\bar{y}(0)=b$, $\bar{y}(a)=0$ definiert. Die Funktion $\bar{y}(x)$ besitzt also eine ebenfalls stetige und monotone Umkehrfunktion $x=\bar{x}(y)$. Beim *Cauchy-Problem* oder Problem (b) ist das Grundgebiet

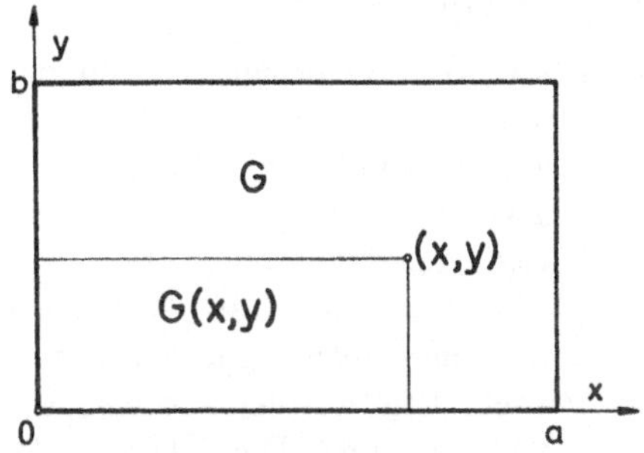

Abb. 6. Der Grundbereich für das charakteristische Anfangswertproblem (a)

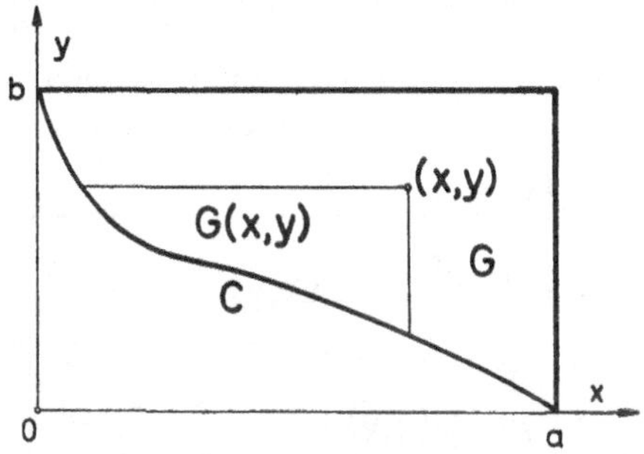

Abb. 7. Der Grundbereich für das Cauchy-Problem (b)

das oberhalb C liegende krummlinige Dreieck (Abb. 7) $\bar{G}=\{(x, y)|\, 0\leqq x\leqq a, \bar{y}(x)\leqq y\leqq b\}=\{(x, y)|\,0\leqq y\leqq b, \bar{x}(y)\leqq x\leqq a\}$. Auf C werden die Werte von u, u_x und u_y vorgeschrieben,

$$u\big(x, \bar{y}(x)\big)=z(x),\ u_x\big(x, \bar{y}(x)\big)=p(x),\ u_y\big(x, \bar{y}(x)\big)=q(x) \text{ für } 0\leqq x\leqq a. \quad (6)$$

Die Funktionen $z(x)$, $p(x)$, $q(x)$ sind jedoch nicht willkürlich wählbar. Sie unterliegen vielmehr einer „*Streifenbedingung*" genannten Einschränkung, welche wir folgendermaßen formulieren: Es gibt eine in $\bar{G}$ stetig differenzierbare Funktion $\psi(x, y)$, so daß $z(x)$, $p(x)$, $q(x)$ mit den Werten von ψ, ψ_x, ψ_y auf C (d. h. bei Ersetzung von y durch $\bar{y}(x)$) übereinstimmen. Ist $\bar{y}(x)$ stetig differenzierbar, so wird diese Bedingung identisch mit der üblichen Streifenbedingung: Im Intervall $[0, a]$ ist $z(x)$ stetig differenzierbar, $p(x)$ und $q(x)$ stetig, und es gilt

$$z'(x)=p(x)+\bar{y}'(x)\,q(x). \quad (7)$$

Schließlich wird noch ein von Goursat (1927, S. 120) formuliertes Problem (c) betrachtet. Dabei ist $\bar{G}$ der rechts von einer Kurve C gelegene Teil von R; die Kurve C ist durch eine in $[0, b]$ stetige und im engeren Sinne monoton wachsende Funktion $x=\bar{x}(y)$ oder auch durch deren Umkehrfunktion $y=\bar{y}(x)$, $0\leqq x\leqq \bar{x}(b)$, definiert, und es ist $\bar{G}=\{(x, y)|\,0\leqq y\leqq b, \bar{x}(y)\leqq x\leqq a\}$ sowie $\bar{x}(0)=0$, $\bar{x}(b)\leqq a$ (Abb. 8). Es werden auf der Kurve C und auf der Charakteristik $y=0$ die Funktionswerte

$$u(x, 0)=\sigma(x) \quad \text{für} \quad 0\leqq x\leqq a, \qquad u\big(\bar{x}(y), y\big)=\tau(y) \quad \text{für} \quad 0\leqq y\leqq b \quad (8)$$

vorgeschrieben, wobei wieder σ und τ gegebene Funktionen sind und $\sigma(0)=\tau(0)$ ist[1].

Die Menge $G(x, y)$ ist für jedes der drei Probleme (wie in 17 I) die Menge derjenigen Punkte $(\xi, \eta)\in\overline{G}$, für die $\xi\leqq x$, $\eta\leqq y$ ist. Außerdem benötigen wir die Menge $H(x, y)$, welche bei den Problemen (a) und (b) gleich $G(x, y)$, beim Problem (c)

$$H(x, y)=\{(\xi, \eta)\,|\,0\leqq\eta\leqq y, \bar{x}(y)\leqq\xi\leqq x\}$$

ist. Unter $C(x, y)$ verstehen wir den in $G(x, y)$ gelegenen Teil der Kurve C. Zweidimensionale Integrale werden mit doppeltem Integralzeichen, eindimensionale, auch Kurvenintegrale, mit einfachem Integralzeichen bezeichnet.

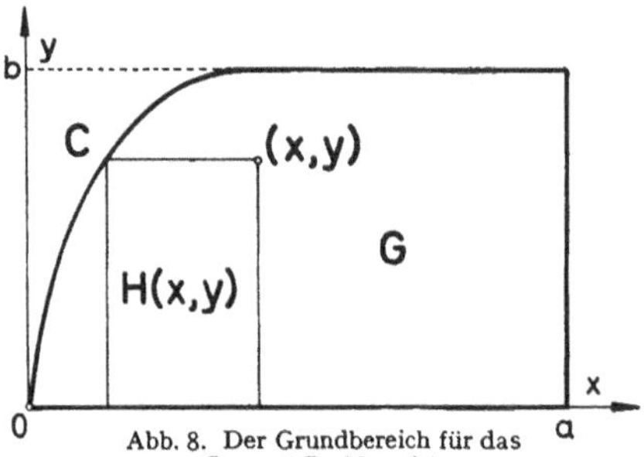

Abb. 8. Der Grundbereich für das Goursat-Problem (c)

Es ist Z^* die Klasse derjenigen Funktionen $\varphi(x, y)$, die in $\overline{G}$ mit Einschluß ihrer Ableitungen φ_x, φ_y, φ_{xy} stetig sind[2]. Die Klasse $Z_c(f)$ wurde in 19 I definiert[3]. Ist φ aus dieser Klasse und aus Z^*, so ist φ aus der Klasse $Z^*(f)$.

II. Transformation auf eine Integralgleichung. Jede Funktion $\varphi\in Z^*$ gestattet eine Darstellung

$$\varphi(x, y)=\varphi^0(x, y)+\iint\limits_{H(x,y)}\varphi_{xy}(\xi, \eta)\,d\eta, \tag{9}$$

wobei

$$\varphi^0(x, y)=\varphi(x, 0)+\varphi(0, y)-\varphi(0, 0), \tag{10a}$$

$$\left.\begin{aligned}\varphi^0(x, y)&=\varphi(x, \bar{y}(x))+\int\limits_{\bar{y}(x)}^{y}\varphi_y(\bar{x}(\eta), \eta)\,d\eta\\ &=\varphi(\bar{x}(y), y)+\int\limits_{\bar{x}(y)}^{x}\varphi_x(\xi, \bar{y}(\xi))\,d\xi,\end{aligned}\right\} \tag{10b}$$

$$\varphi^0(x, y)=\varphi(x, 0)+\varphi(\bar{x}(y), y)-\varphi(\bar{x}(y), 0) \tag{10c}$$

ist. Diese Formel ist für die Fälle (a) und (c) lediglich eine andere Schreibweise von (2), während sie sich im Falle (b) aus

$$\begin{aligned}\iint\limits_{H(x,y)}\varphi_{xy}\,d\xi\,d\eta&=\int\limits_{\bar{y}(x)}^{y}\int\limits_{\bar{x}(\eta)}^{x}\varphi_{xy}\,d\xi\,d\eta=\int\limits_{\bar{y}(x)}^{y}[\varphi_y(x, \eta)-\varphi_y(\bar{x}(\eta), \eta)]\,d\eta\\ &=\varphi(x, y)-\varphi(x, \bar{y}(x))-\int\limits_{\bar{y}(x)}^{y}\varphi_y(\bar{x}(\eta), \eta)\,d\eta\end{aligned}$$

---

[1] Die genauen Regularitätsvoraussetzungen werden später jeweils angegeben.

[2] Dabei wird in jenen Randpunkten, in welchen man nur einseitig differenzieren kann, unter der Ableitung diese einseitige Ableitung verstanden. Die Klasse Z^* kann auch so definiert werden: $\varphi\in Z^*$ bedeutet, daß die Ableitungen φ_x, φ_y, φ_{xy} in G existieren und dort gleichmäßig stetig sind.

[3] Gemeint ist natürlich die Klasse $Z_c(k)$ mit $k(x, y, \xi, \eta, z)=f(\xi, \eta, z)$.

ergibt (vertauscht man hierbei die Reihenfolge der Integration, so erhält man den in (10b) an zweiter Stelle stehenden Ausdruck). Nach (10) ist φ^0 von der Gestalt

$$\varphi^0(x, y)=\sigma_1(x)+\tau_1(y) \tag{11}$$

mit stetigen Funktionen σ_1, τ_1. In den Fällen (a) und (b) sind diese Funktionen sogar stetig differenzierbar, d.h. es ist $\varphi^0 \in Z^*$ und $\varphi^0_{xy}=0$; dasselbe gilt bei (c), wenn $\bar{x}(y)$ stetig differenzierbar ist. Diese Aussage ist für (a) und (c) trivial, bei (b) erhält man $\varphi^0_y(x, y)=\varphi_y(\bar{x}(y), y)$ aus der ersten Zeile, $\varphi^0_x(x, y)=\varphi_x(x, \bar{y}(x))$ aus der zweiten Zeile in (10b), also $\varphi^0 \in Z^*$ und $\varphi^0_{xy}=0$, woraus (11) folgt.

Aufgrund der Gl (9) läßt sich jedes der drei AWPe in eine Volterra-IGl

$$u(x, y)=g(x, y)+\iint\limits_{H(x,y)} f(\xi, \eta, u(\xi, \eta))\, d\xi\, d\eta \tag{12}$$

überführen. Die Funktion $g(x, y)$ ist durch die vorgegebenen Anfangswerte gemäß

$$g(x, y)=\sigma(x)+\tau(y)-\sigma(0), \tag{13a}$$

$$g(x, y)=z(x)+\int\limits_{\bar{y}(x)}^{y} q(\bar{x}(\eta))\, d\eta=z(\bar{x}(y))+\int\limits_{\bar{x}(y)}^{x} p(\xi)\, d\xi, \tag{13b}$$

$$g(x, y)=\sigma(x)+\tau(y)-\sigma(\bar{x}(y)) \tag{13c}$$

eindeutig bestimmt. Die beiden Ausdrücke in (13b) stimmen überein, da es nach Voraussetzung eine in G stetig differenzierbare Funktion ψ gibt, so daß ψ, ψ_x und ψ_y auf C mit z, p und q übereinstimmt, und da für jede solche Funktion ψ die Identität

$$\psi(x, \bar{y}(x))-\psi(\bar{x}(y), y)=\int\limits_{C(x,y)} (\psi_x\, d\xi+\psi_y\, d\eta)$$
$$=\int\limits_{\bar{x}(y)}^{x} \psi_x(\xi, \bar{y}(\xi))\, d\xi-\int\limits_{\bar{y}(x)}^{y} \psi_y(\bar{x}(\eta), \eta)\, d\eta$$

besteht (das erste Integral ist ein Kurvenintegral, wobei $C(x, y)$ „von links oben nach rechts unten" orientiert ist; daß diese für stetig differenzierbares $\bar{y}(x)$ triviale Formel auch für stetiges $\bar{y}(x)$ gilt, ist wohlbekannt und leicht einzusehen).

Aus diesen Erörterungen ergibt sich unmittelbar der folgende Zusammenhang zwischen den AWPn (a), (b), (c) und der zugehörigen IGl (12).

Genügt die Funktion $u \in Z^*(f)$ in $\bar{G}$ der DGl (3) und wird $u^0=g$ gesetzt[1], *so ist g stetig und u eine Lösung der IGl (12); dabei ist g durch (13) gegeben, wenn u den Anfangsbedingungen (5) bzw. (6) bzw. (8) genügt. Sind um-*

[1] u^0 ist gemäß (9) (10) definiert.

gekehrt im Falle (a) *die Funktionen* $\sigma(x)$ *und* $\tau(y)$, *im Falle* (c) *die Funktionen* $\sigma(x)$, $\tau(y)$ *und* $\bar{x}(y)$ *stetig differenzierbar (im Falle* (b) *genügt die bei* (6) *gemachte Voraussetzung), wird* g *nach* (13) *definiert und ist* u *in* $\bar{G}$ *eine stetige Lösung der IGl* (12), *wobei* f *eine in allen drei Variablen stetige Funktion ist, so gehört die Funktion* u *zu* $Z^*(f)$, *sie genügt in* $\bar{G}$ *der DGl* (3) *und sie erfüllt die Anfangsbedingungen* (5) *bzw.* (6) *bzw.* (8).

Bei unserer Betrachtungsweise wird die IGl im Vordergrund stehen. Das hat den Vorteil, daß wir uns nicht auf Lösungen aus Z^* beschränken müssen und demnach von den Funktionen $\bar{y}(x)$, $\sigma(x)$, $\tau(y)$ nur Stetigkeit verlangen. Auch die Funktion $f(x, y, z)$ ist zunächst ganz willkürlich; $Z_c(f)$ ist gemäß 19 I die Klasse derjenigen in $\bar{G}$ stetigen Funktionen, für welche $f(x, y, \varphi(x, y)) \in L(\bar{G})$ ist. Eine *Lösung* ist eine in $\bar{G}$ der Gl (12) genügende Funktion $u \in Z_c(f)$.

Nach 18 II besteht folgender

III. Existenzsatz. *Die IGl* (12) *besitzt mindestens eine Lösung, wenn* g *in* $\bar{G}$ *stetig und* $f \in \mathscr{H}$ *ist*[1]. *Ist* $f \in \mathscr{H}_0$, *so wird die Lösung i. allg. nur in einer Umgebung des Nullpunktes* (*Fall* (a) (c)) *bzw. der Kurve* C (*Fall* (b)) *existieren. Jedoch existiert sie im ganzen Gebiet* $\bar{G}$, *wenn eine Abschätzung*

$$|f(x, y, z)| \leqq h(x, y)(1 + |z|) \quad \textit{mit} \quad h \in L(\bar{G})$$

besteht (*vgl.* 18 VI).

Dieser Satz — für den Fall, daß f einer Lipschitz-Bedingung in z genügt, geht er auf Picard (1896) zurück — wurde für das Problem (a) von Guglielmino (1958) bewiesen; vgl. auch Pulvirenti (1960a). Wir wissen nach 18 VII, daß ein Maximal- und ein Minimalintegral existieren, wenn f monoton wachsend in z ist. Darüber hinaus hat Zwirner (1951) gezeigt, daß das Problem (a) unter der alleinigen Voraussetzung der Stetigkeit von $f(x, y, z)$ ein Maximal- und ein Minimalintegral besitzt. Dieses Ergebnis ist sehr wichtig für das Eindeutigkeitsproblem, weil damit in den Eindeutigkeitskriterien nach 17 IX nur eine einseitige Abschätzung von f verlangt werden muß.

Daß das AWP, wenn man $f \in \mathscr{H}$ oder auch Stetigkeit von f voraussetzt, i. allg. nicht eindeutig ist, zeigen ganz einfache Beispiele. So hat etwa das charakteristische AWP für die Gl $u_{xy} = 4\sqrt{u}$ mit $u(x, 0) = u(0, y) = 0$ die Lösungen $u = 0$ und $u = x^2 y^2$.

IV. Ober- und Unterfunktionen. *Die Funktion* f *sei monoton wachsend in* z. *Dann ist, wenn* $v, w \in Z_c(f)$,

$$v < g + \iint\limits_{H(x,y)} f(\xi, \eta, v)\, d\xi\, d\eta, \qquad w > g + \iint\limits_{H(x,y)} f(\xi, \eta, w)\, d\xi\, d\eta \quad \textit{in} \quad \bar{G}$$

[1] Das bedeutet nach 18 I natürlich, daß die Funktion $k(x_1, x_2, \xi_1, \xi_2, z) = f(\xi_1, \xi_2, z)$ aus $\mathscr{H}$ ist.

und u eine Lösung von (12) *ist,*

$$v<u<w \quad in \quad \bar{G}.$$

Sind insbesondere die Funktionen $u, v, w \in Z^*(f)$ *und ist*

(α) $v^0(x, y)<u^0(x, y)<w^0(x, y)$ *in* $\bar{G}$,

(β) $v_{xy} \leqq f(x, y, v)$, $u_{xy}=f(x, y, u)$, $w_{xy} \geqq f(x, y, w)$ *in* $\bar{G}$,

so gilt wieder die obige Abschätzung[1].

Der zweite Teil der Behauptung wird mittels (9) auf den ersten Teil zurückgeführt, welcher ein Sonderfall von 19 I ist.

Man beachte: Die UnGln (α) müssen in ganz $\bar{G}$ bestehen. Liegt etwa ein Problem (a) mit gegebenen Funktionen σ, τ vor und ist $\sigma(x)<w(x, 0)$ und $\tau(y)<w(0, y)$, so folgt daraus *nicht* $u^0<w^0$ in $\bar{G}$. Beispiel: $\sigma=\tau=0$, $a=b=1$, $w(x, 0)=\frac{3}{2}-x$, $w(0, y)=\frac{3}{2}-y$; es ist $u^0=0$, $w^0=\frac{3}{2}-x-y$, also $u^0(1, 1)>w^0(1, 1)$.

V. Abschätzungssatz[1]. *Die Funktion* $\omega(x, y, z)$ *sei für* $z \geqq 0$ *erklärt und monoton wachsend in z. Für die Funktionen* $u, v \in Z^*(f)$, $\varrho \in Z^*(\omega)$, $\delta \in L(\bar{G})$ *gelte*

(α) $|v^0-u^0|<\varrho^0$ *in* $\bar{G}$;

(β) $u_{xy}=f(x, y, u)$ *und* $|v_{xy}-f(x, y, v)| \leqq \delta(x, y)$ *in* $\bar{G}$;

(γ) $\varrho_{xy} \geqq \delta(x, y)+\omega(x, y, \varrho)$ *in* $\bar{G}$;

(δ) $|f(x, y, z)-f(x, y, \bar{z})| \leqq \omega(x, y, |z-\bar{z}|)$ *für* $(x, y, z), (x, y, \bar{z}) \in D(f)$.

Dann ist

$$|v-u|<\varrho \quad in \quad \bar{G}.$$

Auch das ist lediglich ein Sonderfall des entsprechenden Satzes 19 IV bzw. 17 VI. Setzt man nämlich $g=u^0$ und

$$d(x, y)=|v^0-g|+\iint_{H(x,y)} \delta(\xi, \eta)\, d\xi\, d\eta,$$

so sind alle Voraussetzungen von 17 VI erfüllt.

Auf

VI. Eindeutigkeitsfragen werden wir ausführlich in der nächsten Nummer eingehen. Nach 19 V, VI wissen wir, daß eine Lipschitz-Bedingung oder eine Osgood-Bedingung, d.h. eine Abschätzung V (δ) mit $\omega(x, y, z)=l(x, y)z$, $l(x, y) \in L(\bar{G})$ bzw. mit $\omega(x, y, z)=\psi(z)$ (ψ habe die in 4 V (β) angegebenen Eigenschaften) hinreichend für die Eindeutigkeit ist. Außerdem läßt sich unter Bezugnahme auf Satz V und mit den bei 19 VI angestellten Überlegungen leicht zeigen, daß in beiden Fällen die Lösung stetig von den Anfangswerten und von der rechten Seite f der DGl (3) abhängt. Die stetige Abhängigkeit ist dabei in der

[1] Die Sätze dieser Nummer gelten immer für alle drei Probleme.

üblichen Weise definiert: zu $\varepsilon>0$ gibt es ein $\delta>0$, so daß $|v-u|<\varepsilon$ ist, wenn u die Lösung des AWPs, $|v_{xy}-f(x,y,v)|\leqq\delta$, $|v^0-g|\leqq\delta$ in $\bar{G}$ ist.

Schließlich sei bemerkt, daß statt V (δ) eine einseitige Abschätzung

$$f(x,y,z)-f(x,y,\bar{z})\leqq\omega(x,y,z-\bar{z}) \quad \text{für} \quad z\geqq\bar{z}$$

genügt, falls die Existenz eines Maximalintegrals gesichert ist (vgl. die Bemerkung in III).

VII. Die Lipschitz-Bedingung. Die Funktion $f(x,y,z)$ genüge der Lipschitz-Bedingung

$$|f(x,y,z)-f(x,y,\bar{z})|\leqq h(x)\,l(y)\,|z-\bar{z}|, \tag{14}$$

wobei h und l integrierbare Funktionen mit den Stammfunktionen

$$H(x)=\int_0^x h(\xi)\,d\xi \quad \text{und} \quad L(y)=\int_0^y l(\eta)\,d\eta$$

sind. Ist $v\in Z_c(f)$,

$$\Big|v-g-\iint_{H(x,y)} f(\xi,\eta,v)\,d\xi\,d\eta\Big|\leqq d(x,y) \quad \text{in} \quad \bar{G} \tag{15}$$

mit einer stetigen Funktion $d(x,y)$, ist ferner u eine Lösung von (12), so gilt

$$|v-u|\leqq E_2\big(H(x)\,L(y)\big)\cdot\max_{G(x,y)} d(\xi,\eta). \tag{16}$$

Die Funktion $E_2(t)$ wurde in (19.11) definiert.

Häufig hat man statt (15) eine Abschätzung

$$|v_{xy}-f(x,y,v)|\leqq\delta(x,y) \quad \text{und} \quad |v^0-u^0|=|v^0-g|\leqq\varepsilon(x,y) \quad \text{in } \bar{G}; \tag{17}$$

es gilt dann ebenfalls (16) mit

$$d(x,y)=\varepsilon(x,y)+\iint_{H(x,y)}\delta(\xi,\eta)\,d\xi\,d\eta.$$

Sind dabei δ und ε konstant, so wird aus (16)

$$\left.\begin{aligned}|v-u|&\leqq E_2\big(H(x)\,L(y)\big)\big(\varepsilon+\delta\cdot\max_{G(x,y)}|H(\xi,\eta)|\big)\\ &\leqq E_2\big(H(x)\,L(y)\big)\big(\varepsilon+\delta|G(x,y)|\big).\end{aligned}\right\} \tag{18}$$

Diese Formeln folgen aus (19.23) und gelten für alle drei Probleme.

Sind die beiden Funktionen h und l konstant, etwa $h(x)\,l(y)=L$, so gilt neben (18) die Abschätzung

$$|v-u|\leqq E_2(Lxy)\left(\varepsilon+\frac{\delta}{L}\right)-\frac{\delta}{L}. \tag{19}$$

Sie liefert für das Problem (a) etwas kleinere Schranken als (18) und läßt sich leicht mit V beweisen. Die rechte Seite von (19), sie werde mit ϱ

bezeichnet, genügt den Gleichungen

$$\varrho_{xy}=L\left(\varepsilon+\frac{\delta}{L}\right)E_2(Lxy)=L\varrho+\delta,$$

und es ist in allen drei Fällen $\varrho^0\geqq\varepsilon$, wie aus (10) mit einfacher Rechnung folgt.

VIII. Ein spezielles Cauchy-Problem. Viele Schwingungsprobleme führen auf ein Cauchy-Problem, bei welchem die Kurve C eine um 45° geneigte Gerade, etwa $x+y=0$, ist (daß sie nicht im ersten Quadranten verläuft, ist für unsere Sätze offenbar unerheblich). Sie treten dann meist in einem um 45° gedrehten Koordinatensystem auf. Transformiert man dementsprechend den Ausdruck

$$P\varphi=\varphi_{xy}-f(x, y, \varphi) \tag{20}$$

auf die neuen Variablen (t, s) gemäß

$$x+y=t, \quad x-y=s, \quad \text{also} \quad x=\tfrac{1}{2}(s+t), \quad y=\tfrac{1}{2}(t-s)$$

(physikalisch ist t eine Zeit-, s eine Ortsvariable), so wird mit der Bezeichnung $\overline{\varphi}(t, s)=\varphi\left(\frac{t+s}{2}, \frac{t-s}{2}\right)$

$$P\varphi=\overline{\varphi}_{tt}-\overline{\varphi}_{ss}-f\left(\frac{t+s}{2}, \frac{t-s}{2}, \overline{\varphi}\right)=\overline{\varphi}_{tt}-\overline{\varphi}_{ss}-\overline{f}(t, s, \overline{\varphi})=\overline{P}\overline{\varphi}. \tag{21}$$

Es sei also $\overline{G}$ etwa das durch die UnGln $x+y\geqq 0$, $x\leqq a$, $y\leqq b$ begrenzte Dreieck, u eine Lösung eines Problems (b) in $\overline{G}$ und $v\in Z^*(f)$, wobei f der Abschätzung (14) mit der Lipschitz-Konstanten $L=h(x)l(y)$ genügt. Ferner sei $|Pv|\leqq\delta$ in $\overline{G}$, und auf der Kurve C: $x+y=0$ gelte

$$|v-u|\leqq\varepsilon, \quad \alpha|v_x-u_x|+(1-\alpha)|v_y-u_y|\leqq\varepsilon_1, \tag{22}$$

wobei α eine geeignete Konstante, $0\leqq\alpha\leqq 1$, ist[1]. Dann ist in $\overline{G}$

$$|v-u|\leqq A\,e^{\sqrt{L}(x+y)}+B\,e^{-\sqrt{L}(x+y)}-\frac{\delta}{L} \tag{23}$$

mit

$$A=\frac{1}{2}\left(\varepsilon+\frac{\delta}{L}+\frac{\varepsilon_1}{\sqrt{L}}\right), \quad B=\frac{1}{2}\left(\varepsilon+\frac{\delta}{L}-\frac{\varepsilon_1}{\sqrt{L}}\right).$$

Im (t, s)-Koordinatensystem lautet die Voraussetzung

$$\overline{P}\overline{u}=0 \quad \textit{und} \quad |\overline{P}\overline{v}|\leqq\delta \quad \textit{in} \quad \overline{G},$$
$$|\overline{v}-\overline{u}|\leqq\varepsilon \quad \textit{und} \quad |\overline{v}_t-\overline{u}_t|\leqq\varepsilon_1 \quad \textit{für} \quad t=0$$

und die Behauptung

$$|\overline{v}-\overline{u}|\leqq A\,e^{\sqrt{L}t}+B\,e^{-\sqrt{L}t}-\frac{\delta}{L}. \tag{23'}$$

---

[1] Man beachte, daß (22) nur auf C gelten muß.

Für $L=0$ hat man darunter den Grenzwert für $L\to 0$, also die Formel

$$|\bar{v}-\bar{u}|\leqq \varepsilon+\varepsilon_1 t+\frac{\delta}{2}t^2$$

zu verstehen.

Diese Abschätzung folgt leicht aus V. Bezeichnet man nämlich die rechte Seite von (23) mit $\varrho(x, y)=\varphi(x+y)$, so ist $\varphi(t)$ gerade die Lösung des AWPs

$$\varphi''=L\varphi+\delta,\quad \varphi(0)=\varepsilon,\quad \varphi'(0)=\varepsilon_1,$$

d.h. es ist $\varrho_{xy}=L\varrho+\delta$ und $\varrho^0=\varepsilon+\varepsilon_1(x+y)$. Ferner ist, wie man nach (10b) ausrechnet, $|u^0-v^0|\leqq\varepsilon+\varepsilon_1(x+y)=\varrho^0(x, y)$ in $\overline{G}$.

IX. Bemerkungen. (α) Die Sätze dieser Nummer lassen sich ohne Schwierigkeiten auf Systeme von DGln

$$\boldsymbol{u}_{xy}=\boldsymbol{f}(x, y, \boldsymbol{u})$$

ausdehnen, bei welchen $\boldsymbol{u}=(u_1, \ldots, u_n)$, $\boldsymbol{f}=(f_1, \ldots, f_n)$ mit $f_\nu=f_\nu(x, y, z_1, \ldots, z_n)$ und ebenso $\boldsymbol{\sigma}=(\sigma_1, \ldots, \sigma_n)$, ... ist. Jedes der drei Probleme ist äquivalent einer IGl (12) (mit Fettdruck an den Stellen u, g, f), für die der Existenzsatz III gilt. Die Aussagen von IV gelten ungeändert. Satz V kann auf zwei Arten verallgemeinert werden: Man schätzt entweder mit einer Vektorfunktion $\boldsymbol{\omega}$ ab ($\boldsymbol{\omega}$, $\boldsymbol{\rho}$, $\boldsymbol{\delta}$ fett, Betragsstriche bleiben stehen), oder man geht mit Hilfe einer K-Norm anstelle der absoluten Beträge zu skalaren Funktionen ω, δ, ϱ über. Wählt man die letztere Möglichkeit, so *bleiben die Abschätzungen* (16), (18), (19), (23) *bestehen, wenn man in* (14) *bis* (23) *die Größen f, z, $\bar{z}$, u, v, g durch die entsprechenden Vektoren und die Beträge durch K-Normen ersetzt.*

(β) Wir haben bei den drei Problemen eine Richtung, nämlich „von links unten nach rechts oben" ausgezeichnet. Jedes Problem ist zu drei anderen gleichwertig, die man daraus durch Spiegelung an der x-Achse bzw. y-Achse bzw. x- und y-Achse erhält. Hat man z.B. ein Cauchy-Problem, bei welchem $\overline{G}$ der *unterhalb* der Kurve C (sie sei nach wie vor monoton fallend) liegende Teil des Rechtecks R ist, so muß man neue Variable $\bar{x}=-x$, $\bar{y}=-y$ einführen; ist dagegen C eine monoton wachsende, im Rechteck R vom Nullpunkt zum Punkt (a, b) verlaufende Kurve und $\overline{G}$ der oberhalb liegende Teil des Rechtecks, so lautet die Transformation $\bar{x}=-x$, $\bar{y}=y$, usw.

(γ) Von weiteren AWPn für hyperbolische DGln seien noch zwei erwähnt. Kisyński (1957) formuliert ein AWP, welches als Sonderfälle die Probleme (a) und (b) enthält. Dabei werden (Abb. 9) auf den Charakteristikenstücken $[b_0, b]$ und $[a_0, a]$ Funktionswerte, auf der die Punkte $(0, b_0)$, $(a_0, 0)$ verbindenden Kurve C Funktionswerte und die Werte der ersten Ableitungen vorgegeben. Die Überführung in eine IGl (12) und die Ausdehnung der übrigen Ergebnisse auf diesen Fall bieten keine Schwierigkeiten; vgl. Kisyński (1960). Anders verhält es sich jedoch mit dem folgenden Goursat-Problem (Abb. 10), bei welchem $\overline{G}$ der zwischen zwei vom Nullpunkt ausgehenden und monoton wachsenden Kurven C_1, C_2 liegende Teil von R ist. Auf C_1, C_2 sind Funktionswerte vorgeschrieben. Auch hier läßt sich unter geeigneten Voraussetzungen eine äquivalente IGl angeben (näheres bei

KISYŃSKI (1957)). Neu ist jedoch, daß das Integrationsgebiet $H(x, y)$ eine Summe von (endlich oder unendlich vielen) Rechtecken $H^k(x, y)$ ist, über welche abwechselnd mit positivem und negativem Vorzeichen integriert wird:

$$u(x, y)=g(x, y)+\sum_k (-1)^k \iint_{H^k(x,y)} f(\xi, \eta, u)\, d\xi\, d\eta. \tag{12'}$$

Eine Übertragung von IV auf dieses Problem scheint nicht möglich zu sein. Dagegen läßt sich ein Abschätzungssatz ähnlich wie V leicht aufstellen. Bezeichnet

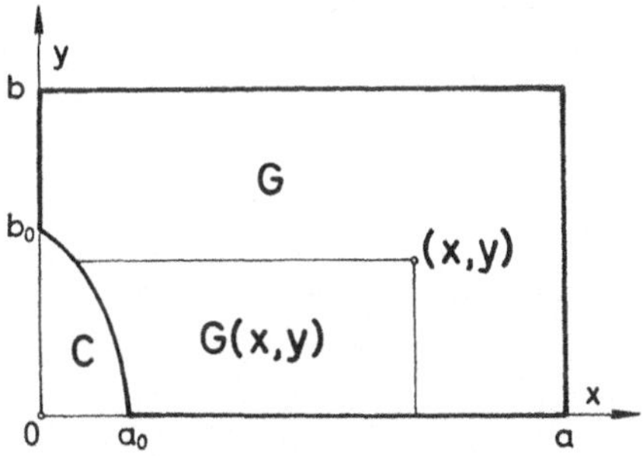

Abb. 9. Der Grundbereich für ein Problem von KISYŃSKI

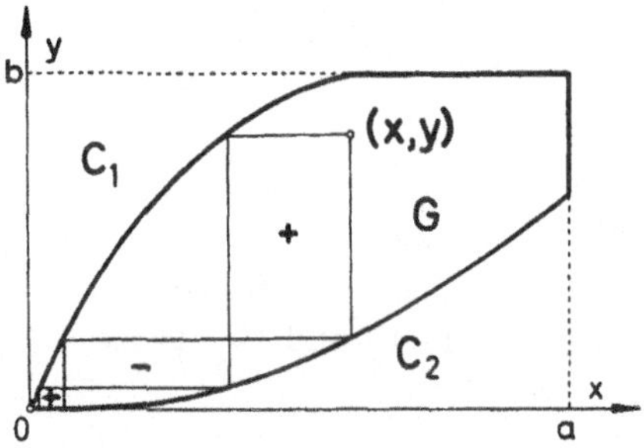

Abb. 10. Der Grundbereich für ein Goursat-Problem

man mit K den der Gl (12′) entsprechenden Integraloperator, so folgt aus $|f(x, y, z)-f(x, y, \bar{z})| \leqq \omega(x, y, |z-\bar{z}|)$ die Abschätzung

$$|K\varphi - K\bar{\varphi}| \leqq \iint_{H'(x,y)} \omega(\xi, \eta, |\varphi-\bar{\varphi}|)\, d\xi\, d\eta \quad \text{mit} \quad \sum_k H^k(x, y)=H'(x, y).$$

Das ist gerade die UnGl (17.3), wenn man Ω durch

$$\Omega\varphi = \iint_{H'(x,y)} \omega(\xi, \eta, \varphi)\, d\xi\, d\eta$$

definiert. Satz 17 VI ist dann anwendbar; insbesondere herrscht nach 19 VI Eindeutigkeit, wenn f einer Lipschitz- oder Osgood-Bedingung genügt.

(δ) Bei Satz IV sind Gleichheitszeichen zugelassen, wenn f einer Eindeutigkeitsbedingung genügt, ebenso in V (α), wenn ω einer Eindeutigkeitsbedingung genügt, und zwar aufgrund der allgemeinen Bemerkung 17 XI (γ). Auch die andere in 17 XI (γ) besprochene, von Maximal- und Minimalintegralen Gebrauch machende Möglichkeit, zu Sätzen überzugehen, bei denen in allen UnGln das Gleichheitszeichen zulässig ist, läßt sich bei IV und V leicht durchführen.

X. Bemerkung zur Monotonievoraussetzung. Den Sätzen über Ober- und Unterfunktionen liegt als wesentliche Voraussetzung die Monotonie der Kerne zugrunde. In Nr. 5 haben wir gesehen, daß man sich bei gewöhnlichen DGln von dieser Einschränkung frei machen kann. Von grundsätzlicher Bedeutung ist die analoge Frage bei hyperbolischen DGln: Gilt z.B. die Aussage IV auch dann, wenn f nicht monoton wachsend in z ist? Diese Frage ist, wie das folgende Beispiel zeigt, selbst dann zu verneinen, wenn IV (β) noch verschärft wird und wenn f einer

Lipschitz-Bedingung genügt. Die Monotonie ist also hier eine nicht entbehrliche Voraussetzung. Dieser Unterschied zum Fall $m=1$ wird bereits bei der Funktion $E_2(t)$ sichtbar. Während nach (19.11) $E_1(t)=e^t$ ist, also auch für negative t positiv bleibt, ist $E_2(t)$ auch negativer Werte fähig. Nun zu unserem Beispiel, welches gerade diese Eigenschaft von E_2 benutzt! Wir betrachten das Problem (a)

$$u_{xy}=-u \quad \text{für} \quad x, y \geqq 0, \quad u(x, 0)=u(0, y)=0.$$

Die Lösung lautet $u=0$. Nun wird eine Funktion $w(x, y)$ mit den Eigenschaften

$$w_{xy}=-w+\delta \ (\delta>0), \quad w(x, 0)=\sigma(x), \quad w(0, y)=\tau(y)$$

konstruiert, wobei $\sigma(0)=\tau(0)>0$, $\sigma'(x)>0$, $\tau'(y)>0$ und $\delta>0$ ist. Nach (19.4') und 19 VII ist

$$w(x, y)=d(x, y)+\int_0^x\int_0^y d(\xi,\eta)\frac{\partial^2}{\partial\xi\,\partial\eta}E_2\big(-(x-\xi)(y-\eta)\big)\,d\xi\,d\eta$$

mit

$$d(x, y)=\sigma(x)+\tau(y)-\sigma(0)+\delta x y.$$

Nach zweimaliger partieller Integration wird daraus

$$w(x, y)=\sigma(0)E_2(-xy)+\int_0^x\sigma'(\xi)E_2\big(-(x-\xi)y\big)\,d\xi+$$
$$+\int_0^y\tau'(\eta)E_2\big(-x(y-\eta)\big)\,d\eta+\delta\big(1-E_2(-xy)\big).$$

Da $|E_2(t)|\leqq 1$ für $t\leqq 0$ und $E_2(t)<-0{,}1$ für $-1{,}8>t>-6{,}8$ ist, kann man leicht einen Punkt $(x_0, y_0)>(0, 0)$, ein $\delta>0$ und zwei Funtionen σ, τ mit den angegebenen Eigenschaften so bestimmen, daß $w(x_0, y_0)<0$ ist. Diese Funktion ist also keine Oberfunktion, obwohl $w_{xy}>-w$, $w^0>0$, $w_x^0>0$, $w_y^0>0$ ist.

Während also dieses Beispiel zeigt, daß in Satz IV die Monotonie von f notwendig ist, gibt es auf der anderen Seite spezielle Abschätzungen (nämlich solche für *Lösungen* verschiedener DGln vom Typ (2)), welche frei von Monotonievoraussetzungen sind. So konnte ZWIRNER (1951, S. 230) folgendes zeigen: Ist $f(x, y, z)\leqq\bar{f}(x, y, z)$ und sind u^*, $\bar{u}^*$ die Maximalintegrale der entsprechenden AWPe (a) mit Randwerten $\sigma(x)\equiv\tau(y)\equiv 0$, so ist $u^*\leqq\bar{u}^*$ (ohne Monotonievoraussetzung!). In derselben Richtung liegt ein weiterer Satz von ZWIRNER in (1951a, S. 338).

Eine wirkliche Einsicht in die hier vorliegenden Verhältnisse fehlt bisher.

21. Die Differentialgleichung $u_{xy} = f(x, y, u, u_x, u_y)$

Bei der allgemeinen nichtlinearen hyperbolischen DGl

$$u_{xy} = f(x, y, u, u_x, u_y) \tag{1}$$

wollen wir uns auf die ersten beiden der in 20 I formulierten Probleme beschränken und lediglich in XII (α) auf die beim Goursat-Problem vorliegende andere Sachlage hinweisen. Zur Vermeidung von Weitläufigkeiten machen wir die folgenden einschränkenden

I. Voraussetzungen. Die Funktionen $\sigma(x)$, $\tau(y)$ beim Problem (a) und die Funktionen $z(x)$, $\bar{y}(x)$ beim Problem (b) seien in $[0, a]$ bzw. $[0, b]$ stetig differenzierbar; ferner seien beim Problem (b) $p(x)$ und $q(x)$ stetig, und es gelte (20.7).

Damit ist die gemäß (20.13) definierte Funktion $g(x, y)$ aus der Klasse Z^*. Die dem AWP entsprechende IGl

$$u(x, y) = g(x, y) + \iint\limits_{H(x,y)} f(\xi, \eta, u(\xi, \eta), u_x(\xi, \eta), u_y(\xi, \eta))\, d\xi\, d\eta \tag{2}$$

unterscheidet sich in einem wesentlichen Punkt von (20.12): Wir haben es mit einer Integrodifferentialgleichung zu tun. Die Ableitungen u_x, u_y kann man jedoch in bekannter Weise beseitigen, indem man dafür zwei neue Funktionen u_1 und u_2 einführt; durch Hinzusetzen zweier neuer Gleichungen wird dafür gesorgt, daß $u_1 = u_x$ und $u_2 = u_y$ ist. So erhält man das System

$$\left.\begin{aligned} u(x, y) &= g(x, y) + \iint\limits_{H(x,y)} f(\xi, \eta, u(\xi, \eta), u_1(\xi, \eta), u_2(\xi, \eta))\, d\xi\, d\eta \\ u_1(x, y) &= g_x(x, y) + \int\limits_{y_0}^{y} f(x, \eta, u(x, \eta), u_1(x, \eta), u_2(x, \eta))\, d\eta \\ u_2(x, y) &= g_y(x, y) + \int\limits_{x_0}^{x} f(\xi, y, u(\xi, y), u_1(\xi, y), u_2(\xi, y))\, d\xi, \end{aligned}\right\} \tag{3}$$

wobei

$$\text{(a)}\quad x_0 = y_0 = 0 \qquad \text{(b)}\quad x_0 = \bar{x}(y),\quad y_0 = \bar{y}(x)$$

ist. Die auf der rechten Seite von (3) in der zweiten bzw. dritten Zeile stehenden Ausdrücke sind, wie man leicht sieht, die partiellen Ableitungen des in der ersten Zeile stehenden Ausdrucks (wenn etwa der Integrand stetig ist), d.h. (3) ist äquivalent mit (2).

II. Definition ($Z^*(f)$, *Lösung*). Es ist $(u, u_1, u_2) \in Z_c(f)$ gemäß 19 I definiert (unter Bezug auf das System (3))[1]. Die Bezeichnung $u \in Z^*(f)$ bedeutet, daß $u \in Z^*$ und das Tripel $(u, u_x, u_y) \in Z_c(f)$ ist. Unter einer *Lösung* der Gl (1) oder eines AWPs verstehen wir immer eine Lösung aus der Klasse $Z^*(f)$.

---

[1] Hier liegt eine kleine Inkonsequenz vor. Man müßte genauer etwa $Z_c(\mathfrak{f})$ mit $\mathfrak{f} = (f, f, f)$ schreiben.

Ist $u \in Z^*(f)$ eine Lösung der Gl (1) und setzt man $u^0 = g$, so ist (u, u_x, u_y) eine Lösung von (3); $g(x, y)$ ist durch (20.13) gegeben, wenn u eine Lösung eines AWPs ist. Umgekehrt gilt: Ist g nach (20.13) bestimmt, $(u, u_1, u_2) \in Z_c(f)$ eine Lösung der IGl (3) und $f(x, y, z, p, q)$ stetig, so ist $u_1 = u_x$ und $u_2 = u_y$, und u ist eine Lösung des AWPs aus der Klasse $Z^*(f)$. — Nach Nr. 18 gilt der folgende

III. Existenzsatz. *Die Funktion $g(x, y)$ sei in G stetig differenzierbar, die Funktion $f(x, y, z, p, q)$ für $(x, y, z, p, q) \in \bar{G} \times E^3$ beschränkt und stetig. Ferner genüge f einer Lipschitz-Bedingung in p und q*

$$|f(x, y, z, p, q) - f(x, y, z, \bar{p}, \bar{q})| \leqq L(|p - \bar{p}| + |q - \bar{q}|). \tag{4}$$

Dann existiert mindestens eine Lösung der IGl (3). Statt der Beschränktheit genügt eine Abschätzung $|f(x, y, z, p, q)| \leqq M(1 + |z| + |p| + |q|)$. Ferner existieren ein Maximal- und ein Minimalintegral, falls f in den drei letzten Variablen monoton wachsend ist.

Wesentliche Teile der in dieser Nummer dargestellten Ergebnisse, u.a. der vorstehende Existenzsatz (in etwas allgemeinerer Form) finden sich bereits in zwei bis vor kurzem offenbar wenig bekannten Arbeiten von Satō (1941, 1945); man vergleiche auch das (in japanischer Sprache geschriebene) Buch von Hukuhara und Satō (1957)[1]. Aus der umfangreichen Literatur, welche eine Verallgemeinerung und Ausdehnung des Existenzsatzes auf andere AWPe zum Gegenstand hat, seien die Arbeiten von Leehey (1950), Alexiewicz und Orlicz (1956), Szmydt (1956, 1956a, 1957, 1958a), Diaz (1958), Walter (1959a, 1960), Conlan (1959), Santagati (1959), Zitarosa (1960), Ciliberto (1955, 1956, 1956a, 1961), Conti (1953, 1958), Guglielmino (1959, 1959a, 1960) und Arnese (1962) genannt, wovon die meisten reiche Literaturangaben enthalten. Die wichtige Frage nach der Existenz von Maximal- und Minimalintegralen, wenn f *nicht* monoton wachsend in z, p und q ist, ist noch ungelöst (eine diesbezügliche Arbeit von Santoro (1959) ist mir nicht verständlich). Hartman und Wintner (1952) veröffentlichten ein Beispiel einer stetigen Funktion $f(x, y, z, p, q)$, für welche es *keine* Lösung der Gl (1) aus der Klasse Z^* gibt. Das Beispiel ist von grundsätzlicher Bedeutung; zeigt es doch, daß der Existenzsatz von Peano — vgl. 8 VII — zwar auf die Gl (20.3), nicht aber auf (21.1) übertragen werden kann. Wir verzichten darauf, dieses nicht ganz einfache Beispiel wiederzugeben und konstruieren stattdessen

IV. Ein nicht lösbares Anfangswertproblem. Wir greifen auf das Beispiel 18 III zurück, schreiben aber x, y statt x_1, x_2. Für das dort angegebene Gebiet G (daß es nicht im ersten Quadranten liegt, spielt

[1] Herr Satō übersandte mir freundlicherweise eine hektographierte französische Übersetzung des entsprechenden 6. Kapitels dieses Buches.

offenbar keine Rolle) und die dort definierte Funktion $f(z)$ werde das folgende Problem (a)

$$u_{xy}=f(u_y) \quad \text{in } \overline{G}, \quad u(x, -1)=\sigma(x), \quad u(0, y)=\tfrac{1}{2}y^2$$

gestellt, wobei σ eine beliebige stetig differenzierbare Funktion sein kann. Man sieht leicht, daß die y-Ableitung jeder Lösung gerade der IGl von 18 III genügt. Durch Integration der dort angegebenen Lösung erhält man

$$u(x, y)=\begin{cases}\sigma(x)+\frac{1}{2}(y^2-1) & \text{für } y\leqq 0\\ \sigma(x)+\frac{1}{6}(6x^2y+8xy\sqrt{y}+3y^2-3) & \text{für } y>0.\end{cases}$$

Diese Funktion u ist aber nicht aus der Klasse Z^*, ihre y-Ableitung macht einen Sprung längs der x-Achse.

Bei der Konstruktion dieses Beispiels wurde die Tatsache benutzt, daß, wenn u eine Lösung der Gl (1) ist, längs einer Charakteristik $y=\text{const.}$ die Ableitung $u_y(x, y)=w(x)$ der gewöhnlichen DGl

$$w'(x)=f\big(x, y, u(x, y), u_x(x, y), w\big) \quad (y \text{ Parameter})$$

genügt. Ebenso genügt $u_x(x, y)=v(y)$ bei festem x der Gl

$$v'(y)=f\big(x, y, u(x, y), v, u_y(x, y)\big) \quad (x \text{ Parameter}).$$

Wenn u_y stetig ist, so heißt das, die Lösungen $w(x)$ der ersten DGl hängen stetig vom Parameter y ab. Nun hängen bei gewöhnlichen DGln die beiden Begriffe „Eindeutigkeit" und „stetige Abhängigkeit von Parametern" aufs engste miteinander zusammen; vgl. KAMKE (1945, S. 145) (man vergleiche auch das in 18 III angegebene „Rezept" zur Konstruktion nicht-lösbarer Aufgaben, das eben von nicht-eindeutigen gewöhnlichen DGln ausgeht und auf den jetzigen Fall übertragbar ist). Unter diesem Blickwinkel erscheint eine Eindeutigkeitsbedingung für die beiden genannten gewöhnlichen DGln als natürliche Voraussetzung für einen Existenzsatz. In der Tat ist (4) eine Bedingung dieser Art. Statt dieser Lipschitz-Bedingung genügen schwächere Bedingungen für die Existenz einer Lösung (vgl. die unter III angegebene Literatur).

V. Ober- und Unterfunktionen. $f(x, y, z, p, q)$ sei monoton wachsend in z, p und q. Ist (u, u_1, u_2), (v, v_1, v_2), $(w, w_1, w_2)\in Z_c(f)$ und steht beim Einsetzen von (u, u_1, u_2) bzw. (v, v_1, v_2) bzw. (w, w_1, w_2) in (3) in allen drei Zeilen das Gleichheits- bzw. das $<$-bzw. das $>$-Zeichen, so ist

$$(v, v_1, v_2)<(u, u_1, u_2)<(w, w_1, w_2) \quad \text{in } \overline{G}.$$

Oft ist es bequemer, mit der *Differential*-Gl zu arbeiten. *Die Voraussetzungen lauten dann $u, v, w\in Z^*(f)$,*

(α) (a) $v(0, 0)<u(0, 0)<w(0, 0)$,

$v_x<u_x<w_x$ *für* $y=0$, $v_y<u_y<w_y$ *für* $x=0$,

(α) (b) $(v, v_x, v_y) < (u, u_x, u_y) < (w, w_x, w_y)$ *auf* C;

(β) $v_{xy} \leqq f(x, y, v, v_x, v_y)$, $u_{xy} = f(x, y, u, u_x, u_y)$,
$w_{xy} \geqq f(x, y, w, w_x, w_y)$ *in* $\overline{G}$,

die Behauptung

$$(v, v_x, v_y) < (u, u_x, u_y) < (w, w_x, w_y) \quad \textit{in} \quad \overline{G}.$$

Ist etwa v eine Unterfunktion gemäß (α) (β), so ist (v, v_x, v_y) eine Unterfunktion für die IGl (3), wie man durch Integration leicht feststellt. Das umgekehrte ist aber i.allg. nicht richtig. Es besteht also sachlich ein Unterschied, ob man mit (α) (β), also mit der DGl, oder mit der IGl (3) arbeitet; mit (3) erhält man manchmal, z.B. bei unserem Zahlenbeispiel XIV, bessere Schranken. Andererseits ist das Nachkontrollieren der drei UnGln in (3) oft mühsamer. Man kann diese Arbeit reduzieren durch die leicht beweisbare Bemerkung: Genügt $v \in Z^*(f)$ den UnGln (α) und gilt für $v_1 = v_x$, $v_2 = v_y$ die zweite und dritte Zeile von (3) mit dem $<$-Zeichen, so folgt daraus die erste Zeile von (3) mit dem $<$-Zeichen.

Außerdem bemerken wir, daß in all diesen UnGln das Gleichheitszeichen zugelassen werden kann, wenn f einer Eindeutigkeitsbedingung, z.B. einer Lipschitz-Bedingung genügt; vgl. 17 XI (γ). Die entsprechende Änderung, wenn ω einer Lipschitz-Bedingung genügt, ist erlaubt beim folgenden

VI. Abschätzungssatz. *Die Funktion* $\omega(x, y, u, p, q)$ *sei für* $z, p, q \geqq 0$ *erklärt und monoton wachsend in* z, p *und* q, *die Funktion* $\delta(x, y)$ *sei stetig in* $\overline{G}$. *Für die Funktionen* $u, v \in Z^*(f)$, $\varrho \in Z^*(\omega)$ *gelte*

(α) (a) $|v-u| < \varrho$ *im Punkt* $(0, 0)$,

$$|v_x - u_x| < \varrho_x \ \textit{für} \ y = 0, \ |v_y - u_y| < \varrho_y \ \textit{für} \ x = 0,$$

(α) (b) $|v-u| < \varrho$, $|v_x - u_x| < \varrho_x$, $|v_y - u_y| < \varrho_y$ *auf* C;

(β) $u_{xy} = f(x, y, u, u_x, u_y)$ *und* $|v_{xy} - f(x, y, v, v_x, v_y)| \leqq \delta(x, y)$ *in* $\overline{G}$;

(γ) $\varrho_{xy} \geqq \delta(x, y) + \omega(x, y, \varrho, \varrho_x, \varrho_y)$ *in* $\overline{G}$;

(δ) $|f(x, y, z, p, q) - f(x, y, \bar{z}, \bar{p}, \bar{q})|$
$\leqq \omega(x, y, |z-\bar{z}|, |p-\bar{p}|, |q-\bar{q}|)$ *in* $D(f)$.

Dann ist

$$|v-u| < \varrho, \ |v_x - u_x| < \varrho_x, \ |v_y - u_y| < \varrho_y \quad \textit{in} \quad \overline{G}.$$

Wir deuten den Beweis, d.h. die Zurückführung auf 17 VI, für das Problem (a) kurz an. In 17 VI ist jetzt $\boldsymbol{u} = (u, u_x, u_y)$, $\boldsymbol{v} = (v, v_x, v_y)$, $\boldsymbol{\rho} = (\varrho, \varrho_x, \varrho_y)$, $\boldsymbol{g} = (g, g_x, g_y)$ mit $g = u^0 = u(x, 0) + u(0, y) - u(0, 0)$, ferner sind die drei Komponenten von $\boldsymbol{Ku}$ identisch mit den drei Integralen in (3). Da $R_v=\{(0, 0)\}$ ist, ist 17 VI (α) richtig. Aus

$$\left|v-g-\int_0^x\int_0^y f(v, \ldots)\,d\xi\,d\eta\right|=\left|v^0-u^0+\int_0^x\int_0^y (v_{xy}-f(v, \ldots))\,d\xi\,d\eta\right|$$

$$\leqq |v^0-u^0|+\int_0^x\int_0^y \delta(\xi, \eta)\,d\xi\,d\eta$$

$$\left|v_x-g_x-\int_0^y f(v, \ldots)\,d\eta\right|=\left|v_x(x, 0)-u_x(x, 0)+\int_0^y (v_{xy}-f(v, \ldots))\,d\eta\right|$$

$$\leqq |v_x(x, 0)-u_x(x, 0)|+\int_0^y \delta(x, \eta)\,d\eta$$

und einer ähnlichen dritten Formel folgt, wenn man die rechten Seiten dieser UnGln nacheinander mit d, d_1, d_2 bezeichnet und sie zu einem Vektor $\boldsymbol{d}=(d, d_1, d_2)$ zusammenfaßt, die Gültigkeit von 17 VI (β). Von den drei UnGln 17 VI (γ) lautet dann z.B. die zweite

$$\varrho_x>|v_x(x, 0)-u_x(x, 0)|+\int_0^y (\delta(x, \eta)+\omega(\varrho, \ldots))\,d\eta.$$

Sie ergibt sich aus

$$\varrho_x(x, y)=\varrho_x(x, 0)+\int_0^y \varrho_{xy}(x, \eta)\,d\eta$$

in Verbindung mit (γ) und (α) (a). Ähnlich werden die beiden anderen Gln von 17 VI (γ) abgeleitet.

VII. Beispiele. (α) Es sei u eine Lösung, v eine Näherungslösung eines Problems (a) mit einer der Lipschitz-Abschätzung

$$|f(x, y, z, p, q)-f(x, y, \bar{z}, \bar{p}, \bar{q})|\leqq L|z-\bar{z}|+L_1|p-\bar{p}|+L_2|q-\bar{q}| \quad (5)$$

genügenden rechten Seite f, und zwar sei (L, L_1, L_2, ε, δ konstant)

$$\begin{aligned}
&|v_{xy}-f(x, y, v, v_x, v_y)|\leqq \delta e^{L_1 x+L_2 y} \quad \text{in } \bar{G}\\
&|v(0, 0)-\sigma(0)|\leqq\varepsilon\\
&|v_x(x, 0)-\sigma'(x)|\leqq\varepsilon L_2 e^{L_2 x} \quad \text{für} \quad 0\leqq x\leqq a\\
&|v_y(0, y)-\tau'(y)|\leqq\varepsilon L_1 e^{L_1 y} \quad \text{für} \quad 0\leqq y\leqq b.
\end{aligned}$$

Dann ist

$$|v-u|\leqq e^{L_1 y+L_2 x}\left\{E_2(Mxy)\left(\varepsilon+\frac{\delta}{M}\right)-\frac{\delta}{M}\right\} \text{ mit } M=L+L_1L_2. \quad (6)$$

Das ist, wie man leicht nachrechnet, ein Sonderfall von VI. Die auf der rechten Seite von (6) stehende Funktion, bezeichnen wir sie mit ϱ, genügt nämlich der DGl $\varrho_{xy}=L\varrho+L_1\varrho_x+L_2\varrho_y+\delta$.

Wir bemerken, daß (6) auch für ein Cauchy-Problem gültig ist, falls die Anfangsbedingungen VI (α) (b) bestehen (mit dem $\leqq$-Zeichen). Das letztere ist z.B. richtig, wenn

$$|v-u| \leqq \varepsilon, \quad |v_x-u_x| \leqq L_2\varepsilon, \quad |v_y-u_y| \leqq L_1\varepsilon \quad \text{auf} \quad C$$

ist.

(β) Wir betrachten das schon in 20 VIII behandelte Cauchy-Problem, wobei jetzt aber $f=f(x, y, z, p, q)$ ist. Gelten für geeignete Konstanten $L, L_1, L_2, \delta, \varepsilon, \eta$ die Abschätzungen

$$|v_{xy}-f(x, y, v, v_x, v_y)| \leqq \delta \quad \text{in} \quad \bar{G}$$
$$|v-u| \leqq \varepsilon, |v_x-u_x| \leqq \eta, |v_y-u_y| \leqq \eta \quad \text{für} \quad x+y=0$$

und (5), dann ist

$$|v-u| \leqq A\, e^{\lambda(x+y)} + B\, e^{\mu(x+y)} - \frac{\delta}{L} \tag{7}$$

mit

$$2\lambda = L_1+L_2+W, \quad 2\mu = L_1+L_2-W, \quad W = \sqrt{(L_1+L_2)^2+4L}$$
$$AW = \eta - \mu\left(\varepsilon + \frac{\delta}{L}\right), \quad BW = \lambda\left(\varepsilon + \frac{\delta}{L}\right) - \eta.$$

Auch das ist ein Sonderfall von VI. Macht man für die Schranke den Ansatz $\varrho(x, y) = \varphi(x+y)$, so wird man auf eine gewöhnliche DGl für $\varphi(t)$

$$\varphi'' = L\varphi + (L_1+L_2)\varphi' + \delta \quad \text{mit} \quad \varphi(0) = \varepsilon, \quad \varphi'(0) = \eta$$

und, indem man diese löst, gerade auf die obige Schranke geführt.

Was nun die Eindeutigkeitsfrage anbetrifft, so stehen die früheren Kriterien 19 VI (α) und (γ) zur Verfügung (das erstere ist auch im vorangehenden Beispiel enthalten). Wir können jedoch, gestützt auf VI, wesentlich schärfere Ergebnisse in dieser Richtung beweisen und die Eindeutigkeitsfrage in großer Allgemeinheit und ähnlicher Vollständigkeit wie bei den gewöhnlichen DGln klären.

VIII. Definition (G_0, $\mathcal{D}^*$, $\mathcal{D}_1^*$). Es sei G_0 beim Problem (a) die Menge der Punkte aus $\bar{G}$ mit $xy > 0$, beim Problem (b) die Menge $\bar{G} - C$. Die Funktion $\omega(x, y, z, p, q)$ ist aus der Klasse $\mathcal{D}^*$ bzw. $\mathcal{D}_1^*$, wenn sie für $(x, y) \in G_0$ und $z \geqq 0$, $p \geqq 0$, $q \geqq 0$ erklärt und monoton wachsend in z, p und q ist und wenn es zu jedem $\varepsilon > 0$ ein $\delta > 0$ und eine in G_0 stetige und mit stetigen Ableitungen ϱ_x, ϱ_y, ϱ_{xy} versehene Funktion ϱ gibt, für welche

$$\mathcal{D}^*: \ \varrho_{xy} \geqq \omega(x, y, \varrho, \varrho_x, \varrho_y) + \delta \ \text{und} \ \delta \leqq \varrho \leqq \varepsilon, \ \delta \leqq \varrho_x, \ \delta \leqq \varrho_y \ \text{in} \ G_0,$$
$$\mathcal{D}_1^*: \ \varrho_{xy} \geqq \omega(x, y, \varrho, \varrho_x, \varrho_y) \ \text{und} \ \delta|G(x, y)| \leqq \varrho \leqq \varepsilon, \ \delta(y-y_0) \leqq \varrho_x,$$
$$\delta(x-x_0) \leqq \varrho_y \ \text{in} \ G_0$$

ist. Hierbei ist $|G(x, y)|$ der Inhalt von $G(x, y)$ (also $= xy$ beim charakteristischen Problem), $y_0 = y_0(x)$ und $x_0 = x_0(y)$ sind im Anschluß an (3) definiert.

IX. Eindeutigkeitssatz. *Für die Funktion f und eine Funktion $\omega \in \mathfrak{D}_1^*$ gelte*

$$|f(x, y, z, p, q)-f(x, y, \bar{z}, \bar{p}, \bar{q})| \leqq \omega(x, y, |z-\bar{z}|, |p-\bar{p}|, |q-\bar{q}|) \tag{8}$$

für $(x, y) \in G_0$ und (x, y, z, p, q), $(x, y, \bar{z}, \bar{p}, \bar{q}) \in D(f)$. Dann besitzt jedes Cauchy-Problem für die Gl (1) höchstens eine Lösung aus der Klasse $Z^*(f)$. Dieselbe Aussage besteht für ein charakteristisches AWP, wenn außerdem die beiden AWPe für gewöhnliche DGln

$$\left.\begin{array}{ll} \dfrac{dv}{dy}=f(0, y, \tau(y), v, \tau'(y)), & v(0)=\sigma'(0) \quad (0 \leqq y \leqq b) \\ \dfrac{dw}{dx}=f(x, 0, \sigma(x), \sigma'(x), w), & w(0)=\tau'(0) \quad (0 \leqq x \leqq a) \end{array}\right\} \tag{9}$$

je höchstens eine Lösung $v(y)$ bzw. $w(x)$ besitzen.

Gilt (8) *mit einer Funktion $\omega \in \mathfrak{D}^*$, so ist die zusätzliche auf* (9) *bezogene Voraussetzung überflüssig, und die (eindeutige) Lösung hängt stetig vom Anfangswert und von der rechten Seite der DGl ab.*

Letzteres soll bedeuten: Zu $\varepsilon > 0$ gibt es ein $\delta > 0$, so daß $|v-u| < \varepsilon$ ist, wenn die Abschätzungen gelten, welche man aus VI (α) (β) erhält, wenn man dort überall ϱ, ϱ_x, ϱ_y, $\delta(x, y)$ durch die Konstante δ ersetzt.

Bei der Zurückführung der ersten Behauptung auf VI bedarf es einer zusätzlichen Überlegung. Wir vereinbaren, um beide Probleme gleichzeitig behandeln zu können, daß die Kurve C beim Problem (a) der Teil des Randes von $\bar{G}$ mit $xy=0$ ist. Sind u und v zwei Lösungen eines AWPs, so stimmen sie auf C mit Einschluß ihrer Ableitungen erster Ordnung überein; das ist beim Cauchy-Problem trivial, beim charakteristischen Problem folgt es aus der Eindeutigkeit der beiden AWPe (9)[1]. Wegen (1) ist dann auch $u_{xy}=v_{xy}$ auf C. Bezeichnen wir mit G_α $(\alpha > 0)$ die Menge der Punkte von $\bar{G}$, welche von C einen Abstand $> \alpha$ haben, so gibt es zu jedem positiven δ ein positives α, so daß

$$|v_{xy}-u_{xy}| < \delta \quad \text{in} \quad \bar{G}-G_\alpha$$

ist. Durch Integration folgt daraus

$$|v_x-u_x| < \delta(y-y_0),\ |v_y-u_y| < \delta(x-x_0),\ |v-u| < \delta|G(x, y)| \quad \text{in} \quad \bar{G}-G_\alpha.$$

Werden also bei vorgegebenem $\varepsilon > 0$ ein δ und eine Funktion ϱ gemäß VIII bestimmt, so läßt sich VI auf u, v, ϱ und $\bar{G}_\alpha$ statt $\bar{G}$ bei hinreichend kleinem positivem α anwenden; die Bedingung VI (α) ist nach den eben aufgestellten und den in VIII vorausgesetzten UnGln erfüllt. Es folgt $|v-u| < \varrho < \varepsilon$, d.h. $u=v$. — Die zweite Behauptung wird ähnlich bewiesen; die obige Zusatzüberlegung vereinfacht sich dabei.

[1] Ohne diese Voraussetzung über (9) ist das im allgemeinen nicht richtig; vgl. das Beispiel XI (α).

X. Beispiele. Im folgenden seien α, β, γ drei nichtnegative in G_0 erklärte Funktionen, deren Summe $\alpha+\beta+\gamma=1$ ist, $l(x, y)$ und $l_1(t)$ zwei in G_0 bzw. $0<t\leqq a+b$ stetige nichtnegative Funktionen, deren Integrale

$$L(x, y)=\iint_{G(x,y)} l(\xi, \eta)\, d\xi\, d\eta, \quad L_1(t)=\int_0^t l_1(s)\, ds$$

in G_0 bzw. für $0<t\leqq a+b$ endlich sind, und schließlich $\psi(z)$ eine mit den Eigenschaften von 4 V (β) versehene „Osgood-Funktion".

(α) *Verallgemeinerte Lipschitz-Bedingung.* Es ist

$$\omega=l(x, y)z+l_1(y)p+l_1(x)q\in\mathfrak{D}^*.$$

Hier kann man etwa

$$\varrho(x, y)=A\exp[L(x, y)+2L_1(x)+2L_1(y)+x+y] \quad (A>0)$$

setzen. Wie man leicht nachrechnet, ist ϱ, ϱ_x und $\varrho_y\geqq A>0$,

$$\varrho_{xy}=l\varrho+[L_x+2l_1(x)+1][L_y+2l_1(y)+1]\varrho$$

und

$$\omega(x, y, \varrho, \varrho_x, \varrho_y)=l\varrho+l_1(y)\,[L_x+2l_1(x)+1]\varrho+l_1(x)\,[L_y+2l_1(y)+1]\varrho,$$

also in der Tat $\varrho_{xy}\geqq\omega(x, y, \varrho, \varrho_x, \varrho_y)+\delta$ und damit $\omega\in\mathfrak{D}^*$.

(β) Das Beispiel

$$\omega=\alpha(x, y)\frac{z}{|G(x, y)|}+\beta(x, y)\frac{p}{y-y_0}+\gamma(x, y)\frac{q}{x-x_0}\in\mathfrak{D}_1^*$$

kann als *Ausdehnung der Nagumo-Bedingung* 4 V (γ) auf hyperbolische DGln angesehen werden. Hier ist die Bestimmung von geeigneten Funktionen ϱ besonders einfach:

$$\varrho(x, y)=A|G(x, y)| \quad (A>0)$$

genügt allen Anforderungen von VIII.

Dieses Kriterium wurde von Walter (1959) und unabhängig von Shanahan (1960) gefunden. Die erstgenannte Arbeit enthält ein Beispiel, das zeigt, daß dieser Satz — ebenso wie der entsprechende Nagumo-Satz 4 V (γ) für gewöhnliche DGln — ein „bester" Satz ist, und zwar in folgendem Sinne: Sind α, β, γ drei nichtnegative Konstanten mit $\alpha+\beta+\gamma>1$, so läßt sich ein charakteristisches AWP mit unendlich vielen Lösungen angeben, bei dem f stetig ist und eine Abschätzung (8) mit $\omega=\frac{\alpha z}{xy}+\frac{\beta p}{y}+\frac{\gamma q}{x}$ besteht. Vgl. auch Diaz und Walter (1960).

(γ) Ebenso wie in 4 V (δ) kann man auch hier die Lipschitz- und die Nagumo-Bedingung addieren:

$$\omega=z\left[\frac{\alpha}{|G(x, y)|}+l(x, y)\right]+p\left[\frac{\beta}{y-y_0}+l_1(y-y_0)\right]+q\left[\frac{\gamma}{x-x_0}+l_1(x-x_0)\right]\in\mathfrak{D}_1^*,$$

wenn zusätzlich $\alpha(x, y)\geqq\delta>0$ ist.

Hier kann man, wie eine längere, aber elementare Rechnung zeigt,

$$\varrho(x, y)=A|G(x, y)|\exp[L(x, y)+BL_1(x-x_0)+BL_1(y-y_0)+x+y] \quad (A>0)$$

mit $B\geqq 2$ und $\geqq 1/\delta$ setzen.

(δ) Zunächst eine Vorbemerkung. Bezeichnen wir bei gegebenem ω und $M>0$ mit ω_M die Funktion

$$\omega_M(x, y, z, p, q)=\omega(x, y, \min(z, M), \min(p, M), \min(q, M)).$$

In Satz IX genügt es für die Eindeutigkeit offenbar, wenn statt „$\omega \in \mathfrak{D}^*$" nur „$\omega_M \in \mathfrak{D}^*$ für jedes positive M" gefordert wird. Denn es handelt sich ja darum, von zwei beliebig, aber fest gewählten Lösungen u, v zu zeigen, daß $|v-u|<\varepsilon$ ist. Dabei darf man aber annehmen, daß der Definitionsbereich von f eine *beschränkte* Punktmenge und damit $\omega_M=\omega$ für alle in (8) auftretenden Argumente ist, wenn man nur M hinreichend groß wählt.

Das folgende Beispiel benützt diese Bemerkung. Die Funktion $\omega(x, y, z, p, q)$ sei auf $\overline{G}\times\{z\geqq 0, p\geqq 0, q\geqq 0\}$ stetig und in z, p, q monoton wachsend; ferner sei $\omega(x, y, 0, 0, 0)=0$. Für jedes $(\overline{x}, \overline{y})\in G_0$ gelte: Es gibt nur eine Funktion $\sigma(x, y)$, welche in $G(\overline{x}, \overline{y})$ nichtnegativ und stetig ist, fast überall in $G(\overline{x}, \overline{y})$ nichtnegative Ableitungen σ_x, σ_y besitzt und der IGl

$$\sigma(x, y)=\iint\limits_{G(x,y)}\omega(\xi, \eta, \sigma, \sigma_x, \sigma_y)\,d\xi\,d\eta \quad \text{in} \quad G(\overline{x}, \overline{y}) \tag{10}$$

genügt, und zwar die triviale Lösung $\sigma\equiv 0$. Dann ist ω eine Eindeutigkeitsbedingung, genauer $\omega_M\in\mathfrak{D}^*$ für jedes $M>0$.

Zum Beweis setzen wir bei gegebenem $M>0$

$$\left.\begin{aligned} \varrho^0(x, y)&=1+x+y+\iint\limits_{G(x,y)}\omega(\xi, \eta, M, M, M)\,d\xi\,d\eta \\ \varrho^{n+1}(x, y)&=\frac{1+x+y}{n+1}+\iint\limits_{G(x,y)}\omega_M(\xi, \eta, \varrho^n, \varrho^n_x, \varrho^n_y)\,d\xi\,d\eta \end{aligned}\right\} \tag{11}$$

$(n=0, 1, 2, \ldots)$. Durch vollständige Induktion läßt sich leicht zeigen, daß $\varrho^n\in Z^*$ und daß jede der drei Funktionenfolgen ϱ^n, ϱ^n_x, ϱ^n_y monoton fallend ist. Werden ihre (beschränkten und nichtnegativen) Grenzwerte mit $\varphi(x, y)$, $\varphi_1(x, y)$, $\varphi_2(x, y)$ bezeichnet, so folgt aus (11) für $n\to\infty$

$$\varphi(x, y)=\iint\limits_{G(x,y)}\omega_M(\xi, \eta, \varphi, \varphi_1, \varphi_2)\,d\xi\,d\eta \quad \text{in} \quad \overline{G}. \tag{12}$$

Ebenso folgt aus

$$\varrho^n(x, y)=\frac{1+y+x_0}{n}+\int\limits_{x_0}^{x}\varrho^n_x(\xi, y)\,d\xi$$

durch Grenzübergang

$$\varphi(x, y)=\int\limits_{x_0}^{x}\varphi_1(\xi, y)\,d\xi$$

sowie eine entsprechende Gl für φ_2. Es ist also φ stetig in $\overline{G}$, und fast überall in $\overline{G}$ gilt $\varphi_1=\varphi_x$ und $\varphi_2=\varphi_y$. Wir wollen zeigen, daß $\varphi\equiv 0$ in $\overline{G}$ ist. Ist nämlich bereits gezeigt, daß $\varphi\equiv 0$ für die Punkte von $\overline{G}$ mit $x+y\leqq t$ bei festem t ist, so ist φ, φ_x und $\varphi_y\leqq M$ für die Punkte aus $\overline{G}$ mit $x+y\leqq t+\alpha$, wenn α eine hinreichend kleine positive Zahl ist (diese drei Funktionen sind nämlich als Integrale mit dem *beschränkten* Integranden ω_M darstellbar), also $\varphi\equiv 0$ für $x+y\leqq t+\alpha$ wegen der Voraussetzung über σ und wegen (12). Hieraus schließt man in bekannter Weise, daß φ in $\overline{G}$ identisch verschwindet. Die Funktionen ϱ_n konvergieren also monoton und damit gleichmäßig gegen 0. Sie haben damit alle Eigenschaften, welche man benötigt zum Nachweis, daß $\omega_M\in\mathfrak{D}^*$ ist.

Das Beispiel (δ) ist mit einem Eindeutigkeitssatz von Shanahan (1960) identisch, weitere Beispiele findet man bei Walter (1960a). Weitere Untersuchungen über Eindeutigkeitsfragen sind in den Arbeiten von Kisyński (1957), Szmydt (1956a, 1958), Walter (1959, 1960), Ciliberto (1961a, 1961b), Lakshmikantham (1962) enthalten.

XI. Bemerkungen zum Eindeutigkeitssatz. (α) Für das charakteristische AWP wird neben der Abschätzung (8), die — wohlgemerkt — nur in G_0 zu gelten braucht, die Eindeutigkeit von (9) benötigt. Auf letztere kann man nicht verzichten, wie das folgende Beispiel zeigt.

Es sei ein Problem (a) mit

$$f(x, y, z, p, q) = \begin{cases} p/y & \text{für} \quad y > 0 \\ 2q/x & \text{für} \quad y = 0,\ x > 0 \\ 0 & \text{für} \quad x = y = 0 \end{cases}$$

und $\sigma(x) = \tau(y) = 0$ gegeben. Obwohl in G_0 eine Nagumo-Bedingung X (β) mit $\alpha = \gamma = 0$, $\beta = 1$ besteht, gibt es unendlich viele Lösungen $u = C\,x^2 y$.

Ist jedoch f stetig und existieren die beiden Grenzwerte

$$\omega_1(x, q) = \lim_{y \to 0} \omega(x, y, 0, 0, q), \quad \omega_2(y, p) = \lim_{x \to 0} \omega(x, y, 0, p, 0)$$

und sind die Funktionen ω_1, ω_2 aus einer der Klassen $\mathscr{E}, \ldots, \mathscr{E}_7$, so ist die Eindeutigkeit von (9) eine überflüssige Forderung. Unter diesen Umständen folgt nämlich aus (8) für $y \to 0$

$$|f(x, 0, \sigma(x), \sigma'(x), q) - f(x, 0, \sigma(x), \sigma'(x), \bar{q})| \leqq \omega_1(x, |q - \bar{q}|),$$

und diese Abschätzung ist hinreichend für die Eindeutigkeit des zweiten AWPs in (9). Entsprechendes gilt für das erste dieser Probleme.

Insbesondere kann (9) bei den Beispielen X (α) (β) (γ) vernachlässigt werden, falls f stetig ist.

(β) Bei gewöhnlichen DGln folgt die Eindeutigkeit „im Großen" aus der Eindeutigkeit „im Kleinen"; vergleiche die Bemerkung am Ende von Nr. 10. Die Antwort auf die entsprechende Frage bei hyperbolischen DGln ist nicht trivial. Unter gewissen Einschränkungen fällt sie ebenfalls bejahend aus; vgl. WALTER (1960a, S. 276).

XII. Bemerkungen. (α) *Das Goursat-Problem.* Nehmen wir an, bei dem (in 20 I näher umschriebenen) Problem (c) für die Gl (1) seien die Funktionen $\sigma(x)$, $\tau(y)$, $\bar{x}(y)$ stetig differenzierbar. Ein äquivalentes System von IGln lautet

$$\left.\begin{aligned} u(x, y) &= g(x, y) + \iint_{H(x,y)} f(\xi, \eta, u, u_1, u_2)\, d\xi\, d\eta \\ u_1(x, y) &= g_x(x, y) + \int_0^y f(x, \eta, u, u_1, u_2)\, d\eta \\ u_2(x, y) &= g_y(x, y) + \int_{\bar{x}(y)}^x f(\xi, y, u, u_1, u_2)\, d\xi - \\ &\quad - \bar{x}'(y) \int_0^y f(\bar{x}(y), \eta, u, u_1, u_2)\, d\eta \end{aligned}\right\} \quad (3')$$

mit $g(x, y)=\sigma(x)+\tau(y)-\sigma(\bar{x}(y))$. Es hat nicht die „Normalgestalt" (18.9), läßt sich aber leicht in eine solche bringen. Ersetzt man u durch u_1, u_1 durch u_2 und u_2 durch u_3+u_4, so erhält man das mit (3′) äquivalente System für ein Quadrupel (u_1, u_2, u_3, u_4)

$$\left.\begin{aligned}
u_1(x, y)&=g(x, y)+\iint\limits_{H(x,y)} f(\xi, \eta, u_1, u_2, u_3+u_4)\, d\xi\, d\eta\\
u_2(x, y)&=g_x(x, y)+\int\limits_0^y f(x, \eta, u_1, u_2, u_3+u_4)\, d\eta\\
u_3(x, y)&=g_y(x, y)+\int\limits_{\bar{x}(y)}^x f(\xi, y, u_1, u_2, u_3+u_4)\, d\xi\\
u_4(x, y)&=-\bar{x}'(y)\int\limits_0^y f(\bar{x}(y), \eta, u_1, u_2, u_3+u_4)\, d\eta,
\end{aligned}\right\} \quad (3'')$$

auf welches die Theorie der Nummern 18, 19 anwendbar ist. Für das System (3″) gilt nach 18 V der Existenzsatz III, es herrscht Eindeutigkeit, wenn f einer speziellen Lipschitz-Bedingung 19 VI (α) oder einer Osgood-Bedingung 19 VI (γ) genügt. Die Übertragung der Sätze V und VI ist jedoch nicht möglich, da in der letzten Gl von (3″) ein Minuszeichen auftritt und damit, kurz gesagt, aus der Monotonie von f nicht mehr die Monotonie des entsprechenden Integraloperators folgt. Dagegen läßt sich (3″) ohne weiteres dem Abschätzungssatz 17 VI unterordnen. In 17 VI ist also jetzt $\boldsymbol{u}=(u_1, u_2, u_3, u_4)$, $\boldsymbol{v}=(v_1, v_2, v_3, v_4)$, $\boldsymbol{g}=(g, g_x, g_y, 0)$, $\boldsymbol{K}$ der durch die vier Integrale in (3″) gegebene Integraloperator (beim letzten Integral lautet der Integrand $-\bar{x}'(y)f$) und, wenn eine Abschätzung (8) besteht, Ω derjenige Integraloperator, welcher entsteht, wenn man in den ersten drei Integralen von (3″) f durch ω, im vierten Integral $-\bar{x}'(y)f$ durch $\bar{x}'(y)\omega$ (ohne Minuszeichen!) ersetzt. Hat man z.B. eine spezielle Lipschitz-Bedingung $\omega(x, y, z, p, q)=Lz+L_1p+L_2q$ und ist in 17 VI (β) die Funktion $\boldsymbol{d}=(d_1, d_2, d_3, d_4)$ konstant, so führt der Ansatz $\varrho_\nu=A_\nu e^{B(x+y)}$ $(\nu=1, 2, 3, 4)$ auf die vier Bedingungen für die positiven Zahlen A_ν und B

$$A_1\geqq d_1+C/B^2,\quad A_2\geqq d_2+C/B,\quad A_3\geqq d_3+C/B,\quad A_4\geqq d_4+\bar{x}'(y)C/B$$

mit

$$C=LA_1+L_1A_2+L_2(A_3+A_4)$$

und, wenn diese erfüllt sind, auf die Abschätzung

$$|v_\nu-u_\nu|\leqq A_\nu e^{B(x+y)}\quad (\nu=1, 2, 3, 4).$$

Hierin ist ein Satz über stetige Abhängigkeit der Lösung von den Anfangswerten und von der rechten Seite der DGl und der schon erwähnte Eindeutigkeitssatz enthalten.

(β) Ähnlicher Überlegungen bedarf es bei dem in 20 IX (γ) angegebenen allgemeineren Goursat-Problem. Bei dem an gleicher Stelle genannten Problem von Kysiński treten jedoch keine Schwierigkeiten auf; man kann genauso vorgehen, wie wir es hier bei den Problemen (a) (b) getan haben.

(γ) *Systeme von DGln.* Die Übertragung der Sätze auf Systeme von DGln

$$\boldsymbol{u}_{xy}=\boldsymbol{f}(x, y, \boldsymbol{u}, \boldsymbol{u}_x, \boldsymbol{u}_y) \tag{1'}$$

— zur Bezeichnung vergleiche man 20 IX (α) — bietet keine neuen Probleme. Ist $\boldsymbol{f}$ in $\boldsymbol{z}, \boldsymbol{p}, \boldsymbol{q}$ monoton wachsend, so gilt V. In Satz VI sind $\boldsymbol{f}, \boldsymbol{z}, \boldsymbol{p}, \boldsymbol{q}, \boldsymbol{u}$ und $\boldsymbol{v}$ Vektoren, statt der Betragstriche hat man Doppelstriche zu setzen. Insbesondere gelten die Abschätzungen VII und der Satz IX: *Die Eindeutigkeit ergibt sich als Folge einer Abschätzung*

$$\|\boldsymbol{f}(x, y, \boldsymbol{z}, \boldsymbol{p}, \boldsymbol{q})-\boldsymbol{f}(x, y, \bar{\boldsymbol{z}}, \bar{\boldsymbol{p}}, \bar{\boldsymbol{q}})\| \leqq \omega(x, y, \|\boldsymbol{z}-\bar{\boldsymbol{z}}\|, \|\boldsymbol{p}-\bar{\boldsymbol{p}}\|, \|\boldsymbol{q}-\bar{\boldsymbol{q}}\|) \tag{8'}$$

mit $\omega\in\mathfrak{D}_1^*$ *und mit einer K-Norm, für welche* $\|-\boldsymbol{z}\|=\|\boldsymbol{z}\|=0$ *dann und nur dann gilt, wenn* $\boldsymbol{z}=\boldsymbol{0}$ *ist (beim Problem* (a) *kommt die bei* (9) *gemachte Voraussetzung hinzu). Ist in* (8') $\|.\|$ *eine Norm und* $\omega\in\mathfrak{D}^*$, *so hängt die Lösung stetig vom Anfangswert und von der rechten Seite der DGl ab (die Voraussetzung bezüglich* (9) *ist überflüssig).*

(δ) Gewisse AWPe für DGln von der Form

$$\frac{\partial^{r+s} u}{\partial x^r \partial y^s} = f\left(x, y, u, \frac{\partial u}{\partial x}, \ldots, \frac{\partial^{\mu+\nu} u}{\partial x^\mu \partial y^\nu}, \ldots, \frac{\partial^{r+s-1} u}{\partial x^r \partial y^{s-1}}\right)$$

($0\leqq\mu\leqq r$, $0\leqq\nu\leqq s$, $\mu+\nu<r+s$) führen ebenfalls auf Volterra-IGln. Beim charakteristischen AWP ist eine Lösung im Rechteck $0\leqq x\leqq a$, $0\leqq y\leqq b$ gesucht, welche vorgegebene Werte

$$\frac{\partial^\mu u(x, 0)}{\partial x^\mu} = \varphi_\mu(x) \text{ für } 0\leqq x\leqq a, \qquad \frac{\partial^\nu u(0, y)}{\partial y^\nu} = \psi_\nu(y) \text{ für } 0\leqq y\leqq b$$

($\mu=0, 1, \ldots, r-1$; $\nu=0, 1, \ldots, s-1$) annimmt. Das Problem läßt sich als IGl formulieren. Mit Hilfe der Sätze von Nr. 17—19 können die Fragen der Existenz, Eindeutigkeit und Stabilität (hinsichtlich Änderungen der rechten Seite der DGl oder der AWe) in großer Allgemeinheit beantwortet werden.

Existenzfragen für diese DGl (die Randbedingungen sind andersartig) wurden von Volpato (1952/53) behandelt.

(ε) Ähnlich verhält es sich mit gewissen DGln für Funktionen von drei oder mehr unabhängigen Variablen, etwa, um den einfachsten Fall anzugeben, mit der von Conlan (1962) untersuchten Gl

$$u_{xyz}=f(x, y, z, u, u_x, u_y, u_z, u_{xy}, u_{xz}, u_{yz}) \quad \text{für} \quad u=u(x, y, z).$$

XIII. Ober- und Unterfunktionen im allgemeinen Fall. Wenn das vorliegende AWP nicht von monotoner Art ist, d.h. wenn V nicht gilt, so kann man Ober- und Unterfunktionen nach 17 X gewinnen.

Liegt etwa ein Problem (a) *vor und ist für zwei Funktionen* $v, w \in Z^*(f)$

(α) $v(0, 0) < \sigma(0) < w(0, 0)$,

$v_x(x, 0) < \sigma'(x) < w_x(x, 0)$, $v_y(0, y) < \tau'(y) < w_y(0, y)$;

(β) $v_{xy} \leqq f(x, y, z, p, q) \leqq w_{xy}$ *für alle* z, q, p *mit* $v \leqq z \leqq w$, $v_x \leqq p \leqq w_x$, $v_y \leqq q \leqq w_y$;

so gilt

$$(v, v_x, v_y) < (u, u_x, u_y) < (w, w_x, w_y) \quad in \quad \bar{G}$$

für jede Lösung $u \in Z^*(f)$.

Für das dem Problem (a) zugeordnete System (3) gelten nämlich die Voraussetzungen (α) und (β) von 17 X. Das ist bei (α) wegen $R_v = \{0, 0\}$ unmittelbar klar, bei dem System von IUnGln 17 X (β) lautet jetzt z.B. die zweite UnGl

$$v_x(x, y) < \sigma'(x) + \int_0^y f(x, \eta, \varphi, \varphi_1, \varphi_2)\, d\eta < w_x(x, y)$$

für alle $(\varphi, \varphi_1, \varphi_2)$ mit $(v, v_x, v_y) \leqq (\varphi, \varphi_1, \varphi_2) \leqq (w, w_x, w_y)$ in $G(x, y)$. Sie folgt aus

$$v_x(x, y) = v_x(x, 0) + \int_0^y v_{xy}(x, \eta)\, d\eta$$

und (α) (β).

Mit Hilfe dieser Abschätzung kann man z.B. ganz einfach zeigen, daß der Existenzsatz III gültig bleibt, wenn f nicht beschränkt ist, jedoch einer UnGl

$$|f(x, y, z, p, q)| \leqq M(1 + |z| + |p| + |q|)$$

genügt.

Wird nämlich $M > 1$ so groß gewählt, daß auch noch $|\sigma|, |\sigma'|, |\tau|, |\tau'| < M$ ist, so genügen die Funktionen $-v(x, y) = w(x, y) = M e^{M(3x+3y+xy)}$ allen UnGln von (α) (β).

Diese Überlegungen zeigen, daß man Existenzsätze „im Großen" auch bei unbeschränktem f erhält, wenn zwei den obigen UnGln (α) (β) genügende Funktionen v, w vorhanden sind. Von dieser Tatsache wird in dem Buch von Hukuhara und Satō (1957) systematisch Gebrauch gemacht. Die Übertragung auf das Cauchy-Problem bietet keine Schwierigkeiten.

XIV. Zahlenbeispiel. Gegeben sei das nichtlineare charakteristische AWP

$$u_{xy} = 1 + u(u_x + u_y) \quad \text{mit} \quad u(x, 0) = u(0, y) = 0. \tag{13}$$

Die Lösung ist eindeutig bestimmt, da die rechte Seite $f = 1 + z(p + q)$, wenn man etwa $|z|, |p|, |q| < M$ voraussetzt, einer Lipschitz-Bedingung in z, p und q genügt. Da ferner f für $z, p, q \geqq 0$ monoton wachsend in z, p und q ist, können Ober- und Unterfunktionen nach V bestimmt werden (falls sie mit Einschluß ihrer ersten Ableitungen nichtnegativ sind); dabei ist in allen UnGln von V das Gleichheitszeichen zugelassen. Der einfachste Ansatz $v, w = Cxy$ genügt der Anfangsbedingung exakt, die UnGl V (β) lautet

$$P \equiv C - 1 - C^2 xy(x+y) \underset{(\leqq)}{\geqq} 0. \tag{14}$$

Für $C=1$ liegt also eine Unterfunktion $v = xy$ vor. Da das Polynom $C-1-\alpha C^2$ die Nullstelle $C_0 = (1-\sqrt{1-4\alpha})/2\alpha$ besitzt, ist gemäß (14) $P \geqq 0$ für $C = C_0$ und $0 \leqq xy(x+y) \leqq \alpha$, d.h. $w = C_0 xy$ eine Oberfunktion in diesem Bereich. Wir wählen für jeden Punkt (x, y) das günstigste α, d.h. wir setzen $\alpha = xy(x+y)$ und erhalten damit die Schranken

$$v = xy \leqq u \leqq w = \frac{1}{2(x+y)}\left(1-\sqrt{1-4xy(x+y)}\right) = xy + x^2y^2(x+y) + \cdots. \tag{15}$$

Bestimmt man die Oberfunktionen $w = Cxy$ nicht aus der *Differential*-Gl, sondern — wie am Anfang von V angegeben wurde — aus der entsprechenden *Integral*-Gl, so wird man statt auf (14) auf drei IUnGln geführt, von denen die beiden letzten lauten

$$w_x = Cy \geqq \int_0^y [1 + C^2 x\eta(x+\eta)]\, d\eta = y + C^2 xy^2\left(\frac{x}{2} + \frac{y}{3}\right)$$

$$w_y = Cx \geqq \int_0^x [1 + C^2 \xi y(\xi+y)]\, d\xi = x + C^2 x^2 y\left(\frac{x}{3} + \frac{y}{2}\right).$$

Auf diese Weise ergibt sich eine im Vergleich zu (14) günstigere hinreichende Bedingung (es gilt dann auch die erste der drei IUnGln)

$$C - 1 - \tfrac{1}{2}C^2 xy(x+y) \geqq 0 \tag{16}$$

und damit die bessere Oberfunktion

$$w_1 = \frac{1}{x+y}\left(1-\sqrt{1-2xy(x+y)}\right) = xy + \frac{1}{2}x^2y^2(x+y) + \cdots. \tag{17}$$

Ein zweiter naheliegender Ansatz $v, w = \varphi(xy)$ führt auf die gewöhnliche DUnGl für $\varphi(s)$ $(s = xy)$

$$P \equiv \varphi' + s\varphi'' - 1 - (x+y)\varphi\varphi' \underset{(\leqq)}{\geqq} 0.$$

Bei der Suche nach Unterfunktionen wird man zunächst den störenden Faktor $x+y$ durch $2\sqrt{s}$ $(\leqq x+y)$ ersetzen. Eine einfache Lösung der resultierenden UnGl ist $\varphi(s) = s + 0{,}32\, s^{5/2}$. Bei einer Oberfunktion kann man, wenn (x, y) dem Quadrat $0 \leqq x, y \leqq a$ angehört, anstelle von $x+y$ den Faktor $a + \frac{s}{a}$ $(\geqq x+y)$ einsetzen. Für $a = \frac{1}{2}$ ist z.B. $\varphi(s) = s + 0{,}32\, s^2$ eine Lösung dieser UnGl. Es ist also

$$v_1 = xy + 0{,}32\,(xy)^{\frac{5}{2}} \leqq u \leqq w_2 = xy + 0{,}32\,(xy)^2$$

(die zweite UnGl gilt für $0 \leqq x, y \leqq \frac{1}{2}$).

Die Schwierigkeit bei diesem Ansatz besteht offenbar darin, daß man $x+y$ durch einen Ausdruck in s abschätzen muß. Will man sich der gegebenen DGl besser anpassen, so wird man — das wird auch durch die Form der Schranken in

(15) und (17) und durch die Potenzreihenentwicklung $u = xy + \frac{1}{6}x^2y^2(x+y) + \cdots$ nahegelegt — die Größen xy und $x+y$ kombinieren müssen. Ein Versuch mit $v, w = xy\,\psi(xy(x+y))$ ergibt als Bedingung für $\psi(r)$ mit $r = xy(x+y)$

$$P = \psi + 5r\psi' + 2r^2\psi'' - 1 - r\psi^2 - r^2\psi\psi' + (xy)^3(\psi'' - 2\psi\psi') \underset{(\leqq)}{\geqq} 0. \tag{18}$$

Bei einem quadratischen Ansatz $\psi(r) = 1 + \alpha r + \beta r^2$ wird durch $\alpha = \frac{1}{6}$, $\beta = \frac{1}{30}$ eine Unterfunktion, durch $\alpha = \frac{1}{6}$, $\beta = 0{,}0424$ eine Oberfunktion bestimmt, letzteres für $0 \leqq x, y \leqq \frac{1}{2}$. Diese beiden Schranken

$$\begin{aligned} v_2 &= xy + \tfrac{1}{6}x^2y^2(x+y) + \tfrac{1}{30}x^3y^3(x+y)^2 \leqq u \leqq \\ w_3 &= xy + \tfrac{1}{6}x^2y^2(x+y) + 0{,}0424\,x^3y^3(x+y)^2 \end{aligned}$$

sind im Quadrat $0 \leqq x, y \leqq \frac{1}{2}$ schon recht brauchbar: an der ungünstigsten Stelle $(\frac{1}{2}, \frac{1}{2})$ ist

$$\begin{aligned} v = 0{,}25 < v_1 = 0{,}26 < v_2 = 0{,}26093 < u < w_3 \\ = 0{,}26108 < w_2 = 0{,}27 < w_1 = 0{,}293 < w = 0{,}5. \end{aligned}$$

Bei allen drei Ansätzen werden die eigentümlichen Schwierigkeiten offenbar, welche bei der Bestimmung von Oberfunktionen für größere Quadrate auftreten und welche ihren Grund im raschen Anwachsen der Lösung haben. Um den Existenzbereich der Lösung abzuschätzen, versuchen wir einen Ansatz $v, w = xy\psi(r)$ mit $\psi(r) = c/(c-r)$. Aus (18) wird dann

$$c^2(6-c) - 3cr + r^2 - 2c(c-1)\frac{(xy)^3}{r} \underset{(\leqq)}{\geqq} 0 \quad \text{für} \quad 0 \leqq r < c.$$

Aus $4(xy)^3 \leqq r^2$ folgt, daß für $c = 3$ eine Ober-, für $c = 6$ eine Unterfunktion vorliegt:

$$v_3 = \frac{6xy}{6 - xy(x+y)} \leqq u \leqq \frac{3xy}{3 - xy(x+y)} = w_4.$$

Die Lösung existiert also sicher in einem Quadrat mit $a < \sqrt[3]{1{,}5} \approx 1{,}145$, jedoch nicht im Quadrat mit $a = \sqrt[3]{3} \approx 1{,}442$.

Auf ähnliche Weise lassen sich mit etwas größerem numerischen Aufwand wesentlich bessere Schranken erzielen.

22. Ergänzungen. Die lokale Beweismethode

Unseren bisherigen Betrachtungen über die DGl

$$u_{xy} = f(x, y, u, u_x, u_y) \tag{1}$$

haben wir den in der Lehrbuchliteratur üblichen engen Lösungsbegriff $u \in Z^*$ zugrundegelegt. Zunächst definieren wir einige

I. Andere Lösungsbegriffe (Z_1^*, Z_2^*, Z_3^*). Die Funktion $\varphi(x, y)$ gehört zur Klasse Z_1^* [bzw. Z_3^*], wenn sie in $\overline{G}$ mit Einschluß ihrer Ableitungen φ_x, φ_y stetig ist und wenn außerdem φ_x totalstetig in y für jedes feste x, φ_y totalstetig in x für jedes feste y und $\varphi_{xy} \in L(\overline{G})$ ist [bzw. wenn außerdem die Ableitungen φ_{xy}, φ_{yx} in $\overline{G}$ existieren und gleich sind]; sie gehört zu Z_2^*, wenn sie in jedem in $\overline{G}$ enthaltenen (zweidimensionalen) Intervall als Funktion von zwei Variablen totalstetig ist. Das letztere bedeutet, grob gesprochen, daß die Gl (20.2) für jedes $I \subset \bar{G}$ gilt; vgl. CARATHÉODORY (1918, S. 653). Einen weiteren, ebenfalls sehr allgemeinen Lösungsbegriff legt DIAZ (1960) seinem Eindeutigkeitssatz zugrunde.

II. Die Klasse Z_1^*. Alle Sätze von Nr. 21 lassen sich mit Beweisen sofort auf diese Klasse ausdehnen. Man überzeugt sich leicht, daß es in 21 V genügt, wenn die dortige Voraussetzung (β) f. ü. in $\bar{G}$ gilt und daß eine entsprechende Bemerkung für die drei DGln bzw. DUnGln in 21 VI (β) (γ) zutrifft. Eine Änderung tritt lediglich im Eindeutigkeitssatz 21 IX ein. Da man jetzt über das Verhalten der Differenz zweier Lösungen in der Nähe der Anfangskurve nicht mehr die scharfen Aussagen wie im Beweis zu 21 IX machen kann, wird der erste Teil von 21 IX hinfällig. *Für $\omega \in \mathfrak{D}^*$ besteht aber nach wie vor Eindeutigkeit und stetige Abhängigkeit.*

III. Die Klasse Z_2^*. Auch in dieser allgemeinsten Klasse — es liegt nahe, wie in Nr. 5 von „Lösungen im Sinne von CARATHÉODORY" zu sprechen — läßt sich eine Existenz- und Eindeutigkeitstheorie aufbauen. Doch müssen die Beweismethoden, da die partiellen Ableitungen erster Ordnung i. allg. nicht stetig sind, an verschiedenen Stellen modifiziert werden. Für die Existenz benötigt man Kompaktheitskriterien im L_1-Raum, bei der Eindeutigkeit benützt man zweckmäßigerweise ein mit der sukzessiven Approximation verwandtes Verfahren, ähnlich wie wir es in 21 X (δ) kennengelernt haben. Dieses Programm wurde von WALTER (1959b) durchgeführt.

Die Klasse Z_3^* führt uns zum eigentlichen Gegenstand dieser Nummer. Die Behandlung der gewöhnlichen DGln ging in Kap. I von der *Integral*-Gl, in Kap. II von der *Differential*-Gl aus. Bei den hyperbolischen DGln haben wir bisher nur mit der *Integral*gleichungsmethode gearbeitet. Diese Lücke soll nun geschlossen werden. Es wird sich zeigen, daß eine lokale, an der *Differential*-Gl orientierte Beweismethode möglich ist und zu ähnlichen Ergebnissen führt.

IV. Satz. Sind (bei einem der Probleme (a) (b)) die Funktionen $v, w \in Z_3^*$, ist $f(x, y, z, p, q)$ monoton wachsend in z, p, q und gilt

(α) (a) $v(0,0) \leqq w(0,0)$, $v_x < w_x$ für $y=0$, $v_y < w_y$ für $x=0$;

(α) (b) $v \leqq w$, $v_x < w_x$, $v_y < w_y$ auf C;

(β) $Pv < Pw$ in $\bar{G}$ mit $P\varphi = \varphi_{xy} - f(x, y, \varphi, \varphi_x, \varphi_y)$,

so ist

$$v < w, \quad v_x < w_x, \quad v_y < w_y \quad \text{in} \quad G_0{}^1.$$

Zu diesem Satz und dem folgenden Beweis vergleiche man 8 V. Wir betrachten etwa das Problem (a). Es genügt zu zeigen, daß $v_x < w_x$ und

---

[1] G_0 ist in 21 VIII definiert.

$v_y < w_y$ in $\bar{G}$ ist. Nehmen wir an, das sei falsch und es sei t_0 die größte Zahl derart, daß diese beiden UnGln für $x+y<t_0$ richtig sind. Es gibt dann einen Punkt (x_0, y_0) mit $x_0+y_0=t_0$, in dem eine der beiden UnGln verletzt und, sagen wir, $v_y(x_0, y_0)=w_y(x_0, y_0)$ ist. Wegen (α) (a) ist $x_0>0$. Die beiden Funktionen $\varphi(x)=v_y(x, y_0)$, $\psi(x)=w_y(x, y_0)$ haben also die Eigenschaften $\varphi<\psi$ für $0<x<x_0$, $\varphi(x_0)=\psi(x_0)$ und

$$\begin{aligned}\varphi'(x_0) &= (Pv)(x_0, y_0)+f(x_0, y_0, v, v_x, v_y)\\ &< (Pw)(x_0, y_0)+f(x_0, y_0, w, w_x, w_y)=\psi'(x_0),\end{aligned}$$

welche nach Hilfssatz 8 II einen Widerspruch enthalten.

Dieser Beweis kann leicht dem Cauchy-Problem angepaßt werden.

V. Folgerung. Aus IV lassen sich Sätze über Ober- und Unterfunktionen sowie Abschätzungs- und Eindeutigkeitsaussagen deduzieren. Man geht dabei genau so vor wie in Nr. 8 und 9 bei gewöhnlichen DGln. Als Ergebnis erhält man 21 V, VI, IX in geringfügig geänderter Fassung.

Dies weist auf eine im Vergleich zum Fall $m=1$ vielleicht überraschende Situation hin. Obwohl die beiden Wege so verschieden sind, erreicht man ungefähr dasselbe Ziel. Ganz anders war es in Kap. I und II. Denken wir nur etwa an die dominierende Rolle, welche die Monotonievoraussetzung in Nr. 4 bei den IGln spielt, während man im zweiten Kapitel in Nr. 8 und 9 ohne sie auskommt. Es erhebt sich die Frage, ob in IV die Monotonie in p und q notwendig ist (bezüglich z ist sie durch die Bemerkung 20 X bereits positiv beantwortet). Wenigstens für eine spezielle Klasse von DGln, nämlich den von u_y unabhängigen

$$u_{xy}=f(x, y, u, u_x), \tag{2}$$

kann sie verneint werden.

VI. Satz. *Die Funktionen v, w seien aus der Klasse Z_3^*, die von q unabhängige Funktion $f(x, y, z, p)$ sei monoton wachsend in z, und es gelte*

(α) (a) *$v\leqq w$ für $x=0$, $v_x<w_x$ für $y=0$,*

(α) (b) *$v\leqq w$ und $v_x<w_x$ auf C,*

(α) (c) *$v\leqq w$ auf C, $v_x<w_x$ für $y=0$,*

(β) *$Pv<Pv$ mit $P\varphi=\varphi_{xy}-f(x, y, \varphi, \varphi_x)$ in $\bar{G}$.*

Dann ist

$$v<w \quad \text{und} \quad v_x<w_x \quad \text{in} \quad G_0.$$

Der Satz benötigt also keine Monotonie in p, und er gilt auch für das Goursat-Problem (c). Für den Beweis nehmen wir an, es sei nicht $v_x<w_x$ in $\bar{G}$. Dann existieren ein Punkt (x_0, y_0) und eine Zahl t_0 mit den Eigenschaften $x_0+y_0=t_0$, $v_x(x_0, y_0)=w_x(x_0, y_0)$, $v_x<w_x$ für $x+y<t_0$, und daraus ergibt sich für die beiden Funktionen $\varphi(y)=v_x(x_0, y)$,

$\psi(y)=w_x(x_0, y)$ wie im Beweis zu IV $\varphi<\psi$ für $y<y_0$, $\varphi(y_0)=\psi(y_0)$, $\varphi'(y_0)<\psi'(y_0)$ und damit ein Widerspruch zu Lemma 8 II.

Ein entsprechender Satz besteht natürlich auch, wenn in f die Variable p fehlt[1]. Mit Hilfe von VI beweist man ohne Mühe den folgenden

VII. Abschätzungssatz. *Die Funktion $\omega(x, y, z, p)$ sei für $z\geqq 0$, $p\geqq 0$ erklärt und in z monoton wachsend. Für u, v, $\varrho\in Z_3^*$ gelte*

(α) (a) $|v-u|\leqq\varrho$ *für* $x=0$, $|v_x-u_x|<\varrho_x$ *für* $y=0$,

(α) (b) $|v-u|\leqq\varrho$ *und* $|v_x-u_x|<\varrho_x$ *auf* C,

(α) (c) $|v-u|\leqq\varrho$ *auf* C, $|v_x-u_x|<\varrho_x$ *für* $y=0$;

(β) $u_{xy}=f(x, y, u, u_x)$, $|v_{xy}-f(x, y, v, v_x)|\leqq\delta(x, y)$ *in* $\bar{G}$;

(γ) $\varrho_{xy}>\delta(x, y)+\omega(x, y, \varrho, \varrho_x)$ *in* $\bar{G}$;

(δ) $f(x, y, z, p)-f(x, y, \bar{z}, \bar{p})\leqq\omega(x, y, |z-\bar{z}|, p-\bar{p})$ *für* $p\geqq\bar{p}$.

Dann ist

$$|v-u|<\varrho \quad \textit{und} \quad |v_x-u_x|<\varrho_x \quad \textit{in} \quad G_0.$$

Zu dem Beweis, der ähnlich wie der vorhergehende verläuft und dessen Einzelheiten wir dem Leser überlassen, vergleiche man 9 I. Ebenso wollen wir die Spezialisierung auf Eindeutigkeitsaussagen nicht durchführen. ZWIRNER (1952) hat als erster auf die Sonderrolle hingewiesen, welche die Gln der Form (2) einnehmen, und für das Problem (a) den Satz VI und einen Eindeutigkeitssatz, den man leicht aus VII ableiten kann, bewiesen[2].

Viertes Kapitel

Parabolische Differentialgleichungen

23. Bezeichnungen

Bei den parabolischen DGln ist das Grundgebiet G eine im $(m+1)$-dimensionalen Raum E^{m+1} gelegene offene Menge von Punkten $(t, x)=(t, x_1, \ldots, x_m)$ mit $x=(x_1, \ldots, x_m)\in E^m$, $m\geqq 1$. Diese Bezeichnungsweise soll ausdrücken, daß die unabhängigen Variablen in zwei voneinander wesentlich verschiedene Gruppen zerfallen. Die skalare Variable t wird

[1] Beim Goursat-Problem lautet die Randbedingung dann $v\leqq w$ auf C, $v\leqq w$ und $v_y<w_y$ auf $y=0$. Man beachte, daß bei gegebenen Randwerten auf $y=0$ auch die Werte von u_y als bekannt angesehen werden können, da sie sich aus einer gewöhnlichen DGl (21.13) ergeben; der Anfangswert $u_y(0, 0)$ folgt ebenfalls aus den gegebenen Daten.

[2] ZWIRNER geht beim Eindeutigkeitssatz nicht über einen Abschätzungssatz, sondern er leitet ihn direkt aus VI ab und muß deshalb zusätzlich voraussetzen, daß f monoton wachsend in z ist.

auch „zeitliche", die Variable $x \in E^m$ „räumliche" Variable genannt. Man beachte, daß später bei den parabolischen Systemen noch ein n-dimensionaler Raum auftritt. Um diese beiden Räume auch in der Schreibweise klar voneinander zu trennen, wird (wie im vorigen Kapitel) für die Punkte $x \in E^m$ kein Fettdruck, dagegen für n-dimensionale Vektorfunktionen $\boldsymbol{\varphi} = (\varphi_1, \ldots, \varphi_n)$ Fettdruck verwandt.

Bei den physikalischen Fragestellungen, welche auf parabolische DGln führen, ist das Grundgebiet häufig ein Hyperzylinder, d.h. G ist gleich dem topologischen Produkt eines offenen Gebietes D des x-Raumes E^m und eines t-Intervalles, etwa $0 < t < T$:

$$G = (0, T) \times D.$$

Wir bezeichnen Rand und abgeschlossene Hülle von D bzw. G (bezüglich des E^m bzw. E^{m+1}) mit ∂D und $\bar{D}$ bzw. ∂G und $\bar{G}$. Den Rand ∂G zerlegen wir in drei Teilmengen $\partial_0 G$, $\partial_1 G$, $\partial_2 G$, die wir auch Bodenfläche, Mantelfläche, Deckfläche nennen; es ist

$$\partial_0 G = \{0\} \times \bar{D}, \quad \partial_1 G = (0, T] \times \partial D, \quad \partial_2 G = \{T\} \times D$$

(man beachte, daß die „untere Kante" $\{0\} \times \partial D$ zur Bodenfläche, die „obere Kante" $\{T\} \times \partial D$ dagegen zur Mantelfläche gezählt wird). Diese Einteilung des Randes wird durch die verschiedenen Randwertaufgaben nahegelegt. Auf $\partial_0 G$ werden meist Funktionswerte („Anfangswerte"), auf $\partial_1 G$ Funktionswerte oder Relationen zwischen Funktionswerten und ihren Normalableitungen („Randbedingungen") vorgeschrieben, während $\partial_2 G$ in dem Sinne zum Innern des Gebietes gezählt wird, daß die DGl auch auf $\partial_2 G$ erfüllt sein muß. Das „Innere" ist also $J_0 \times D$ (vgl. 1 I).

Eine analoge Einteilung der Randpunkte wird nun für ein beliebiges, nicht notwendig zylindrisches Gebiet vorgenommen.

I. Definition (U, U_-, G, $\bar{G}$, ∂G, $\partial_0 G$, $\partial_1 G$, $\partial_2 G$, G_p, R_p). Unter einer Umgebung, genauer der δ-Umgebung ($\delta > 0$) des Punktes $(\bar{t}, \bar{x})$ verstehen wir die Menge $U = U^\delta(\bar{t}, \bar{x})$ der Punkte (t, x), für die

$$(t - \bar{t})^2 + (x_1 - \bar{x}_1)^2 + \cdots + (x_m - \bar{x}_m)^2 < \delta^2$$

ist. Die *untere Halbumgebung* U_- ist jene Teilmenge von U, für deren Punkte $t < \bar{t}$ ist. Nach dieser Definition enthält also U_- den Punkt $(\bar{t}, \bar{x})$ nicht[1].

Unter G verstehen wir eine offene, zusammenhängende Menge von Punkten $(t, x) = (t, x_1, \ldots, x_m) \in E^{m+1}$ $(m \geq 1)$; ihr Rand ist ∂G, die

[1] Das System von unteren Halbumgebungen U_- definiert also keine Topologie im E^{m+1}. Man könnte diesem Übelstand ohne Schwierigkeit für das folgende leicht abhelfen, indem man den Punkt $(\bar{t}, \bar{x})$ mit zu U_- rechnet. Topologische Fragen im Zusammenhang mit parabolischen DGln werden von KAMKE (1959a) untersucht.

abgeschlossene Hülle $\overline{G}=G+\partial G$. Es wird vorausgesetzt, daß $\overline{G}$ ganz zwischen zwei Hyperebenen $t=\text{const}$ gelegen ist, d.h. daß die Projektion von G auf die t-Achse ein beschränktes Intervall, und zwar das Intervall $J=[0, T]$ ausfüllt (letzteres kann durch Parallelverschiebung von $\overline{G}$ immer erreicht werden). Den Rand ∂G spalten wir wieder in drei paarweise disjunkte Teilmengen $\partial_0 G$, $\partial_1 G$, $\partial_2 G$ auf. Alle Randpunkte, zu denen es eine untere Halbumgebung U_- gibt, welche ganz außerhalb G liegt, gehören zu $\partial_0 G$; jene Randpunkte, für welche eine untere Halbumgebung U_- ganz in G liegt, bilden $\partial_2 G$; die restlichen Randpunkte werden zu $\partial_1 G=\partial G-\partial_0 G-\partial_2 G$ zusammengefaßt. Weiter setzen wir (Abb. 11)

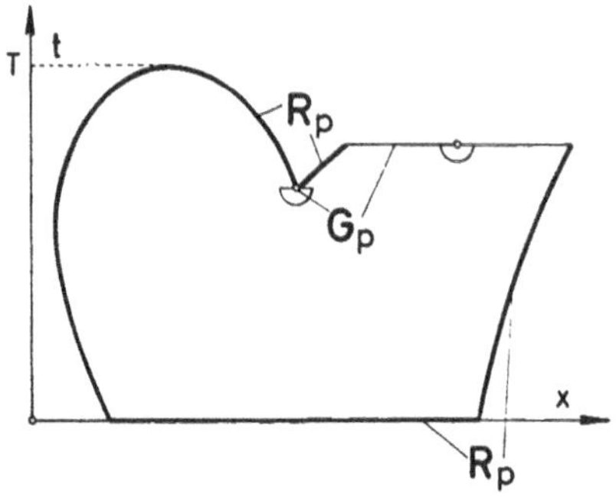

Abb. 11. Das Grundgebiet bei parabolischen DGln

$$G_p=G+\partial_2 G,$$
$$R_p=\partial_0 G+\partial_1 G=\partial G-\partial_2 G.$$

Hierzu einige Bemerkungen. Man überzeugt sich leicht, daß im oben beschriebenen Sonderfall des Hyperzylinders die beiden Definitionen von $\partial_0 G$, $\partial_1 G$, $\partial_2 G$ übereinstimmen. Ebenso gilt auch im allgemeinen Fall die dort gemachte Bemerkung, daß bei den Aufgaben dieses Kapitels immer eine DGl und eine Randbedingung vorgeschrieben sind, wobei sich die DGl auf G_p, die Randbedingung auf R_p bezieht; der Index p soll andeuten, daß es sich bei G_p und R_p um „Inneres" und „Rand" bezüglich einer *parabolischen* Aufgabe handelt[1].

Die Theorie ist sofort auf den Fall übertragbar, daß die Projektion von G auf die t-Achse das Intervall $0<t<\infty$ ausfüllt. Man hat dazu nur die entsprechenden Sätze auf den zwischen den beiden Hyperebenen $t=0$ und $t=T$ gelegenen Teil von G anzuwenden und dann $T\to\infty$ streben zu lassen (vgl. die entsprechende Bemerkung 8 XII (γ) bei gewöhnlichen DGln). Die Einschränkung, daß G in negativer t-Richtung beschränkt ist, ist dagegen wesentlich. Es sind jedoch, wie wir in Nr. 28 sehen werden, auch gewisse „Aufgaben ohne Anfangsbedingungen", bei denen z.B. $G=\{-\infty<t<\infty\}\times D$ ist, einer Behandlung im Rahmen der vorliegenden Theorie zugänglich.

II. Definition (φ_x, φ_{xx}, $\mathcal{P}$, *Defekt* P, $r\leqq\bar{r}$ *für Matrizen*, $D(f)=M\times M_r$). Ist $\varphi(t, x)$ eine gegebene, mit entsprechenden Differenzierbarkeits-

[1] Man kann zulassen, daß R_p eine Obermenge von $\partial_0 G+\partial_1 G$ ist, also Punkte von $\partial_2 G$ enthält. Da aber unsere Sätze meist das Bestehen einer UnGl, welche auf R_p als richtig vorausgesetzt wird, auch im Innern $\overline{G}-R_p$ behaupten, wird man bestrebt sein, ein möglichst kleines R_p zu benutzen.

eigenschaften versehene Funktion, so bedeutet φ_x den m-dimensionalen Vektor der partiellen Ableitungen erster Ordnung, φ_{xx} die $m\times m$-Matrix der partiellen Ableitungen zweiter Ordnung nach den x_μ,

$$\varphi_x=\left(\frac{\partial\varphi}{\partial x_\mu}\right)\ (1\leqq\mu\leqq m),\quad \varphi_{xx}=\left(\frac{\partial^2\varphi}{\partial x_\lambda\,\partial x_\mu}\right)\ (1\leqq\lambda\leqq m;\ 1\leqq\mu\leqq m).$$

Zur Vereinfachung der Schreibweise definieren wir die UnGl $r\leqq\bar r$ für symmetrische $m\times m$-Matrizen $r=(r_{\lambda\mu})$, $\bar r=(\bar r_{\lambda\mu})$

$$r\leqq\bar r \quad \text{genau dann, wenn} \sum_{\lambda,\mu=1}^{m}(\bar r_{\lambda\mu}-r_{\lambda\mu})\alpha_\lambda\alpha_\mu\geqq 0 \ \text{für beliebige}\ \alpha_\mu, \tag{1}$$

d.h. wenn die Matrix $\bar r-r$ positiv semidefinit ist. Für $m=1$ ist das der gewöhnliche $\leqq$-Begriff.

Nun sei eine nichtlineare parabolische DGl

$$u_t=f(t,x,u,u_x,u_{xx}) \tag{2}$$

oder, ausführlich geschrieben,

$$\frac{\partial u}{\partial t}=f\left(t,x_1,\ldots,x_m,u,\frac{\partial u}{\partial x_1},\ldots,\frac{\partial u}{\partial x_m},\frac{\partial^2 u}{\partial x_1^2},\frac{\partial^2 u}{\partial x_1\partial x_2},\ldots,\frac{\partial^2 u}{\partial x_m^2}\right)$$

vorgelegt.

Die Funktion $f(t,x,z,p,r)$, worin $x=(x_1,\ldots,x_m)$, $p=(p_1,\ldots,p_m)\in E^m$ und $r=(r_{\lambda\mu})$ eine $m\times m$-Matrix ist, sei auf einer Menge $D(f)=M\times M_r$ definiert, wobei M eine Menge des $(1+m+1+m)$-dimensionalen (t,x,z,p)-Raumes und M_r eine Menge des m^2-dimensionalen r-Raumes ist[1]. Sie sei ferner — das ist die wesentliche, den parabolischen Charakter der Gl (2) definierende Voraussetzung — *monoton wachsend in* r, d.h. es gelte

$$f(t,x,z,p,r)\leqq f(t,x,z,p,\bar r) \quad \text{für} \quad r\leqq\bar r, \tag{3}$$

falls $(t,x,z,p)\in M$ und $r,\bar r\in M_r$ ist. Genügt f den genannten Bedingungen, so gehört f zur Klasse $\mathcal{P}$, kurz $f\in\mathcal{P}$.

Der *Defekt* $P\varphi$ einer Funktion φ ist durch

$$P\varphi=\varphi_t-f(t,x,\varphi,\varphi_x,\varphi_{xx}) \tag{4}$$

[1] Es sei bemerkt, daß man mit geringeren Voraussetzungen über $D(f)$ auskommt. Wirklich benötigt wird nur: aus (t,x,z,p,r), $(t,x,\bar z,p,\bar r)\in D(f)$ folgt $(t,x,z,p,\bar r)\in D(f)$. Die Übertragung einer solchen Voraussetzung auf Systeme würde jedoch unhandlich werden, weshalb wir sie hier nicht zugrundelegen. — Die Voraussetzung, daß die Projektion von $D(f)$ auf die (t,x)-Ebene die Menge G_p überdeckt (vgl. Szarski (1955), Théorème 2.1, 1°) genügt *nicht*. Man betrachte etwa das folgende Gegenbeispiel zu 25 III: $m=1$, $f=2z+r$, wobei $D(f)$ jedoch nur die Punkte (t,x,z,p,r) mit $z+r=0$ enthalten soll, $G_p=(0,T]\times(0,\pi)$. Für die beiden Lösungen $u=0$, $v=e^t\sin x$ ist $|v-u|\leqq 1$ auf R_p. Ferner ist $f(t,x,z,p,r)-f(t,x,\bar z,p,r)=0$, falls beide Argumente in $D(f)$ liegen; man kann also $\omega=0$ setzen. Es würde sich $|v-u|\leqq 1$ ergeben!

definiert. Für den Wert des Defektes an der Stelle $(\bar{t}, \bar{x})$ schreiben wir $(P\varphi)(\bar{t}, \bar{x})$.

Wir geben noch zwei hinreichende Bedingungen für $f \in \mathscr{P}$ an.

(α) Ist f quasilinear

$$f(t, x, z, p, r) = g(t, x, z, p) + \sum_{\lambda,\mu=1}^{m} k_{\lambda\mu}(t, x, z, p) r_{\lambda\mu}$$

und ist die Matrix $k = (k_{\lambda\mu})$ in jedem Punkt symmetrisch und positiv semidefinit, so ist $f \in \mathscr{P}$.

Denn es ist für $r \leqq \bar{r}$

$$f(t, x, z, p, \bar{r}) - f(t, x, z, p, r) = \sum_{\lambda,\mu} k_{\lambda\mu} s_{\lambda\mu} \quad \text{mit} \quad s = \bar{r} - r \geqq 0$$

(in der letzten UnGl ist 0 die Nullmatrix, $s \geqq 0$ bedeutet in Übereinstimmung mit (1), daß s positiv semidefinit ist). Die in der letzten Formel auftretende Summe ist gleich der Summe der Diagonalelemente der Produktmatrix ks, also gleich der Spur $\mathrm{Sp}(ks)$[1]. Ist nun c eine orthogonale Matrix, welche k (für festes t, x, z, p) auf Diagonalgestalt transformieıt, $c^{-1}kc = d$ ($d_{\mu\mu} \geqq 0$, $d_{\lambda\mu} = 0$ sonst), so gilt, da eine solche Transformation die Spur invariant läßt,

$$\begin{aligned} \sum_{\lambda,\mu} k_{\lambda\mu} s_{\lambda\mu} &= Sp(ks) = Sp(c^{-1} k c c^{-1} s c) \\ &= Sp(d c^{-1} s c) = \sum_{\mu} d_{\mu\mu} (c^{-1} s c)_{\mu\mu} \geqq 0, \end{aligned}$$

da auch $c^{-1} s c \geqq 0$ ist und da die Diagonalelemente einer Matrix $\geqq 0$ selbst $\geqq 0$ sind.

(β) Ist f stetig differenzierbar nach den $r_{\lambda\mu}$, M_r eine konvexe Menge und die Matrix $(\partial f / \partial r_{\lambda\mu})$ positiv semidefinit, so ist $f \in \mathscr{P}$. Denn nach dem Mittelwertsatz ist

$$f(t, x, z, p, \bar{r}) - f(t, x, z, p, r) = \sum_{\lambda,\mu} \frac{\partial f}{\partial r_{\lambda\mu}} \big(t, x, z, p, r + \alpha(\bar{r} - r)\big)(\bar{r}_{\lambda\mu} - r_{\lambda\mu})$$

mit $0 < \alpha < 1$, woraus die UnGl (3) wie unter (α) folgt.

III. Definition $\big(Z, Z_0, Z(f), Z_0(f)\big)$. Zur Klasse Z bzw. Z_0 gehört die Funktion $\varphi(t, x)$, wenn sie in $\bar{G}$ bzw. G_p erklärt und stetig ist und in G_p die Ableitung φ_t sowie stetige Ableitungen φ_x und φ_{xx} besitzt. Ist außerdem (bei gegebenem $f \in \mathscr{P}$) $(t, x, \varphi, \varphi_x, \varphi_{xx}) \in D(f)$ für $(t, x) \in G_p$, so ist $\varphi \in Z(f)$ bzw. $Z_0(f)$.

Wir bemerken jedoch, daß die Differenzierbarkeitsforderungen wesentlich schwächer gefaßt werden können, ohne die Gültigkeit der folgenden Sätze zu beeinträchtigen. Es genügen die beiden folgenden Eigenschaften (α) (β):

[1] Unter der Spur $\mathrm{Sp}(c)$ einer $m \times m$-Matrix $c = (c_{\lambda\mu})$ versteht man die Summe $\mathrm{Sp}(c) = c_{11} + c_{22} + \cdots + c_{mm}$.

(α) es existiert in G_p die rückwärtige t-Ableitung[1]

$$\varphi_t^-(t, x) = \lim_{h \to +0} \frac{\varphi(t) - \varphi(t-h)}{h};$$

(β) es existieren in G_p die Ableitungen φ_x und φ_{xx}; φ_x ist stetig, die Matrix φ_{xx} ist symmetrisch (d.h. der Wert einer gemischten Ableitung ist unabhängig von der Reihenfolge der Differentiation), und es ist

$$\varphi(t, x+h) = \varphi(t, x) + \sum_{\mu=1}^{m} h_\mu \varphi_{x_\mu}(t, x) +$$
$$+ \tfrac{1}{2} \sum_{\lambda,\mu=1}^{m} h_\lambda h_\mu \varphi_{x_\lambda x_\mu}(t, x) + o(h_1^2 + \cdots + h_m^2)$$

für $h = (h_1, \ldots, h_m) \to 0$[2].

Man kann sogar noch weiter gehen. Bei vielen parabolischen Differentialgleichungen treten keine gemischten Ableitungen auf — ein Beispiel ist $u_t = g(t, x, u, u_x)\Delta u + h(t, x, u, u_x)$. In diesen Fällen kann (β) ersetzt werden durch

(β') es existieren in G_p die Ableitungen φ_x und $\varphi_{x_\mu x_\mu}$ ($\mu = 1, \ldots, m$); φ_x ist stetig in G_p.

Insbesondere genügt für $m = 1$ immer die Existenz (ohne Stetigkeit) von φ_{xx}.

Was man nämlich in den Beweisen braucht, ist (neben der trivialen Forderung, daß die in der DGl auftretenden Ableitungen existieren) der folgende Sachverhalt:

Hat die Differenz $\psi - \varphi$ zweier Funktionen $\varphi, \psi \in Z_0$ bei festem $t = t_0$ ein Minimum bezüglich x im Punkte $(t_0, x_0) \in G_p$, so ist

(γ) $\varphi_x = \psi_x$ *und*[3] $\varphi_{xx} \leqq \psi_{xx}$ *im Punkte* (t_0, x_0); *bzw.*

(γ') $\varphi_x = \psi_x$ *und* $\varphi_{x_\mu x_\mu} \leqq \psi_{x_\mu x_\mu}$ ($\mu = 1, \ldots, m$) *im Punkte* (t_0, x_0).

Unter der Voraussetzung (β) bzw. (β') ist aber (γ) bzw. (γ') richtig. (Bekanntlich ist für eine Funktion *einer* Veränderlichen $\varphi(s)$ an der Stelle eines Minimums $\varphi' = 0$, $\varphi'' \geqq 0$, und zwar folgt das allein aus der Existenz der zweiten Ableitung).

IV. Definition ($\varphi < \psi$, $\varphi \leqq \psi$, $\varphi = \psi$ *auf* R_p^+ *und auf* R_∞). Schon ganz einfache physikalische Fragen führen zu Aufgaben mit unstetigen Anfangs- und Randwerten. Um auch diese behandeln zu können, haben wir die Klasse Z_0 eingeführt. Es wird dann notwendig, die zunächst nur in der Klasse Z sinnvollen Aussagen „$\varphi < \psi$ auf R_p", ... auf diese Klasse auszudehnen.

---

[1] In (2) steht dann u_t^- statt u_t; diese Ersetzung muß übrigens in den Punkten von $\partial_2 G$ in jedem Fall stattfinden.

[2] Man sagt dafür auch, φ besitze eine totale (Stolz-)Ableitung oder ein totales Differential zweiter Ordnung (nach x).

[3] Die Bedeutung der folgenden UnGl wurde in (1) definiert.

Bei Aufgaben mit unbeschränkten Gebieten treten zu den Anfangs- und Randbedingungen auf R_p noch Bedingungen im Unendlichen. Diese können jedoch von sehr verschiedener Art sein. Bei vielen Wärmeleitungsproblemen hat man im Unendlichen nur ganz vage Vorschriften wie etwa: Die Lösung soll beschränkt sein oder für $x \to \infty$ nicht stärker anwachsen als eine bestimmte Funktion. Aber es gibt auch Fälle, z.B. in der Grenzschichttheorie, wo die Lösung im Unendlichen gegen eine vorgegebene Funktion streben muß. Eine einheitliche (und für die Beweise brauchbare!) mathematische Beschreibung all dieser Möglichkeiten durch Einführung einer Menge R_∞ von „uneigentlichen" oder „unendlich fernen" Randpunkten, auf welcher dann zusätzliche Bedingungen gestellt werden, ist sehr naheliegend, führt jedoch auf Schwierigkeiten. Wir umgehen deshalb die Definition von R_∞ und erklären statt dessen für zwei in G_p erklärte Funktionen φ, ψ die Aussagen „$\varphi < \psi$ auf R_∞", ...

Es bedeutet

$$\varphi < \psi \text{ auf } R_p^+ \text{ bzw. auf } R_\infty\colon \limsup_{k\to\infty} [\psi(t_k, x_{(k)}) - \varphi(t_k, x_{(k)})] > 0;$$

$$\varphi \leqq \psi \text{ auf } R_p^+ \text{ bzw. auf } R_\infty\colon \limsup_{k\to\infty} [\psi(t_k, x_{(k)}) - \varphi(t_k, x_{(k)})] \geqq 0;$$

$$\varphi = \psi \text{ auf } R_p^+ \text{ bzw. auf } R_\infty\colon \lim_{k\to\infty} [\psi(t_k, x_{(k)}) - \varphi(t_k, x_{(k)})] = 0,$$

und zwar für jede Folge von Punkten $(t_k, x_{(k)}) \in G_p$, für welche die t_k eine schwach monoton fallende Zahlenfolge bilden und für welche gilt

$$R_p^+\colon\ (t_k, x_{(k)}) \to (\bar{t}, \bar{x}) \in R_p; \qquad R_\infty\colon\ \|x_{(k)}\|_e \to \infty \qquad (k \to \infty).$$

Hierzu ein Beispiel, das der Situation bei der Grenzschicht-Gl in Nr. 30 entspricht. Sind die Funktionen $\varphi(t, x)$, $\psi(t, x)$ in $\bar{G} = [0, T] \times [0, \infty)$ stetig ($m = 1$) und konvergieren sie für $x \to \infty$ gleichmäßig in $t \in [0, T]$ gegen stetige Funktionen $\Phi(t)$, $\Psi(t)$, so sind die drei Aussagen „$\varphi < \psi$ auf R_∞", ... identisch mit den drei Relationen „$\Phi(t) < \Psi(t)$ für $0 \leqq t \leqq T$", ...

Sind die Funktionen φ, ψ in $\bar{G}$ stetig, so ist die Aussage „$\varphi < \psi$ auf R_p^+" identisch damit, daß $\varphi < \psi$ auf R_p ist, und dasselbe trifft für die beiden anderen Begriffe zu.

24. Das Lemma von Nagumo-Westphal

Unser Vorgehen entspricht dem von Kap. II. An die Spitze stellen wir wieder einen Hilfssatz, in dem noch nicht von DGln die Rede ist, und aus dem alle folgenden Abschätzungssätze relativ einfach folgen. Wir erinnern an die Übereinkunft, wonach die Projektion von $\bar{G}$ auf die t-Achse das Intervall $J = [0, T]$ ausfüllt.

I. Hilfssatz. *Für zwei Funktionen* $\varphi, \psi \in Z_0$ *gelte: Ist* $\varphi = \psi$, $\varphi_x = \psi_x$, $\varphi_{xx} \leqq \psi_{xx}$ *an einer Stelle in* G_p, *so ist* $\varphi_t < \psi_t$ *an dieser Stelle. Dann liegt genau einer der beiden folgenden Fälle vor:*

(α) *$\varphi<\psi$ in G_p;*

(β) *Es existiert ein maximales $\bar{t}$ $(0\leqq\bar{t}<T)$, so daß*

$$\varphi<\psi \quad \textit{für alle Punkte aus } G_p \textit{ mit } \quad t\leqq\bar{t}$$

ist; es gibt also eine Punktfolge

$$(t_k, x_{(k)})\in G_p, t_k>\bar{t}, \quad \textit{mit} \quad \varphi(t_k, x_{(k)})\geqq\psi(t_k, x_{(k)}) \qquad (k=1, 2, \ldots)$$

derart, daß für $k\to\infty$

$$\textit{entweder } (t_k, x_{(k)})\to(\bar{t}, \bar{x})\in R_p \quad \textit{oder} \quad t_k\to\bar{t}, \|x_{(k)}\|_e\to\infty$$

strebt.

Das wesentliche an der Aussage (β) besteht darin, daß die UnGl $\varphi<\psi$ auch noch für $t=\bar{t}$ gilt und daß infolgedessen die $(t_k, x_{(k)})$ immer gegen einen Randpunkt oder ins Unendliche streben.

Für den Beweis sei $\bar{t}$ die größte Zahl mit der Eigenschaft, daß $\varphi<\psi$ auf der Menge $G_p\cdot\{(t, x)|t<\bar{t}\}$ ist. Dann ist wegen der Stetigkeit $\varphi\leqq\psi$ auf $H=G_p\cdot\{(t, x)|t=\bar{t}\}$ (die Menge H kann leer sein, z.B. wenn $\bar{t}=0$ ist). Zunächst soll bewiesen werden, daß sogar $\varphi<\psi$ auf H ist. Wäre nämlich $\varphi=\psi$ für einen Punkt $(\bar{t}, \bar{x})\in H$, so würde die Differenz $\psi-\varphi$ in diesem Punkt verschwinden und ein Minimum bezüglich x (bei festem $t=\bar{t}$) annehmen. Es wäre demnach in diesem Punkt nach 23 III (γ)

$$\varphi=\psi, \quad \varphi_x=\psi_x, \quad \varphi_{xx}\leqq\psi_{xx},$$

also nach Voraussetzung $\varphi_t<\psi_t$. Andererseits ist aber $\varphi(t, \bar{x})<\psi(t, \bar{x})$ für $t<\bar{t}$ und $\varphi(\bar{t}, \bar{x})=\psi(\bar{t}, \bar{x})$, woraus sich (mit derselben Überlegung wie bei 8 II) $\varphi_t^-(\bar{t}, \bar{x})\geqq\psi_t^-(\bar{t}, \bar{x})$ ergibt. Dieser Widerspruch zeigt, daß in der Tat $\varphi<\psi$ auf H ist.

Ist $\bar{t}=T$, so zeigen diese Überlegungen, daß die UnGl $\varphi<\psi$ auch noch für die auf $t=T$ gelegenen Punkte von G_p gilt; es liegt dann der Fall (α) vor. Ist $\bar{t}<T$, so gibt es nach der Definition von $\bar{t}$ sicher eine Folge von Punkten $(t_k, x_{(k)})\in G_p$ mit der Eigenschaft, daß $\varphi\geqq\psi$ in diesen Punkten ist, und daß die t_k stark monoton fallend gegen $\bar{t}$ streben. Bilden dabei die $x_{(k)}$ eine im E^m unbeschränkte Menge, so dürfen wir annehmen — indem wir gegebenenfalls zu einer Teilfolge übergehen — daß $\|x_{(k)}\|_e\to\infty$ strebt. Bilden sie eine beschränkte Menge, so kann angenommen werden, daß sie konvergieren, etwa gegen den Punkt $\bar{x}$. Es gilt dann $(t_k, x_{(k)})\to(\bar{t}, \bar{x})$, und die Annahme $(\bar{t}, \bar{x})\in G_p$ führt sofort auf einen Widerspruch mit der eingangs bewiesenen Tatsache, daß $\varphi<\psi$ auf H ist. Damit ist der Hilfssatz vollständig bewiesen.

Der Beweis wurde so geführt, daß die folgende Verallgemeinerung mitbewiesen ist.

II. Verallgemeinerung. Die Funktionen φ, ψ seien stetig in G_p, und sie mögen für alle jene Punkte $(t, x)\in G_p$, in denen $\varphi=\psi$ ist, die beiden

Differenzierbarkeitsbedingungen 23 III (α) (β) erfüllen. Ferner sei, wenn $\varphi=\psi$, $\varphi_x=\psi_x$, $\varphi_{xx}\leqq\psi_{xx}$ an einer Stelle in G_p ist, $\varphi_t^-<\psi_t^-$ an dieser Stelle. Dann gilt die Behauptung von I.

Es sei erwähnt, daß man in II auf die Differenzierbarkeit in t ganz verzichten kann; statt $\varphi_t^-<\psi_t^-$ ist dann eine der UnGln

$$D_-\varphi<D_-\psi \quad \text{oder} \quad D^-\varphi<D^-\psi$$

zu fordern (dabei sind D_-, D^- Dini-Derivierte in t-Richtung).

Im Hinblick auf die DGln ohne gemischte partielle Ableitungen geben wir noch ein

III. Corollar. Die Funktionen φ, ψ seien stetig in G_p. In den Punkten von G_p, in welchen $\varphi=\psi$ ist, mögen die Ableitungen φ_t^-, ψ_t^- existieren, die Ableitungen φ_x, ψ_x existieren und stetig sein und die reinen Ableitungen zweiter Ordnung $\varphi_{x_\mu x_\mu}$, $\psi_{x_\mu x_\mu}$ $(\mu=1, \ldots, m)$ existieren. Ferner sei, wenn $\varphi=\psi$, $\varphi_x=\psi_x$, $\varphi_{x_\mu x_\mu}\leqq\psi_{x_\mu x_\mu}$ $(\mu=1, \ldots, m)$ an einer Stelle in G_p ist, $\varphi_t^-<\psi_t^-$ an dieser Stelle. Dann bleibt die Behauptung von I richtig.

Im obigen Beweis von Hilfssatz I hat man sich jetzt auf 23 III (γ') zu berufen.

Das folgende zentrale Lemma geht auf NAGUMO (1939) zurück. Es blieb zunächst weithin unbeachtet (die Arbeit ist in japanischer Sprache geschrieben), bis es durch WESTPHAL (1949) wiederentdeckt und anschließend von einer Reihe von Mathematikern zur Untersuchung parabolischer DGln benutzt wurde; vgl. auch NAGUMO-SIMODA (1951). Aufgrund unserer Vorbereitungen können wir es so formulieren, daß es auch auf Aufgaben mit unstetigen Randwerten und unbeschränkten Gebieten anwendbar ist.

IV. Lemma von NAGUMO-WESTPHAL. *Es sei $f\in\mathcal{P}$ und $v, w\in Z_0(f)$. Ferner gelte*

(α) $v\prec w$ auf R_p^+ und auf R_ω;

(β) $Pv<Pw$ in G_p.

Dann ist

$$v<w \quad in \quad G_p.$$

Der Beweis ergibt sich unmittelbar aus I. Ist $v=w$, $v_x=w_x$, $v_{xx}\leqq w_{xx}$ an einer Stelle in G_p, so ist wegen der Monotonievoraussetzung (23.3) an derselben Stelle

$$\begin{aligned}0<Pw-Pv&=w_t-v_t+f(t, x, v, v_x, v_{xx})-f(t, x, w, w_x, w_{xx})\\&\leqq w_t-v_t+f(t, x, w, w_x, w_{xx})-f(t, x, w, w_x, w_{xx})=w_t-v_t.\end{aligned}$$

Damit ist der Hilfssatz I (natürlich mit v, w anstelle von φ, ψ) anwendbar. Da aber I(β) mit der Voraussetzung (α) unverträglich ist, gilt I(α), wie behauptet war.

V. Bemerkung. Wenn f die spezielle Gestalt $f(t, x, z, p, r) = f(t, x, z, p, r_{11}, r_{22}, \ldots, r_{mm})$ hat, dann ist, wie III zeigt, die Existenz der reinen Ableitungen zweiter Ordnung $v_{x_\mu x_\mu}$, $w_{x_\mu x_\mu}$ $(\mu = 1, \ldots, m)$ hinreichend für die Gültigkeit des Lemmas.

Wir geben noch zwei Varianten des Lemmas an. Die erste bezieht sich auf Funktionen f, welche einer Eindeutigkeitsbedingung genügen. Interessanterweise ist diese Eindeutigkeitsbedingung von derselben Art, wie sie in Nr. 10 bei den gewöhnlichen DGln vorkam.

VI. Corollar. Zu $f \in \mathscr{P}$ und den Funktionen $v, w \in Z_0(f)$ existiere ein $\omega \in \mathscr{E}_5$, so daß

$$f(t, x, w+z, w_x, w_{xx}) - f(t, x, w, w_x, w_{xx}) \leqq \omega(t, z) \quad \text{für} \quad z > 0 \qquad (1)$$

[und $(t, x, w+z, w_x, w_{xx}) \in D(f)$] ist. Ferner gelte

(α) $v \leqq w$ auf R_p^+ und auf R_∞;

(β) $Pv \leqq Pw$ in G_p.

Dann ist

$$v \leqq w \quad \text{in} \quad G_p.$$

Zum Beweis sei $\varrho(t)$ eine Funktion mit den in 10 I angegebenen Eigenschaften. Es genügt offenbar zu zeigen, daß $v < w + \varrho$ in G_p ist. Wir führen die Behauptung wieder auf I zurück, wobei jetzt $\varphi = v$, $\psi = w + \varrho$ ist. Ähnlich wie im Beweis zu III folgt aus $\varphi = \psi$, $\varphi_x = \psi_x$, $\varphi_{xx} \leqq \psi_{xx}$, d.h. $v = w + \varrho$, $v_x = w_x$, $v_{xx} \leqq w_{xx}$ mit Hilfe von (1)[1]

$$\begin{aligned} 0 \leqq Pw - Pv &= w_t - v_t + f(t, x, v, v_x, v_{xx}) - f(t, x, w, w_x, w_{xx}) \\ &\leqq w_t - v_t + f(t, x, w+\varrho, w_x, w_{xx}) - f(t, x, w, w_x, w_{xx}) \\ &\leqq w_t - v_t + \omega(t, \varrho) < w_t - v_t + \varrho' = \psi_t - \varphi_t. \end{aligned}$$

Hilfssatz I ist also anwendbar. Wegen (α) in Verbindung mit der Tatsache, daß $\varrho(t) \geqq \delta > 0$ ist, kann I (β) nicht eintreten. Es gilt also I (α), d.h. aber gerade $v < w + \varrho$.

Es sei bemerkt, daß die Voraussetzung (1) durch

$$f(t, x, v, v_x, v_{xx}) - f(t, x, v-z, v_x, v_{xx}) \leqq \omega(t, z) \quad \text{für} \quad z > 0 \qquad (1')$$

ersetzt werden kann.

Man kann VI insbesondere anwenden auf zwei Lösungen der Gl (1), deren Randwerte übereinstimmen, d.h. in VI steckt ein allgemeiner Eindeutigkeitssatz. Wir kommen später darauf zurück.

Der Vollständigkeit halber führen wir noch an:

VII. Corollar. Die Funktion $f \in \mathscr{P}$ sei monoton wachsend in z, das Gebiet G sei beschränkt. Für zwei Funktionen $v, w \in Z(f)$ gelte

[1] Es wird die Voraussetzung 23 II über $D(f)$ benützt.

(α) $v < w$ auf R_p;

(β) $Pv \leqq Pw$ in G_p.

Dann ist $v < w$ und sogar

$$w(t, x) - v(t, x) \geqq \min [w(\bar{t}, \bar{x}) - v(\bar{t}, \bar{x}) \mid (\bar{t}, \bar{x}) \in R_p, \bar{t} \leqq t]. \tag{2}$$

Bezeichnen wir zum Zwecke des Beweises den Ausdruck auf der rechten Seite in der letzten UnGl mit $h(t)$, so können wir für ein festes $t_0 \in J_0$ ein positives ε so wählen, daß $\varepsilon(1+t_0) < h(t_0)$ ist. Die Funktion

$$\overline{w}(t, x) = w(t, x) - h(t_0) + \varepsilon(1+t)$$

ist $< w$ für $0 \leqq t \leqq t_0$. Wir wollen den Hilfssatz I anwenden auf die Funktionen $\varphi = v$, $\psi = \overline{w}$ und den zwischen $t=0$ und $t=t_0$ gelegenen Teil von G und haben dabei nachzuweisen, daß aus $v = \overline{w}\,(< w)$, $v_x = \overline{w}_x\,(= w_x)$, $v_{xx} \leqq \overline{w}_{xx}\,(= w_{xx})$ die UnGl

$$\begin{aligned} \overline{w}_t - v_t > w_t - v_t = Pw - Pv + f(t, x, w, w_x, w_{xx}) - f(t, x, v, v_x, v_{xx}) \\ \geqq f(t, x, w, v_x, v_{xx}) - f(t, x, v, v_x, v_{xx}) \geqq 0 \end{aligned}$$

folgt, was hiermit geschehen ist. Da $v < \overline{w}$ auf dem unterhalb t_0 gelegenen Teil von R_p ist, scheidet I (β) aus, und man erhält die Aussage $v < \overline{w}$ in G_p unterhalb t_0, also insbesondere auf der Hyperebene $t = t_0$. Daraus folgt aber, wenn man $\varepsilon \to 0$ streben läßt, die Behauptung an der Stelle t_0. Da t_0 beliebig war, ist VII damit bewiesen.

25. Das erste Randwertproblem

Bisher wurden die Sätze 8 II und 8 V von gewöhnlichen auf parabolische DGln ausgedehnt. Dazu bedurfte es in 24 I einer neuen, auf NAGUMO zurückgehenden Beweisidee (welche übrigens, im Rückblick betrachtet, aus derjenigen von 8 II ganz natürlich hervorgeht). Bei der Anwendung der Ergebnisse auf Randwertaufgaben sind keine großen Schwierigkeiten zu überwinden; vielmehr können wir auf weite Strecken den von Kap. II her bekannten Weg beschreiten.

I. Definition (1. RWP, *Limesfunktionen* η_*, η^*, u_*, u^*). Das erste Randwertproblem (kurz 1. RWP)[1] besteht darin, bei einem gegebenen, wie immer zwischen $t=0$ und $t=T$ gelegenen Gebiet G, einer gegebenen Funktion $f(t, x, z, p, r) \in \mathscr{P}$ und einer gegebenen, auf R_p erklärten und stetigen Funktion $\eta(t, x)$ eine Funktion $u \in Z(f)$ zu finden, für die

$$u_t = f(t, x, u, u_x, u_{xx}) \quad \text{in} \quad G_p \tag{1}$$

und $u = \eta$ auf R_p ist; jede solche Funktion wird Lösung genannt. Wenn G_p unbeschränkt ist, kommen eventuell noch Bedingungen im Unendlichen dazu. Sie werden von Fall zu Fall besonders formuliert.

Um auch unstetige Randwerte erfassen zu können, formulieren wir im Anschluß an PERRON (1923) und STERNBERG (1929) die Aufgabe noch etwas allgemeiner. Ist $\eta(t, x)$ eine beliebige, auf R_p erklärte Funktion,

[1] Manche Autoren bevorzugen die Bezeichnung Anfangswertproblem oder Anfangsrandwertproblem.

so wird ihre *obere Limesfunktion* η^* auf R_p durch

$$\eta^*(\bar{t},\bar{x}) = \lim_{\delta\to+0} \{\sup[\eta(t,x) \mid (t,x) \in R_p \cdot U^\delta(\bar{t},\bar{x})]\} \quad \text{für} \quad (\bar{t},\bar{x}) \in R_p$$

definiert. Bei der unteren Limesfunktion η_* ist hierin „sup" durch „inf" zu ersetzen. Ist die Funktion $u(t,x)$ in G_p erklärt, so definieren wir auf R_p ebenfalls eine *obere Limesfunktion* u^* durch

$$u^*(\bar{t},\bar{x}) = \lim_{\delta\to+0} \{\sup[u(t,x) \mid (t,x) \in G_p \cdot U^\delta(\bar{t},\bar{x})]\} \quad \text{für} \quad (\bar{t},\bar{x}) \in R_p$$

und entsprechend die untere Limesfunktion u_*.

Unter einer Lösung des 1. RWPs bei beliebig gegebenem $\eta(t,x)$ verstehen wir eine Funktion $u \in Z_0(f)$, die in G_p der DGl (1) und der Randbedingung

$$\eta_* \leqq u_* \leqq u^* \leqq \eta^* \quad \text{auf} \quad R_p$$

genügt. Diese zweite Definition ist mit der ersten verträglich, d.h. ist u eine Lösung im letzteren Sinne und η stetig auf R_p, so wird u, indem man $u=\eta$ auf R_p definiert, zu einer Lösung im ersteren Sinne.

II. Ober- und Unterfunktionen für ein gegebenes 1. RWP sind die Funktionen $v, w \in Z(f)$, wenn sie den Bedingungen

(α) *$v \leqq \eta$ bzw. $w \geqq \eta$ auf R_p;*

(β) *$Pv \leqq 0$ bzw. $Pw \geqq 0$ in G_p*

genügen und wenn folgende Voraussetzungen gelten: G ist beschränkt, η ist stetig und $f \in \mathscr{P}$ hat die in 24 VI geforderte Eigenschaft (24.1') bzw. (24.1). Für die (dann eindeutig bestimmte) Lösung u gilt

$$v \leqq u \leqq w \quad \text{in} \quad \bar{G}.$$

Das folgt sofort aus 24 VI. Im allgemeinen Fall muß man gemäß 24 IV wesentlich mehr fordern, nämlich

(α') *$v^* < \eta_*$, $\eta^* < w_*$ auf R_p,*

$v < u < w$ auf R_∞ für jede Lösung u;

(β') *$Pv < 0 < Pw$ in G_p.*

Dann ist $v < u < w$ in G_p für jede Lösung u.

Den Abschätzungssatz von Nr. 9 gaben wir in drei verschiedenen Fassungen. Wir beschränken uns hier auf die Übertragung von 9 I und 9 III und überlassen das andere dem Leser. Eine wesentliche Rolle spielt eine Abschätzung der Art

$$f(t,x,z,p,r) - f(t,x,\bar{z},p,r) \leqq \omega(t, z-\bar{z}) \quad \text{für} \quad z \geqq \bar{z}, \tag{2}$$

wie sie ähnlich bereits in 24 VI auftrat. Für das Verständnis des Beweises ist die Bemerkung nützlich, daß dabei ω gewissermaßen als Sonderfall einer von t, x, z, p, r abhängenden und weiter unten $\varrho(t)$ als

Sonderfall einer von t und x abhängenden Funktion aufgefaßt wird. In diesem Sinne ist die gewöhnliche DGl $\varrho' = \omega(t, \varrho)$ eine spezielle parabolische DGl. Je nachdem, ob man ω als Funktion von (t, x) oder (t, x, z, p, r) auffaßt, erhält man verschiedene Klassen $Z(\omega)$; die Beziehung $\varrho(t) \in Z(\omega)$ hat jedoch nach 5 I oder 23 III dieselbe Bedeutung.

III. Abschätzungssatz. *Für die Funktionen* $u(t, x), v(t, x) \in Z_0(f)$, $\delta(t), \bar{\delta}(t), \omega(t, z), \bar{\omega}(t, z)$ *sowie* $\varrho(t) \in Z(\omega), \bar{\varrho}(t) \in Z(\bar{\omega})$ *gelte*

(α) $-\bar{\varrho} < v - u < \varrho$ *auf* R_p^+ *und auf* R_∞;

(β) $u_t = f(t, x, u, u_x, u_{xx})$ *und* $-\bar{\delta}(t) \leqq v_t - f(t, x, v, v_x, v_{xx}) \leqq \delta(t)$ *in* G_p;

(γ) $\varrho' > \omega(t, \varrho) + \delta(t)$ *und* $\bar{\varrho}' > \bar{\omega}(t, \bar{\varrho}) + \bar{\delta}(t)$ *in* J_0.

Ferner gestatte $f \in \mathscr{P}$ *die Abschätzungen*

(δ) $f(t, x, v, v_x, v_{xx}) - f(t, x, v - \varrho, v_x, v_{xx}) \leqq \omega(t, \varrho)$,
$f(t, x, v + \bar{\varrho}, v_x, v_{xx}) - f(t, x, v, v_x, v_{xx}) \leqq \bar{\omega}(t, \bar{\varrho})$

(falls die Argumente in $D(f)$ *liegen).*

Dann ist

$$-\bar{\varrho}(t) < v(t, x) - u(t, x) < \varrho(t) \quad \text{in} \quad G_p.$$

Die im Anschluß an den entsprechenden Satz 9 I angegebenen Verallgemeinerungen bleiben gültig; insbesondere sind die beiden Abschätzungen nach oben und unten voneinander unabhängig.

Zum Beweis der UnGl $v - u < \varrho$ wenden wir 23 I mit $\varphi = v - \varrho$, $\psi = u$ an. Es genügt dann zu zeigen, daß $v_t - \varrho' < u_t$ für alle Punkte $(t, x) \in G_p$ mit $v - \varrho = u$, $v_x = u_x$, $v_{xx} \leqq u_{xx}$ ist. In der Tat ist für diese Punkte nach (β)—(δ)

$$\begin{aligned} v_t - u_t &\leqq \delta(t) + f(t, x, v, v_x, v_{xx}) - f(t, x, u, u_x, u_{xx}) \\ &\leqq \delta(t) + f(t, x, v, v_x, v_{xx}) - f(t, x, v - \varrho, v_x, v_{xx}) \leqq \delta(t) + \omega(t, \varrho) < \varrho', \end{aligned}$$

womit dieser Teil der Behauptung bewiesen ist. Ganz ähnlich geht man beim zweiten Teil vor.

IV. Folgerung. *Es gelte für* $u(t, x), v(t, x) \in Z_0(f)$, $\varrho(t) \in Z(\omega)$

(α) $|v - u| < \varrho$ *auf* R_p^+ *und* R_∞;

(β) $u_t = f(t, x, u, u_x, u_{xx})$ *und* $|v_t - f(t, x, v, v_x, v_{xx})| \leqq \delta(t)$ *in* G_p;

(γ) $\varrho'(t) > \omega(t, \varrho) + \delta(t)$ *in* J_0;

(δ) $f(t, x, z + \varrho, v_x, v_{xx}) - f(t, x, z, v_x, v_{xx}) \leqq \omega(t, \varrho)$,

falls $(t, x, z + \varrho, v_x, v_{xx}), (t, x, z, v_x, v_{xx}) \in D(f)$ *ist. Dann ist*

$$|v(t, x) - u(t, x)| < \varrho(t) \quad \text{in} \quad G_p.$$

In III und IV wurde Wert darauf gelegt, die zentrale Voraussetzung (δ) über f sehr sorgfältig zu formulieren und nur das wirklich Notwendige aufzunehmen. Die Gründe dafür wurden in Nr. 9 erörtert; sie sind hier noch gravierender. So ist es hier für die Anwendung auf nichtlineare DGln entscheidend, daß man nicht die UnGl (2) hat (diese ist nämlich schon bei ganz einfachen nichtlinearen Gln nicht erfüllbar), sondern daß für p und r die Ableitungen der als bekannt anzusehenden Näherungslösung v eingesetzt werden dürfen. Im übrigen weisen wir auf die Verallgemeinerungen und Bemerkungen 9 IV (α)—(δ) hin, welche alle auf den parabolischen Fall übertragbar sind.

Abschätzungssätze dieser Art wurden von WESTPHAL (1949), SZARSKI (1955, 1959) (für Systeme), COLLATZ (1956) und NICKEL (1959) angegeben.

V. Eindeutigkeitssatz. *Die Funktion* $f(t, x, z, p, r) \in \mathcal{P}$ *genüge, wenn* (t, x, z, p, r), $(t, x, \bar{z}, p, r) \in D(f)$ *und* $z \geqq \bar{z}$ *ist, der Abschätzung* (2), *wobei* $\omega(t, z) \in \mathcal{E}_5$ *bzw.* $\mathcal{E}_4$ *ist. Dann besitzt das erste RWP, falls G beschränkt und* η *stetig auf* R_p *ist, höchstens eine Lösung aus* $Z(f)$, *und die Lösung hängt in stetiger Weise von den Randwerten bzw. von den Randwerten und der rechten Seite der DGl ab.*

Diese Aussage gilt auch für unbeschränkte Gebiete, wenn im Unendlichen in solcher Weise Randwerte vorgeschrieben sind, daß für je zwei Lösungen u und $\bar{u}$ *die Beziehung „*$u=\bar{u}$ *auf* R_∞*" gilt*[1].

Unter der stetigen Abhängigkeit der Lösung von den Randwerten [von den Randwerten und der rechten Seite der DGl] versteht man — wie bei den gewöhnlichen DGln in 10 II — die Aussage: zu jedem $\varepsilon > 0$ gibt es ein $\delta > 0$, so daß, wenn u die Lösung der RWA und $v \in Z(f)$ ist, aus $Pv = 0$ in G_p, $|v-u| < \delta$ auf R_p und auf R_∞ [bzw. $|Pv| < \delta$ in G_p, $|v-u| < \delta$ auf R_p und auf R_∞] die UnGl $|v-u| < \varepsilon$ in $\bar{G}$ folgt.

Nach 10 I gibt es nämlich zu vorgegebenem $\varepsilon > 0$ ein $\delta > 0$ und eine Funktion $\varrho(t)$, so daß $\delta \leqq \varrho \leqq \varepsilon$ und $\varrho' > \omega(t, \varrho)$ $[+\delta]$ in J_0 ist. Aus Satz IV folgt dann $|v-u| < \varrho$ und damit die Behauptung.

VI. Zusätze. Der vorstehende Eindeutigkeitssatz — er stammt (etwas spezieller) von GIULIANO[2] (1952) — liefert bei Anwendung auf lineare Probleme sehr allgemeine Aussagen. Er versagt in der obigen Form jedoch bereits bei verhältnismäßig einfachen nichtlinearen Aufgaben. Hat man etwa den einfachsten Fall der nichtlinearen Wärmeleitung in *einer* Raumdimension

$$u_t = k(u)\, u_{xx}, \tag{3}$$

so lautet die Eindeutigkeitsbedingung

$$[k(z) - k(\bar{z})]\, r \leqq \omega(t, z-\bar{z}) \quad \text{für} \quad z \geqq \bar{z}, \tag{4}$$

[1] Ein Beispiel dafür bietet die Grenzschicht-Gl. in Nr. 30; vgl. auch VII.

[2] Der Satz von GIULIANO muß — worauf auch SZARSKI in seinem Referat im Zentralblatt für Mathematik **47** (1953) S. 92/93 hinweist — wie folgt korrigiert werden: in der Voraussetzung b_1') ist $\lim\limits_{t\to 0} \vartheta(t) = \lim\limits_{t\to 0} \vartheta'(t) = 0$ durch $\lim\limits_{t\to 0} \vartheta(t) = 0$ zu ersetzen.

und diese ist offensichtlich unerfüllbar. Doch kann man, wie nun dargelegt werden soll, in vielen nichtlinearen Fällen durch eine vorsichtigere Fassung der Bedingung (2) zu Eindeutigkeitsaussagen gelangen. Dabei handelt es sich nach wie vor um die 1. RWA bei stetigen Randwerten auf R_p und (falls G unbeschränkt ist) solchen Randbedingungen im Unendlichen, daß $u=\bar{u}$ auf R_∞ für je zwei Lösungen u, $\bar{u}$ ist.

(α) *Es ist für die Eindeutigkeit hinreichend, wenn zu jeder (fest gewählten) Lösung* $\bar{u}$ *eine Zahl* $\alpha>0$ *und eine Funktion* $\omega\in\mathscr{E}_5$ *gefunden werden können, so daß gilt*

$$f(t, x, \bar{u}+z, \bar{u}_x, \bar{u}_{xx}) - f(t, x, \bar{u}, \bar{u}_x, \bar{u}_{xx}) \leqq \omega(t, z), \quad \textit{falls} \quad 0<z<\alpha$$

und falls $(t, x, \bar{u}+z, \bar{u}_x, \bar{u}_{xx})\in D(f)$ *ist.*

Denn ist $u\in Z(f)$ eine andere Lösung, so folgt aus III mit $v=\bar{u}$ und einer Funktion $\varrho(t)$, für die $\varrho'>\omega(t,\varrho)$ und $0<\varrho<\alpha$ ist, die einseitige Abschätzung $-\varrho<\bar{u}-u$. Da es aber beliebig kleine Funktionen ϱ gibt, ist $\bar{u}-u\geqq 0$. Dieselbe Überlegung läßt sich unter Vertauschung von u und $\bar{u}$ anstellen. Daraus folgt dann $\bar{u}-u\leqq 0$, also $u=\bar{u}$.

Eine Variante zu dieser Schlußweise lautet:

(β) Es sei möglich, wenigstens zu *einer* Lösung $\bar{u}$ ein $\alpha>0$ und eine Funktion $\omega\in\mathscr{E}_5$ zu bestimmen, so daß die beiden UnGln

$$\left.\begin{array}{l} f(t, x, \bar{u}, \bar{u}_x, \bar{u}_{xx}) - f(t, x, \bar{u}-z, \bar{u}_x, \bar{u}_{xx}) \\ f(t, x, \bar{u}+z, \bar{u}_x, \bar{u}_{xx}) - f(t, x, \bar{u}, \bar{u}_x, \bar{u}_{xx}) \end{array}\right\} \leqq \omega(t, z) \quad \text{für} \quad 0<z<\alpha$$

gelten (falls die vorkommenden Argumente in $D(f)$ liegen). Dann herrscht ebenfalls Eindeutigkeit.

Ähnlich wie in (α) ergibt sich aus III, wenn u eine andere Lösung ist, $|\bar{u}-u|<\varrho$ und damit die Behauptung. — *In beiden Fällen bleibt übrigens die stetige Abhängigkeit vom Anfangswert und, falls* $\omega\in\mathscr{E}_4$ *ist, von der rechten Seite erhalten.*

Es wird in den Nummern 29 und 30 an verschiedenen Beispielen gezeigt werden, wie man diese Verschärfungen von V anwendet. Bei dem obigen Beispiel (3) etwa hat man nach (α) statt (4) die Differenz

$$[k(\bar{u}+z)-k(\bar{u})]\bar{u}_{xx}$$

für kleine positive z abzuschätzen. Solange man keinerlei Kenntnisse über $\bar{u}_{xx}$ hat, ist damit nichts gewonnen. Ganz anders ist aber die Situation, wenn man, etwa aufgrund von Abschätzungssätzen, weiß, daß z.B. $\bar{u}_{xx}$ beschränkt ist. Dann ist für die Eindeutigkeit eine Lipschitz-Bedingung von $k(z)$ ausreichend. Vgl. dazu 27 IX und 29 VII.

Die Variante (β) kann von Nutzen sein, wenn *eine* Lösung explizit bekannt ist und deren Einzigkeit nachgewiesen werden soll. Ähnliches gilt, wenn man aufgrund eines Existenzsatzes weiß, daß mindestens eine

Lösung mit (z.B.) beschränkten zweiten Ableitungen existiert. Die Eindeutigkeit dieser Lösung kann dann nicht nur in der Klasse aller Lösungen mit (z.B.) beschränkten zweiten Ableitungen, sondern in der viel umfassenderen Klasse $Z(f)$ nachgewiesen werden.

Ist es unmöglich, auf solche Art zu einem Ergebnis zu kommen, so bleibt als letzter Ausweg, die Lösungsklasse einzuschränken, etwa nur Lösungen mit beschränkten Ableitungen u_{xx} zu betrachten. Man erhält so unter Umständen wenigstens eine schwächere Aussage, etwa „es gibt nur eine Lösung mit beschränkten zweiten Ableitungen" o.ä.

Das war lediglich eine grobe Skizzierung des Gedankenganges. Unter Ausnutzung der Tatsache, daß man die f-Differenz nur einseitig abschätzen muß, läßt sich manches verschärfen; vgl. die Nummern 29 und 30.

VII. Bemerkung über unbeschränkte Gebiete. Der Eindeutigkeitssatz umfaßt unbeschränkte Gebiete, wenn im Unendlichen zusätzliche Bedingungen gestellt werden. Welcher Art diese sein können, sei anhand einiger Beispiele erläutert.

(α) Zusätzlich zu der auf R_p stetigen Funktion $\eta(t, x)$ sei eine in $[0, T]$ stetige Funktion $\Phi(t)$ vorgegeben und verlangt, daß jede Lösung gleichmäßig gegen $\Phi(t)$ konvergiert, wenn $\|x\|_e \to \infty$ strebt. Genauer soll das heißen: Zu jedem $\varepsilon > 0$ gibt es ein $K > 0$, so daß

$$|u(t, x) - \Phi(t)| < \varepsilon \quad \text{für alle} \quad (t, x) \in G_p \quad \text{mit} \quad \|x\|_e > K$$

ist (K darf von u abhängen!)[1].

(β) Es sei $\overline{G} = [0, T] \times E^m$. Dann ist $\partial_1 G$ leer. Die Funktion $\Phi(t, \alpha)$ sei erklärt, wenn t in $[0, T]$ und α auf der m-dimensionalen Einheitskugel variiert (also $\alpha \in E^m$, $\|\alpha\|_e = 1$). Als Randbedingung im Unendlichen verlangen wir die gleichmäßige Konvergenz von $u(t, r\alpha)$ gegen $\Phi(t, \alpha)$ für $r = \|x\|_e \to \infty$, also

$$\left| u(t, x) - \Phi\left(t, \frac{x}{\|x\|_e}\right) \right| < \varepsilon \quad \text{für} \quad \|x\|_e > K = K(\varepsilon).$$

(γ) Es sei $m = 1$, $\overline{G} = [0, T] \times E^1$. Für $x \to \infty$ bzw. $\to -\infty$ strebe u gleichmäßig gegen die (vorgegebenen) stetigen Funktionen $\Phi_+(t)$ bzw. $\Phi_-(t)$. Man kann das als Sonderfall von (β) auffassen.

In allen drei Fällen ist, wie es der Eindeutigkeitssatz verlangt, „$u = \bar{u}$ auf R_∞ für je zwei Lösungen u, $\bar{u}$ der RWA".

(δ) Grundsätzlich besteht bei unbeschränkten Gebieten auch die Möglichkeit, durch eine passende Variablentransformation (z.B. reziproke Radien, oder $\bar{x} = x/(1 + \|x\|_e^2)$, oder $\bar{x} = \operatorname{arctg} x$ ($m = 1$), ...) auf ein

[1] $\eta(t, x)$ und $\Phi(t)$ müssen einer entsprechenden Verträglichkeitsbedingung

$$|\eta(t, x) - \Phi(t)| < \varepsilon \quad \text{für} \quad (t, x) \in R_p, \ \|x\|_e > K$$

genügen.

beschränktes Gebiet überzugehen. Dabei transformiert sich auch die DGl. Solche Transformationen wurden von COLLATZ (1958) im Hinblick auf Fehlerabschätzungen und ebenso von NICKEL (1958) benutzt.

Bis jetzt wurden nur Schranken benutzt, welche in einer Ebene $t=$const. selbst konstant sind. Die Ausdehnung von III auf den allgemeinen Fall einer von t und x abhängenden Schranke ϱ begegnet keinen Schwierigkeiten. Sie bringt lediglich eine kompliziertere Voraussetzung (δ) mit sich.

VIII. Abschätzungssatz. *Die Funktionen* $f(t, x, z, p, q)$, $\omega(t, x, z, p, q)$, $\overline{\omega}(t, x, z, p, q)$ *seien aus* $\mathcal{P}$. *Für die Funktionen* $u(t, x)$, $v(t, x)\in Z_0(f)$, $\varrho(t, x)\in Z_0(\omega)$, $\overline{\varrho}(t, x)\in Z_0(\overline{\omega})$, $\delta(t, x)$ *und* $\overline{\delta}(t, x)$ *gelte*

(α) $-\overline{\varrho}<v-u<\varrho$ *auf* R_p^+ *und auf* R_∞;

(β) $u_t=f(t, x, u, u_x, u_{xx})$ *und* $-\overline{\delta}(t, x)\leqq v_t-f(t, x, v, v_x, v_{xx})$ $\leqq\delta(t, x)$ *in* G_p;

(γ) $\varrho_t>\delta(t, x)+\omega(t, x, \varrho, \varrho_x, \varrho_{xx})$ *und* $\overline{\varrho}_t>\overline{\delta}(t, x)+\overline{\omega}(t, x, \overline{\varrho}, \overline{\varrho}_x, \overline{\varrho}_{xx})$ *in* G_p;

(δ) $f(t, x, v, v_x, v_{xx})-f(t, x, v-\varrho, v_x-\varrho_x, v_{xx}-\varrho_{xx})\leqq\omega(t, x, \varrho, \varrho_x, \varrho_{xx})$
$f(t, x, v+\overline{\varrho}, v_x+\overline{\varrho}_x, v_{xx}+\overline{\varrho}_{xx})-f(t, x, v, v_x, v_{xx})\leqq\overline{\omega}(t, x, \overline{\varrho}, \overline{\varrho}_x, \overline{\varrho}_{xx})$

in G_p *(es wird verlangt, daß, mit* $D(f)=M\times M_r$, *die Punkte* $v_{xx}+\overline{\varrho}_{xx}$ *und* $v_{xx}-\varrho_{xx}$ *zu* M_r *gehören).*

Dann ist

$$-\overline{\varrho}(t, x)<v(t, x)-u(t, x)<\varrho(t, x) \quad in \quad G_p.$$

Wir bedienen uns der Beweisanordnung von III und haben, ähnlich wie dort, zu zeigen: Ist $v-u=\varrho$, $v_x-u_x=\varrho_x$, $v_{xx}-u_{xx}\leqq\varrho_{xx}$ in einem Punkt aus G_p, so ist $v_t-u_t<\varrho_t$ in diesem Punkt. Das folgt aber aus den UnGln

$$\begin{aligned}v_t-u_t&\leqq\delta(t, x)+f(t, x, v, v_x, v_{xx})-f(t, x, u, u_x, u_{xx})\\&\leqq\delta(t, x)+f(t, x, v, v_x, v_{xx})-f(t, x, v-\varrho, v_x-\varrho_x, v_{xx}-\varrho_{xx})\\&\leqq\delta(t, x)+\omega(t, x, \varrho, \varrho_x, \varrho_{xx})<\varrho_t.\end{aligned}$$

Entsprechend beweist man die andere UnGl $-\overline{\varrho}<v-u$.

IX. Sonderfall. *Die Funktion* f *sei in den zweiten Ableitungen linear,*

$$f(t, x, z, p, r)=g(t, x, z, p)+\sum_{\lambda,\mu=1}^{m}k_{\lambda\mu}(t, x)r_{\lambda\mu} \tag{4}$$

mit einer in jedem Punkt von G_p *positiv semidefiniten Matrix* $(k_{\lambda\mu})$. *Ist dann für* $u, v\in Z_0(f)$ *und* $\varrho\in Z_0$, *wobei* $\varrho(t, x)\geqq\alpha>0$ *in* G_p *ist,*

(α) $|v-u|\leqq\varrho$ *auf* R_p^+ *und auf* R_∞;

(β) $u_t=f(t, x, u, u_x, u_{xx})$ *und* $|v_t-f(t, x, v, v_x, v_{xx})|\leqq\delta(t, x)$ *in* G_p;

(γ) $\varrho_t\geqq\delta(t, x)+a(t, x)\varrho+\sum_\mu b_\mu(t, x)|\varrho_{x_\mu}|+\sum_{\lambda,\mu}k_{\lambda\mu}(t, x)\varrho_{x_\lambda x_\mu}$ *in* G_p

(die Funktionen a, b_μ seien in G_p erklärt), und genügt $g(t, x, z, p)$ in seinem Definitionsbereich einer bezüglich z einseitigen Lipschitz-Bedingung

$$(\delta)\quad g(t, x, z, p) - g(t, x, \bar{z}, \bar{p}) \leqq a(t, x)(z - \bar{z}) + \sum_\mu b_\mu(t, x)\,|p_\mu - \bar{p}_\mu| \quad \text{für } z \geqq \bar{z},$$

so gilt die Abschätzung

$$|v - u| \leqq \varrho \quad \text{in} \quad G_p.$$

Man stellt leicht fest, daß sich aus den vier Voraussetzungen (α) bis (δ) die entsprechenden Voraussetzungen von VIII ergeben, wenn man $\varrho = \bar{\varrho}$, $\delta(t, x) = \bar{\delta}(t, x)$ und

$$\omega(t, x, z, p, r) = \bar{\omega} = a z + \sum b_\mu |p_\mu| + \sum k_{\lambda\mu} r_{\lambda\mu}$$

setzt. Da wir hier jedoch in (α) und (γ) das Gleichheitszeichen zugelassen haben, ist noch eine kleine Zusatzüberlegung notwendig: man muß statt ϱ die Funktion $\varrho^*(t, x) = \varrho(t, x)(1 + \varepsilon + \varepsilon t)$ betrachten ($\varepsilon > 0$) und dann $\varepsilon \to +0$ streben lassen. Für ϱ^* gilt (α) und (γ) mit dem $>$-Zeichen; dabei wird die Positivität von ϱ benötigt.

Gemäß (γ) wird man in einfachen Fällen Schranken ϱ als Lösungen einer linearen parabolischen DGl bestimmen können. Man wird sich zunächst einige Lösungen oder eine Lösungsschar verschaffen und die Schranke in Form einer Linearkombination solcher Lösungen ansetzen. Durch geschickte Wahl der freien Parameter wird man sich möglichst gut den Randbedingungen anpassen.

Im folgenden

X. Beispiel ist dieser Sachverhalt besonders einfach zu überblicken. Es sei $m = 2$ und $G_p = J_0 \times D$, wobei D im Kreis $x_1^2 + x_2^2 < R^2$ enthalten ist. Die DGl laute

$$u_t = \Delta u + g(t, x_1, x_2, u) \tag{5}$$

mit

$$g(t, x_1, x_2, z) - g(t, x_1, x_2, \bar{z}) \leqq L(z - \bar{z}) \quad \text{für} \quad z \geqq \bar{z}.$$

Nehmen wir an, u und v seien zwei Lösungen dieser DGl, deren Anfangswerte für $t = 0$ sich um höchstens ε unterscheiden, während ihre Randwerte für $t > 0$ übereinstimmen. Die UnGl IX (γ), welche jetzt

$$\varrho_t \geqq L\varrho + \Delta\varrho$$

lautet, hat z. B. die Lösungen

$$\varrho = e^{(L-\beta^2)t} J_0(\beta r) \quad \text{mit} \quad r^2 = x_1^2 + x_2^2,$$

wobei $J_0(s)$ die Bessel-Funktion der Ordnung 0 ist. Man kommt so auf eine Schranke von der Form

$$|v - u| \leqq C e^{(L-\beta^2)t} J_0(\beta r).$$

Ist j_0 die erste positive Nullstelle von $J_0(s)$, so muß sicher $\beta R < j_0$ sein. Die endgültige Gestalt der Abschätzung lautet also

$$|v - u| \leqq \varepsilon e^{(L-\beta^2)t} \cdot \frac{J_0(\beta r)}{J_0(\beta R)};$$

dabei ist jedes positive $\beta < j_0/R$ zugelassen. Die Frage nach dem „besten" β ist nicht eindeutig zu beantworten. Untersucht man etwa das Verhalten für große t, so wird man β nahe bei j_0/R wählen; hat man die Stelle $r=0$ zur Zeit $t=1$ im Auge, so läuft die Aufgabe darauf hinaus, das Minimum von $e^{-\beta^2}/J_0(\beta R)$ als Funktion von β zu bestimmen. Natürlich kann man auch mit einer Linearkombination von zwei oder mehreren Funktionen ϱ der obigen Gestalt arbeiten.

XI. Lipschitz-Abschätzung. Es sei

$$Pu=0, \quad -\bar{\delta}(t) \leqq Pv \leqq \delta(t) \quad \text{in} \quad G_p$$

für zwei Funktionen $u, v \in Z_0(f)$. Die Funktion $f \in \mathscr{P}$ gestatte eine Abschätzung

$$f(t, x, z, v_x, v_{xx}) - f(t, x, \bar{z}, v_x, v_{xx}) \leqq l(t)(z-\bar{z}) \quad \text{für} \quad z \geqq \bar{z} \tag{6}$$

[falls beide Argumente in $D(f)$ liegen]. Die Funktionen $\delta, \bar{\delta}, l$ seien dabei in J_0 stetig und über J integrierbar[1], und es sei

$$L(t) = \int_0^t l(\tau)\, d\tau.$$

Dann gilt die Abschätzung

$$-e^{L(t)}\left\{\bar{\varepsilon} + \int_0^t \bar{\delta}(\tau)\, e^{-L(\tau)}\, d\tau\right\} \leqq v-u \leqq e^{L(t)}\left\{\varepsilon + \int_0^t \delta(\tau)\, e^{-L(\tau)}\, d\tau\right\}$$

in G_p, falls die Konstanten $\varepsilon, \bar{\varepsilon}$ so bestimmt werden, daß diese UnGln auf R_p^+ und auf R_∞ bestehen und daß hierin die linke Seite $\leqq 0$, die rechte Seite $\geqq 0$ ist.

Es sei ausdrücklich darauf hingewiesen, daß die Funktionen $\delta, \bar{\delta}, l$ auch negative Werte annehmen dürfen. Da nur eine einseitige Lipschitz-Abschätzung gefordert wird, wird sich in manchen Fällen eine negative Lipschitz-„Konstante" $l(t)$ bestimmen lassen.

Einen Spezialfall dieser Abschätzung gab WESTPHAL (1949) (jedoch mit einer Abschätzung des Betrages von f).

XII. Bemerkungen. (α) Man kann — darauf haben wir schon früher bei ähnlicher Gelegenheit hingewiesen — die Abschätzungssätze III und VIII auch durch Zurückführung auf II beweisen; es ist ja $v+\bar{\varrho}$ eine Ober-, $v-\varrho$ eine Unterfunktion (bezüglich eines geeigneten AWPs für die Gl (1)). Der hier gegebene Beweis ist nicht schwieriger und hat den Vorteil, auf Systeme übertragbar zu sein; vgl. die entsprechende Bemerkung in E VIII.

(β) Das Existenzproblem werden wir hier nicht behandeln. Einen allgemeinen Existenzbeweis für die Wärmeleitungsgleichung führte STERNBERG (1929). Existenzfragen für quasilineare DGln werden u.a. von CILIBERTO (1956b, 1956c), PINI (1957), AGAEV und MAMAZOV

[1] Statt dessen genügt die Voraussetzung 9 VI (γ).

(1958), Friedman (1958, 1960, 1960a) untersucht. Mlak (1960) gibt Bedingungen für die Existenz von Maximal- und Minimalintegralen an (die kritische Bemerkung von Friedman in den Mathematical Reviews Bd. 22, A 6930, ist unzutreffend).

XIII. Differenzenmethoden für parabolische Differentialgleichungen. Das wohl geläufigste Verfahren zur numerischen Lösung einer 1. RWA besteht darin, die auftretenden Ableitungen durch endliche Differenzen zu ersetzen. Das kann auf sehr verschiedenartige Weise geschehen.

Für das Folgende nehmen wir der Einfachheit halber an, es sei $m=1$ und G ein Rechteck $0<t<T$, $0<x<a$. Wenn nur die Ableitungen nach x durch Differenzen ersetzt werden, so erhält man ein System von *gewöhnlichen* DGln. Wird etwa das Intervall $0<x<a$ in n gleiche Teile geteilt,

$$x_\nu = h\nu \qquad (\nu=0, \ldots, n;\ h=a/n),$$

und wird mit der Bezeichnung $u_\nu(t)=u(t, x_\nu)$

$$u_x \text{ durch } \frac{u_{\nu+1}-u_\nu}{h}, \qquad u_{xx} \text{ durch } \frac{u_{\nu+1}+u_{\nu-1}-2u_\nu}{h^2}$$

ersetzt, so erhält man aus (1)

$$u_\nu' = f\left(t, x_\nu, u_\nu, \frac{u_{\nu+1}-u_\nu}{h}, \frac{u_{\nu+1}+u_{\nu-1}-2u_\nu}{h^2}\right) \quad (\nu=1, \ldots, n-1), \tag{7}$$

also ein System von gewöhnlichen DGln, für das wir auch kurz

$$\mathfrak{u}' = \mathfrak{f}(t, \mathfrak{u}) \qquad (\mathfrak{u}=(u_1, \ldots, u_{n-1});\ \mathfrak{f}=(f_1, \ldots, f_{n-1})) \tag{7'}$$

schreiben. Sind die ursprünglichen Randbedingungen durch

$$u(0, x)=\eta_0(x), \qquad u(t, 0)=\eta_1(t), \qquad u(t, a)=\eta_2(t) \tag{8}$$

gegeben, so lauten die zu (7) gehörigen Anfangsbedingungen

$$u_\nu(0)=\eta_0(x_\nu) \qquad (\nu=1, \ldots, n-1); \tag{9}$$

außerdem ist in (7) $u_0(t)=\eta_1(t)$, $u_n(t)=\eta_2(t)$ zu setzen.

Da $f(t, x, z, p, r)$ monoton wachsend in r ist, gilt für das System (7) die wichtige Bemerkung:

Ist $f(t, x, z, p, r)$ monoton wachsend in p, so ist die durch (7) und (7') definierte Funktion $\mathfrak{f}(t, \mathfrak{z})$ quasimonoton wachsend in $\mathfrak{z}$. Ist f monoton fallend in p, so kann man u_x auch durch die rückwärts genommene Differenz $(u_\nu-u_{\nu-1})/h$ ersetzen und erhält damit wieder eine in $\mathfrak{z}$ quasimonoton wachsende rechte Seite $\mathfrak{f}(t, \mathfrak{z})$.

Man kann also auf das System (7) die entsprechenden Sätze für Systeme gewöhnlicher DGln mit einer quasimonoton wachsenden rechten Seite aus Kapitel II anwenden. Aufgrund dieser Bemerkung läßt sich z.B. in einfacher Weise zeigen, daß im Falle der linearen Wärmeleitungs-Gl $u_t=u_{xx}$ die nach (7) (9) gewonnenen Näherungslösungen u_ν für $n\to\infty$

gegen die Lösung des 1. RWPs streben [Voraussetzung: η_0, η_1, η_2 stetig, $\eta_0(0)=\eta_1(0), \eta_0(a)=\eta_2(0)$]. Einen Beweis, der im wesentlichen auf dieser Grundlage beruht, findet man bei TYCHONOFF-SAMARSKI (1959, S. 469–477).

Es sei erwähnt, daß man in (1) auch nur die t-Ableitung durch eine Differenz ersetzen kann. Man erhält dann ein System von RWAn 2. Ordnung für *gewöhnliche* DGln.

Ersetzt man in (1) sämtliche Ableitungen durch Differenzen, so ergibt sich ein System von reinen Differenzen-Gln (dabei ergeben sich verschiedene Systeme, je nachdem, ob man vorwärts genommene, rückwärts genommene, ... Differenzen in t-Richtung wählt). Die damit zusammenhängenden Probleme sind für spezielle f, insbesondere für die einfache Wärmeleitungs-Gl, vielfach untersucht worden. Vor kurzem behandelte KRAWCZYK (1963) die der allgemeinen Gl (1) entsprechenden Differenzen-Gln für beliebige Gebiete. Er konnte u.a. das Nagumo-Westphalsche Lemma auf diese Differenzen-Gln ausdehnen und daraus eine Reihe wichtiger Resultate (Maximum-Minimum-Prinzip für die Lösungen der Differenzen-Gl, Abschätzungssätze, Konvergenz der Lösungen der Differenzen-Gl gegen die Lösung der DGl, wenn die Maschenweite gegen 0 konvergiert) nachweisen. Die Arbeit von KRAWCZYK geht besonders auf die Grenzschicht-DGl (30.6′) ein.

26. Das Maximum-Minimum-Prinzip. Spezielle Ansätze

Die einfachsten numerischen Aussagen über Lösungen der DGl

$$u_t = f(t, x, u, u_x, u_{xx}) \tag{1}$$

erhält man durch Abschätzungen mit Konstanten. Sie führen auf das wohlbekannte Maximum-Minimum-Prinzip.

I. Definition ($M(\varphi)$, $m(\varphi)$, $H(t)$, $H(t, x)$, $H^*(t, x)$, *Maximum-Prinzip*, *starkes Maximum-Prinzip*, ...). Für eine in G_p erklärte Funktion $\varphi(t, x)$ ist $M(\varphi)$ das Infimum aller Zahlen A, für die $\varphi < A$ auf R_p^+ und auf R_∞ ist. Es gilt das *Maximum-Prinzip* für die Gl (1), wenn $u \leqq M(u)$ in G_p für jede Lösung $u \in Z_0(f)$ der Gl (1) ist. Ist speziell $u \in Z(f)$, G beschränkt und R_p abgeschlossen, so heißt das offenbar, daß u sein Maximum (auch!) auf R_p annimmt.

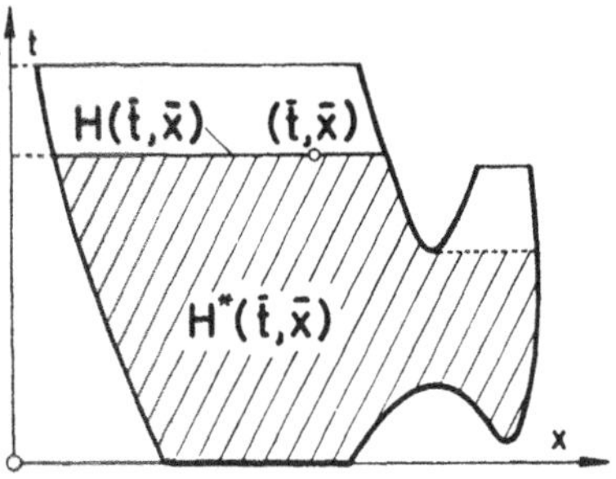

Abb. 12

Nun sei $(\bar{t}, \bar{x})$ ein Punkt aus G_p, $H(\bar{t})$ der Durchschnitt von G_p mit der Hyperebene $t=\bar{t}$, $H(\bar{t}, \bar{x})$ diejenige zusammenhängende Komponente von $H(\bar{t})$, welche den Punkt $(\bar{t}, \bar{x})$ enthält, und $H^*(\bar{t}, \bar{x})$ die Menge aller Punkte aus G_p, die sich durch einen in t-Richtung schwach monoton wachsenden Streckenzug mit $(\bar{t}, \bar{x})$ verbinden lassen (Abb. 12). Ist z.B. G_p der Hyperzylinder $J_0 \times D$ und ist $D \subset R^m$ zusammenhängend, so ist $H(\bar{t}) = H(\bar{t}, \bar{x}) = \{\bar{t}\} \times D$ und $H^*(\bar{t}, \bar{x}) = (0, \bar{t}] \times D$. Es gilt das *starke Maximum-Prinzip*, wenn das Maximum-Prinzip gilt und wenn jede Lösung $u \in Z_0(f)$ von (1) die Eigenschaft hat: Ist $u(\bar{t}, \bar{x}) = M(u)$ für einen Punkt $(\bar{t}, \bar{x}) \in G_p$, so ist $u \equiv M(u)$ in $H^*(\bar{t}, \bar{x})$.

Ganz entsprechend werden $m(\varphi)$ und das Minimum-Prinzip definiert. Gelten beide Prinzipien, so sagt man auch, es gelte das Maximum-Minimum-Prinzip. Schließlich erinnern wir an die Bezeichnung $D(f) = M \times M_r$.

II. Satz (Maximum-Minimum-Prinzip). *Es sei $f \in \mathcal{P}$ und $0 \in M_r$. Dann gilt das*

Maximum-Prinzip,	*wenn*	$f(t, x, z, 0, 0) \leqq 0$,
Minimum-Prinzip,	*wenn*	$f(t, x, z, 0, 0) \geqq 0$,
Maximum-Minimum-Prinzip,	*wenn*	$f(t, x, z, 0, 0) = 0$

für $(t, x, z, 0, 0) \in D(f)$ ist[1].

Dieser Satz ist in Sonderfällen längst bekannt und wurde allgemein von NICKEL (1958) formuliert. Einen ähnlichen Randmaximumssatz gibt COLLATZ (1956, Satz 4) an (in diesem Satz muß $g \equiv 0$ gesetzt werden).

Satz II ist enthalten in dem folgenden

III. Satz. *Es sei $f \in \mathcal{P}$, $v \in Z_0(f)$ und $0 \in M_r$. Dann ist*

$v \leqq M(v)$ in G_p, wenn $Pv \leqq 0$ und $f(t, x, z, 0, 0) \leqq 0$
für $M(v) < z < M(v) + \varepsilon$,

$v \geqq m(v)$ in G_p, wenn $Pv \geqq 0$ und $f(t, x, z, 0, 0) \geqq 0$
für $m(v) - \varepsilon < z < m(v)$

für ein $\varepsilon > 0$ ist (soweit die genannten Argumente in $D(f)$ liegen).

Es genügt, die erste Zeile der Behauptung zu beweisen. Es sei also $v < A$ auf R_p^+ und auf R_∞, und wir haben hieraus die UnGl $v \leqq A$ in G_p abzuleiten. Dazu wenden wir 24 I mit $\varphi = v$, $\psi = A + \delta t$, $\delta > 0$ an; A und δ seien so gewählt, daß $A + \delta T < M(v) + \varepsilon$ ist. Aus $v = \psi$, $v_x = \psi_x = 0$, $v_{xx} \leqq \psi_{xx} = 0$ folgt

$$v_t = Pv + f(t, x, v, v_x, v_{xx}) \leqq f(t, x, v, 0, 0) \leqq 0 < \delta = \psi_t.$$

Hilfssatz 24 I ist also anwendbar und ergibt $v < \psi$ in G_p, also, da δ beliebig klein und A beliebig nahe an $M(v)$ gewählt werden kann, $v \leqq M(v)$ in G_p.

[1] In diesem Satz — wie auch an späteren Stellen — tritt 0 in drei verschiedenen Bedeutungen auf, nämlich als Zahl, als Nullpunkt des E^m und als Nullmatrix. Was in jedem Fall gemeint ist, geht aus dem Zusammenhang wohl klar hervor.

Unter etwas engeren Voraussetzungen kann man diesen Satz, wie NIRENBERG (1953) gezeigt hat, wesentlich verschärfen.

IV. Satz (starkes Maximum-Minimum-Prinzip). *Die Funktion* $f \in \mathcal{P}$ *sei von der Gestalt*

$$f(t, x, z, p, r) = g(t, x, z, p) + \sum_{\lambda,\mu=1}^{m} k_{\lambda\mu}(t, x)\, r_{\lambda\mu},$$

wobei g *in einem Bereich* M *und* $k_{\lambda\mu}$ *in* G_p *erklärt ist. Zu jedem* $(t_0, x_0) \in G_p$ *gebe es eine Halbumgebung* $U_- = U_-(t_0, x_0)$ *und zwei positive Zahlen* α, β, *so daß*

(α) $g(t, x, z, p) \leqq \alpha \sum_{\mu=1}^{m} |p_\mu| \; [\geqq -\alpha \sum_{\mu=1}^{m} |p_\mu|]$ *für* $(t, x) \in U_-$, $(t, x, z, p) \in M$;

(β) $k_{\mu\mu}(t, x) \leqq \alpha$ *in* U_-;

(γ) $\sum_{\lambda,\mu=1}^{m} k_{\lambda\mu}(t, x)\, c_\lambda c_\mu \geqq \beta \sum_{\mu=1}^{m} c_\mu^2$ *für beliebige* c_μ *und* $(t, x) \in U_-$ *ist.*

Ist dann $v \in Z_0(f)$ *und* $Pv \leqq 0$ $[Pv \geqq 0]$ *in* G_p, *so gilt* $v \leqq M(v)$ $[v \geqq m(v)]$ *in* G_p *und, wenn* $v = M(v)$ $[v = m(v)]$ *in einem Punkt* $(\bar{t}, \bar{x}) \in G_p$ *ist,* $v \equiv M(v)$ $[v \equiv m(v)]$ *in* $H^*(\bar{t}, \bar{x})$.

Wir beschäftigen uns zunächst mit der Aussage in eckigen Klammern. Da III angewandt werden kann, ist $v \geqq m(v)$. Wir nehmen an, die Behauptung sei falsch und es existiere in G_p ein Punkt mit $v = m(v)$ und davon ausgehend ein in der Koordinate t schwach monoton fallender Streckenzug, welcher bei einem Punkt mit $v > m(v)$ endigt. Es sei (t', x') der letzte Punkt auf diesem Streckenzug, in welchem noch $v = m(v)$ ist. Alle folgenden Betrachtungen vollziehen sich in der diesem Punkt (t', x') nach Voraussetzung zugeordneten Halbumgebung U_-.

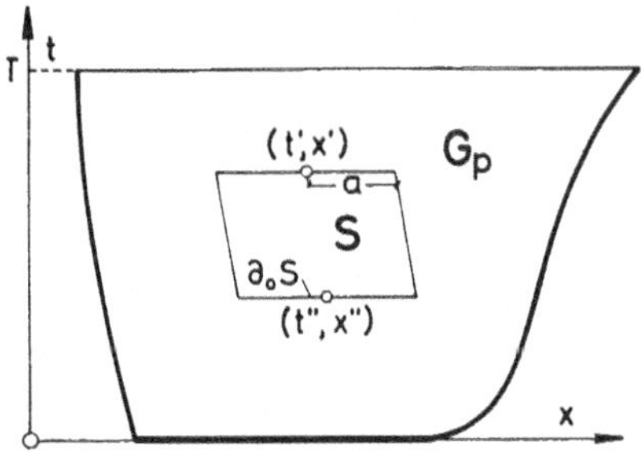

Abb. 13

In U_- gibt es einen Punkt (t'', x'') mit $v > m(v)$ und $t'' < t'$. Nun betrachten wir einen in U_- gelegenen schiefen Kreiszylinder S, der die Punkte (t'', x''), (t', x') als Mittelpunkte der Boden- bzw. Deckfläche und den Radius a hat (Abb. 13); in Formeln

$$S = \{(t, x) \mid t'' < t < t',\ \|x - x'' - (t - t'')\xi\|_e < a\} \quad \text{mit} \quad \xi = \frac{x' - x''}{t' - t''};$$

wir schreiben hier und im folgenden $x^2 = x_1^2 + \cdots + x_m^2$, also $\|x\|_e = \sqrt{x^2}$. Außerdem sei a so klein, daß

$$v > m(v) \quad \text{auf} \quad \partial_0 S$$

ist (die Mengen $\partial_0 S$, S_p, $\bar{S}$ ... sind gemäß 23 I definiert). Betrachten wir nun die Funktion

$$w(t, x) = \left(a^2 - (x - t\xi)^2\right)^2 e^{-Bt} = A^2 e^{-Bt}, \; B > 0$$

für $0 < t \leqq t' - t''$, $A = a^2 - (x - t\xi)^2 > 0$. Wir zeigen zunächst, daß für alle hinreichend großen B

$$w_t < \sum_{\lambda,\mu} k_{\lambda\mu}(t'' + t, x'' + x)\, w_{x_\lambda x_\mu} - \alpha \sum_\mu |w_{x_\mu}|$$

ist. Diese Beziehung ist, wie man leicht nachrechnet, gleichbedeutend mit

$$8 \sum_{\lambda,\mu} k_{\lambda\mu}(x_\lambda - t\xi_\lambda)(x_\mu - t\xi_\mu) - 4A \sum_\mu k_{\mu\mu} - 4\alpha A \sum_\mu |x_\mu - t\xi_\mu|$$
$$+ BA^2 - 4A \sum_\mu \xi_\mu (x_\mu - t\xi_\mu)$$
$$\geqq 8\beta (x - t\xi)^2 + BA^2 - 4A\left(m\alpha + m\alpha a + a \sum_\mu |\xi_\mu|\right) > 0$$

(an den Stellen, an denen A klein ist, überwiegt in der letzten Zeile der erste Summand, an den übrigen Stellen der zweite Summand, falls man B hinreichend groß wählt). Nun wird der Hilfssatz 24 I auf S_p und die beiden Funktionen

$$\varphi = m(v) - \varepsilon + \delta w(t - t'', x - x'') \qquad (\delta, \varepsilon > 0)$$

und $\psi = v$ angewandt. Das ist erlaubt, denn aus $\varphi = v$, $\varphi_x = v_x$, $\varphi_{xx} \leqq v_{xx}$ folgt nach dei eben bewiesenen UnGl mit Hilfe von (α) (β)

$$\varphi_t < -\alpha \sum |\varphi_{x_\mu}| + \sum k_{\lambda\mu} \varphi_{x_\lambda x_\mu} \leqq g(t, x, \varphi, \varphi_x) + \sum k_{\lambda\mu} \varphi_{x_\lambda x_\mu}$$
$$\leqq g(t, x, v, v_x) + \sum k_{\lambda\mu} v_{x_\lambda x_\mu} = f(t, x, v, v_x, v_{xx}) \leqq v_t = \psi_t$$

(daß die Doppelsumme bei Ersetzung von φ_{xx} durch v_{xx} nicht kleiner wird, folgt aus einem bekannten Satz der Matrizenrechnung; vgl. die UnGln in 23 II (α)). Weiter können wir durch passende Wahl von $\delta > 0$ erreichen, daß auf dem (parabolischen) Rand von S_p

$$m(v) + \delta w \leqq v, \quad \text{also} \quad \varphi < v = \psi$$

ist. Das ist leicht möglich, denn w ist nur auf $\partial_0 S$ von 0 verschieden, und dort ist $m(v) < v$. Aus 24 I folgt also $\varphi < v$ in S_p; da ε beliebig ist, gilt somit $m(v) + \delta w \leqq v$ und insbesondere $m(v) < v$ in S_p. Dieses Ergebnis steht aber im Widerspruch mit den obigen Annahmen.

Beim anderen Teil des Satzes verfährt man mit den Funktionen $\varphi = v$, $\psi = M(v) + \varepsilon - \delta w$ entsprechend.

V. Corollar. Die Aussagen von Satz IV lassen sich sofort auf quasilineare DGln

$$f = g(t, x, z, p) + \sum_{\lambda,\mu=1}^{m} k_{\lambda\mu}(t, x, z, p)\, r_{\lambda\mu}$$

übertragen. Ist $v \in Z_0(f)$ und genügt g der Voraussetzung IV (α), $k^*_{\lambda\mu}(t, x) = k_{\lambda\mu}(t, x, v, v_x)$ den Voraussetzungen IV (β) (γ), so gilt die Behauptung von IV.

Das sieht man sofort ein, wenn man IV auf die Funktion $f^*(t, x, z, p, r) = g(t, x, z, p) + \sum k^*_{\lambda\mu}(t, x) r_{\lambda\mu}$ anwendet.

Der Satz läßt sich auch auf nichtlineare Gln übertragen, wenn f nach den $r_{\lambda\mu}$ stetig differenzierbar ist. Nach dem Mittelwertsatz ist

$$f(t, x, v, v_x, v_{xx}) = f(t, x, v, v_x, 0) + \sum_{\lambda,\mu=1}^{m} \frac{\partial f}{\partial r_{\lambda\mu}}(t, x, v, v_x, \vartheta v_{xx}) v_{x_\lambda x_\mu},$$

wobei $0 < \vartheta = \vartheta(t, x) < 1$ ist. In diesem Fall genügt es, wenn $g(t, x, z, p) = f(t, x, z, p, 0)$ die Eigenschaft IV (α) und wenn außerdem $k^*_{\lambda\mu}(t, x) = \partial f(t, x, v, v_x, \vartheta v_{xx})/\partial r_{\lambda\mu}$ die Eigenschaften IV (β) (γ) besitzt.

Insbesondere gilt unter diesen Voraussetzungen für die Gl (1) das starke Maximum-Prinzip [starke Minimum-Prinzip].

Weitere Untersuchungen im Zusammenhang mit dem starken Maximum-Prinzip bei parabolischen und elliptischen DGln wurden — fußend auf der klassischen Arbeit von HOPF (1927) — von HOPF (1952), OLEINIK (1952), FRIEDMAN (1958a, 1961) und PUCCI (1957, 1958) angestellt.

Die bisherigen Sätze geben Antwort auf die Frage, wann eine konstante Funktion eine Ober- oder eine Unterfunktion ist. Nun sollen einige weitere Funktionsansätze auf ihre Brauchbarkeit als Ober- und Unterfunktionen hin untersucht werden. Die Wahl „guter" Näherungsfunktionen hängt zu sehr von der speziellen Art der DGl und der Randbedingungen ab, als daß dafür allgemeine Rezepte angegeben werden könnten. Die folgenden Ansätze sind einfach und naheliegend; in manchen Fällen werden sie brauchbare Schranken liefern. Der Kürze halber setzen wir immer $Pu = 0$ voraus (wie oben in II). Die Ausdehnung auf den Fall $Pu \leqq 0$ für obere Schranken, $Pu \geqq 0$ für untere Schranken (das entspricht dem Übergang von II nach III) kann dem Leser überlassen werden.

Es seien im folgenden a, A und $b = (b_1, \ldots, b_m)$, $B = (B_1, \ldots, B_m)$ Konstanten. Unter bx verstehen wir das skalare Produkt

$$bx = b_1 x_1 + \cdots + b_m x_m.$$

VI. Satz. *Es sei* $u \in Z_0(f)$, $Pu = 0$, $0 \in M_r$ *und*

$$f(t, x, z, p, 0) = 0,$$

falls $(t, x, z, p, 0) \in D(f)$ *ist. Dann gilt die Abschätzung*

$$a + bx \leqq u \leqq A + Bx \quad \text{in} \quad G_p,$$

wenn sie auf R_p^+ *und auf* R_∞ *richtig ist.*

Der Beweis ist sehr einfach. Man hat lediglich 24 I einmal auf $\varphi = a + bx - \varepsilon(1+t)$, $\psi = u$ und einmal auf $\varphi = u$, $\psi = A + Bx + \varepsilon(1+t)$ anzuwenden.

Dieser von NICKEL (1958) angegebene Satz läßt sich einfach geometrisch interpretieren. Die Gln $z = a + bx$, $z = A + Bx$ stellen zwei Hyperebenen im $(m+1)$-dimensionalen (x, z)-Raum dar. Ordnen wir nun gegebenen Randwerten η eine Menge $H = \{(x, z) \mid z = \eta_*(t, x)$ oder $z = \eta^*(t, x)$ für ein $t \in J\}$ im (x, z)-Raum zu, so können wir sagen: Ist G beschränkt und liegt H zwischen den genannten Hyperebenen, so verläuft auch die Fläche $z = u(t, x)$, aufgefaßt als Funktion von x bei festgehaltenem t, zwischen diesen Hyperebenen, und zwar für jedes $t \in J$. Stellt man diese Betrachtung für jede Hyperebene an, welche die Menge H ganz auf einer Seite läßt, so wird man auf das Ergebnis geführt:

Ist G beschränkt, so liegt die Fläche $z = u(t, x)$ für jedes feste $t \in J$ in der konvexen Hülle von H.

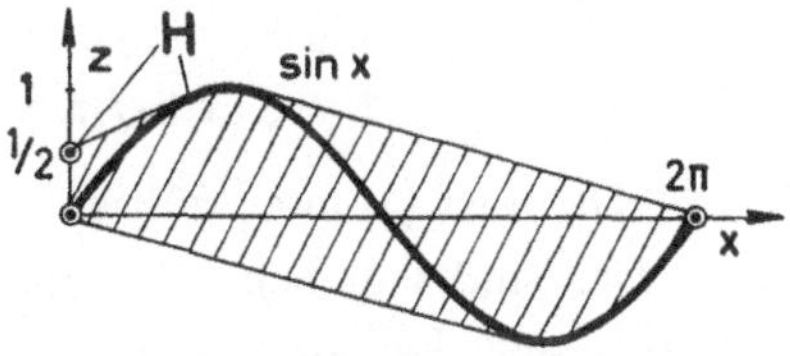

Abb. 14. Die Menge H und ihre konvexe Hülle (schraffiert)

In Abb. 14 ist dieser Sachverhalt am Beispiel einer Wärmeleitungsaufgabe (mit unstetigen Randwerten) illustriert: $m = 1$, $G = \{0 < t < \infty\} \times \{0 < x < 2\pi\}$, $u(0, x) = \sin x$, $u(t, 0) = \frac{1}{2}$, $u(t, 2\pi) = 0$, $f(t, x, z, p, r) = kr$. Die Temperatur bleibt für alle positiven Zeiten in dem schraffierten Bereich. Dabei darf $k \geqq 0$ in beliebiger Weise von t, x, z, p abhängen.

VII. Weitere Ansätze. Wir nehmen im folgenden an, es sei $u \in Z_0(f)$ eine Lösung der DGl (1). Die Anwendung auf die 1. RWA liegt auf der Hand.

(α) *Schranken, welche nur von t abhängen.* Für die Funktionen $a(t)$, $A(t) \in Z(f)$ gelte

$$a(t) < u(t, x) < A(t) \quad \text{auf } R_p^+ \text{ und } R_\infty, \tag{2}$$

$$a'(t) < f\big(t, x, a(t), 0, 0\big), \quad A'(t) > f\big(t, x, A(t), 0, 0\big) \quad \text{in } G_p.$$

Dann gelten die UnGln (2) in G_p.

Solche Schranken kann man etwa als Lösungen der gewöhnlichen DGln

$$a' = g(t, a), \qquad A' = G(t, A)$$

erhalten, wobei g, G so bestimmt sind, daß

$$g(t, z) < f(t, x, z, 0, 0) < G(t, z)$$

ist.

(β) *Schranken, die linear in x sind.* Der einfachste Fall wurde bereits in VI besprochen. Nun seien $a=a(t)$, $b=b(t)=\big(b_1(t), \ldots, b_m(t)\big)$ und ebenso A, B von t abhängende Funktionen und $a+bx$, $A+Bx\in Z(f)$. Dann sind die drei Bedingungen

$$a(t)+b(t)\,x<u(t,x)<A(t)+B(t)\,x \quad \text{auf } R_p^+ \text{ und } R_\infty \tag{3}$$
$$a'+b'x<f(t,x,a+bx,b,0) \quad \text{in} \quad G_p$$
$$A'+B'x>f(t,x,A+Bx,B,0) \quad \text{in} \quad G_p$$

hinreichend dafür, daß die Abschätzung (3) in G_p besteht.

(γ) *Produktansatz.* Die Funktionen $a(t)$, $A(t)$, $c(x)$, $C(x)$ seien so beschaffen, daß ac, $AC\in Z_0(f)$ und

$$a(t)\,c(x)<u(t,x)<A(t)\,C(x) \quad \text{auf } R_p^+ \text{ und } R_\infty \tag{4}$$
$$a'(t)\,c(x)<f(t,x,ac,ac_x,ac_{xx}) \quad \text{in} \quad G_p$$
$$A'(t)\,C(x)>f(t,x,AC,AC_x,AC_{xx}) \quad \text{in} \quad G_p$$

ist. Dann ist (4) in G_p gültig.

Das sind lediglich Sonderfälle von Lemma 24 IV. In den meisten praktischen Fällen, genauer, wenn eine Eindeutigkeitsbedingung wie in 24 VI vorliegt, können in den UnGln die Gleichheitszeichen zugelassen werden. Der Ansatz (γ) ist besonders wirksam, wenn f linear ist und damit das Superpositionsprinzip gilt. Betrachten wir diesen Fall etwas näher.

VIII. Die lineare Differentialgleichung. Es sei

$$f(t,x,z,p,r)=g(x)\,z+\sum_{\mu=1}^{m} h_\mu(x)\,p_\mu+\sum_{\lambda,\mu=1}^{m} k_{\lambda\mu}(x)\,r_{\lambda\mu} \tag{5}$$

oder kurz

$$f=gz+hp+kr$$

mit einer symmetrischen und positiv semidefiniten Matrix k. Mit $c(x;\alpha)$ bezeichnen wir eine Lösung der gewöhnlichen bzw. elliptischen DGl

$$(g-\alpha)\,c+hc_x+kc_{xx}=0 \qquad (\alpha \text{ konstant}).$$

Dann ist, wie man leicht nachrechnet, die Funktion

$$u(t,x)=e^{\alpha t}c(x;\alpha)$$

eine Lösung von $Pu=0$, und dasselbe gilt auch für Summen solcher Funktionen.

Ist eine endliche oder unendliche Folge von solchen Lösungen $c(x;\alpha_k)$ bekannt und werden die a_k, A_k so bestimmt, daß (für eine vorliegende Lösung $u\in Z_0(f)$ von (5))

$$\sum_k a_k e^{\alpha_k t} c(x;\alpha_k)\leqq u(t,x)\leqq \sum_k A_k e^{\alpha_k t} c(x;\alpha_k) \quad \text{auf } R_p^+ \text{ und } R_\infty$$

ist, so liegt die Lösung u auch in G_p zwischen diesen beiden Schranken, falls $g(x)$ nach oben beschränkt ist. In diesem Fall genügt f einer einseitigen Lipschitz-Bedingung; die Behauptung folgt dann aus 25 II. Natürlich sind hierbei im Falle unendlich vieler α_k solche Konvergenzvoraussetzungen zu treffen, daß die beiden Reihen Lösungen von (5) aus der Klasse $Z_0(f)$ darstellen.

27. Gestaltaussagen

Diese Nummer enthält die wichtigsten der von NICKEL (1958, 1962) gefundenen Ergebnisse (lediglich die Folgerung IX ist neu). Bei der Abfassung war mir ein von Herrn NICKEL freundlicherweise zur Verfügung gestelltes Manuskript der zweiten, im Druck befindlichen Arbeit eine wertvolle Hilfe.

Unseren Betrachtungen liegt eine parabolische DGl in *einer* Raumdimension

$$u_t = f(t, x, u, u_x, u_{xx}) \qquad (m=1) \tag{1}$$

zugrunde. Unser Ziel ist, über den Verlauf der Lösungen in Abhängigkeit von x, also längs einer Charakteristik $t=$const. (man spricht in diesem Zusammenhang auch von „Lösungsprofilen", etwa „Temperaturprofilen" bei Wärmeleitungsaufgaben usw.) qualitative Aussagen zu machen, etwa über Monotonie oder über die Anzahl der relativen Maxima eines Lösungsprofiles. Der von NICKEL eingeführte Begriff „Gestaltaussagen" scheint uns dafür passend zu sein.

I. Bezeichnungen (*A, B, C, D, R_0, α-Stelle, Extremum, $A_0(\alpha)$, $A_p(\alpha)$, M_0, M_p*). In dieser Nummer ist $m=1$ und das Grundgebiet G ein Rechteck $0<t<T$, $0<x<a$ mit den Ecken A, B, C, D (vom Nullpunkt aus in positiver Richtung gezählt). Es sei $R_0=\overline{DC}$ die abgeschlossene obere Seite von G. Demnach ist $R_p=\partial_0 G+\partial_1 G=\overline{DA}+\overline{AB}+\overline{BC}$ und $R_0=\partial_2 G+\{C, D\}$; die Punkte C, D gehören also sowohl zu R_0 als auch zu R_p; vgl. Abb. 15.

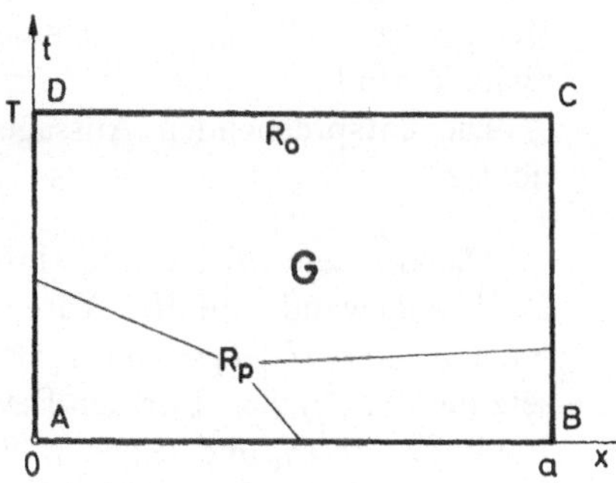

Abb. 15

Die Funktion $\varphi(s)$ sei stetig im Intervall $s_0 \leqq s \leqq s_1$; $\bar{s}$ ist eine α-Stelle (α reell) von φ, wenn $\varphi(\bar{s})=\alpha$ ist. Bei der Anzahl $A(\alpha)$ der α-Stellen zählt, wenn $\varphi(\bar{s})=\alpha$ und $a\leqq s\leqq b$ das größte den Punkt $\bar{s}$ enthaltende Intervall ist, in welchem $\varphi(s)\equiv\alpha$ ist, dieses Intervall als eine einzige α-Stelle. An der Stelle $\bar{s}$ liegt ein (relatives) Maximum vor, wenn zum größten, den Punkt $\bar{s}$ enthaltenden Intervall $a\leqq s\leqq b$, in welchem $\varphi(s)\equiv\varphi(\bar{s})$ ist, zwei Zahlen $\bar{a} < a$, $b < \bar{b}$ existieren, so daß $\varphi(s) \leqq \varphi(\bar{s})$ für $\bar{a} < s < a$ und $b < s < \bar{b}$ ist; im Falle $a = s_0$ ist in dieser Definition $\bar{a} = a$ zu setzen, entsprechend für $b = s_1$. Bei der Anzahl M der Maxima wird ein solches Konstanzintervall $a \leqq s \leqq b$ wieder als ein einziges Maximum gezählt. Eine entsprechende Definition gilt für das Minimum. Ist die Funktion u in $\bar{G}$ stetig, so bedeuten $A_0(\alpha)$ und M_0 bzw. $A_p(\alpha)$ und M_p die Anzahl der α-Stellen und Maxima von u, aufgefaßt als eine auf R_0 bzw. R_p definierte Funktion; dabei hat man sich R_p in der Richtung von D über A, B nach C als ein Intervall (oder u als Funktion der von D aus gezählten Bogenlänge längs R_p) zu denken.

II. Hilfssatz. Es sei $u \in Z(f)$ eine Lösung der Gl (1) und $0 \in M_r$[1]. Die Funktion $f \in \mathscr{P}$ genüge, wenn $(t, x, z, 0, 0) \in D(f)$ ist, der Gl (Bedingung für das Maximum-Minimum-Prinzip)

$$f(t, x, z, 0, 0) = 0. \tag{2}$$

Ist α eine reelle Zahl, $(T, \bar{x}) \in R_0$ und $u(T, \bar{x}) > \alpha$, so betrachten wir die größte zusammenhängende, den Punkt $(T, \bar{x})$ enthaltende Punktmenge $H < \bar{G}$, in welcher $u > \alpha$ ist (also die Menge derjenigen Punkte aus $\bar{G}$, die sich mit $(T, \bar{x})$ durch einen in $\bar{G}$ verlaufenden Streckenzug verbinden lassen, auf welchem $u > \alpha$ ist) und die Mengen $j_0 = H \cdot R_0$, $j_p = H \cdot R_p$.

Dann gilt

(α) j_0 ist ein Intervall [nämlich das größte in R_0 gelegene und den Punkt $(T, \bar{x})$ enthaltende Intervall, in welchem $u > \alpha$ ist];

(β) j_p ist nicht leer (also eine Summe von Intervallen).

(γ) Bildet man zu zwei Zahlen α', α'' und zwei Punkten (T, x'), $(T, x'') \in R_0$ mit $u(T, x') > \alpha'$, $u(T, x'') > \alpha''$ wie oben die entsprechenden Mengen H', H'', j_0', ..., so sind H' und H'' disjunkt, falls j_0' und j_0'' disjunkt sind.

Die entsprechenden Aussagen mit dem $<$-Zeichen sind ebenfalls richtig.

Die Aussage (β) ist eine einfache Folge aus dem Maximum-Prinzip 26 II, angewandt auf H. Wäre j_p leer, so wäre $u = \alpha$ auf dem parabolischen Rand $\partial_0 H + \partial_1 H$ von H, also $u = \alpha$ in H im Widerspruch zur Voraussetzung $u(T, \bar{x}) > \alpha$. Für den Beweis von (α) nehmen wir einen beliebigen Punkt $(T, x^*) \in j_0$ und zeigen, daß $u > \alpha$ in den zwischen $(T, \bar{x})$ und (T, x^*) gelegenen Punkten von R_0 ist. Verläuft der diese beiden Punkte verbindende Polygonzug P, auf dem $u > \alpha$ ist, in R_0, so ist das trivial, verläuft er (teilweise) außerhalb R_0, so betrachten wir das von dem Polygonzug P und von R_0 berandete Gebiet G^*. Da auf dem Polygonzug $u > \alpha$, also $u \geqq \alpha + \varepsilon$ für ein $\varepsilon > 0$ ist, ist (wieder nach 26 II) $u \geqq \alpha + \varepsilon$ in $\overline{G^*}$, womit auch diese Behauptung bewiesen ist.

[1] Nach 23 II ist $D(f) = M \times M_r$.

Ganz entsprechend geht man bei (γ) vor. Ist etwa $\alpha' \leqq \alpha''$ und $H' \cdot H'' \neq \emptyset$, so gibt es einen in $H' + H''$ verlaufenden Polygonzug P, der (T, x') mit (T, x'') verbindet. Auf ihm und damit nach 26 II auch in dem von ihm und R_0 umschlossenen Gebiet ist $u \geqq \alpha' + \varepsilon$ $(\varepsilon > 0)$, d.h. j_0' und j_0'' haben gemeinsame Punkte.

III. Satz. *Es genüge $f \in \mathcal{P}$ für $(t, x, z, 0, 0) \in D(f)$ der Gl (2), und es sei $0 \in M_r$. Dann gilt für die Anzahl der α-Stellen einer Lösung $u \in Z(f)$ der Gl (1) auf R_0 bzw. R_p*

$$A_0(\alpha) \leqq A_p(\alpha).$$

Im folgenden Beweis ordnen wir jeder α-Stelle auf R_0 eine α-Stelle auf R_p zu. Ist $u \equiv \alpha$ auf R_0, so wählen wir als α-Stelle auf R_p etwa den Punkt D. Es ist dann $A_0(\alpha) = 1 \leqq A_p(\alpha)$. Andernfalls ist die Menge der Punkte von R_0, in denen $u \neq \alpha$ ist, eine nichtleere Summe von offenen (bei Randintervallen: halboffenen) paarweise disjunkten Intervallen j_0^k. Bilden wir zu jedem dieser Intervalle (ausgehend von einem Punkt $(T, x^k) \in j_0^k$) wie in II die zugehörigen Mengen H^k, j_p^k, so sind die H^k nach II (α) (γ) paarweise disjunkt (das ist trivial, wenn in der einen Menge $u > \alpha$, in der anderen $u < \alpha$ ist). Nun liegt zwischen zwei Mengen j_p^k auf R_p mindestens eine α-Stelle von u. Ist also $A_0(\alpha)$ unendlich, so auch $A_p(\alpha)$. Ist $A_0(\alpha)$ endlich, so liegt jede α-Stelle im Innern von R_0 zwischen zwei Intervallen j_0^k; ihr wird eine α-Stelle zwischen den beiden entsprechenden Intervallen j_p^k auf R_p zugeordnet. Ist schließlich C oder D eine α-Stelle, so kann man diese sich selbst zuordnen, da sie ja auch auf R_p liegt. Diese Betrachtung führt unmittelbar zum Beweis der obigen UnGl.

IV. Folgerung. *Ist die Funktion u unter den Voraussetzungen von* III *auf R_p schwach monoton wachsend oder fallend (bei der Orientierung $DABC$), so auch auf R_0.*

Denn aus $A_p(\alpha) = 1$ folgt $A_0(\alpha) \leqq 1$. — Für lineare DGln wurde IV von FREUD (1957) bewiesen.

Als nächstes beweisen wir einen Satz über die Anzahl der (relativen) Extrema von u.

V. Satz. *Unter der Voraussetzung von* III *gilt für die Anzahl der Maxima M_0, M_p und für die Anzahl der Minima m_0, m_p von u auf R_0 bzw. R_p*

$$M_0 \leqq M_p, \qquad m_0 \leqq m_p.$$

Ist die Anzahl der Extrema auf R_0 endlich und werden sie (von links nach rechts numeriert) in den Punkten (T, x_k), $k = 1, \ldots, k_0$, angenommen, so gibt es k_0 Punkte $(t_k, \bar{x}_k)$ auf R_p, wobei die Numerierung der Reihenfolge der Punkte (von D über A, B nach C) entspricht, mit den Eigenschaften: Hat u im Punkt (T, x_k) ein Maximum [Minimum] bezüglich

R_0, *so hat* u *im Punkt* $(t_k, \bar{x}_k)$ *ebenfalls ein Maximum* [*Minimum*] *bezüglich* R_p, *und es ist*

$$u(T, x_k) \leqq u(t_k, \bar{x}_k) \quad [u(T, x_k) \geqq u(t_k, \bar{x}_k)].$$

Beweisen wir zunächst den zweiten Teil. Es sei, wenn dem Index k ein Maximum [Minimum] entspricht, H^k die größte den Punkt (T, x_k) enthaltende zusammenhängende Punktmenge, für deren Punkte $u > u(T, x_k) - \varepsilon$ [$u < u(T, x_k) + \varepsilon$] ist. Die entsprechenden Mengen j_0^k sind dann offenbar, wenn $\varepsilon > 0$ hinreichend klein ist, disjunkt, und dasselbe gilt dann für die j_p^k auf R_p. Nach der Art, wie die j_p^k definiert sind, wird das supremum [infimum] von u bezüglich j_p^k in einem Punkt $(t_k, \bar{x}_k) \in j_p^k$ angenommen, und dort besitzt u ein Maximum [Minimum] bezüglich R_p. Der Funktionswert an dieser Stelle ist $\geqq u(T, x_k)$ [$\leqq u(T, x_k)$]; denn man kann in unserer Überlegung $\varepsilon \to +0$ streben lassen, wobei die j_p^k zusammenschrumpfen.

Damit ist nicht nur der zweite Teil, sondern auch der erste Teil bei endlichem M_0, m_0 bewiesen. Ist aber $M_0 = \infty$ und damit auch $m_0 = \infty$, so kann man die obige Überlegung für jede endliche Anzahl von Extremstellen auf R_0 durchführen und erhält $M_p = m_p = \infty$.

Hieraus ergibt sich eine interessante

VI. Folgerung[1]. *Gelten die Voraussetzungen von* III *und ist* V_0 *bzw.* V_p *die Totalvariation von* u *auf* R_0 *bzw.* R_p, *so ist*

$$V_0 \leqq V_p.$$

Hat nämlich u auf R_0 nur endlich viele Extrema, so kann V_0 als Summe der Differenzen von Maximal- und Minimalwerten geschrieben werden, und die Behauptung folgt aus den UnGln von Satz V. Im allgemeinen Fall läßt sich V_0 durch endliche Summen der genannten Art beliebig gut approximieren. Da aber die genannten UnGln, wie der Beweis von Satz V zeigt, für jedes endliche Aggregat von Extremalstellen abgeleitet werden können, folgt die Behauptung allgemein.

Alle bisherigen Sätze gestatten eine wichtige und naheliegende

VII. Verallgemeinerung. Angenommen, es existiere eine für $0 \leqq x \leqq a$ zweimal stetig differenzierbare Funktion $U(x)$ derart, daß $U''(x) \in M_r$ $(0 < x < a)$ und

$$f(t, x, z, U', U'') = 0$$

ist [falls das Argument in $D(f)$ liegt]. Dann lassen sich die bisherigen Sätze auf die neue Funktion

$$u^*(t, x) = u(t, x) - U(x)$$

anwenden.

[1] Ich verdanke sie einer mündlichen Mitteilung von Herrn Dr. BRAKHAGE, Karlsruhe.

Ist nämlich $u \in Z(f)$ eine Lösung von $Pu = 0$ und definieren wir f^* durch

$$f^*(t, x, z, p, r) = f(t, x, U+z, U'+p, U''+r),$$

so ist $u^* \in Z(f^*)$, $u_t^* = f^*(t, x, u^*, u_x^*, u_{xx}^*)$, und f^* genügt den Voraussetzungen von III.

Besonders erwähnt sei der einer linearen Funktion $U(x)$ entsprechende

VIII. Sonderfall. Es sei $u \in Z(f)$, $0 \in M_r$, $Pu = 0$ in G_p, und es gelte statt (2) sogar

$$f(t, x, z, p, 0) = 0 \tag{3}$$

für $(t, x, z, p, 0) \in D(f)$. Dann ist für jede Zahl β die Anzahl der α-Stellen sowie der Maxima und Minima der Funktion $u(t, x) - \beta x$ auf R_0 höchstens so groß wie auf R_p.

Auch hieraus gewinnt man sofort eine bemerkenswerte

IX. Folgerung. *Sind unter den Voraussetzungen von* VIII *die Funktionen* $u(t, 0)$ *und* $u(t, a)$ *schwach monoton fallende* [*wachsende*] *Funktionen von* t *(in Richtung wachsender* t*) und ist* $u(0, x)$ *in* $[0, a]$ *eine von oben* [*unten*] *konvexe*[1] *Funktion von* x, *so ist* $u(t, x)$ *bei festem* t *ebenfalls eine von oben* [*unten*] *konvexe Funktion von* x *in* $[0, a]$, *d.h. es ist*

$$u_{xx} \leqq 0 \quad [u_{xx} \geqq 0] \quad \text{in } G_p.$$

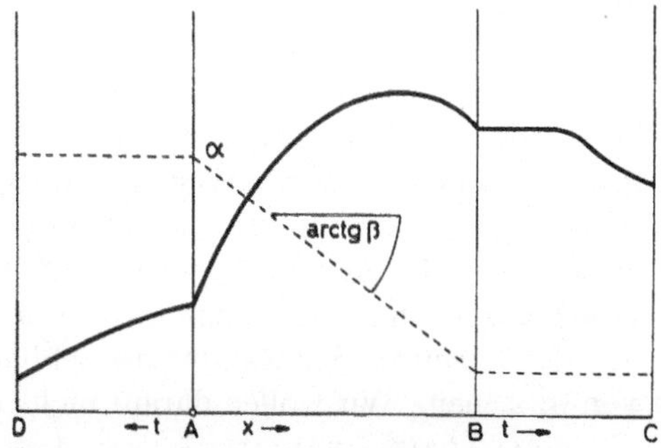

Abb. 16. Verlauf der Randwerte und der Funktion $\alpha + \beta x$ (gestrichelt). Die beiden Seiten $\overline{AD}$ und $\overline{BC}$ sind heruntergeklappt

Betrachten wir die nicht in eckigen Klammern stehende Behauptung. Bei unseren Voraussetzungen ist für beliebige Zahlen α, β die Anzahl der α-Stellen der Funktion $u(t, x) - \beta x$ auf dem Rand R_p höchstens zwei (in Abb. 16, wo die beiden Seiten AD und BC „heruntergeklappt" sind, ist dieser Sachverhalt dargestellt; die Anzahl der α-Stellen ist gleich der Zahl der Schnittpunkte der ausgezogenen u-Kurve mit dem gestrichelten Streckenzug, der zwischen A und B durch $\alpha + \beta x$ gegeben und zwischen AD und BC konstant ist). Nach VIII ist also die Zahl der Schnittpunkte der Funktion $u(T, x)$ mit der Geraden $\alpha + \beta x$ ebenfalls höchstens

[1] Unter Konvexität verstehen wir hier schwache Konvexität. Die Funktion $\varphi(x)$ ist von oben konvex in $[0, a]$, wenn für zwei beliebige Punkte x_1, x_2 $(0 \leqq x_1 < x_2 \leqq a)$ die UnGl $u(x) \geqq l(x)$ im Intervall $x_1 < x < x_2$ gilt, wobei $l(x)$ die lineare Funktion mit $l(x_i) = \varphi(x_i)$ $(i = 1, 2)$ ist. Insbesondere ist eine lineare Funktion sowohl nach oben wie auch nach unten konvex.

zwei, und dasselbe gilt natürlich auch für $u(t, x)$ bei festem $t \in J_0$. Da aber eine Funktion genau dann konvex ist, wenn sie von jeder Geraden in höchstens zwei Punkten[1] getroffen wird, ist (für ein festes t) $u(t, x)$ entweder von oben konvex oder von unten konvex. Es ist damit nur noch zu zeigen, daß letzteres nicht eintreten kann. Wir nehmen also an, es sei $u(\bar{t}, x)$ $(0<\bar{t} \leqq T)$ von unten konvex, aber nicht linear in $[0, a]$, und wollen daraus einen Widerspruch ableiten. Wegen der Stetigkeit von u ist auch $u(t, x)$ (bei festem t) von unten konvex und nicht linear für alle t einer Umgebung von $\bar{t}$ (die Menge aller t mit dieser Eigenschaft ist also offen[2]). Ist t' die kleinste Zahl derart, daß $u(t, x)$ für festes t, $t'<t\leqq\bar{t}$, von unten konvex und nicht linear ist, so ist demnach $u(t', x)$ linear in x. Für die Punkte aus G_p mit $t' \leqq t \leqq \bar{t}$ ist dann $u_{xx} \geqq 0$, also wegen (3) und wegen der Monotonie von f auch $u_t \geqq 0$ und damit $u(t, x) \geqq u(t', x)$. Das steht aber im Widerspruch zu den obigen Annahmen, daß $u(t, 0)$ und $u(t, a)$ monoton fallend und u unterhalb der die beiden Punkte $(0, u(t, 0))$, $(a, u(t, a))$ verbindenden Geraden gelegen ist.

X. Bemerkungen. (α) Da ein Extremum von $u-\beta x$ an einer inneren Stelle von R_0 zugleich eine β-Stelle von u_x ist, wird man versuchen, auch deren Anzahl abzuschätzen. Dabei treten jedoch einige Schwierigkeiten auf. Als bequemster Zugang zu einer Abschätzung der Anzahl der β-Stellen von u_x erscheint der Übergang zu einer DGl für u_x, der in vielen Fällen, etwa bei der einfachsten Wärmeleitungs-Gl, möglich ist. Wenn die neue DGl für u_x der Voraussetzung (2) genügt, kann III herangezogen werden. Dieser Weg ist jedoch nur gangbar, wenn die Werte von u_x auf R_p bekannt sind, also bei den sog. RWAn zweiter Art. Beim ersten RWP kennt man dagegen u_x auf $\overline{DA}$ und $\overline{BC}$ nicht. Wie NICKEL (1962) gezeigt hat, kann man diese Schwierigkeiten umgehen und allein aus der Kenntnis der Randwerte Schlüsse auf die Anzahl der β-Stellen von u_x ziehen. Wir wollen darauf nicht näher eingehen.

(β) Die Sätze dieser Nummer sind nicht an die Rechteckgestalt von G gebunden und lassen sich auf Gebiete G, welche durch die UnGln

$$0<t<T, \quad \varphi(t)<x<\psi(t)$$

definiert sind, ausdehnen (φ und ψ stetig in J, $\varphi<\psi$ in J_0). In IX ist die Voraussetzung entsprechend abzuändern [die Randwerte müssen derart sein, daß für beliebige Konstanten α, β die Funktion $u(t, x)-\alpha-\beta x$ höchstens zwei Nullstellen auf R_p hat].

(γ) Satz IX wird falsch, wenn man die Konvexität im strengen Sinne definiert, also die lineare Funktion nicht zu den konvexen Funktionen

[1] Dabei ist wieder ein Intervall, in welchem die Funktion und die Gerade identisch sind, als ein Punkt zu zählen.

[2] Dieser Schluß ist nur richtig, weil wir bereits gezeigt haben, daß die Funktion u für jedes feste t entweder von oben oder von unten konvex ist.

zählt. Es kann nämlich durchaus vorkommen, daß der stationäre Zustand (lineares Lösungsprofil) in endlicher Zeit erreicht wird. Beispiel: $u_t = k(t)\,u_{xx}$ mit $k(t) = 2/(1-t)$ für $0 \leqq t < 1$, $k(t) = 0$ für $t \geqq 1$, $a = \pi$, Anfangswerte $\sin x$, Randwerte 0, Lösung $u(t, x) = (1-t)^2 \sin x$ für $0 \leqq t \leqq 1$, $u(t, x) = 0$ für $t \geqq 1$.

(δ) Eine Ausdehnung der Ergebnisse dieser Nummer auf den Fall mehrerer Raumdimensionen stößt auf beträchtliche Schwierigkeiten vorwiegend topologischer Natur. Man vergleiche dazu das von NICKEL (1962) angegebene Gegenbeispiel.

28. Unendliche Gebiete, unstetige Anfangswerte, Aufgaben ohne Anfangswerte

In dieser Nummer werden Eindeutigkeitsprobleme für eine in den zweiten Ableitungen lineare DGl

$$u_t = g(t, x, u, u_x) + \sum_{\lambda,\mu=1}^{m} k_{\lambda\mu}(t, x)\, u_{x_\lambda x_\mu} \tag{1}$$

behandelt; natürlich wird angenommen, daß die Matrix $(k_{\lambda\mu})$ in jedem Punkt von G_p positiv semidefinit ist. Der allgemeine Eindeutigkeitssatz 25 V ist in zweierlei Hinsicht unbefriedigend: er läßt sich nicht auf unstetige Anfangswerte und, wenn das Verhalten im Unendlichen nicht genau vorgeschrieben ist, nicht auf unendliche Bereiche anwenden. Die wesentlichen Abschätzungssätze aus Nr. 24 und 25 wurden jedoch so allgemein formuliert, daß auch solche Probleme ohne Schwierigkeiten behandelt werden können. Das soll im folgenden geschehen, wobei weder auf Systematik noch auf Vollständigkeit Wert gelegt wird. Vielmehr soll sichtbar werden, welch weitreichende Schlüsse man schon aus ganz einfachen Funktionsansätzen ziehen kann. Es werden die Bezeichnungen

$$x^2 = x_1^2 + \cdots + x_m^2, \qquad \|x\|_e = \sqrt{x^2}$$

benutzt.

I. Unendliches Gebiet. Hier sind die Verhältnisse bei dem Problem des unendlich langen (Wärme-)Leiters

$$u_t = u_{xx} \qquad (m = 1) \tag{2}$$

gründlich erforscht und seit langem bekannt. Bei diesem Problem ist $\bar{G} = [0, T] \times E^1$, gesucht ist eine Lösung $u \in Z$ mit $u(0, x) = \eta(x)$ bei vorgegebenen stetigen Anfangswerten $\eta(x)$. Es hat genau eine Lösung, wenn man als zusätzliche Forderung, gewissermaßen als Randbedingung auf dem unendlich fernen Rande, eine Wachstumsbedingung

$$|u(t, x)| \leqq K e^{K x^2} \quad \text{in} \quad \bar{G} \tag{3}$$

(für ein festes $K > 0$) stellt (natürlich müssen die Anfangswerte selbst einer solchen Wachstumsbedingung genügen). Sätze dieser Art wurden u.a. von HOLMGREN (1924) und PICONE (1929) bewiesen. Daß (3) nicht nur eine hinreichende, sondern in gewissem Sinne auch notwendige Bedingung für die Eindeutigkeit darstellt, zeigt ein von TYCHONOFF (1935) konstruiertes berühmtes Beispiel; ein sehr einfaches Beispiel wurde von ROSENBLOOM und WIDDER (1958) angegeben. Verschärfungen dieser Ergebnisse und Erweiterungen auf allgemeinere DGln und andere Randbedingungen im Unendlichen findet man bei WIDDER (1944), COOPER (1950), BIRKHOFF und KOTIK (1954), FRIEDMAN (1959b) und ARONSON (1962); es sei insbesondere auf die Arbeit von KRZYŻAŃSKI (1945) [Nachtrag (1948)] hingewiesen, welche weitere Literaturangaben enthält. Bei nichtlinearen Gln ist in dieser Richtung sehr wenig bekannt. Wir werden hier einige Ergebnisse für die quasilineare DGl (1) beweisen.

Man wird also bei einem 1. RWP mit unbeschränktem Gebiet G nur dann Eindeutigkeit erwarten können, wenn man den Verlauf der Lösung für große x gewissen Einschränkungen unterwirft. Wir nehmen hier eine Bedingung der Form

$$|u(t,x)-\bar{\eta}(x)| \leqq \Phi(x) \quad \text{für große } x; \tag{4}$$

dabei sind $\bar{\eta}(x)$ und $\Phi(x)$ fest vorgegebene Funktionen. Die Ausdrucksweise „für große x" soll besagen: es gibt eine Konstante K, so daß die in Rede stehende Beziehung für alle $(t, x) \in \bar{G}$ mit $\|x\|_e > K$ gilt. Durch die Hinzunahme der Funktion $\bar{\eta}(x)$ in die Wachstumsbedingung erhalten die späteren Aussagen eine größere Allgemeinheit. Hat man etwa ein Problem für das Gebiet $\bar{G}=[0, T]\times E^m$ mit vorgegebenen Anfangswerten $\eta(x)$, so muß man, wenn die Wachstumsbedingung $|u(t,x)| \leqq \Phi(x)$ lautet, verlangen, daß $|\eta(x)| \leqq \Phi(x)$ ist. In (4) kann man jedoch z.B. $\bar{\eta}(x)=\eta(x)$ setzen, d.h. man braucht die Anfangswerte η keiner Einschränkung zu unterwerfen. Bei linearen Gln ist diese Bemerkung belanglos und die Einführung von $\bar{\eta}(x)$ überflüssig, da man immer zu Anfangswerten 0 übergehen kann.

Zunächst spezialisieren wir den Abschätzungssatz 25 IX in geeigneter Weise.

II. Eindeutigkeitssatz. Es seien G ein unbeschränktes, jedoch zwischen $t=0$ und $t=T$ gelegenes Gebiet, auf dessen parabolischem Rand R_p eine stetige Funktion $\eta(t, x)$ erklärt ist, ferner $\bar{\eta}(x)$ und $\Phi(x)$ zwei in E^m erklärte Funktionen. Die Funktion $g(t, x, z, p)$ gestatte eine Abschätzung

$$\left.\begin{aligned} &g(t,x,z,p)-g(t,x,\bar{z},\bar{p}) \\ &\quad \leqq a(t,x)(z-\bar{z})+\sum_{\mu} b_{\mu}(t,x)|p_{\mu}-\bar{p}_{\mu}| \quad \text{für} \quad z \geqq \bar{z}. \end{aligned}\right\} \tag{5}$$

Zu diesen Funktionen a, b_{μ} (es wird nur vorausgesetzt, daß sie in G_p definiert sind) existiere eine Funktion $\varphi(t, x) \in Z$, die der UnGl

$$\varphi_t > a(t,x)\varphi + \sum_{\mu} b_{\mu}(t,x)|\varphi_{x_{\mu}}| + \sum_{\lambda,\mu} k_{\lambda\mu}(t,x)\varphi_{x_{\lambda}x_{\mu}} \quad \text{in} \quad G_p \tag{6}$$

sowie den beiden Relationen

$$\varphi > 0 \quad \text{in } \bar{G}, \quad \varphi(t, x)/\Phi(x) \to \infty \quad \text{für} \quad \|x\|_e \to \infty \quad \text{gleichmäßig in } t \tag{7}$$

genügt.

Dann hat das 1. RWP für die Gl (1) höchstens eine Lösung aus der Klasse $Z(f)$, welche außerdem der Bedingung (4) genügt.

Dieser Satz ist leicht auf 25 IX zurückführbar. Sind u und v zwei Lösungen, so ist wegen (4) $|v-u| \leqq 2\Phi(x)$ für große x. Mit der Funktion $\varrho(t, x) = \varepsilon\varphi(t, x)$ $(\varepsilon > 0)$ sind alle Voraussetzungen von 25 IX erfüllt. Die Behauptung ergibt sich dann für $\varepsilon \to +0$.

Das Problem besteht jetzt darin, geeignete Funktionen $\varphi(t, x)$ zu finden, für welche (6), (7) gilt. Wir versuchen es (inspiriert durch die zitierte Arbeit von Krzyżański) mit dem Ansatz

$$\varphi(t, x) = \alpha(t)\, e^{\beta(t)\, x^2}.$$

Aus (6) wird dann

$$\frac{\alpha'}{\alpha} + \beta' x^2 > a + 2|\beta| \sum_\mu b_\mu |x_\mu| + 2\beta \sum_\mu k_{\mu\mu} + 4\beta^2 \sum_{\lambda,\mu} k_{\lambda\mu} x_\lambda x_\mu \tag{6'}$$

oder, wenn man speziell

$$\alpha(t) = e^{At}, \; \beta(t) = B + Ct \qquad (A, B, C \text{ positive Konstanten})$$

wählt,

$$\left.\begin{aligned} A + Cx^2 > a + 2(B+Ct) \sum_\mu b_\mu |x_\mu| + 2(B+Ct) \sum_\mu k_{\mu\mu} + \\ + 4(B+Ct)^2 \sum_{\lambda,\mu} k_{\lambda\mu} x_\lambda x_\mu. \end{aligned}\right\} \tag{6''}$$

Nun sei für eine Konstante $K > 0$

$$a(t, x) \leqq K(1 + x^2), \; |b_\mu(t, x)| \leqq K(1 + |x_1| + \cdots + |x_m|), \; |k_{\lambda\mu}(t, x)| \leqq K \tag{8}$$

und

$$\Phi(x) = e^{Kx^2} \tag{9}$$

(hat man an den verschiedenen Stellen verschiedene Konstanten, so kann man immer die größte davon nehmen). Die rechte Seite von (6'') ist wegen $|x_\mu| \leqq 1 + x^2$, wenn wir t auf den Bereich $0 \leqq t \leqq B/C$ beschränken,

$$\leqq K(1 + x^2) + 4BKm(1 + (m+1)x^2) + 4BKm + 16B^2Km^2x^2,$$

also $< A + Cx^2$, wenn man etwa

$$A = K + 8\,BKm + 1, \quad C = K + 4BKm(m+1) + 16B^2Km^2$$

setzt. Damit ist die UnGl (6) gültig, und dasselbe gilt von (7), wenn man die noch freie Konstante $B > K$ wählt. Nach Satz II sind also zwei Lösungen für $0 \leqq t \leqq B/C$ identisch. Ebenso beweist man, wenn $T > B/C$ ist, ihre Identität für $B/C \leqq t \leqq 2B/C, \ldots$.

Liegt etwa die Gl

$$u_t = g(t, x, u) + \sum_{\mu=1}^{m} h_\mu(t, x)\, u_{x_\mu} + \sum_{\lambda,\mu} k_{\lambda\mu}(t, x)\, u_{x_\lambda x_\mu} \tag{10}$$

vor und ist g partiell nach z differenzierbar, so lauten die Bedingungen (8)

$$g_z(t, x, z) \leqq K(1 + x^2), \; |h_\mu| \leqq K(1 + |x_1| + \cdots + |x_m|), \; |k_{\lambda\mu}| \leqq K. \tag{11}$$

Danach ist z.B., wenn nur nichtnegative Lösungen in Betracht kommen, die Funktion

$$g(t, x, z) = \gamma z^m \qquad (\gamma \text{ konstant}, \quad m > 0)$$

„erlaubt" für $m \leqq 1$ und beliebiges γ sowie für beliebiges $m > 0$ bei negativem γ (Gln dieses Typs treten bei Diffusionsvorgängen, welche von chemischen Reaktionen begleitet sind, auf; vgl. 33 IX).

Zusammenfassend haben wir den

III. Satz. *Das 1. RWP für die Gl (1) hat höchstens eine Lösung aus der Klasse Z, welche der Wachstumsbedingung ($\bar{\eta}(x)$, K fest)*

$$|u(t, x) - \bar{\eta}(x)| \leqq e^{K x^2} \quad \textit{für große } x \tag{12}$$

genügt, wenn die Funktion g eine Abschätzung (5) gestattet und wenn dabei (8) gilt. Das ist insbesondere für die Gl (10) unter der Bedingung (11) richtig.

Für lineare DGln wurde dieser Satz von KRZYŻAŃSKI (1945) bewiesen.

IV. Ober- und Unterfunktionen, das Maximum-Prinzip. Die bisherigen Betrachtungen standen unter dem speziellen Gesichtspunkt der Eindeutigkeit. Die Beweise enthielten jedoch mehr, nämlich explizite Abschätzungen und damit Aussagen über die stetige Abhängigkeit der Lösung von den Randwerten und (bei Hinzufügung eines Terms $+\delta$ in (6)) von der rechten Seite der DGl. Ebenso läßt sich mit fast der selben Methode für die Gl (1) auch das Lemma von NAGUMO 24 IV wesentlich verschärfen.

Es sei $f = g(t, x, z, p) + \sum_{\lambda,\mu} k_{\lambda\mu}(t, x)\, r_{\lambda\mu}$ und G unbeschränkt. Für die Funktionen v, $w \in Z_0(f)$ gelte

(α) *$v \leqq w$ auf R_p^+;*

(β) *$Pv \leqq Pw$ in G_p.*

Dabei mögen g und $k_{\lambda\mu}$ den UnGln (5), (8), v und w den UnGln

$$v \leqq e^{K x^2} \quad \textit{und} \quad w \geqq -e^{K x^2} \quad \textit{für große } x$$

genügen. Dann ist

$$v(t, x) \leqq w(t, x) \quad \textit{in} \quad G_p.$$

Der Beweis ergibt sich, indem man das Lemma 24 IV auf die Funktionen v und $\overline{w}=w+\varepsilon\varphi(t, x)$ $(\varepsilon>0)$ anwendet, wobei φ die im Beweis von III konstruierte Funktion ist. Offenbar gilt 24 IV (α). Wegen

$$g(t, x, w+\varepsilon\varphi, w_x+\varepsilon\varphi_x)-g(t, x, w, w_x)\leqq\varepsilon a\varphi+\varepsilon\sum_\mu b_\mu|\varphi_{x_\mu}|$$

und (6) gilt $P\overline{w}>Pw$, also 24 IV (β) und damit $v<\overline{w}$. Der Grenzübergang $\varepsilon\to 0$ führt unmittelbar zur Behauptung.

Hierin ist z.B. die folgende Verschärfung des Maximum-Prinzips enthalten; sie wurde in einem Spezialfall von KRZYŻAŃSKI (1957) (vgl. auch (1959)) bewiesen.

Die Funktion $u\in Z_0$ sei eine Lösung von (1) (*es genügt schon $Pu\leqq 0$*), *und es sei für zwei Konstanten K und M*

$$u\leqq M \quad \textit{auf} \quad R_p^+ \quad \textit{und} \quad u\leqq e^{Kx^2} \quad \textit{für große } x.$$

Dabei mögen über g und $k_{\lambda\mu}$ die Voraussetzungen (5) *und* (8) *sowie*

$$g(t, x, M, 0)\leqq 0$$

gelten. Dann ist

$$u(t, x)\leqq M \quad \textit{in} \quad G_p.$$

In entsprechender Weise kann für die Gl (1) das Minimum-Prinzip verschärft werden.

Übrigens folgt aus dem obigen Satz sofort Satz III (im Falle $\bar{\eta}\neq 0$ ist eine kleine Änderung anzubringen). Man beachte jedoch, daß der bei III gegebene Beweis sich auf parabolische Systeme verallgemeinern läßt, während der obige Satz nur für Systeme mit einer in z quasimonoton wachsenden rechten Seite gültig ist; vgl. dazu Nr. 32.

V. Unstetige Randwerte. Randwertaufgaben mit unstetigen Randwerten treten bei vielen Anwendungen auf. Wir beschränken uns hier auf DGln der Form

$$u_t=\Delta u+g(t, x, u) \tag{13}$$

und auf Unstetigkeitsstellen, welche in der Ebene $t=0$ gelegen sind [der Fall, daß sie in endlich vielen Ebenen $t=$const. gelegen sind, läßt sich darauf zurückführen; s. unten VIII (β)]. Es sei wieder G ein nicht notwendig beschränktes, aber zwischen den Ebenen $t=0$ und $t=T$ gelegenes Gebiet und ferner N eine im E^m gelegene beschränkte, abgeschlossene Menge vom (m-dimensionalen Lebesgue-)Maß 0. Auf der Menge $\{0\}\times N$ werden Unstetigkeiten zugelassen, doch wird verlangt, daß die Lösung bei Annäherung an $\{0\}\times N$ beschränkt bleibt. Wir werden sehen, daß dann immer noch Eindeutigkeit besteht. Bei einer aus endlich vielen Punkten bestehenden Menge N und $g=0$ ist dieser Sachverhalt seit langem bekannt; der eben angedeutete allgemeine Satz wurde für eine lineare Gl in *einer* Raumdimension zuerst von KRZYŻAŃSKI (1950) bewiesen.

VI. Eindeutigkeitssatz. Vorgelegt sei ein 1. RWP für ein Gebiet G und die Gl (13) mit unstetigen Randwerten im folgenden Sinn. Auf $R^* = R_p - \{0\} \times N$ sei eine stetige Funktion $\eta(t, x)$ definiert, wobei $N \subset E^m$ eine beschränkte, abgeschlossene Nullmenge ist. Gesucht ist eine in $G_p + R^*$ stetige Lösung $u \in Z_0(f)$ der Gl (13), welche auf R^* die Werte $\eta(t, x)$ annimmt.

Die Funktion $g(t, x, z)$ genüge einer Abschätzung

$$g(t, x, z) - g(t, x, \bar{z}) \leqq a(t, x)(z - \bar{z}) \quad \text{für} \quad z \geqq \bar{z}, \tag{14}$$

und es existiere eine in $G_p + R^*$ stetige Funktion $\psi(t, x) \in Z_0$, für welche

$$\psi_t > a(t, x)\psi + \Delta\psi \quad \text{in} \quad G_p \tag{15}$$

und

$$\psi > 0 \text{ in } G_p + R^*, \quad \psi(t, x) \to \infty \text{ für } (t, x) \to (0, x_0),\ x_0 \in N,\ (t, x) \in G_p \tag{16}$$

gilt.

Dann existiert bei beschränktem G höchstens eine Lösung u des 1. RWPs, für welche $u(t, x)$ beschränkt bleibt, wenn $(t, x) \to (0, x_0)$ strebt, $(t, x) \in G_p$, $x_0 \in N$. Ist G unbeschränkt und unterwirft man die Lösungen zusätzlich der Bedingung (4), so gibt es wieder höchstens eine Lösung, wenn ψ außerdem der Bedingung

$$\psi(t, x)/\Phi(x) \to \infty \quad \text{für} \quad \|x\|_e \to \infty \quad \text{gleichmäßig in } t \tag{17}$$

genügt.

Auch dieser Satz kann ähnlich wie II auf 25 IX zurückgeführt werden; es ist jetzt $\varrho = \varepsilon\psi$ zu setzen.

Die Konstruktion von geeigneten Funktionen ψ ist hier etwas schwieriger als in II. Man benötigt dazu den folgenden

VII. Hilfssatz. Es sei N eine abgeschlossene, ganz in der Kugel K_0: $\|x\|_e < r_0$ gelegene Menge des E^m vom Maß 0 und es bezeichne

$$\delta(x, N) = \inf(\|x - y\|_e \mid y \in N)$$

den Abstand des Punktes x von der Menge N. Dann gibt es eine für $s > 0$ stetige, positive und monoton fallende Funktion $\bar{\gamma}(s)$ derart, daß mit der Bezeichnung $\gamma(x) = \bar{\gamma}(\delta(x, N))$

$$\lim_{s \to +0} \bar{\gamma}(s) = \infty \quad \text{und} \quad \int_{K_0} \gamma(x)\, dx < \infty$$

ist[1]. Natürlich gilt dann $\gamma(x) \to \infty$ für $x \to x_0 \in N$.

[1] Die Funktion $\gamma(x)$ ist auf N nicht definiert; da N eine Nullmenge ist, spielt das keine Rolle.

Für die Zwecke des Beweises bezeichnen wir mit N_ε ($\varepsilon > 0$) die Menge der Punkte, welche einen Abstand $< \varepsilon$ von N haben und mit $e(\varepsilon)$ das Maß von N_ε. Nach einem bekannten Satz der Maßtheorie gilt dann

$$e(\varepsilon) \to 0 \quad \text{für} \quad \varepsilon \to +0,$$

da für jede Nullfolge ε_n ($\varepsilon_n > 0$) die Menge N gleich dem Durchschnitt der N_{ε_n} ist [vgl. SAKS (1937, S. 8); übrigens wird nur an dieser Stelle die Abgeschlossenheit von N benutzt]. Es existiert demnach eine im engeren Sinne monoton gegen 0 konvergierende Folge ε_n mit $e(\varepsilon_n) \leqq 1/n^3$ ($n = 1, 2, 3, \ldots$). Dazu gibt es sicher eine für positive Argumente erklärte, stetige und monoton fallende Funktion $\bar{\gamma}(s)$, welche überdies positiv ist und die Werte

$$\bar{\gamma}(\varepsilon_n) = n \quad \text{für} \quad n = 1, 2, 3, \ldots$$

annimmt. Für die zugehörige Funktion $\gamma(x)$ ist (wir schreiben N_i statt N_{ε_i})

$$\int_{K_0} \gamma(x)\,dx = \int_{K_0 - N_1} + \int_{N_1 - N_2} + \int_{N_2 - N_3} + \cdots \leqq \int_{K_0} 1 \cdot dx + e(\varepsilon_1) \cdot 2 + e(\varepsilon_2) \cdot 3 + \cdots$$
$$\leqq \|K_0\| + \frac{2}{1^3} + \frac{3}{2^3} + \cdots < \infty.$$

Damit ist der Hilfssatz bewiesen.

Mit Hilfe der soeben konstruierten Funktion $\gamma(x)$ wird nun

$$\psi(t, x) = \alpha(t) \int_{K_0} \gamma(\xi)\, e^{\beta(t)(x-\xi)^2}\, d\xi \tag{18}$$

angesetzt, wobei angenommen ist, daß N ganz in der Kugel K_0: $\|x\|_e < r_0$ gelegen ist. Durch Differentiation unter dem Integralzeichen erhält man als hinreichende Bedingung für die Gültigkeit von (15) [vgl. (6')]

$$\frac{\alpha'}{\alpha} + \beta'(x-\xi)^2 > a + 2m\beta + 4\beta^2(x-\xi)^2. \tag{15'}$$

Mit $\alpha(t) = e^{At}/t^{m/2}$ und $\beta(t) = B - 1/4t$ wird daraus

$$A - \frac{m}{2t} + \frac{(x-\xi)^2}{4t^2} > a + 2mB - \frac{m}{2t} + 4\left(B - \frac{1}{4t}\right)^2 (x-\xi)^2$$

oder

$$A + \frac{2B}{t}(x-\xi)^2 > a + 2mB + 4B^2(x-\xi)^2. \tag{15''}$$

Genügt nun die Funktion $a(t, x)$ der Abschätzung (8), so ist wegen $x^2 \leqq 2(x-\xi)^2 + 2r_0^2$ die rechte Seite von (15'')

$$\leqq K(1+x^2) + 2mB + 4B^2(x-\xi)^2$$
$$\leqq K\left(1 + 2(x-\xi)^2 + 2r_0^2\right) + 2mB + 4B^2(x-\xi)^2 < A + \frac{2B}{t}(x-\xi)^2,$$

wenn man etwa

$$A = K(1 + 2r_0^2) + 2mB + 1, \quad B = 1$$

setzt und t auf das Intervall

$$0 \leqq t \leqq t_0 = 1/(K+2)$$

beschränkt.

Es ist noch der Nachweis zu erbringen, daß ψ auch die Eigenschaften (16) besitzt. Dazu ersetzen wir im Integral (18) ξ durch eine neue Integrationsvariable $\eta = (\xi - x)\sqrt{-\beta(t)}$. Es wird dann, wenn wir außerdem $\gamma(x) = 0$ außerhalb K_0 setzen,

$$\left.\begin{aligned} \psi(t, x) &= \frac{e^{At}}{t^{m/2}} \int\limits_{E^m} \gamma\left(x + (-\beta)^{-\frac{1}{2}}\eta\right)(-\beta)^{-m/2} e^{-\eta^2}\, d\eta \\ &= \frac{2^m e^{At}}{(1-4Bt)^{m/2}} \int\limits_{E^m} \gamma\left(x + \frac{2\sqrt{t}}{\sqrt{1-4Bt}}\,\eta\right) e^{-\eta^2}\, d\eta. \end{aligned}\right\} \quad (19)$$

Ist nun $x_0 \in N$, $\|x - x_0\|_e < \varepsilon$ $(\varepsilon > 0)$, $2\sqrt{t}/\sqrt{1-4Bt} < \varepsilon$ und beschränken wir uns im letzten Integral auf den Bereich $\|\eta\|_e < 1$, so ist das Argument von γ in diesem Integral höchstens um 2ε von N entfernt und damit

$$\psi(t, x) \geqq \bar{\gamma}(2\varepsilon) \int\limits_{\|\eta\|_e < 1} e^{-\eta^2}\, d\eta = C\bar{\gamma}(2\varepsilon),$$

woraus nach VII die zweite der Beziehungen (16) sofort folgt.

Ist dagegen $x_0 \notin N$, so strebt $\psi(t, x)$ für $(t, x) \to (0, x_0)$, wie man ebenfalls aus der Integraldarstellung (19) in bekannter Weise entnimmt, gegen den Wert

$$2^m C_1 \gamma(x_0) \quad \text{mit} \quad C_1 = \int\limits_{E^m} e^{-\eta^2}\, d\eta.$$

Ist nun G ein beschränktes Gebiet und wird die Kugel K_0 so groß gewählt, daß sie auch die Projektion von G auf den x-Raum enthält, so ist hiermit auch die erste der Bedingungen (16) nachgewiesen, da $\gamma(x) > 0$ in $K_0 - N$ ist. Nach VI herrscht also Eindeutigkeit, falls $T \leqq t_0 = 1/(K+2)$ ist. Ist $T > t_0$, so hat man die Eindeutigkeit nur für $0 \leqq t \leqq t_0$ nachgewiesen. Der zwischen t_0 und T gelegene Teil von G macht aber keine Schwierigkeiten; man kann z.B. 25 V anwenden.

Ist G unbeschränkt, so hat man lediglich zu dem Integral (18) noch die in II angegebene Funktion $\varphi(t, x)$ zu addieren (und zwar diejenige, welche dem Fall $b_\mu = 0$, $k_{\lambda\mu} = \delta_{\lambda\mu}$ entspricht). Diese neue Funktion, nennen wir sie wieder ψ, genügt dann allen Forderungen (15), (16) und (17) mit $\Phi(x) = e^{Kx^2}$.

Wir haben damit bewiesen:

VIII. Satz. *Die Funktion $g(t, x, z)$ genüge einer einseitigen Lipschitz-Bedingung*

$$g(t, x, z) - g(t, x, \bar{z}) \leqq K_1(1 + x^2)(z - \bar{z}) \quad \textit{für} \quad z \geqq \bar{z}. \qquad (20)$$

Das in VI genau umschriebene 1. RWP für die Gl (13) mit unstetigen Randwerten hat dann höchstens eine Lösung u, welche bei Annäherung an N beschränkt bleibt und, falls G unbeschränkt ist, einer Abschätzung ($\bar{\eta}(x), K > 0$ *fest*)

$$|u(t, x) - \bar{\eta}(x)| \leqq e^{K x^2} \quad \textit{für große } x$$

genügt.

IX. Bemerkungen. (α) Besteht die Menge N nur aus endlich vielen Punkten, so kann VIII wesentlich verschärft werden. Es besteht dann Eindeutigkeit, wenn nur verlangt wird, daß in der Umgebung eines Punktes $(0, x_0)$ mit $x_0 \in N$

$$|u(t, x)| \leqq K(\|x - x_0\|_e + \sqrt{t})^{-\alpha} \quad \text{mit} \quad K > 0, \, 0 < \alpha < m$$

ist (unter sonst gleichen Bedingungen wie in VIII).

Es genügt, dies für den Fall eines einzigen Punktes nachzuweisen; wir nehmen $x_0 = 0$ an. Man kann dann für $\gamma(s)$ in (18) die Funktion $s^{-\bar{\alpha}}$ mit $\alpha < \bar{\alpha} < m$ wählen. Für $t \leqq \frac{1}{8}$ ist

$$\left\| x + \frac{2\sqrt{t}}{\sqrt{1-4t}} \eta \right\|_e \leqq \|x\|_e + 4\sqrt{t}\, \|\eta\|_e .$$

Aus der Integraldarstellung (19) für ψ folgt dann, wenn wieder nur über $\|\eta\|_e < 1$ integriert wird,

$$\psi(t, x) > 2^m C_1 [\|x\|_e + 4\sqrt{t}]^{-\bar{\alpha}} \geqq C_2 (\|x\|_e + \sqrt{t})^{-\bar{\alpha}}$$

für (t, x) nahe bei $(0, 0)$. Damit läßt sich der Abschätzungssatz 25 IX in derselben Weise wie früher auf die Funktionen $\varrho = \varepsilon\psi$ anwenden, da die dortige Voraussetzung (α) erfüllt ist. — Diese Bemerkung findet sich (für $m = 1$ und für lineare DGln) ebenfalls bei KRZYŻAŃSKI (1950).

(β) Der Satz VIII kann auf den Fall verallgemeinert werden, daß die Menge der Randpunkte, in welchen Unstetigkeiten zugelassen sind, die Vereinigungsmenge von endlich vielen Mengen $\{t_k\} \times N_k$ ist, wobei N_k eine beschränkte abgeschlossene Nullmenge bezeichnet.

Sind die t_k der Größe nach geordnet, so beweist man die Eindeutigkeit nacheinander mit der in VI angegebenen Methode für den zwischen 0 und t_1, zwischen t_1 und t_2, ... gelegenen Teil von G.

X. Aufgaben ohne Anfangswerte. Darunter sollen Aufgaben für einen Bereich verstanden werden, der nicht in einem Halbraum $t >$ const. gelegen ist, also etwa für einen unendlichen Zylinder $(-\infty, \infty) \times D$, $D \subset E^m$. Ein klassisches Problem dieser Art, es wurde bereits von FOURIER untersucht, lautet: Gesucht ist im Bereich $-\infty < t < \infty$, $x > 0$ ($m = 1$) eine Lösung der Wärmeleitungsgleichung

$$u_t = u_{xx},$$

welche für $x=0$ vorgegebenen Randwerte $u(t, 0)=\eta(t)$ annimmt $(-\infty<t<\infty)$.

Aufgaben dieser Art stellen sich bei gewissen geophysikalischen Problemen, etwa den Fragen nach dem zeitlichen Ablauf der Abkühlung der Erdkugel, der Temperatur im Erdinnern u.ä.; sie haben aus diesem Grunde große Beachtung gefunden. Einen kurzen Überblick über den Problemkreis mit Literaturangaben findet man bei CARSLAW-JAEGER (1959), insbesondere in § 2.14 und § 9.14. Das Buch von TYCHONOFF-SAMARSKI (1959) geht auch auf solche Fragen ein und enthält einen Eindeutigkeitssatz für das oben formulierte Problem (Voraussetzung: beschränkte Lösungen). Wir wollen nun ein allgemeineres Ergebnis ableiten.

XI. Eindeutigkeitssatz. *G sei ein Gebiet, das sich von $t=-\infty$ bis $t=\infty$ erstrecken darf, jedoch in einem Bereich $x_\mu \geqq c_\mu$ $(\mu=1, \ldots, m)$ gelegen ist. Auf R_p seien stetige Randwerte $\eta(t, x)$ gegeben.*

Es gibt, wenn die Funktion $g(t, x, z)$ (schwach) monoton fallend in z ist, höchstens eine Lösung u der Gl (13) aus der Klasse Z, welche die Randwerte η annimmt und in dem folgenden Sinne beschränkt ist: Es existiert ein $K>0$, so daß

$$|u(t, x)|<K \quad \textit{für alle} \quad (t, x) \in \bar{G} \quad \textit{mit} \quad t<-K \tag{21}$$

ist.

Der Beweis beruht wieder darauf, den Abschätzungssatz 25 IX auf die Differenz $v-u$ zweier Lösungen und eine geeignete Hilfsfunktion ψ anzuwenden. Als solche nehmen wir

$$\psi(t, x)=\sum_{\mu=1}^{m} \operatorname{erf} \frac{x_\mu}{2\sqrt{t}} \quad \text{mit} \quad \operatorname{erf} z=\frac{2}{\sqrt{\pi}} \int_0^z e^{-s^2} d s .$$

Diese Funktion ist eine Lösung der Wärmeleitungsgleichung

$$\psi_t=\Delta \psi \quad \text{für} \quad t>0, x_\mu>0 \qquad (\mu=1, \ldots, m) \tag{22}$$

mit den Anfangswerten

$$\psi=m \quad \text{für} \quad t=0 . \tag{23}$$

Für ein festes $\bar{t}$ betrachten wir den Bereich $G(\bar{t})$ aller Punkte aus G mit $t>\bar{t}$. Die zugehörigen Mengen $R_p(\bar{t})$, $\partial_0 G(\bar{t}), \ldots$ seien gemäß 23 I definiert. Es wird nun 25 IX auf den Bereich $G(\bar{t})$, zwei Lösungen u, v und die Schranke $\varrho(t, x)=(2K+1)\psi(t-\bar{t}, x)$ angewandt; dabei wird angenommen, daß $\bar{t}<-K$ ist und daß G ganz im Bereich $x_\mu>1$ gelegen ist. Für $t=\bar{t}$ ist

$$|v-u|<2K<(2K+1)m=\varrho,$$

in den übrigen Punkten von $R_p(\bar{t})$ ist $u=v$ und wegen $x_\mu>1$

$$\varrho \geqq m(2K+1)\operatorname{erf}\frac{1}{2\sqrt{t-\bar{t}}}>0.$$

Ebenso ist $|v-u|<\varrho$ auf R_∞. Denn ist $(t_k, x_{(k)})$ eine Folge, wie sie in 23 IV vorkommt, so ist

$$\liminf \varrho(t_k, x_{(k)}) \geqq 2K+1,$$

da für mindestens ein ν die ν-ten Komponenten von $x_{(k)}$ gegen ∞ streben.

Damit genügt ϱ der Voraussetzung 25 IX (α) und wegen (22) auch der Voraussetzung 25 IX (γ) mit $\delta=a=b_\mu=0$, $k_{\mu\nu}=\delta_{\mu\nu}$. Nach diesem Satz ist also

$$|v-u| \leqq \varrho=(2K+1)\sum_\mu \operatorname{erf}\frac{x_\mu}{2\sqrt{t-\bar{t}}} \quad \text{in} \quad G(\bar{t}).$$

Hieraus erhält man die Behauptung für $\bar{t}\to-\infty$ bei festgehaltener Stelle (t, x), da die rechte Seite dieser UnGl gegen 0 strebt.

In ähnlicher Richtung liegt ein Satz von HIRSCHMANN (1952).

XII. Stabilitätsprobleme. Die unter diesem Namen bei den gewöhnlichen DGln wohlbekannten Fragestellungen lassen sich auf natürliche Weise auf parabolische DGln ausdehnen. Es sei $G=(0,\infty)\times D$, $D\subset E^m$, ein sich ins Unendliche erstreckender Hyperzylinder; nach 23 I ist $G=G_p$, $R_p=\partial_0 G+\partial_1 G$ mit $\partial_0 G=\{0\}\times D$, $\partial_1 G=(0,\infty)\times\partial D$. Es sei eine DGl (26.1) vorgelegt und $u\in Z(f)$ eine Lösung dieser DGl. Etwas vage ausgedrückt handelt es sich darum zu studieren, wie sich ,,Nachbarlösungen", also Lösungen mit (in genauer zu beschreibender Weise) wenig abgeänderten Randwerten in bezug auf u verhalten (etwa in G oder für $t\to\infty$). Durch Übergang von f zu einer neuen rechten Seite $f^*(t, x, z, p, r)=f(t, x, u+z, u_x+p, u_{xx}+r)-f(t, x, u, u_x, u_{xx})$ kann man — wie bei den gewöhnlichen DGln — immer erreichen, daß die auf Stabilität zu untersuchende Lösung die Funktion $u=0$ ist.

Zwei typische Fragestellungen sind etwa ($u, v\in Z(f)$ seien Lösungen): unter welchen Voraussetzungen folgt aus $u=v$ auf $\partial_1 G$ die Beziehung $|v-u|\to 0$ für $t\to\infty$; wann existiert zu jedem $\varepsilon>0$ ein $\delta>0$, so daß aus $u=v$ auf $\partial_1 G$ und $|v-u|<\delta$ auf $\partial_0 G$ folgt $|v-u|<\varepsilon$ in G_p? Wir wollen hier auf diese Probleme nicht näher eingehen, sondern lediglich an einem Beispiel zeigen, wie man sie mit unseren Sätzen behandeln kann.

Es sei $D\subset E^m$ ein beschränktes Gebiet. In $G=(0,\infty)\times D$ sei die DGl

$$u_t=g(t, x, u)+\sum_{\lambda,\mu=1}^{m} k_{\lambda\mu}(x)\,u_{x_\lambda x_\mu} \tag{24}$$

gegeben, wobei $g(t, x, 0)=0$ und

$$g(t, x, z)-g(t, x, \bar{z}) \leqq L(z-\bar{z}) \quad \textit{für} \quad z\geqq\bar{z}$$

ist. Ferner mögen zwei Konstanten $\delta > 0$ und α sowie eine Funktion $\varphi(x) \in Z$ existieren, so daß die UnGln

$$\sum_{\lambda,\mu} k_{\lambda\mu}(x)\, \varphi_{x_\lambda x_\mu} \leqq -\alpha \varphi(x) \quad \text{und} \quad \varphi(x) \geqq \delta > 0 \quad \text{in} \quad D \tag{25}$$

bestehen. Dann gilt für jede auf $\partial_1 G$ verschwindende Lösung $v \in Z$ der Gl (24) die Abschätzung

$$|v(t, x)| \leqq \frac{1}{\delta} e^{(L-\alpha)t} \varphi(x) \max_{\overline{D}} |v(0, x)| \quad \text{in} \quad G. \tag{26}$$

Ist insbesondere $\alpha > L$, so konvergiert v exponentiell gegen 0 für $t \to \infty$.

Zum Beweis wenden wir den Abschätzungssatz 25 IX auf die Funktionen $u = 0$, v, $\varrho = A\varphi(x)\, e^{(L-\alpha)t}$, $a(t, x) = L$, $b_\mu = 0$ an. Wegen (25) ist

$$\varrho_t = (L-\alpha)\,\varrho \geqq L\varrho + \sum_{\lambda,\mu} k_{\lambda\mu}\, \varrho_{x_\lambda x_\mu}.$$

Es sind also, wenn man $A = \max_{\overline{D}} |v(0, x)|/\delta$ setzt, alle Voraussetzungen von 25 IX erfüllt.

Der Sonderfall $k_{\lambda\mu} = \delta_{\lambda\mu}$ führt auf ein Ergebnis von Prodi (1951): *Ist L kleiner als der kleinste positive Eigenwert λ_1 des Eigenwertproblems*

$$\Delta\varphi + \lambda\varphi = 0 \quad \text{in} \quad D, \qquad \varphi = 0 \quad \text{auf} \quad \partial D,$$

so konvergiert v exponentiell gegen 0 für $t \to \infty$.

Da die Eigenwerte stetig vom Gebiet D abhängen, kann man nämlich von D zu einem Gebiet $D^* \supset \overline{D}$ übergehen, so daß der kleinste Eigenwert bezüglich D^* immer noch $> L$ ist. Nennt man diesen Eigenwert α, die zugehörige erste Eigenfunktion $\varphi(x)$, so gilt (25) und damit auch die Abschätzung (26).

Weitere Beiträge zu diesem Thema enthalten die Arbeiten von Bellman (1948), Narasimhan (1954), Halilov (1956), Krzyżański (1956, 1957a), Mlak (1957a), Friedman (1959, 1959a), Fulks und Maybee (1960).

29. Die Wärmeleitung als Beispiel

I. Die Gleichung der Wärmeleitung. Die Temperaturverteilung in einem dünnen Stab wird durch die Gleichung ($m = 1$)

$$c\varrho u_t = \frac{\partial}{\partial x}(k u_x) + q \tag{1}$$

beschrieben. Dabei ist c die spezifische Wärmekapazität, ϱ die Dichte, k die (innere) Wärmeleitfähigkeit, q die in der Zeiteinheit pro Volumeinheit entstehende Wärmemenge (Dichte der Wärmequellen) und $u = u(t, x)$ die zur Zeit t an der Stelle x herrschende Temperatur. Ist

$q=0$ und sind die (positiven) Materialwerte c, ϱ, k konstant, so haben wir die vereinfachte Gl

$$u_t = a u_{xx}, \quad a = k/c\varrho > 0. \tag{2}$$

Durch eine Änderung der Längeneinheit, nämlich durch Einführung von $\bar{x} = x/\sqrt{a}$, läßt sich erreichen, daß die Konstante a in (2) zu 1 wird.

Betrachten wir nun den Fall eines m-dimensionalen Körpers, so gilt wieder (1), wenn wir unter u_x gemäß 23 II den Vektor grad u und unter $\partial/\partial x$ den Divergenzoperator verstehen. Ist der Körper isotrop, so ist k eine skalare Größe; im anisotropen Fall, der z.B. bei vielen Kristallen verwirklicht ist, wird $k=(k_{\lambda\mu})$ ein symmetrischer Tensor sein (FRANK-MISES II (1935, S. 529); CARSLAW-JAEGER (1959, Ch. I)). Die Gl der Wärmeleitung lautet dann ausführlich

$$\left.\begin{aligned} c\varrho u_t &= \sum_{\lambda=1}^{m} \frac{\partial}{\partial x_\lambda}\left(\sum_{\mu=1}^{m} k_{\lambda\mu} u_{x_\mu}\right) + q \\ &= \sum_{\lambda,\mu=1}^{m}\left(k_{\lambda\mu} u_{x_\lambda x_\mu} + \frac{\partial k_{\lambda\mu}}{\partial x_\lambda} u_{x_\mu} + \frac{\partial k_{\lambda\mu}}{\partial z} u_{x_\lambda} u_{x_\mu}\right) + q, \end{aligned}\right\} \tag{3}$$

wobei wir hier den allgemeinsten Fall betrachten, bei dem c, ϱ, q und $k_{\lambda\mu}$ Funktionen sind, welche von t, $x=(x_1, \ldots, x_m)$ und z (z entspricht u) abhängen; die Existenz der auftretenden partiellen Ableitungen von $k_{\lambda\mu}$ wird vorausgesetzt. Die $m\times m$-Matrix $k=(k_{\lambda\mu})$ ist symmetrisch[1] und positiv semidefinit. Unter der Annahme, daß die Richtungen der Eigenvektoren der Matrix $k=k(t, x, z)$ unabhängig von t, x und z sind, können wir im x-Raum eine Hauptachsentransformation durchführen und damit die gemischten Ableitungen zweiter Ordnung in (3) zum Verschwinden bringen. Aus (3) wird dann

$$\left.\begin{aligned} c\varrho u_t &= \sum_{\mu=1}^{m} \frac{\partial}{\partial x_\mu}(k_\mu u_{x_\mu}) + q \\ &= \sum_{\mu=1}^{m}\left(k_\mu u_{x_\mu x_\mu} + \frac{\partial k_\mu}{\partial x_\mu} u_{x_\mu} + \frac{\partial k_\mu}{\partial z} u_{x_\mu}^2\right) + q. \end{aligned}\right\} \tag{4}$$

Die Funktionen $c>0$, $\varrho>0$, $k_\mu>0$ $(\mu=1, \ldots, m)$ und q hängen von t, x und z ab; der isotrope Körper wird dadurch charakterisiert, daß alle k_μ gleich sind. Sind (im anisotropen Fall) die k_μ konstant, so kann man sie durch die Transformation $\bar{x}_\mu = x_\mu/\sqrt{k_\mu}$ $(\mu=1, \ldots, m)$ auf den Wert 1 reduzieren und erhält dann aus (4) die Gl

$$c\varrho u_t = \Delta u + q. \tag{5}$$

[1] Wir setzen also voraus, daß k symmetrisch ist, ohne uns auf die diffizile Frage einzulassen, ob eine solche Voraussetzung bei allen Körpern gerechtfertigt ist. Vgl. CARSLAW-JAEGER § 1.17, FRANK-MISES S. 529.

Mittels einer wohlbekannten Transformation läßt sich auch der allgemeinere isotrope Fall, daß die Wärmeleitfähigkeit nicht konstant, sondern von der Temperatur abhängig ist, auf eine Gl der Form (5) reduzieren. Es sei also in (4) $k_\mu(t, x, z) = k(z)$ für $\mu = 1, \ldots, m$ [mit skalarem $k(z)$]. Dabei sei $k(z)$ stetig und $K(z)$ eine Stammfunktion zu $k(z)$, also $K'(z) = k(z)$. Die Funktion $\bar{z} = K(z)$ ist wegen $k > 0$ stetig und streng monoton wachsend und besitzt deshalb eine ebenfalls stetige Umkehrfunktion $z = L(\bar{z})$. Betrachten wir nun statt u die Funktion $\bar{u} = K(u)$, so folgt aus (4) für $\bar{u}$ die DGl

$$\frac{c\varrho}{k} \bar{u}_t = \Delta \bar{u} + q. \tag{6}$$

Dabei ist, damit wirklich eine DGl in $\bar{u}$ vorliegt, in c, ϱ, k und q anstelle von $z = u$ der Ausdruck $L(\bar{u})$ einzusetzen (es ist ja $u = L(\bar{u})$).

Übrigens sieht man leicht, daß eine Transformation auf eine Gl der Form (6) auch dann möglich ist, wenn $k_\mu(t, x, z) = \alpha_\mu k(z)$, α_μ konstant, ist. Einen Sonderfall, bei dem sogar eine Transformation auf eine lineare DGl möglich ist, behandelt Storm (1951).

Die den Gln (1) bis (6) entsprechenden Funktionen $f(t, x, z, p, r)$ gehören zur Klasse $\mathscr{P}$.

Es sei darauf hingewiesen, daß bei dem — bei konkreten Aufgaben fast immer vorliegenden — Fall der Gl (4) keine gemischten Ableitungen auftreten und dementsprechend die Bemerkungen 24 III und 24 V gelten. Bei Lösungen (und ebenso bei Ober- und Unterfunktionen) ist also nur vorauszusetzen, daß die reinen Ableitungen zweiter Ordnung nach den x_μ existieren; das gilt insbesondere für die Eindeutigkeitssätze.

II. Maximum-Minimum-Prinzip. Dieses gilt nach 26 II für die allgemeinste Gl der Wärmeleitung (3), falls $q = 0$ ist: *Befinden sich im Körper weder Wärmequellen noch Wärmesenken, so nimmt die Temperatur ihr Maximum und ihr Minimum auf dem Rande an* (in dem in 26 I näher definierten Sinne). Ist $q \geqq 0$ bzw. $q \leqq 0$ (im Körper wird Wärme entwickelt bzw. verbraucht), so gilt, ebenfalls nach 26 II, das Minimum-Prinzip bzw. das Maximum-Prinzip.

Für das starke Maximum-Minimum-Prinzip benötigt man nach 26 IV, V zusätzliche Voraussetzungen. Nehmen wir der Einfachheit halber an, die Funktionen c, ϱ, q, k seien für $(t, x) \in G_p$ und $z > 0$ erklärt[1]. Dann lautet eine hinreichende Bedingung für die Gültigkeit des starken Maximum-Prinzips bei $q \leqq 0$ und des starken Minimum-Prinzips bei $q \geqq 0$ (bezüglich der Gl (3)):

---

[1] Die Einschränkung $z > 0$ hat keine mathematischen Gründe; vielmehr werden diese Material-„Konstanten", da u die Bedeutung einer absoluten Temperatur hat, nur für solche z erklärt sein.

Es existieren Konstanten $\gamma_1, \ldots, \gamma_4$, so daß

$$0<\gamma_1 \leqq c\varrho \leqq \gamma_2, \qquad |k_{\lambda\mu}|, \left|\frac{\partial k_{\lambda\mu}}{\partial x_\lambda}\right|, \left|\frac{\partial k_{\lambda\mu}}{\partial z}\right| \leqq \gamma_3,$$

$$\sum_{\lambda,\mu} k_{\lambda\mu}\, c_\lambda c_\mu \geqq \gamma_4 \sum_\mu c_\mu^2 \quad \text{für beliebige } c_\mu \ (\gamma_4>0)$$

ist. Es genügt sogar, wenn sich für beliebiges $(\bar{t}, \bar{x}) \in G_p$ und beliebiges $M>0$ eine untere Halbumgebung $U_-(\bar{t}, \bar{x})$ und Konstanten $\gamma_1, \ldots, \gamma_4$ angeben lassen, so daß diese UnGln gelten, wenn $(t, x) \in U_-$ und $0<z<M$ ist.

Bei diesen Voraussetzungen gelten also die Behauptungen von 26 IV, bezogen auf die Gl (3).

Das folgt in einfacher Weise aus 26 IV. Denken wir uns eine Funktion $v \in Z_0$, für welche (3) z.B. mit dem $\leqq$-Zeichen gilt, sowie einen Punkt $(\bar{t}, \bar{x}) \in G_p$ mit einer dazugehörigen, in G_p gelegenen unteren Halbumgebung U_-^* fest gewählt, so gibt es eine Konstante $M>0$ derart, daß $0<v<M$ und $|v_{x_\mu}|<M$ in U_-^* ist (wegen der Stetigkeit der ersten Ableitungen). Nun sei f wie in 26 IV definiert, jedoch mit

$$g(t, x, z, p) = \frac{1}{c(t, x, z)\,\varrho(t, x, z)} \Bigg[q(t, x, z) + \\ + \sum_{\lambda,\mu} \left(\frac{\partial k_{\lambda\mu}(t, x, z)}{\partial x_\lambda} p_\mu + \frac{\partial k_{\lambda\mu}(t, x, z)}{\partial z} p_\lambda p_\mu\right)\Bigg]$$

und mit $k_{\lambda\mu}(t, x, v)/c(t, x, v)\,\varrho(t, x, v)$ anstelle von $k_{\lambda\mu}(t, x)$. Es gilt dann $Pv \leqq 0$ mit diesem f. Zu M und $(\bar{t}, \bar{x})$ gibt es nach Voraussetzung eine Umgebung $U_-(\bar{t}, \bar{x})$, von der wir annehmen dürfen, daß sie Untermenge von U_-^* ist, und vier Konstanten γ_i, so daß die obigen UnGln gelten. Aus ihnen folgen aber, da man $0<z<M$, $|p_\mu|<M$ voraussetzen darf, sofort die drei Voraussetzungen 26 IV (α) bis (γ).

Es sei noch auf folgenden Sachverhalt hingewiesen. Ist in (1) etwa $q(t, x, z) = a(t, x)\,z$ mit $a>0$ (d.h., daß die frei werdende Wärme proportional zur Temperatur ist), so gilt, worüber man vielleicht erstaunt ist, das Minimum-Prinzip nicht. Ein Gegenbeispiel ist $u_t = u + u_{xx}$ mit der Lösung $u = -e^t - \sin x$. Der scheinbare Widerspruch ist leicht zu klären. Bei unserer Interpretation als Temperaturverteilung haben wir nur positive Lösungen im Auge, während die DGl auch negative Lösungen zuläßt. Letztere können, wie unser Beispiel zeigt, Minima im Innern des Gebietes besitzen, während bei der Beschränkung auf positive Lösungen nach den obigen Ausführungen das Minimum-Prinzip gültig ist.

III. Die erste Randwertaufgabe. Ihr entspricht physikalisch die folgende Situation. Ein m-dimensionaler Körper, welcher ein Gebiet $\bar{D} = D + \partial D \subset E^m$ einnimmt, besitzt zur Zeit $t=0$ eine bekannte Anfangstemperatur. Außerdem wird während der Zeit $0<t\leqq T$ seine Oberfläche ∂D auf einer fest vorgeschriebenen Temperatur gehalten. Es liegt dann der am Anfang von Nr. 23 beschriebene Fall des Hyperzylinders $G=(0,T)\times D$ vor, auf dessen parabolischem Rand R_p Randwerte vorgeschrieben sind.

Wir nehmen zunächst an, G sei (nicht notwendig ein Hyperzylinder, jedoch) beschränkt und die Randwerte seien stetig. Aus dem Eindeutigkeitssatz 25 V ergibt sich sofort:

Sind c, ϱ und $k_{\lambda\mu}$ unabhängig von z, also Funktionen von t und x allein ($c\varrho>0$, $k_{\lambda\mu}$ positiv semidefinit in G_p), genügt ferner q einer einseitigen Abschätzung

$$q(t,x,z)-q(t,x,\bar{z})\leqq c(t,x)\,\varrho(t,x)\,\omega(t,z-\bar{z}) \quad \text{für} \quad z\geqq\bar{z}$$

mit $\omega\in\mathscr{E}_4$, so hat das erste Randwertproblem für die Gl (3) höchstens eine Lösung, und diese hängt stetig von den Randwerten und von der rechten Seite der DGl ab.

Weit schwieriger wird die Eindeutigkeitsfrage jedoch, wenn die Koeffizienten von z abhängen. Eine Abschätzung (25.2), wie sie in 25 V benötigt wird, existiert dann i. allg. nicht mehr. Man kann jedoch auf dem in 25 VI gewiesenen Weg zu spezielleren Resultaten gelangen. Für das folgende vereinbaren wir die Sprechweise: Eine für $(t,x)\in G_p$, $z>0$ erklärte Funktion $\varphi(t,x,z)$ *„genügt einer Lipschitz-Bedingung"* bzw. *„genügt einer einseitigen Lipschitz-Bedingung"*, wenn zu jedem $M>0$ eine Konstante L_M existiert, so daß

$$|\varphi(t,x,z)-\varphi(t,x,\bar{z})|\leqq L_M|z-\bar{z}| \quad \text{für} \quad (t,x)\in G_p,\ 0<z,\bar{z}<M$$

bzw.

$$\varphi(t,x,z)-\varphi(t,x,\bar{z})\leqq L_M(z-\bar{z}) \quad \text{für} \quad (t,x)\in G_p,\ 0<\bar{z}<z<M$$

ist.

IV. Eindeutigkeitssatz. *Die 1. RWA für die Gl (3) bei beschränktem Gebiet G und stetigen Randwerten η besitze eine Lösung $\bar{u}\in Z$, zu welcher eine in J_0 stetige und über J integrierbare Funktion $h(t)$ existiert, so daß*

$$|\bar{u}_{x_\lambda x_\mu}|\leqq h(t) \quad \text{in} \quad G_p \qquad (\lambda,\mu=1,\ldots,m) \tag{7}$$

ist. Ferner mögen die Funktionen $k_{\lambda\mu}/c\varrho$ einer Lipschitz-Bedingung und die Funktion $q/c\varrho$ einer einseitigen Lipschitz-Bedingung genügen. Dann existiert für den Fall, daß die $k_{\lambda\mu}$ nur von t abhängen, keine weitere Lösung der 1. RWA aus der Klasse Z.[1]

---

[1] Dabei wird nicht vorausgesetzt, daß eine eventuell existierende weitere Lösung der Abschätzung (7) genügt.

Ist k auch von x und z abhängig und läßt sich $h(t)$ so bestimmen, daß neben (7)

$$|\bar{u}_{x_\lambda}\bar{u}_{x_\mu}| \leqq h(t) \quad \textit{in} \quad G_p \qquad (\lambda, \mu = 1, \ldots, m) \tag{8}$$

ist und genügen außerdem die Funktionen

$$\frac{1}{c\varrho}\frac{\partial}{\partial x_\lambda} k_{\lambda\mu} \quad \textit{und} \quad \frac{1}{c\varrho}\frac{\partial}{\partial z} k_{\lambda\mu}$$

einer Lipschitz-Bedingung, so gibt es wieder keine weitere Lösung $u \in Z$.

Insbesondere existiert also (im allgemeinen Fall) höchstens eine Lösung mit beschränkten ersten und zweiten Ableitungen nach den x_μ. Ist nämlich $u \in Z$ eine weitere Lösung, so existiert eine Konstante $M > 0$, so daß $u, \bar{u} < M$ ist. Nach 25 VI ist $u = \bar{u}$, wenn zu der der Gl (3) entsprechenden Funktion f eine in J_0 stetige und über J integrierbare Funktion $h^*(t)$ gefunden werden kann, so daß

$$f(t, x, z, \bar{u}_x, \bar{u}_{xx}) - f(t, x, \bar{z}, \bar{u}_x, \bar{u}_{xx}) \leqq h^*(t)(z - \bar{z}) \quad \text{für} \quad 0 < \bar{z} \leqq z \leqq M$$

ist (es darf nämlich $D(f)$ auf $0 < z \leqq M$ eingeschränkt werden). Das ist aber nach unseren Voraussetzungen leicht möglich. Genügen etwa alle Funktionen $k_{\lambda\mu}/c\varrho$ einer Lipschitz-Bedingung mit ein und derselben Lipschitz-Konstanten L_M, so gilt für den ersten Bestandteil von f in (3)

$$\left|\sum_{\lambda,\mu} \frac{k_{\lambda\mu}(t, x, z)}{c(t, x, z)\varrho(t, x, z)} \bar{u}_{x_\lambda x_\mu} - \sum_{\lambda,\mu} \frac{k_{\lambda\mu}(t, x, \bar{z})}{c(t, x, \bar{z})\varrho(t, x, \bar{z})} \bar{u}_{x_\lambda x_\mu}\right| \leqq m^2 L_M h(t)|z - \bar{z}|,$$

und ähnlich verfährt man mit den übrigen Bestandteilen von f.

Bei dem obigen Ergebnis muß man sich vor Augen halten, daß die UnGln (7) und (8) einschneidend sind und daß damit insbesondere der Anfangstemperatur $\eta(0, x)$ weitere, über die Stetigkeit hinausgehende Regularitätsbedingungen aufgezwungen werden. Weiter unten in VI (β) werden wir das an einem Beispiel illustrieren. Vorher sei bemerkt, daß man sich in dem wichtigsten Fall eines isotropen Körpers mit einer nur von der Temperatur abhängigen Wärmeleitfähigkeit von der Bedingung (8) frei machen kann. Es ist dann eine Transformation auf die Gl (6) möglich, in welcher keine partiellen Ableitungen erster Ordnung nach x vorkommen. Bei der Transformation, welche auf (6) führt, müssen auch die Randwerte η mittransformiert, d.h. durch $\bar{\eta} = K(\eta)$ ersetzt werden. Man sieht sofort ein, daß die Eindeutigkeit des ursprünglichen Problems identisch mit der des transformierten Problems ist.

Um uns bequemer ausdrücken zu können, schreiben wir die Gl (6) in neuer Gestalt

$$\bar{u}_t = \bar{\varkappa}(t, x, \bar{u})\Delta\bar{u} + \bar{q}(t, x, \bar{u}), \tag{9}$$

wobei $\varkappa = k/c\varrho$ die sog. „Temperaturleitzahl" ist und die Funktion $\bar{\varkappa}, \bar{q}$ durch

$$\bar{\varkappa}(t, x, \bar{z}) = \varkappa(t, x, L(z)), \quad \bar{q}(t, x, z) = \bar{\varkappa}(t, x, \bar{z})\, q(t, x, L(\bar{z}))$$

gegeben sind; die Funktion L wurde bei (6) als Umkehrfunktion zu K eingeführt. Der folgende Eindeutigkeitssatz zeigt, daß in Sonderfällen die Abschätzung (7) durch eine einseitige Abschätzung ersetzt werden kann.

V. Eindeutigkeitssatz. *Die Funktion $\bar{q}(t, x, \bar{z})$ genüge einer Lipschitz-Bedingung in $\bar{z}$. Die 1. RWA für die Gl (9) (bei beschränktem Gebiet G und stetigen Randwerten $\bar{\eta}$) besitze eine Lösung $\bar{u}$, für welche $\Delta\bar{u}$ sich wie folgt abschätzen läßt (LB = Lipschitz-Bedingung):*

(α_1) *falls $\bar{\varkappa}$ einer LB in $\bar{z}$ genügt: $|\Delta\bar{u}| \leqq h(t)$ in G_p;*

(α_2) *falls $\bar{\varkappa}$ in $\bar{z}$ monoton wachsend ist: $\Delta\bar{u} \leqq 0$ in G_p;*

(α_3) *falls $\bar{\varkappa}$ in $\bar{z}$ monoton wachsend ist und einer LB genügt: $\Delta\bar{u} \leqq h(t)$ in G_p;*

(α_4) *falls $\bar{\varkappa}$ in $\bar{z}$ monoton fallend ist: $\Delta\bar{u} \geqq 0$ in G_p;*

(α_5) *falls $\bar{\varkappa}$ in $\bar{z}$ monoton fallend ist und einer LB genügt: $\Delta\bar{u} \geqq -h(t)$ in G_p.*

Dabei sei $h(t)$ eine in J_0 stetige und positive, über J integrierbare Funktion.

In jedem der fünf Fälle gibt es dann keine weitere Lösung aus der Klasse Z; ferner hängt die Lösung stetig von den Anfangswerten und der rechten Seite der DGl ab.

Diese Behauptung wird ganz ähnlich wie die auf die Gl (3) bezogene vorangehende bewiesen. Man hat lediglich zu zeigen, daß eine Abschätzung

$$[\bar{\varkappa}(t, x, z) - \bar{\varkappa}(t, x, \bar{z})]\,\Delta\bar{u} \leqq h^*(t)(z - \bar{z}) \quad \text{für} \quad 0 < z < \bar{z} < M$$

besteht, und das ist in allen fünf Fällen leicht möglich.

VI. Zusätze und Bemerkungen. (α) Für die Gültigkeit von V ist die Voraussetzung $\bar{\varkappa} > 0$ unnötig scharf, es genügt $\bar{\varkappa} \geqq 0$. Außerdem ist zugelassen, daß die beiden Funktionen $\bar{\varkappa}$ und $\bar{q}$ in einer beliebigen Menge D^* des $(t, x, \bar{z})$-Raumes definiert sind. Man betrachtet dann natürlich nur Lösungen $\bar{u}$ aus der Klasse $Z(f)$ mit $f = \bar{\varkappa}(r_{11} + \cdots + r_{mm}) + \bar{q}$, d.h. solche, bei denen $(t, x, \bar{u}) \in D^*$ für $(t, x) \in G_p$ ist. Die Formulierung der Lipschitz-Bedingung ist dann entsprechend zu ändern.

(β) Welche Bedeutung der Voraussetzung (7) und den Voraussetzungen über $\Delta\bar{u}$ in Satz V zukommt, sei an einem einfachen Beispiel angedeutet. Es sei für $m=1$ die Gl

$$\bar{u}_t = \bar{\varkappa}(t, x, u)\,\bar{u}_{xx} \tag{10}$$

in G_p: $0 < t \leqq T$, $0 < x < a$ vorgelegt; als Randwerte hat man dann

$$\bar{u}(0, x) = \eta_0(x),\ \bar{u}(t, 0) = \eta_1(t),\ \bar{u}(t, a) = \eta_2(t) \tag{11}$$

mit stetigen Funktionen η_0, η_1, η_2, welche der Anschlußbedingung $\eta_0(0)=\eta_1(0)$, $\eta_0(a)=\eta_2(0)$ genügen. Im Spezialfall $a=\pi$, $\bar{\varkappa}$ konstant, $\eta_1\equiv\eta_2\equiv 0$ lautet die Lösung

$$\bar{u}=\sum_{n=1}^{\infty} a_n \sin n x\, e^{-\bar{\varkappa} n^2 t}, \qquad a_n=\frac{2}{\pi}\int_0^{\pi} \eta_0(\xi) \sin n\xi \, d\xi$$

(s. z.B. CARSLAW-JAEGER (1959) S. 94—96)[1]. Nun setzen wir weiter voraus, daß $\sum a_n$ absolut konvergiert; das ist z.B. der Fall, wenn $\eta_0(x)$ stückweise stetig differenzierbar ist[2]. Dann gilt

$$|\bar{u}_{xx}|=|\sum a_n n^2 \sin n x\, e^{-\bar{\varkappa} n^2 t}|\leqq h(t),$$

wobei

$$h(t)=\sum_{n=1}^{\infty} n^2 |a_n|\, e^{-\bar{\varkappa} n^2 t}$$

eine in J_0 stetige und über J integrierbare Funktion ist.

Im linearen Fall und bei den obigen speziellen Randwerten bedeutet — das kann man als Fazit dieser Betrachtung sagen — eine UnGl $|\bar{u}_{xx}|\leqq h(t)$ keine schwerwiegende Einschränkung, und das gilt natürlich in noch stärkerem Maße für einseitige Abschätzungen. Inwieweit die Annahme, daß ähnliche Verhältnisse auch dann obwalten, wenn $\bar{\varkappa}$ in „vernünftiger" Weise von z abhängt, plausibel oder gewagt erscheint, sei dem Urteil des Lesers überlassen. Wir wollen indessen zwei Wege kennenlernen, auf welchen man zu gesicherten Ergebnissen gelangen kann.

(γ) Gelegentlich wird ein nichtlineares Problem (9) vorliegen, von dem eine Lösung explizit bekannt ist. Man kann dann unmittelbar nachprüfen, ob für diese Lösung die in V verlangte UnGl gilt, und, wenn die Antwort positiv ausfällt, auf die Einzigkeit dieser Lösung schließen. Es sei nochmals darauf hingewiesen, daß in V die Abschätzung bezüglich $\Delta\bar{u}$ nicht für *alle* Lösungen, sondern nur für *eine* Lösung verlangt wird.

Dazu ein Beispiel: Es sei das Problem (10) (11) mit $\eta_0=\alpha+\beta x$, $\eta_1=\alpha$, $\eta_2=\alpha+\beta a$ vorgelegt, und die Frage laute: Unter welchen Bedingungen ist die stationäre Lösung $u=\alpha+\beta x$ die einzige Lösung dieses RWPs? Hier ist jeder der fünf Fälle von Satz V anwendbar: hat $\varkappa$

[1] Daß diese Reihe und ebenso die durch gliedweise Differentiation entstehenden Reihen in jedem Bereich $0\leqq x\leqq\pi$, $0<\delta\leqq t\leqq T$ gleichmäßig konvergieren, wenn nur die a_n eine beschränkte Folge bilden, ist leicht zu sehen. Daraus ergibt sich dann die Gültigkeit der DGl sowie die Annahme der Randwerte 0 auf den seitlichen Rändern. Dagegen macht, wenn $\eta_0(x)$ nur stetig ist, der Nachweis, daß die Anfangswerte angenommen werden, einige Schwierigkeiten; vgl. CARSLAW-JAEGER, l.c. S. 94, erste Fußnote.

[2] Es genügen wesentlich schwächere Bedingungen, z.B. Hölder-Stetigkeit von $\eta_0(x)$ (mit beliebigen Exponenten) in Verbindung mit beschränkter Schwankung; vgl. ZYGMUND (1959), Chap. VI, bes. (3.13).

eine der in V $(\alpha_1)-(\alpha_5)$ genannten Eigenschaften, so ist die stationäre Lösung durch ihre Randwerte eindeutig bestimmt. Aus 25 VI (β) folgt jedoch ein weit allgemeineres Ergebnis:

Ist $m=1$, $f(t, x, z, p, 0)=0$ *und* $u(t, x)=\alpha+\beta x$ *eine Lösung eines* 1. *RWPs für die Gl* $u_t=f(t, x, u, u_x, u_{xx})$ *bei beschränktem Gebiet G (es ist also* $\eta(t, x)=\alpha+\beta x$*), so ist dies die einzige Lösung des RWPs.*

Insbesondere sind also, wenn die Gl (10) vorliegt, keinerlei Voraussetzungen über $\varkappa$ (ausgenommen $\varkappa\geqq 0$) notwendig (das ersieht man übrigens auch sofort aus der UnGl im Beweis von Satz V).

(δ) Es gibt Fälle, in denen man aufgrund von Abschätzungssätzen a priori sagen kann, daß für alle Lösungen einer vorgegebenen 1. RWA eine in V geforderte UnGl gültig ist. Zur Ableitung solcher UnGln bieten sich u.a. die Gestaltaussagen der Nr. 27 an. Wie man dabei vorzugehen hat, sei an einem Beispiel erläutert.

Wir betrachten die 1. RWA (10), (11) und verwenden für das Rechteck G die Bezeichnungen von 27 I. Da die Bedingung (27.3) erfüllt ist, gilt 27 VIII und IX. Ist $\eta_0(x)$ nach oben konvex, $\eta_1(t)$ und $\eta_2(t)$ schwach monoton fallend, so ist nach 27 IX $\bar{u}_{xx}\leqq 0$ in G_p. Das führt im Zusammenhang mit V auf den folgenden

VII. Eindeutigkeitssatz. *Die* 1. *RWA* (10), (11) *besitzt, wenn* $\varkappa(t, x, z)$ *monoton wachsend in* z, $\eta_0(x)$ *von oben konvex ist und die Funktionen* $\eta_1(t)$ *und* $\eta_2(t)$ *(schwach) monoton fallend sind, höchstens eine Lösung aus der Klasse Z. Dasselbe gilt, wenn* $\varkappa$ *monoton fallend,* η_0 *von unten konvex,* η_1, η_2 *monoton wachsend ist.*

Dabei sind keinerlei weitere Voraussetzungen über $\varkappa$ notwendig.

Daß eine bezüglich $\varkappa$ derart allgemeine Aussage nicht für beliebige Anfangswerte $\eta_0(x)$ richtig ist (selbst dann nicht, wenn η_1 und η_2 konstant sind), zeigt das folgende

VIII. Gegenbeispiel. Die Gl

$$u_t=\frac{x(1-x)}{2tu}\left[x(1-x)-u\right]u_{xx} \quad \text{für} \quad 0<x<1,\ 0<t\leqq 1$$

mit den Randwerten $u(t, 0)=u(t, 1)=0$, $u(0, x)=x(1-x)$ hat unendlich viele Lösungen

$$u=x(1-x)(1-\beta t) \quad \text{für} \quad 0<\beta<1.$$

Als Definitionsmenge D^* [vgl. VI (α)] hat man hier $0<u\leqq x(1-x)$ zu nehmen [man könnte $\varkappa$ auch für $u\geqq x(1-x)$ stetig fortsetzen].

Wir haben in dieser Nummer nur Wärmeleitungsaufgaben für beschränkte Gebiete und stetige Randwerte betrachtet. Welche zusätzlichen Bedingungen im Unendlichen bei unbeschränkten Gebieten hinzukommen, geht aus 25 V und 25 III hervor. Außerdem stehen bei unstetigen Randwerten und/oder unbeschränkten Gebieten die Ergebnisse der vorangehenden Nummer zur Verfügung. Dabei ist $k/c\varrho$ als von z unabhängige Funktion vorauszusetzen. Eindeutigkeitsaussagen dieser Art im Fall $k=k(z)$, $m=1$ gibt SEYFERTH (1959, 1962). Er benutzt andersartige Methoden; die Herleitung seiner Ergebnisse mit unseren Methoden liegt nicht auf der Hand.

30. Anwendung auf die Grenzschichttheorie

Diese Nummer wurde in enger Zusammenarbeit mit Herrn Prof. Dr. K. NICKEL abgefaßt. Die meisten der hier mitgeteilten Ergebnisse sind seiner Arbeit (1958) entnommen.

Die Bewegung einer kompressiblen zähen Flüssigkeit wird durch die wohlbekannten Navier-Stokesschen DGln beschrieben. L. PRANDTL (1904) leitete daraus durch Vernachlässigungen, welche für die Strömung in der Nähe einer festen Wand (in der sog. Grenzschicht) gerechtfertigt sind,

I. Die Prandtlschen Grenzschichtgleichungen ab und begründete damit ein neues Teilgebiet der Strömungslehre, die Grenzschichttheorie. Ohne auf die Natur und die näheren physikalischen Umstände dieser Ableitung einzugehen, geben wir diese Gln für den zweidimensionalen stationären Fall an. Sie lauten (SCHLICHTING (1958), S. 105)

$$u u_x + v u_y = U(x)\, U'(x) + \nu u_{yy} \tag{1}$$

$$u_x + v_y = 0. \tag{2}$$

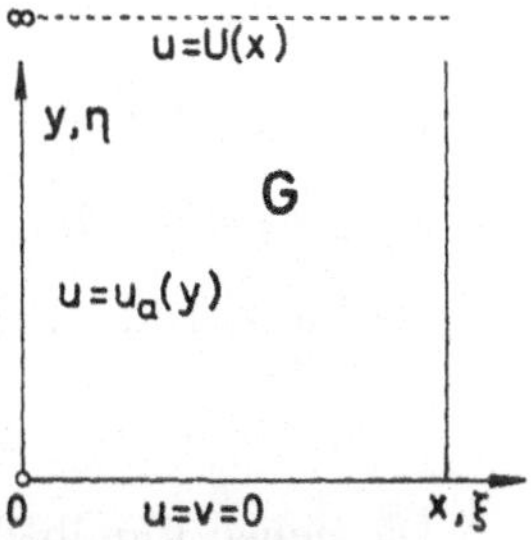

Abb. 17. Grundgebiet und Randbedingungen bei den Grenzschicht-DGln

Dabei haben die einzelnen Größen im einfachsten Fall einer Strömung entlang einer ebenen Wand[1] die folgende physikalische Bedeutung (Abb. 17): x und y sind Ortskoordinaten in Richtung parallel bzw. senkrecht zur Wand, u und v die Geschwindigkeitskomponenten der Strömung parallel bzw. senkrecht zur Wand. Dabei ist die Wand als mit der x-Achse zusammenfallend angenommen. $U(x) > 0$ ist die „Außen-" oder „Potentialgeschwindigkeit", $\nu > 0$ die kinematische Zähigkeit. Das Grundgebiet $\overline{G}$ ist ein Halbstreifen $0 \leqq x \leqq X$, $0 \leqq y < \infty$, als Randbedingungen hat man

$$u(x, 0) = v(x, 0) = 0, \qquad u(0, y) = u_a(y), \qquad u(x, \infty) = U(x). \tag{3}$$

Hierbei ist $u_a(y)$ eine vorgegebene Funktion, nämlich die am Ort der y-Achse herrschende „Anfangsgeschwindigkeit". Die letzte der drei

[1] Die Gln gelten auch für gekrümmte Wände bei nicht zu kleinem Krümmungsradius; x ist dann die Bogenlänge längs der Wand.

Randbedingungen ist zu interpretieren als

$$\lim_{y\to\infty} u(x, y) = U(x) \quad \text{gleichmäßig für} \quad 0 \leqq x \leqq X. \tag{4}$$

Zwischen u_a und U muß demnach die Verträglichkeitsbedingung $u_a(y) \to U(0)$ für $y \to \infty$ bestehen. Übrigens läßt sich zeigen, daß unter gewissen Voraussetzungen diese dritte Randbedingung entbehrlich (weil von selbst erfüllt) ist; vgl. NICKEL (1958a).

Das mathematische Problem besteht darin, zu gegebener Außen- und Anfangsgeschwindigkeit $U(x)$ und $u_a(y)$ zwei Funktionen u, v zu finden, welche den DGln (1) (2) und den Randbedingungen (3) genügen. Obwohl dieses wesentlich einfacher ist als das entsprechende Problem für die Navier-Stokes-DGln — darin liegt gerade die Bedeutung der Grenzschichttheorie — bietet es immer noch erhebliche mathematische Schwierigkeiten. Durch die folgende

II. Transformation nach V. MISES (1927) auf neue unabhängige Variable ξ, η

$$\xi = x, \quad \eta = \eta(x, y) = \int_0^y u(x, s)\, ds, \quad u(x, y) = \bar{u}(\xi, \eta) \tag{5}$$

ergeben sich weitere Vereinfachungen. Mit Hilfe der Beziehungen

$$\left.\begin{aligned} &\eta_x = \int_0^y u_x(x, s)\, ds = -\int_0^y v_y(x, s)\, ds = -v(x, y), \qquad \eta_y = u, \\ &u_x = \bar{u}_\xi - \bar{u}_\eta v, \quad u_y = \bar{u}\bar{u}_\eta, \quad u_{yy} = \bar{u}^2 \bar{u}_{\eta\eta} + \bar{u}\bar{u}_\eta^2 \end{aligned}\right\} \tag{6}$$

wird aus (1) die DGl

$$\bar{u}_\xi = \frac{U(\xi)\, U'(\xi)}{\bar{u}} + \nu (\bar{u}\bar{u}_{\eta\eta} + \bar{u}_\eta^2). \tag{7}$$

Die neuen Randbedingungen lauten

$$\bar{u}(\xi, 0) = 0, \quad \bar{u}(0, \eta) = \bar{u}_a(\eta), \quad \bar{u}(\xi, \infty) = U(\xi). \tag{8}$$

Hierin ist $\bar{u}_a(\eta)$ in Übereinstimmung mit (5) durch $\bar{u}_a\left(\int_0^y u_a(s)\, ds\right) = u_a(y)$ bestimmt. Durch die v. Mises-Transformation wurden die beiden Gln (1) (2) entkoppelt. Man hat jetzt nur *eine* DGl (7). Aus einer Lösung $\bar{u}(\xi, \eta)$ erhält man durch Rücktransformation (vgl. dazu III) $u(x, y)$ und daraus $v(x, y)$ nach (2), d.h. als Integral

$$v(x, y) = -\int_0^y u_x(x, s)\, ds. \tag{9}$$

Wir bemerken, daß die Transformation (5) gewissermaßen nur die halbe v. Mises-Transformation darstellt; v. MISES (1927) führt nämlich neben den neuen unabhängigen Variablen ξ, η auch eine neue Funktion

$$g(\xi,\eta)=U^2(\xi)-\bar{u}^2(\xi,\eta)$$

ein. Für die Funktion g lautet das RWP

$$g_\xi=\nu g_{\eta\eta}\sqrt{U^2(\xi)-g} \tag{6'}$$

$$g(\xi,0)=U^2(\xi),\, g(0,\eta)=U^2(0)-\bar{u}_a^2(\eta),\, g(\xi,\infty)=0. \tag{7'}$$

Welcher der beiden Formen man den Vorzug gibt, hängt von der Fragestellung ab. Wir werden vorzugsweise mit $\bar{u}$, also mit (6) und (7) arbeiten.

Wir gehen nun genauer auf die für die vorangehenden und späteren Betrachtungen nötigen Voraussetzungen ein.

III. Bezeichnungen und Voraussetzungen $(Z_g,\, u(x,\infty),\, \bar{u}(x,\infty))$. Die Gl (7) ist eine parabolische DGl, wobei jedoch die Bezeichnungen geändert sind: statt t und x hat man jetzt ξ und η. Es ist (mit 23 I übereinstimmend) $\bar{G}=[0,X]\times[0,\infty)$ und $G_p=(0,X]\times(0,\infty)$; diese Bezeichnung wird sowohl in der (ξ,η)-, als auch in der (x,y)-Ebene verwendet. Die Außengeschwindigkeit $U(x)$ sei eine in $[0,X]$ stetig differenzierbare und positive Funktion, die Anfangsgeschwindigkeit $u_a(y)$ sei stetig differenzierbar in $[0,\infty)$ und positiv in $(0,\infty)$. Ferner gelte $u_a(y)\to U(0)$ für $y\to\infty$. Die Funktion $u(x,y)$ ist aus der Klasse Z_g, wenn sie zusammen mit ihren Ableitungen u_x, u_y in $\bar{G}$ stetig ist, wenn u_{yy} in G_p existiert, $u>0$ in G_p ist und wenn $u(x,y)$ für $y\to\infty$ gleichmäßig in $x\in[0,X]$ gegen eine stetige und positive Funktion konvergiert, welche wir $u(x,\infty)$ nennen[1]. Für eine Funktion $u\in Z_g$ ist also die Gl $u(x,\infty)=U(x)$ identisch mit (4); ferner ist u beschränkt, und zu jedem $\delta>0$ existiert ein $\gamma>0$, so daß $u\geqq\gamma$ für $y\geqq\delta$ ist.

Für eine Funktion $u\in Z_g$ wird durch die Transformation (5) eine umkehrbar eindeutige Abbildung von $\bar{G}$ *auf* sich vermittelt; die Funktion $\eta(x,y)$ ist nämlich streng monoton wachsend in y und strebt, da u für $y\geqq\delta>0$ zwischen zwei positiven Schranken liegt, wie eine lineare Funktion gegen ∞ $(y\to\infty)$. Daraus folgt, daß die gemäß (5) der Funktion $u(x,y)$ zugeordnete Funktion $\bar{u}(\xi,\eta)$ ebenfalls gleichmäßig in ξ gegen $u(\xi,\infty)$ konvergiert, wenn $\eta\to\infty$ strebt. Wir setzen $u(\xi,\infty)=\bar{u}(\xi,\infty)$ und haben damit die dritte der Randbedingungen (8) erklärt, und zwar wieder im Sinne der gleichmäßigen Konvergenz.

[1] Diese Voraussetzungen sind für die mathematische Theorie unnötig scharf. Sie gestatten jedoch an verschiedenen Stellen eine kürzere Formulierung und lassen damit die wesentlichen Gesichtspunkte deutlicher hervortreten. Außerdem sind sie derart, daß kein praktisch interessierender Fall ausgeschlossen wird. Was die Existenz und Stetigkeit der partiellen Ableitungen erster Ordnung im *abgeschlossenen* Gebiet $\bar{G}$ anlangt, so ist dafür im Falle u_x ein mathematischer, im Falle u_y ein physikalischer Grund maßgebend: Einmal braucht man Bedingungen für die Existenz des Integrals (9), zum anderen stellt u_y für $y=0$ eine physikalisch wichtige Größe, die Wandschubspannung, dar.

Entsteht die Funktion $\bar{u}(\xi, \eta)$ aus einer Funktion $u(x, y) \in Z_g$ durch die Transformation (5), so schreiben wir ebenfalls $\bar{u} \in Z_g$. Man sieht leicht ein, daß eine solche Funktion $\bar{u}$ in $\bar{G}$ stetig und beschränkt, in G_p positiv ist und in G_p stetige Ableitungen u_ξ, u_η sowie eine Ableitung $u_{\eta\eta}$ besitzt. Außerdem bemerken wir, daß die durch (5) vermittelte Abbildung $u(x, y) \to \bar{u}(\xi, \eta)$ in der Klasse Z_g *umkehrbar eindeutig* ist. Die Funktion $\eta(x, y)$ genügt nämlich der (von einem Parameter x abhängenden) gewöhnlichen DGl

$$\eta_y(x, y) = \bar{u}\big(x, \eta(x, y)\big) \quad \text{mit} \quad \eta(x, 0) = 0. \tag{10}$$

Es handelt sich also, wenn wir y, η, $\bar{u}$ durch t, z, h ersetzen, um das AWP

$$z'(t) = h\big(z(t)\big) \quad \text{für} \quad 0 \leqq t < \infty, \; z(0) = 0. \tag{11}$$

Die Funktion $h(z)$ ist für $z \geqq 0$ stetig und beschränkt, für $z > 0$ positiv. Wir wissen, daß eine für $t > 0$ positive Lösung $z(t)$ existiert ($\bar{u}$ wurde ja durch die Transformation (5) gewonnen), und die Frage ist, ob diese Funktion $z(t)$ aus (11) eindeutig zurückgewonnen werden kann. Für $h(0) > 0$ ist das trivial, für $h(0) = 0$ gibt es nach bekannten Sätzen aus der Theorie der gewöhnlichen DGln (vgl. KAMKE (1945, S. 19f.)) genau eine Lösung $z(t)$, welche für positive t positiv ist, nämlich das Maximalintegral. Es ist also durch (10), wenn $\bar{u} \in Z_g$ gegeben ist, in eindeutiger Weise eine für positive y selbst positive Funktion $\eta(x, y)$ und damit auch die Funktion $u(x, y) = \bar{u}\big(x, \eta(x, y)\big)$ bestimmt.

Wir sprechen von einer Lösung u des Problems (1) bis (3), obwohl darin zwei unbekannte Funktionen u, v vorkommen, und meinen damit, daß $u \in Z_g$ ist und die Randbedingungen (3) erfüllt [bei vorgegebenen Funktionen $U(x)$, $u_a(y)$] und daß u zusammen mit der durch (9) *definierten* Funktion v der DGl (1) in G_p genügt; (2) ist dann von selbst erfüllt. Ist $u \in Z_g$ eine Lösung, so ist $\bar{u}$ eine Lösung des transponierten Problems (6) (7).

Der erste Eindeutigkeitssatz für unser Problem wurde von NICKEL (1958) gegeben. Er lautet:

IV. Eindeutigkeitssatz. *Die RWA (1) bis (3) besitzt höchstens eine Lösung $u \in Z_g$, für welche $u_y(x, 0) > 0$ $(0 \leqq x \leqq X)$ und u_{yy} in G_p nach oben beschränkt ist.*

Wegen der Eineindeutigkeit der Zuordnung $u \to \bar{u}$ (vgl. III) genügt es, die Eindeutigkeit des Problems (6) (7) nachzuweisen. Dazu wird der Eindeutigkeitssatz 25 V in der Verschärfung 25 VI (α) herangezogen. Nach ihm genügt es zu zeigen, daß die f-Differenz einer einseitigen Lipschitz-Bedingung

$$\frac{UU'}{\bar{u}+z} + \nu\big((\bar{u}+z)\bar{u}_{\eta\eta} + \bar{u}_\eta^2\big) - \frac{UU'}{\bar{u}} - \nu(\bar{u}\bar{u}_{\eta\eta} + \bar{u}_\eta^2)$$

$$= -\frac{z\,UU'}{\bar{u}(\bar{u}+z)} + \nu z \bar{u}_{\eta\eta} \leqq Lz \quad \text{für kleine positive } z$$

mit konstantem L genügt. Das ist sicher richtig, wenn die UnGl

$$\nu \bar{u}_{\eta\eta} + \frac{|U(\xi)\, U'(\xi)|}{\bar{u}^2} \leqq L \tag{12}$$

oder, umgeschrieben auf u, x und y,

$$\frac{1}{u^3}\left[\nu u u_{yy} - \nu u_y^2 + u\,|U(x)\, U'(x)|\right] \leqq L \tag{12'}$$

gilt. Da die Größen $|U U'|$ und νu_{yy} nach oben beschränkt sind und für $y \to +0$ die Funktion u gleichmäßig gegen 0, die Funktion u_y gleichmäßig gegen $u_y(x, 0) \geqq \delta > 0$ konvergiert, ist die eckige Klammer in (12') für kleine y, etwa für $0 < y < \gamma$ $(\gamma > 0)$ negativ. Für alle $y \geqq \gamma$ ist aber die linke Seite von (12') nach oben beschränkt, da u zwischen zwei positiven Schranken liegt und, wie schon gesagt, νu_{yy} und $|U U'|$ nach oben beschränkt sind. Es existiert also in der Tat eine der UnGl (12') genügende Konstante L, womit der Satz vollständig bewiesen ist.

V. Bemerkungen. (α) Der Eindeutigkeitssatz kann in naheliegender Weise auf den Fall verallgemeinert werden, daß $U(x)$ nur stückweise stetig differenzierbar ist. Ist etwa $0 < x_0 < X$ und $U(x)$ in jedem der beiden Intervalle $[0, x_0]$ und $[x_0, X]$ stetig differenzierbar (an den Endpunkten hat man die in das Innere des entsprechenden Intervalles weisende einseitige Ableitung zu nehmen), so wendet man den Eindeutigkeitssatz zuerst auf den zwischen 0 und x_0, dann auf den zwischen x_0 und X gelegenen Teil von $\overline{G}$ an. Dabei braucht auf der Geraden $x = x_0$ die DGl nicht zu gelten (man betrachtet dann zunächst den Bereich $0 \leqq x \leqq \bar{x} < x_0$ und läßt $\bar{x} \to x_0$ streben). Entsprechendes gilt, wenn U' mehrere Unstetigkeitsstellen besitzt.

(β) Die Voraussetzungen über u_y und u_{yy} in IV lassen sich in manchen Fällen mildern. Entscheidend für den Beweis ist lediglich die Abschätzung vor (12). Dabei kann man statt wie oben mit der einfachen auch mit einer verallgemeinerten Lipschitz-Bedingung arbeiten, d.h. statt L eine in $(0, X]$ stetige und über dieses Intervall integrierbare Funktion $l(x)$ einsetzen. Für die Eindeutigkeit ist also eine Abschätzung

$$\frac{1}{u^3}\left[\nu u u_{yy} - \nu u_y^2 - \frac{u^2}{u+z}\, U U'\right] \leqq l(x) \quad \text{(für kleine positive } z\text{)} \tag{12''}$$

hinreichend. Man kann z.B. zulassen, daß u_{yy} bei Annäherung an die Wand unendlich wird, wenn nur das Produkt $u u_{yy}$ gegen 0 strebt.

(γ) Die weitere Voraussetzung $u > 0$ bedeutet physikalisch, daß die Eindeutigkeit nur bewiesen ist, solange noch keine „Rückströmung" eingetreten ist. Man vergleiche dazu IX; dort wird gezeigt, daß unter gewissen Voraussetzungen überhaupt keine Rückströmung eintreten kann.

Ähnlich verhält es sich mit der Voraussetzung $u_y(x, 0) > 0$. Die Eindeutigkeit wird nur bis zur „Ablösestelle" hin gezeigt. Auch dazu vergleiche man IX.

Als nächstes soll gezeigt werden, daß auch bei der RWA der Grenzschichttheorie das Lemma von NAGUMO verschärft werden kann, ähnlich wie das in 24 VI durchgeführt wurde.

VI. Das verschärfte Lemma von NAGUMO. *Es seien $U(x)$ eine in $[0, X]$ stetig differenzierbare Funktion und u, w zwei Funktionen aus Z_g. Ferner sei $w_y(x, 0) > 0$ und w_{yy} nach oben beschränkt [allgemeiner: für w gelte eine Abschätzung (12'')]. Dann folgt aus*

(α) $\bar{u}(\xi, 0) \leqq \bar{w}(\xi, 0)$, $\bar{u}(\xi, \infty) \leqq \bar{w}(\xi, \infty)$ *in* $[0, X]$,

$\bar{u}(0, \eta) \leqq \bar{w}(0, \eta)$ *in* $(0, \infty)$;

(β) $P\bar{u} \leqq P\bar{w}$ *in* G_p *(wobei* $P\bar{u} = \bar{u}_\xi - \nu(\bar{u}\bar{u}_{\eta\eta} + \bar{u}_\eta^2) - UU'/\bar{u}$ *ist)*

die UnGl

$$\bar{u} \leqq \bar{w} \quad \text{in} \quad \bar{G}.$$

Ist außerdem eine der beiden Funktionen $\bar{u}$, $\bar{w}$ monoton wachsend in η für jedes feste $\xi \in [0, X]$, so gilt auch

$$u \leqq w \quad \text{in} \quad \bar{G}.$$

Der Beweis wird ähnlich wie in 24 VI geführt. Genügt $\bar{w}$ der UnGl (12) (natürlich mit $\bar{w}$ statt $\bar{u}$), so läßt sich das Lemma von NAGUMO 24 IV auf die beiden Funktionen $\bar{u}$ und $\bar{w} + \varrho$, $\varrho = \varepsilon 2^{2L\xi}$ $(\varepsilon > 0)$ anwenden. Aus (α) folgt die dortige Voraussetzung (α) wegen $\varrho \geqq \varepsilon > 0$, aus (β) die dortige Voraussetzung (β) wegen der UnGln

$$\begin{aligned} P(\bar{w} + \varrho) &= \bar{w}_\xi + 2L\varrho - \frac{UU'}{\bar{w} + \varrho} - \nu\bar{w}_\eta^2 - \nu(\bar{w} + \varrho)\bar{w}_{\eta\eta} \\ &\geqq P\bar{w} + \varrho\left(2L - \nu\bar{w}_{\eta\eta} + \frac{UU'}{\bar{w}(\bar{w} + \varrho)}\right) \geqq P\bar{w} + L\varrho > P\bar{w}. \end{aligned}$$

Dabei wurde die Abschätzung (12) benutzt. Es ist demnach $\bar{u} < \bar{w} + \varepsilon e^{2L\xi}$, woraus sich die Behauptung für $\varepsilon \to 0$ ergibt.

Übrigens enthält VI den Eindeutigkeitssatz IV. Trotzdem wird man nicht gut von einem neuen Beweis sprechen können; das wesentliche ist beidesmal die Möglichkeit einer UnGl (12).

Die noch fehlende UnGl $u \leqq w$ ergibt sich aus der folgenden allgemeinen Bemerkung.

Ist eine der beiden Funktionen u, $w \in Z_g$ monoton wachsend in y und $u \leqq w$, so gilt auch $\bar{u} \leqq \bar{w}$; ist eine der Funktionen $\bar{u}$, $\bar{w} \in Z_g$ monoton wachsend in η und $\bar{u} \leqq \bar{w}$, so ist auch $u \leqq w$.

Der erste Teil ist sehr leicht einzusehen, der zweite bedarf einer kleinen Überlegung. Genügt $\eta(x, y)$ der DGl (10), $\eta^*(x, y)$ der entsprechenden DGl

$$\eta_y^* = \bar{w}(x, \eta^*(x, y)) \quad \text{mit} \quad \eta^*(x, 0) = 0,$$

so folgt aus $\bar{u} \leqq \bar{w}$ nach 8 X die UnGl $\eta \leqq \eta^*$ (nach den Ausführungen von III hat man für η^* das Maximalintegral zu nehmen). Ist also z.B. $\bar{u}$ monoton wachsend in η, so hat man

$$u(x, y) = \bar{u}(x, \eta) \leqq \bar{u}(x, \eta^*) \leqq \bar{w}(x, \eta^*) = w(x, y).$$

Ähnlich geht man vor, wenn w monoton wachsend ist.

Das Lemma VI ist von großer praktischer Bedeutung. Es bildet die theoretische Grundlage zur Konstruktion von Ober- und Unterfunktionen. Insbesondere können, da in (β) die Gleichheitszeichen nicht ausgeschlossen sind, spezielle Lösungen der Grenzschicht-Gln als Ober- und Unterfunktionen verwendet werden. An zwei Beispielen wird gezeigt, wie man dabei vorgeht und welche allgemeinen Schlüsse sich schon aus einfachen Ansätzen ergeben.

VII. Die Außengeschwindigkeit als Lösung. Die einfachste Lösung der Gl (7) stellt die Funktion $U(\xi)$ dar. Diese Funktion ist zugleich Oberfunktion für alle Probleme mit $\bar{u}_a(\eta) \leqq U(0)$. Ist nämlich $\bar{u}$ eine Lösung eines solchen Problems und $\bar{w} = U(\xi)$, so gelten die Voraussetzungen von VI. Wir haben damit den folgenden Satz bewiesen:

(α) *Ist ein Problem* (1) *bis* (3) *mit* $u_a(y) \leqq U(0)$ $(0 \leqq y < \infty)$ *vorgelegt, so gilt*

$$u(x, y) \leqq U(x) \quad in \quad \bar{G}$$

für jede[1] *Lösung* $u \in Z_g$.

Dieses Ergebnis ist auf den ersten Blick höchst paradox. Nehmen wir etwa eine Außengeschwindigkeit $U(x)$, welche zunächst „glatt" verläuft, dann aber plötzlich sehr stark abfällt! Die obige UnGl zeigt, daß die Lösung dieses Abbremsen „mitmacht", und zwar, ohne „nachzuhinken" (gegen diese Sprechweise kann man einwenden, daß hier der Variablen ξ eine zeitliche Eigenschaft unterschoben wird, während wir stationäre Lösungen betrachten). Als mathematischen Grund für dieses Verhalten kann man die Tatsache ansehen, daß die Randbedingung auch in der DGl erscheint.

(β) Man überzeugt sich sofort, daß auch die Funktion $\bar{w} = \sqrt{U^2(\xi) + c}$ bei beliebigem positiven c eine Lösung der DGl (7) darstellt. Genau wie oben folgt daraus:

Ist ein Problem (1) *bis* (3) *mit* $u_a(y) \leqq \sqrt{U^2(0) + c}$ *vorgelegt, so gilt*

$$u(x, y) \leqq \sqrt{U^2(x) + c} \quad in \quad \bar{G}$$

für jede Lösung $u \in Z_g$.

[1] Die zusätzlichen Voraussetzungen des Eindeutigkeitssatzes werden nicht benötigt; es kann dann nicht behauptet werden, daß nur eine Lösung existiert.

Darin ist enthalten eine interessante Abschätzung für

(γ) *Übergeschwindigkeiten.* Wir sagen, an der Stelle x liegt eine Übergeschwindigkeit der Größe $e(x)$ vor, wenn

$$e(x) = \sup_{0 \leqq y < \infty} u(x, y) - U(x) > 0$$

ist. Wegen $u_a(y) \leqq U(0) + e(0)$ läßt sich die UnGl in (β) umschreiben zu

$$u(x, y) \leqq \sqrt{U^2(x) + 2e(0)\, U(0) + e^2(0)}\,.$$

Wir notieren zwei Sonderfälle: *Es gilt*

$$e(x) \leqq e(0), \qquad \textit{falls} \quad U(0) \leqq U(x),$$
$$u(x, y) \leqq e(0) + U(0), \quad \textit{falls} \quad U(0) \geqq U(x)$$

ist (in beiden Fällen wird nichts über den Verlauf von $U(x)$ zwischen den Stellen 0 und x vorausgesetzt).

VIII. Die ähnliche Lösung der Plattengrenzschicht. Wie H. Blasius (1908) gezeigt hat, erhält man eine spezielle Lösung $u = \varphi$ der Gl (1)

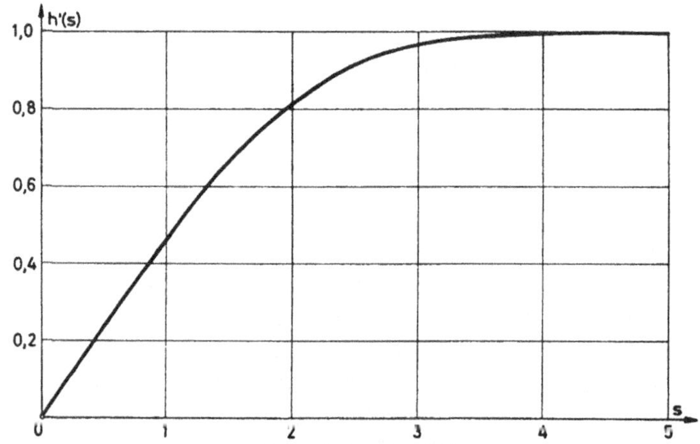

Abb. 18. Die Funktion $h'(s)$

für den Fall, daß $U(x) \equiv U_\infty$ konstant ist, aus dem folgenden Randwertproblem für $h = h(s)$

$$h''' + hh'' = 0 \text{ für } 0 \leqq s < \infty,\ h(0) = h'(0) = 0,\ h'(s) \to 1 \text{ für } s \to \infty, \tag{13}$$

indem man

$$u(x, y) = \varphi(x, y) = U_\infty h'\left(y\sqrt{\frac{U_\infty}{2\nu x}}\right) \tag{14}$$

setzt. Die Lösung $h(s)$[1] ist verschiedentlich sehr genau berechnet worden. Eine Tabelle findet man bei Schlichting (1958, S. 115);

[1] Existenz und Eindeutigkeit wurden von Weyl (1942) nachgewiesen, vgl. 4 VIII. Einen elementaren, mit DUnGln arbeitenden Beweis gibt Coppel (1960).

Abb. 18 gibt den Verlauf von h' und damit von φ wieder. Für spätere Zwecke benötigen wir noch die Formeln

$$\left.\begin{aligned}\varphi_y(x,y) &= U_\infty\sqrt{\frac{U_\infty}{2\nu x}}\,h''\left(y\sqrt{\frac{U_\infty}{2\nu x}}\right),\\ \varphi_y(x,0) &= \frac{C}{\sqrt{x}},\quad C = U_\infty\sqrt{\frac{U_\infty}{2\nu}}\,h''(0) > 0;\end{aligned}\right\}\tag{15}$$

es ist $h''(0)\approx 0{,}4696$.

Physikalisch stellt die Lösung φ den Strömungsverlauf längs einer dünnen ebenen Platte dar.

Diese Lösung kann als obere Schranke für Probleme mit $U'(x)\leqq 0$ und als untere Schranke für Probleme mit $U'(x)\geqq 0$ verwendet werden. Wir wollen den letzteren Fall näher betrachten.

IX. Rückströmung und Ablösung. *Ist* $U'(x)\geqq 0$, $u_a'(0)>0$, $u_a(y)>0$ *für* $y>0$ *und* $u(x,y)$ *eine Lösung des Problems* (1) *bis* (3), *welche nicht notwendigerweise* >0 *in* G_p *ist, sonst aber alle Eigenschaften von* Z_g *hat und außerdem eine beschränkte Ableitung* u_{yy} *besitzt, so gilt*

$$u(x,y)>0 \quad \text{in} \quad G_p \quad \text{und} \quad u_y(x,0)>0 \quad \text{für} \quad 0\leqq x\leqq X. \tag{16}$$

Anders gesagt, es tritt keine Rückströmung und keine Ablösung ein.

Der Beweis beruht darauf, die Funktion φ als Unterfunktion zu benützen. Für konstantes positives c ist auch $\varphi(x+c,y)$ eine Lösung der Gl (1) mit $U'=0$, also gilt für die transformierte Funktion $\bar\varphi$ (in der Schreibweise von VI) $P\bar\varphi(\xi+c,\eta)\leqq 0$ (wegen $U'\geqq 0$). Wählt man zunächst $U_\infty=1$ und c so groß, daß $\varphi_y(c,0)<u'(0)$ ist, so kann man, nötigenfalls durch Verkleinerung von U_∞, erreichen, daß $\varphi(c,y)\leqq u_a(y)$ für alle $y\geqq 0$ und $\varphi(x+c,\infty)\equiv U_\infty\leqq U(x)$ für $0\leqq x\leqq X$ ist.

Ist die Behauptung nicht richtig, so existiert eine erste Stelle $x_0>0$ derart, daß die beiden UnGln (16) für $0\leqq x<x_0$, jedoch nicht für $x=x_0$ gelten. Das folgt im Falle u_y aus der Tatsache, daß $u_y(x,0)$ stetig und $u_y(0,0)>0$ ist, im Falle der Funktion u daraus, daß die Nullstellen wegen der Randbedingung im Unendlichen eine beschränkte Menge bilden. Für jedes $X_1<x_0$ läßt sich nun VI (mit $\bar\varphi(\xi+c,\eta)$, $\bar u$ anstelle von $\bar u$, $\bar w$) anwenden, und es folgt

$$u(x,y)\geqq\varphi(x+c,y) \quad \text{für} \quad 0\leqq x\leqq X_1,$$

also auch für $0\leqq x\leqq x_0$. Damit ist ein Widerspruch erreicht, da $\varphi(x_0+c,y)>0$ für $y>0$ und $\varphi_y(x_0+c,0)>0$ ist.

X. Ein Abschätzungssatz. Es sei $u\in Z_g$ eine Lösung, $w\in Z_g$ eine Näherungslösung eines Problems (1) bis (3) mit $U'(x)\geqq 0$. Die Näherungslösung genüge den UnGln

$$w w_{yy} \leqq w_y^2, \quad \text{d.h.} \quad \overline{w}_{\eta\eta} \geqq 0 \quad \text{in } G_p$$

$$-\overline{\delta}(\xi) \leqq P\overline{w} \equiv \overline{w}_\xi - \frac{UU'}{\overline{w}} - \nu(\overline{w}\,\overline{w}_{\eta\eta} + w_\eta^2) \leqq \delta(\xi) \quad \text{in } G_p,$$

wobei $\delta(\xi)$, $\overline{\delta}(\xi)$ zwei in $[0, X]$ stetige Funktionen sind. Ihre Integrale seien mit $\Delta(\xi)$, $\overline{\Delta}(\xi)$ bezeichnet:

$$\Delta(\xi) = \int_0^\xi \delta(s)\, ds, \qquad \overline{\Delta}(\xi) = \int_0^\xi \overline{\delta}(s)\, ds.$$

Dann ist

$$-\overline{\Delta}(x) - \overline{c} \leqq w(x, y) - u(x, y) \leqq c + \Delta(x) \quad \text{in } \overline{G}, \tag{17}$$

falls die Konstanten c, $\overline{c}$ so gewählt werden, daß die linke Seite von (17) $\leqq 0$, die rechte Seite von (17) $\geqq 0$ ist und daß die UnGln (17) an der Wand (also für $0 \leqq x \leqq X$, $y = 0$), für das Anfangsprofil (also für $x = 0$, $y > 0$) und im Unendlichen (also für $0 \leqq x \leqq X$, $y = \infty$) gelten.

Das ist der folgende Spezialfall von 25 III: $\omega = \overline{\omega} = 0$, $\varrho(\xi) = c + \Delta(\xi)$, $\overline{\varrho}(\xi) = \overline{c} + \overline{\Delta}(\xi)$. Das $>$-Zeichen in 25 III (α) und (γ) kann auf die übliche Art erzwungen werden, z.B. indem man bei ϱ und $\overline{\varrho}$ noch einen Term $\varepsilon(1 + \xi)$ addiert.

Die hier gebrachten Beispiele sind durchweg von einfacher Art. Sie sollten vor allem die Fruchtbarkeit dieser Methoden bei Anwendung auf die Grenzschicht-Theorie demonstrieren. Grundlegend in diesem Zusammenhang ist die Arbeit von Nickel (1958), in welcher zum ersten Male das Nagumo-Lemma auf die Grenzschicht-Theorie angewandt wird. Sie enthält bereits die in IV bis IX bewiesenen Ergebnisse und noch eine Reihe weiterer, zu deren Herleitung man aber andere Transformationen als (5) heranziehen muß. Diese Gedanken sind von Nickel (1959, 1960, 1961, 1962a, 1963) und Velte (1960) weiterentwickelt worden. Übrigens hat bereits früher Görtler (1950, 1951) auf die Möglichkeit einer Behandlung der Grenzschicht-Gln mit Hilfe des Nagumo-Lemmas hingewiesen.

31. Die dritte Randwertaufgabe

Eine einfache, aber typische Aufgabe von der Art, wie sie nun besprochen werden, lautet:

Gesucht ist eine von 2 reellen Veränderlichen t und x abhängige Funktion $u(t, x)$, welche in dem Rechteck $0 < t \leqq T$, $0 < x < 1$ eine Lösung der Wärmeleitungsgleichung $u_t = u_{xx}$ darstellt und dabei den folgenden Randbedingungen genügt: $u(0, x) = 0$ für $0 \leqq x \leqq 1$, $u(t, 0) = 1$ für $0 < t \leqq T$, $\partial u(t, 1)/\partial n_a + u(t, 1) = 0$ für $0 < t \leqq T$.

Aufgaben dieser Art unterscheiden sich von den früher behandelten dadurch, daß auf einem Teil des Randes eine neue Art von Randbedingungen, nämlich eine Relation zwischen der äußeren Normalableitung $\partial u/\partial n_a$ und der Funktion u vorgeschrieben ist. Auf solche Randbedingungen, die meistens eine einfache physikalische Interpretation gestatten, wird man häufig geführt.

Nehmen wir etwa die Wärmeleitungsgleichung (29.3). Die Dichte des durch die Körperoberfläche nach außen tretenden Wärmestromes (also die in der Zeiteinheit pro Flächeneinheit austretende Wärmemenge) wird durch $-k\frac{\partial u}{\partial n_a}$ gegeben. Setzt man diese Wärmestromdichte nach dem „Newtonschen Abkühlungsgesetz" (FRANK-MISES (1935, S. 528)) gleich $h(u-U)$ — dabei ist U die „Außentemperatur", $h>0$ die „äußere Wärmeleitfähigkeit" —, so lautet die Randbedingung

$$\frac{\partial u}{\partial n_a}+\lambda(u-U)=0, \qquad \lambda=h/k>0. \tag{1}$$

Die zu Anfang genannte Aufgabe charakterisiert also einen dünnen Stab der Länge 1, der zur Zeit $t=0$ auf der Temperatur $u=0$ ist und der dann am linken Ende auf der konstanten Temperatur $u=1$ gehalten wird, während am rechten Ende eine zur Temperatur proportionale Wärmeabgabe stattfindet (der übrige, in $0<x<1$ gelegene Teil der Oberfläche ist dabei wärmeisoliert).

Auch nichtlineare Randbedingungen kommen in der Praxis durchaus vor. So entspricht etwa die Randbedingung

$$k\frac{\partial u}{\partial n_a}+\sigma(u^4-U^4)=0 \tag{2}$$

einer dem Stefan-Boltzmannschen Gesetz unterliegenden Wärmestrahlung in eine Umgebung von der Temperatur U; vgl. TYCHONOFF-SAMARSKI (1959, S. 181). COLLATZ (1956) nennt eine Randbedingung $\partial u/\partial n_a+u^2=0$ im Zusammenhang mit einer Diffusionsaufgabe.

Um die Aufgabe möglichst allgemein formulieren zu können, knüpfen wir an die Bezeichnungen 23 I an. Die neue Art von Randbedingung, welche die Normalableitung enthält, wird auf einem gewissen Teil des Randes R_p, den wir R_n nennen, vorgegeben, während auf dem restlichen Teil R_p-R_n nach wie vor Funktionswerte $\eta(t, x)$ gegeben sind. Hierbei ist immer $R_n\subset\partial_1 G$; im Falle eines Hyperzylinders G bedeutet das, daß die Randbedingungen mit Normalableitungen auf der Mantelfläche oder einem Teil derselben, nicht aber auf der Bodenfläche auftreten.

Um von einer Normalableitung sprechen zu können, müssen wir verlangen, daß in den Punkten von R_n eine Normale existiert. Das ist aber oft bei den einfachsten Gebieten nicht der Fall. Ist etwa G der Einheitswürfel $0<t<1$, $0<x_1<1$, $0<x_2<1$ im dreidimensionalen (t, x)-Raum $(m=2)$, so gibt es auf der Kante $x_1=x_2=0$, $0<t\leq 1$ keine Normale. Doch kann man sich in einem solchen Fall leicht helfen, indem man, wenn $(\bar{t}, \bar{x})$ ein Punkt aus R_n ist, nur fordert, daß es ein in der Hyperebene

$t=\bar{t}$ gelegenes Geradenstück gibt, das den Punkt $(\bar{t}, \bar{x})$ als einen Endpunkt besitzt und im übrigen ganz in G_p liegt. Das heißt also, es soll einen Einheitsvektor $p=(p_1, \ldots, p_m)$ geben, so daß die Punkte $(\bar{t}, \bar{x}+\alpha p)$ für $0<\alpha<\delta$ $(\delta>0)$ in G_p liegen. Dieses Geradenstück bzw. die zugehörige Halbgerade nennt man auch die *innere Normale*. In diesem Sinne besitzt, wie man sofort sieht, jeder Punkt auf der Mantelfläche des oben beschriebenen Einheitswürfels eine innere Normale (sogar deren unendlich viele). Nehmen wir aber als Grundfläche im (x_1, x_2)-Raum statt des Einheitsquadrats ein sichelförmiges Gebiet, etwa die durch die drei UnGln

$$x_1^2+x_2^2<1, \quad x_1^2+4x_2^2>1, \; x_2>0$$

beschriebene offene Punktmenge D und errichten wieder den Zylinder $G=(0, 1)\times D$, so haben die Punkte (t, x) mit $x_1=1$, $x_2=0$, $0<t\leqq 1$ auch in diesem erweiterten Sinne keine innere Normale.

Im Hinblick auf solche Schwierigkeiten geben wir die folgende sehr allgemeine

I. Definition *(Normale, $\partial\varphi/\partial n_a$).* Wir sagen, im Punkte $(\bar{t}, \bar{x})\in\partial_1 G$ existiert eine innere Normale, wenn es eine Punktfolge $(\bar{t}, x_{(k)})\in G_p$ $(k=1, 2, \ldots)$ mit $x_{(k)}\to\bar{x}$ $(k\to\infty)$ gibt. Die *äußere* Normalableitung bezüglich dieser Normale ist dann durch

$$\frac{\partial\varphi(t, x)}{\partial n_a}=-\lim_{k\to\infty}\frac{\varphi(t, x_{(k)})-\varphi(t, \bar{x})}{\|x_{(k)}-\bar{x}\|_e} \tag{3}$$

definiert[1].

In diesem Sinne besitzt z.B. jeder Hyperzylinder in jedem Punkt seiner Mantelfläche eine innere Normale. Man beachte, daß die Normale auch dann, wenn G kein Hyperzylinder ist, in der Hyperebene $t=\bar{t}$ gelegen ist.

II. Definition $(R_n, Z(f, R_n), Z_0(f, R_n))$. Gegeben sei ein (zwischen $t=0$ und $t=T$ gelegenes) Gebiet G, eine Menge $R_n\subset\partial_1 G$ und eine Funktion $f\in\mathscr{P}$. In jedem Punkt von R_n existiere eine innere Normale (also eine Punktfolge, wie sie in I vorkommt); eine solche wird fest gewählt. Die Klasse $Z(f, R_n)$ umfaßt alle Funktionen $\varphi(t, x)\in Z(f)$, welche in den Punkten von R_n eine äußere Normalableitung (bezüglich diesen fest ge-

[1] Es erscheint auf den ersten Blick befremdend, wenn wir zunächst eine *innere* Normale und dann mittels eines vorgesetzten Minuszeichens künstlich eine *äußere* Normalableitung definieren. Man kann natürlich ebenso gut die innere Normalableitung benutzen; nur tritt dann an vielen Stellen, u. a. auch beim Gaußschen Integralsatz, ein Minuszeichen auf. Das wird offenbar von den meisten Autoren als unschön und die (mittels innerer Punkte gewonnene!) äußere Normalableitung als das kleinere Übel empfunden. Eine Durchsicht von einem Dutzend deutschsprachiger Lehrbücher der Analysis ergab ein Verhältnis von 10:1 zugunsten der äußeren Normale, während ein Autor beide Begriffe verwendet; auch in der physikalischen Literatur wird fast durchweg die äußere Normale bevorzugt.

wählten Normalen) besitzen, die Klasse $Z_0(f, R_n)$ alle Funktionen $\varphi(t, x) \in Z_0(f)$, welche sogar in $G_p + R_n$ erklärt und stetig sind und in den Punkten von R_n eine äußere Normalableitung besitzen. Diese Klassen hängen noch von der speziellen Wahl der Normalen ab, was wir in der Bezeichnung nicht zum Ausdruck gebracht haben. Ist der Bezug zu einem f aus dem Zusammenhang klar oder unwichtig, so wird auch $Z(R_n)$ und $Z_0(R_n)$ geschrieben.

III. Die zweite und dritte Randwertaufgabe (2. RWA, 3. RWA). Vorgegeben sind G, $R_n \subset \partial_1 G$, $f \in \mathscr{P}$, eine auf $R_p - R_n$ erklärte Funktion $\eta(t, x)$ und eine für $(t, x) \in R_n$ und beliebige z definierte Funktion $\vartheta(t, x, z)$. Gesucht ist eine Funktion $u \in Z(f, R_n)$, welche der DGl

$$u_t = f(t, x, u, u_x, u_{xx}) \quad \text{in} \quad G_p \tag{4}$$

und den Randbedingungen

$$u = \eta \quad \text{auf} \quad R_p - R_n, \quad \frac{\partial u}{\partial n_a} + \vartheta(t, x, u) = 0 \quad \text{auf} \quad R_n \tag{5}$$

genügt. Jede solche Funktion u wird *Lösung* der 3. RWA genannt.

Offenbar ist dieses Problem nur sinnvoll, wenn η auf $R_p - R_n$ stetig ist. Wir werden uns bei den folgenden Betrachtungen meistens auf diesen Fall beschränken. Bei einer Aufgabe mit unstetigem η nennen wir u eine Lösung, wenn $u \in Z_0(f, R_n)$ der DGl (4), der zweiten Randbedingung (5) und den UnGln

$$\eta_* \leqq u_* \leqq u^* \leqq \eta^* \quad \text{auf} \quad R_p - R_n \tag{6}$$

genügt[1]. Die zu Anfang dieser Nummer erwähnte Aufgabe ist von unstetiger Art. Ein Sonderfall der 3. RWA ist die 2. RWA; bei ihr ist ϑ eine nur von t und x abhängende Funktion.

Es wäre möglich, bei den folgenden Sätzen eine Randbedingung zugrunde zu legen, die noch allgemeiner als in (5) durch eine Beziehung „$\lambda(t, x, u, \partial u/\partial n_a) = 0$ auf R_p" definiert ist, wobei die Funktion λ in der letzten Variablen schwach monoton wachsend und im übrigen ganz beliebig ist. Damit könnte man also die beiden Gln (5) in *eine* Gl zusammenfassen. Für alle praktisch wichtigen Fälle reicht jedoch die speziellere Form (5) aus. Die Schreibweise der neuen Randbedingung in der Form $\partial u/\partial n_a + \vartheta = 0$ (anstatt $\partial u/\partial n_a = \vartheta$) ist völlig willkürlich. Sie bietet lediglich den Vorteil, daß bei den meisten Aufgaben der mathematischen Physik $\vartheta \geqq 0$ ist. Übrigens bevorzugen einige Autoren eine Auflösung nach u, d.h. eine Randbedingung der Form $u = \zeta(t, x, \partial u/\partial n_a)$. Diese Darstellung ist weniger allgemein als in (5) (man benötigt dann nämlich eine Monotonievoraussetzung bezüglich ζ, während ϑ in (5) ganz beliebig ist), und sie hat auch sonst Nachteile.

[1] In der Definition 25 I von η^*, η_* ist R_p durch $R_p - R_n$ zu ersetzen.

Es werden nun die wichtigsten der früheren Sätze auf die neue Fragestellung übertragen. Wir beginnen mit dem Lemma von NAGUMO-WESTPHAL.

IV. Lemma. *Es sei* $f \in \mathcal{P}$, $v, w \in Z_0(f, R_n)$, $\vartheta(t, x, z)$ *in* $R_n \times E^1$ *erklärt. Ferner gelte*

(α) $v < w$ *auf*[1] $(R_p - R_n)^+$ *und auf* R_∞,
$\partial v/\partial n_a + \vartheta(t, x, v) < \partial w/\partial n_a + \vartheta(t, x, w)$ *auf* R_n;

(β) $Pv < Pw$ *in* G_p.

Dann ist

$$v < w \quad in \quad G_p + R_n.$$

Für $R_n = \emptyset$ stimmt IV genau mit dem Lemma 24 IV überein. Der dort gegebene Beweis bedarf lediglich eines kleinen Zusatzes. Es ist zu zeigen, daß 24 I (β) mit der jetzigen Voraussetzung (α) unvereinbar ist. Das ist für $(\bar{t}, \bar{x}) \in R_p - R_n$, genau wie in 24 IV, sofort klar. Wäre jedoch $(\bar{t}, \bar{x}) \in R_n$, so wäre $w - v = 0$ in diesem Punkt und $w - v \geqq 0$ auf der Hyperebene $t = \bar{t}$, d.h. $\partial(w-v)/\partial n_a \leqq 0$ in diesem Punkt. Andererseits ist aber $\vartheta(\bar{t}, \bar{x}, w) = \vartheta(\bar{t}, \bar{x}, v)$, also nach (α) $\partial v/\partial n_a < \partial w/\partial n_a$ an der Stelle $(\bar{t}, \bar{x})$. Aus 24 I (β) ergibt sich also in jedem Fall ein Widerspruch.

Da wir diese einfache Überlegung noch verschiedentlich benötigen, fassen wir sie in etwas anderer Form zusammen:

(γ) *Für zwei Funktionen* $\varphi, \psi \in Z_0(R_n)$ *und beliebiges* $\vartheta(t, x, z)$ *ist die Aussage*

$$\varphi < \psi \quad auf\ (R_p - R_n)^+ \ und\ auf\ R_\infty,$$

$$\partial\varphi/\partial n_a + \vartheta(t, x, \varphi) < \partial\psi/\partial n_a + \vartheta(t, x, \psi) \quad auf\ R_n$$

mit 24 I (β) *nicht verträglich.*

Die Bemerkung 24 V gilt ungeändert. Dem Corollar 24 VI entspricht das folgende

V. Corollar. Es sei $v, w \in Z_0(f, R_n)$, $\vartheta(t, x, z)$ stark monoton wachsend in z, und die Funktion f genüge der Voraussetzung von 24 VI. Dann folgt aus

(α) $v \leqq w$ auf $(R_p - R_n)^+$ und auf R_∞,
$\partial v/\partial n_a + \vartheta(t, x, v) \leqq \partial w/\partial n_a + \vartheta(t, x, w)$ auf R_n;

(β) $Pv \leqq Pw$ in G_p

die UnGl

$$v \leqq w \quad \text{in} \quad G_p + R_n.$$

---

[1] Das soll natürlich heißen, daß jetzt in 23 IV nur noch Folgen mit $(t_k, x_{(k)}) \to (\bar{t}, \bar{x}) \in R_p - R_n$ betrachtet werden.

Die durch die neue Art der Randbedingung erforderliche Ergänzung des Beweises von 24 VI sei im einzelnen dem Leser überlassen. Benötigt wird dazu die UnGl

$$\partial v/\partial n_a + \vartheta(t, x, v) \leqq \partial w/\partial n_a + \vartheta(t, x, w) < \partial(w+\varrho)/\partial n_a + \vartheta(t, x, w+\varrho)$$

in Verbindung mit IV (γ).

Die Einschränkung, daß $\vartheta(t, x, z)$ *stark* monoton wachsend in z ist, ist für das Gelingen des Beweises wesentlich. Damit ist u.a. der wichtige Fall einer *Randbedingung zweiter Art*, bei welcher auf einem Teil des Randes die Werte der Normalableitung vorgeschrieben sind, nicht erfaßt. Im Hinblick auf solche Randbedingungen beweisen wir noch ein weiteres

VI. Corollar. Für zwei Funktionen $v, w \in Z_0(f, R_n)$ und eine in der Variablen z schwach monoton wachsende Funktion $\vartheta(t, x, z)$ gelte

(α) $v \leqq w$ auf $(R_p - R_n)^+$ und auf R_∞,
$\partial v/\partial n_a + \vartheta(t, x, v) \leqq \partial w/\partial n_a + \vartheta(t, x, w)$ auf R_n;

(β) $Pv \leqq Pw$ in G_p.

Dann ist wieder

$$v \leqq w \quad \text{in} \quad G_p + R_n,$$

falls folgende drei Bedingungen erfüllbar sind:

(γ_1) Es gilt (wie in 24 VI)

$$f(t, x, w+z, w_x, w_{xx}) - f(t, x, w, w_x, w_{xx}) \leqq \omega(t, z) \quad \text{für} \quad z > 0,$$

jedoch mit einer Funktion $\omega \in \mathscr{E}_4$.

(γ_2) Es gibt eine beschränkte und mit beschränkten ersten und zweiten Ableitungen versehene, von t unabhängige Funktion $h(x) \in Z_0(R_n)$ mit der Eigenschaft

$$\partial h/\partial n_a > 0 \quad \text{auf} \quad R_n.$$

(γ_3) Zu jedem $\delta > 0$ existiert ein $\beta > 0$, so daß

$$f(t, x, w+z+\lambda h, w_x + \lambda h_x, w_{xx} + \lambda h_{xx}) - f(t, x, w+z, w_x, w_{xx}) < \delta$$

für $(t, x) \in G_p$, $z > 0$ und $0 < \lambda < \beta$ ist [soweit die Argumente in $D(f)$ liegen].

Zum Beweis greifen wir auf 24 I zurück, und zwar sei $\varphi = v$, $\psi = w + \varrho + \lambda h$. Hierin sei zunächst $\varepsilon > 0$ willkürlich vorgeschrieben, danach $\delta > 0$ und ϱ gemäß 10 I, $h(x)$ gemäß (γ_2) und hiernach $\beta > 0$ gemäß (γ_3) gewählt; β sei außerdem so klein, daß $0 < \delta/2 \leqq \varrho + \lambda h \leqq 2\varepsilon$ für $0 < \lambda < \beta$ ist. Damit ist $\varphi < \psi$ auf $(R_p - R_n)^+$ und auf R_∞. Ferner ist nach (α), (γ_2) und wegen der Monotonie von ϑ

$$\partial\varphi/\partial n_a + \vartheta(t, x, \varphi) \leqq \partial w/\partial n_a + \vartheta(t, x, w) < \partial(w+\lambda h)/\partial n_a + \vartheta(t, x, \psi)$$
$$= \partial\psi/\partial n_a + \vartheta(t, x, \psi);$$

nach IV (γ) liegt also der Fall 24 I (β) nicht vor.

Es muß noch die Voraussetzung von 24 I nachgeprüft werden. Ist $\varphi=\psi, \varphi_x=\psi_x, \varphi_{xx}\leqq\psi_{xx}$, also $v=w+\varrho+\lambda h, v_x=w_x+\lambda h_x, v_{xx}\leqq w_{xx}+\lambda h_{xx}$ und $0<\lambda<\beta$, so gilt nach (β) (γ_1) (γ_3)

$$\begin{aligned}\varphi_t &= Pv+f(t, x, v, v_x, v_{xx})\leqq Pw+f(t, x, v, v_x, v_{xx})\\ &\leqq w_t+f(t, x, w+\varrho+\lambda h, w_x+\lambda h_x, w_{xx}+\lambda h_{xx})-f(t, x, w, w_x, w_{xx})\\ &\leqq w_t+f(t, x, w+\varrho, w_x, w_{xx})-f(t, x, w, w_x, w_{xx})+\delta\\ &\leqq w_t+\delta+\omega(t, \varrho)<w_t+\varrho'=\psi_t,\end{aligned}$$

w.z.b.w. Es tritt also der Fall 24 I (α) ein, d.h. es gilt

$$v<w+\varrho+\lambda h\leqq w+2\varepsilon,$$

woraus sich die Behauptung sofort ergibt.

VII. Bemerkungen. Zur Ausdehnung des Nagumo-Lemmas auf *schwach* monoton wachsendes ϑ und damit auf die zweite Randwertaufgabe in VI bedurfte es dreier neuer Voraussetzungen (γ_1) bis (γ_3), über deren Natur wir einige Bemerkungen anschließen.

Zu (γ_1). Diese Verschärfung der entsprechenden Voraussetzung von Satz V ist geringfügig.

Zu (γ_2). In vielen Fällen ist es sehr einfach, eine geeignete Funktion $h(x)$ zu finden. Betrachten wir den Fall des Hyperzylinders $G_p=(0, T]\times D$ mit $D\subset E^m$ etwas näher. Ist $m=1$ und $D=(a, b)$, so kann $h(x)=(x-x')^2$, $a<x'<b$, ist $D=(a, \infty)$, so kann $h(x)=-\operatorname{arctg}(x-a)$ genommen werden. Beides gilt bei beliebigem R_n und beliebig definierten inneren Normalen.

Auch für $m>1$ leistet der Ansatz $h(x)=(x-x')^2=(x_1-x_1')^2+\cdots+(x_m-x_m')^2$ gute Dienste. Betrachten wir etwa den „Normalfall", daß die zum Punkt $(\bar t, \bar x)\in R_n$ gehörigen Normalenpunkte auf einer Geraden liegen, also von der Form $(\bar t, x_{(k)})=(\bar t, \bar x+\alpha_k p)$ sind ($p\in E^m$, $\alpha_k\to+0$). Gelingt es, einen Punkt x' zu finden, so daß für alle Punkte $(\bar t, \bar x)\in R_n$ die beiden Vektoren $x'-\bar x$ und p einen Winkel kleiner als $\pi/2$ bilden (also Skalarprodukt $(x'-\bar x)p>0$), dann ist $h=(x-x')^2$ eine geeignete Funktion. Unter anderem ist das für alle konvexen Gebiete D der Fall, wenn für jeden Punkt $(\bar t, \bar x)\in R_n$ ein p so gewählt wird, daß die zu p senkrechte Hyperebene durch den Punkt $\bar x$ eine Stützebene zu D ist (d.h. den Bereich D ganz auf einer Seite läßt). In diesem Fall kann sogar $x'\in D$ beliebig gewählt werden.

Zu (γ_3). Ist f linear,

$$f(t, x, z, p, r)=g+hz+\sum_{\mu=1}^{m}h_\mu p_\mu+\sum_{\lambda,\mu=1}^{m}k_{\lambda\mu}r_{\lambda\mu}, \tag{7}$$

und sind dabei die Koeffizienten beschränkte Funktionen von t und x, so gilt (γ_3).

Betrachten wir etwa, um die Schwierigkeiten beim nichtlinearen Fall aufzuzeigen, das Beispiel

$$f(t, x, z, p, r) = \varkappa(t, x, z)(r_{11} + \cdots + r_{mm}). \qquad (8)$$

Die in Rede stehende UnGl lautet dann (ohne die Argumente t, x)

$$\varkappa(w+z+\lambda h)(\Delta w + \lambda \Delta h) - \varkappa(w+z)\Delta w < \delta.$$

Ist $\varkappa$ beschränkt und stetig, so kann der Term $\lambda\varkappa(w+z+\lambda h)\Delta h$ beliebig klein gemacht werden. Es kommt also darauf an, die Differenz

$$[\varkappa(w+z+\lambda h) - \varkappa(w+z)]\Delta w$$

für positive z abzuschätzen. Die Voraussetzung (γ_1) lautet in unserem Fall ganz ähnlich, nämlich

$$[\varkappa(w+z) - \varkappa(w)]\Delta w \leqq \omega(t, z) \quad \text{für} \quad z > 0.$$

Man hat also bei (γ_1) und (γ_3) fast genau dieselben, schon im Eindeutigkeitssatz 29 V ausführlich diskutierten Schwierigkeiten. So ist etwa jede der drei Voraussetzungen (α_2) bis (α_4) von 29 V für die Gültigkeit nicht nur von (γ_1), sondern auch von (γ_3) hinreichend; dasselbe gilt von 29 V (α_1) und (α_5), wenn die dort vorkommende Funktion $h(t)$ konstant ist.

Wir beschreiben kurz einen anderen Weg, auf welchem man ebenfalls zu einem Resultat gelangt, das für die zweite Randwertaufgabe von Nutzen ist. Benutzt wird eine auf SZARSKI (1955) zurückgehende Idee, welche darin besteht, auch auf R_n die Gültigkeit der DUnGl zu fordern [Nickel (1959, Beispiel 5) verwendet sie bei der Croccoschen Grenzschicht-DGl].

VIII. Corollar. Es sei $\bar{G} = [0, T] \times \bar{D}$, $D \subset E^m$, ein Hyperzylinder und $R_n = (0, T] \times E$, $E \subset \partial D$. Das Gebiet D besitze wenigstens in den zu E gehörigen Randpunkten eine Tangentialebene und eine ins Innere weisende Normale im klassischen Sinne[1]. Die Voraussetzungen von V werden folgendermaßen abgeändert. Die Funktionen v, w mögen auch auf R_n partielle Ableitungen erster Ordnung nach t und x_μ und Ableitungen zweiter Ordnung nach den x_μ besitzen, und 23 III (β) gelte auch für $(t, x) \in R_n$ (wobei h der Einschränkung unterliegt, daß $x + h \in D + E$ ist). Die Voraussetzung V (β) gelte auch auf R_n; f sei also auf R_n erklärt und genüge auch dort der Abschätzung von 24 VI. Die Funktion $\vartheta(t, x, z)$ sei dagegen nur schwach monoton wachsend in z. Dann gilt die Behauptung von V.

Um uns von der Richtigkeit dieser Behauptung zu überzeugen, knüpfen wir an die Bemerkung zum Beweis von V an. Wie dort kommt es auch hier lediglich darauf an zu zeigen, daß in einem Randpunkt $(\bar{t}, \bar{x}) \in R_n$, in welchem $v = w + \varrho$ ist, die UnGl $\partial v/\partial n_a < \partial w/\partial n_a = \partial(w+\varrho)/\partial n_a$ besteht. Diese UnGl war in V eine Folge der strengen Monotonie von $\vartheta(t, x, z)$; hier dagegen ist ϑ schwach monoton, und es ergibt sich nur $\partial v/\partial n_a \leqq \partial(w+\varrho)/\partial n_a$. Mit Hilfe der neu hinzugekommenen

---

[1] Benötigt wird nur: Zu jedem $\bar{x} \in E$ gebe es einen inneren Normalenvektor $p = (p_1, \ldots, p_m) \neq 0$ mit der Eigenschaft, daß für jeden Vektor $q \in E^m$, der mit p einen Winkel $< \pi/2$ einschließt (Skalarprodukt $pq > 0$), eine Punktfolge $\bar{x} + \delta_k q \in D$, $\delta_k \to +0$ $(k \to \infty)$ existiert.

Voraussetzungen zeigen wir nun, daß hier das Gleichheitszeichen nicht stehen kann. Da im Punkt $(\bar{t}, \bar{x})$ ein Minimum der Funktion $w+\varrho-v$ (bezüglich x) vorliegt, sind alle Ableitungen in tangentialer Richtung Null. Wäre auch die äußere Normalableitung 0, so wäre $(w+\varrho-v)_x=0$ und damit (vgl. 23 III (β)) $(w+\varrho-v)_{xx}\geqq 0$ und außerdem $(w+\varrho-v)_t\leqq 0$. Daraus ergibt sich aber mit Hilfe von V (β) genau wie im Beweis von 24 VI die UnGl $(w+\varrho-v)_t>0$, also ein Widerspruch.

Der wesentliche Unterschied zwischen VI und VIII besteht also darin, daß man auf der einen Seite zwei neue Voraussetzungen VI (γ_2) (γ_3) hat (wovon die erste nicht schwer wiegt), auf der anderen Seite die Existenz der Tangentialebene und Differenzierbarkeitsbedingungen in den Punkten von R_n zusätzlich fordert. Dabei beachte man die schon in der Diskussion unter VII deutlich gewordene Tatsache, daß in vielen Fällen, besonders bei quasilinearen DGln, die Bedingung VI (γ_3) keine oder nur geringfügige neue Einschränkungen mit sich bringt, weil die Hauptschwierigkeit bereits in der Eindeutigkeitsbedingung VI (γ_1) — welche ja in beiden Fällen besteht — enthalten ist.

Die Übertragung der Ergebnisse von Nr. 25 auf die dritte RWA begegnet keinen neuen sachlichen Schwierigkeiten. Sie kann, entsprechend den unterschiedlichen Beweisideen in IV, V, VI und VIII, auf verschiedenartige Weise erfolgen. Wir geben nur eine Auswahl der möglichen Sätze.

IX. Abschätzungssatz. Satz 25 III gilt auch für Funktionen u, $v\in Z_0(f, R_n)$, wenn die dortigen Voraussetzungen (β), (γ), (δ) beibehalten werden und die dortige Voraussetzung (α) durch

$$(\alpha)\quad -\bar{\varrho}<v-u<\varrho \text{ auf } (R_p-R_n)^+ \text{ und auf } R_\infty,$$
$$\partial u/\partial n_a+\vartheta(t, x, u)=0 \text{ auf } R_n,$$
$$\partial v/\partial n_a+\vartheta(t, x, v+\bar{\varrho})>0,\ \partial v/\partial n_a+\vartheta(t, x, v-\varrho)<0 \text{ auf } R_n$$

ersetzt wird. Die Funktion $\vartheta(t, x, z)$ ist dabei beliebig.

Der dort gegebene Beweis bedarf lediglich eines Zusatzes. Für $\varphi=v-\varrho$, $\psi=u$ gilt nach (α)

$$\partial\varphi/\partial n_a+\vartheta(t, x, \varphi)<0=\partial\psi/\partial n_a+\vartheta(t, x, \psi),$$

also wieder IV (γ).

X. Eindeutigkeitssatz. *Der Eindeutigkeitssatz* 25 V *bleibt mit Einschluß seiner Aussagen über unbeschränkte Gebiete und über die stetige Abhängigkeit der Lösung von den Randwerten und von der rechten Seite der DGl auch für die dritte RWA gültig, wenn* $\vartheta(t, x, z)$ *stark monoton wachsend in* z *ist und wenn Lösungen bzw. Näherungslösungen aus der Klasse* $Z(f, R_n)$ *betrachtet werden (das bedeutet, daß* η *auf beschränkten Teilmengen von* R_p-R_n *gleichmäßig stetig sein muß). Dabei wird jedoch vorausgesetzt, daß auch die Näherungslösung v der Randbedingung auf* R_n *exakt genügt*[1] (die in 25 V gegebene Definition der stetigen Abhängigkeit ist also wie folgt

[1] Unter spezielleren Annahmen über ϑ, etwa $\vartheta(t, x, z)=\zeta(t, x)z$ mit $\zeta(t, x)\geqq\alpha>0$, besteht stetige Abhängigkeit auch dann, wenn $|\partial v/\partial n_a+\vartheta(t, x, v)|<\delta$ zugelassen wird.

abzuändern: aus $|v-u|<\delta$ auf (R_p-R_n) und auf R_∞, $\partial v/\partial n_a+\vartheta(t, x, v)=0$ auf R_n, $|Pv|=0$ bzw. $<\delta$ folgt $|v-u|<\varepsilon$).

Natürlich gelten die Verschärfungen 25 VI und die Bemerkung 25 VII auch hier.

Bei stark monoton wachsendem $\vartheta(t, x, z)$ kann also der Eindeutigkeitssatz 25 V in voller Allgemeinheit auf das 3. RWP übertragen werden. Denn im Abschätzungssatz 25 III wurde lediglich die Bedingung (α) durch die neue Bedingung IX (α) ersetzt, und diese ist, wenn u und v Lösungen des Randwertproblems und ϱ, $\bar{\varrho}$ positive Funktionen sind, richtig.

Übrigens ist Satz X im wesentlichen bereits in dem Corollar V enthalten.

Will man die Eindeutigkeitsaussagen auch auf schwach monoton wachsendes ϑ und damit auf die 2. RWA ausdehnen, so muß man zunächst den Abschätzungssatz IX entsprechend ändern, und zwar derart, daß in den beiden letzten Bedingungen von IX (α) Gleichheitszeichen zugelassen sind:

$$\partial v/\partial n_a+\vartheta(t, x, v+\bar{\varrho})\geqq 0, \qquad \partial v/\partial n_a+\vartheta(t, x, v-\varrho)\leqq 0.$$

Es sind dann an anderen Stellen schärfere Forderungen nötig. Man kann dieses Ziel entweder mit der in VI oder auch mit der in VIII benutzten Beweisidee erreichen. Wir begnügen uns mit diesem Hinweis und formulieren lediglich den bereits in VI enthaltenen

XI. Eindeutigkeitssatz. *Die* 3. *RWA* (4) (5) *besitzt höchstens eine Lösung aus der Klasse* $Z(f, R_n)$ *unter den folgenden Voraussetzungen: Die Funktion* $\vartheta(t, x, z)$ *ist schwach monoton wachsend in* z; *es gilt* VI (γ_2); *für jede Lösung* $w\in Z(f, R_n)$ *gilt* VI (γ_1) *und* (γ_3); *bei unbeschränktem Gebiet sind solche Bedingungen im Unendlichen vorgeschrieben, daß* $u=w$ *auf* R_∞ *für je zwei Lösungen* u, w *ist.*

Auch der Abschätzungssatz 25 VIII läßt sich leicht der neuen Situation anpassen. Wir beschränken uns darauf, das am Sonderfall 25 IX aufzuzeigen.

XII. Abschätzungssatz. *Die Funktion* $\vartheta(t, x, z)$ *sei stark* [*bzw. schwach*] *monoton wachsend in* z. *Über die Funktionen* $f\in\mathscr{P}$, u, $v\in Z_0(f, R_n)$ *und* $\varrho\in Z_0(R_n)$ *mögen die Voraussetzungen von* 25 IX *gelten, wobei lediglich* (α) *abgeändert wird:*

(α) $|v-u|\leqq\varrho$ *auf* $(R_p-R_n)^+$ *und auf* R_∞;

$\partial u/\partial n_a+\vartheta(t, x, u)=0$, $\partial(v)/\partial n_a+\vartheta(t, x, v)=0$ *auf* R_n,

$\partial\varrho/\partial n_a\geqq 0$ [*bzw.* >0] *auf* R_n.

Dann gilt

$$|v-u|\leqq\varrho \quad in \quad G_p+R_n.$$

Das ergibt sich sofort aus den Überlegungen bei 25 IX im Zusammenspiel mit der abgeänderten Voraussetzung (α) und der Bemerkung IV (γ).

Wir wenden uns zum Schluß den Ergebnissen von Nr. 28 und 29 zu. Ihre Übertragung auf die 3. RWA aufgrund der vorangehenden Sätze ist in großer Allgemeinheit möglich.

Betrachten wir etwa die Eindeutigkeitssätze 28 II, III, VI, VIII. Ihre Beweise beruhten alle auf einer Abschätzung der Differenz zweier Lösungen $|v-u|<\varrho(t, x)$ aufgrund von Satz 25 IX, wobei die Schwierigkeit in der Konstruktion einer geeigneten Funktion ϱ bestand. Wegen Satz XII lassen sich die Beweise sofort auf die 3. RWA übertragen, es kommt aber wegen XII (α') eine neue an ϱ zu stellende Bedingung

$$\partial\varrho/\partial n_a > 0 \quad \text{auf} \quad R_n \tag{9}$$

hinzu [falls $\vartheta(t, x, z)$ schwach monoton wachsend ist]. Man wird also die in Nr. 28 konstruierten Funktionen ϱ daraufhin untersuchen, ob oder besser für welche Gebiete und Randmengen R_n sie der UnGl (9) genügen. Dieses Verfahren kann natürlich in mannigfacher Weise verbessert werden, indem man ϱ geeignet abändert, etwa durch additive Zusatzterme; darauf gehen wir jedoch nicht ein.

XIII. Unbeschränktes Gebiet. *Satz* 28 II *bleibt für die* 3. *RWA* (*und natürlich für Lösungen aus der Klasse* $Z(R_n)$) *gültig, wenn* $\varphi(t, x)$ *außerdem der UnGl* $\partial\varphi/\partial n_a > 0$ *auf* R_n *genügt und wenn gilt:*

(α) *Die Funktion* $\vartheta(t, x, z)$ *ist in* z *schwach monoton wachsend; in jedem Punkt* $(\bar{t}, \bar{x}) \in R_n$ *ist die innere Normale durch eine auf einer Geraden liegende Folge von Punkten* $x_{(k)} = \bar{x} + a_k p$ ($p \in E^m$, $\alpha_k > 0$, $\alpha_k \to 0$) *definiert* (*vgl.* I).

Bei Satz 28 III läßt sich $\partial\varphi/\partial n_a$ explizit angeben:

$$\partial\varphi/\partial n_a = -2xp\beta(t)\varphi(t, x) \qquad (xp = x_1 p_1 + \cdots + x_m p_m).$$

Satz 28 III *ist also auch für eine gemäß* (α) *definierte* 3. *RWA richtig, wenn für die zum Punkt* $(\bar{t}, \bar{x}) \in R_n$ *gehörige innere Normalenrichtung* p

$$p\bar{x} < 0 \quad \textit{auf} \quad R_n \tag{10}$$

gilt.

Ist z.B. $m = 1$ und $G = (0, T) \times (a, \infty)$, so ist $\bar{x} = a$ für alle $(\bar{t}, \bar{x}) \in R_n$ und ferner $p > 0$. Man hat also (durch Parallelverschiebung) dafür zu sorgen, daß $a < 0$ wird. Es gelten also die Eindeutigkeitsaussagen 28 III im Fall $m = 1$ auch für die 2. und 3. RWA, falls $G = (0, T) \times (a, \infty)$ oder allgemeiner $G = (0, T) \times (a(t), \infty)$ mit einer in $[0, T]$ stetigen Funktion $a(t)$ ist.

Auch in mehrdimensionalen Fällen läßt sich die Bedingung (10) leicht nachprüfen und oft durch Parallelverschiebung befriedigen. Geometrisch bedeutet sie, daß der vom Punkt $\bar{x}$ zum Nullpunkt weisende Vektor mit dem inneren Normalenvektor einen Winkel $<\pi/2$ bildet. Das ist z.B. sicher richtig, wenn $G=(0, T)\times D$ mit $0\in D\subset E^m$ ist und die zu p senkrechte Hyperebene durch den Punkt $\bar{x}$ keinen Punkt mit D gemeinsam hat (etwa D konvex).

XIV. Unstetige Randwerte. Hier erhält man durch Differentiation der Funktion $\psi(t, x)$ von (28.18)

$$\partial\psi(t, x)/\partial n_a = 2\alpha(t)\int_{K_0} \gamma(\xi)\, e^{\beta(t)(x-\xi)^2}\, \beta(t)(x-\xi)\, p\, d\xi,$$

also die hinreichende Bedingung für die Positivität der Normalableitung

$$(\xi-\bar{x})p>0 \quad \text{für} \quad (\bar{t}, \bar{x})\in R_n, \quad \xi\in K_0. \tag{11}$$

Bei unbeschränktem Gebiet kommt noch die in XIII genannte Bedingung (10) hinzu; sie ist aber in (11) enthalten, wenn K_0 den Nullpunkt enthält.

Für eine 3. RWA mit unstetigen Randwerten bleibt Satz 28 VIII *richtig, wenn* (11) *und* XIII (α) *gilt.*

Dabei ist die Definition in 28 VI sinngemäß abzuändern. Es ist jetzt $R^* = R_p - R_n - \{0\}\times N$ und $u\in Z(f, R_n)$.

Ist G ein Hyperzylinder und ist K_0 ganz in D enthalten, so ist das am Ende von XIII genannte Kriterium auch für die Gültigkeit von (11) hinreichend. *Insbesondere sind, wenn $m=1$ und $D=(a, b)$ oder $D=(a, \infty)$ ist, die Aussagen* 28 VIII *auch für die* 2. *und* 3. *RWA bei beliebigem R_n gültig.*

XV. Die Gleichung der Wärmeleitung wurde in Nr. 29 eingehend behandelt. Die meisten dieser Ergebnisse bleiben auch für die 3. RWA bestehen.

Die Eindeutigkeitssätze 29 IV für die allgemeine Gl der Wärmeleitung (29.3) und 29 V für die Gl (29.9) gelten auch für die 3. RWA, wenn die Funktion $\vartheta(t, x, z)$ stark monoton wachsend in z ist. Physikalisch ausgedrückt: Ist auf einem Teil der Oberfläche des Körpers ein Wärmeaustauschgesetz vorgeschrieben, derart daß an jeder Stelle einer höheren Temperatur ein größerer Wärmefluß nach außen (bzw. ein kleinerer Wärmefluß nach innen) entspricht, während der übrigen Oberfläche nach wie vor die Temperatur aufgezwungen wird, so gelten die früheren Eindeutigkeitsaussagen.

Denn diese Aussagen waren Spezialfälle des Eindeutigkeitssatzes 25 V, VI, welcher aber gemäß X in voller Allgemeinheit für die 3. RWA bestehen bleibt.

Liegt dagegen die 2. RWA (oder allgemeiner die 3. RWA mit schwach monoton wachsendem ϑ) vor, so bedarf es gemäß Satz XI der zusätzlichen Voraussetzung VI (γ_2), und in 29 IV und 29 V müssen die UnGln, in welchen eine Funktion $h(t)$ vorkommt, sogar für eine konstante Funktion $h(t)$ gelten.

Letzteres wird nämlich zum Nachweis von VI (γ_3) benötigt.

Abschätzungs- und Eindeutigkeitssätze ähnlich unseren Sätzen IX bis XI wurden von SZARSKI (1955, 1959), weitere Ergebnisse für RWAn dritter Art von MLAK (1958) bewiesen. Beide Autoren betrachten Systeme von DGln, jedoch lineare Randbedingungen. COLLATZ (1956) dehnte das Lemma von NAGUMO auf nichtlineare Randbedingungen aus (vgl. IV) und gab entsprechende Abschätzungssätze an. KRZYŻAŃSKI (1960) bewies Eindeutigkeitssätze für lineare DGln und unbeschränkte Gebiete; es tritt dort eine Bedingung auf, welche Ähnlichkeit mit VI (γ_2) hat, jedoch wesentlich schärfer ist. Randbedingungen, in welchen auch u_t vorkommt, werden von FICKEN (1952) betrachtet.

32. Systeme von parabolischen Differentialgleichungen

I. Bezeichnungen *($f \in \mathcal{P}^n$, Defekt $\boldsymbol{P}$, $Z(\boldsymbol{f})$, $Z_0(\boldsymbol{f})$, $Z(\boldsymbol{f}, R_n)$, $Z_0(\boldsymbol{f}, R_n)$ $\boldsymbol{\varphi} < \boldsymbol{\psi}$ auf R_p^+, ...).* Es sei $\boldsymbol{u} = (u_1, \ldots, u_n)$ ein Vektor aus E^n $(n \geqq 1)$, dessen Komponenten u_ν Funktionen von t und $x = (x_1, \ldots, x_m) \in E^m$ $(m \geqq 1)$ sind. Mit $u_{\nu,t}$ bezeichnen wir die partielle Ableitung $\partial u_\nu(t, x)/\partial t$, mit $u_{\nu,x}$ den Gradientenvektor der Komponente u_ν,

$$u_{\nu,x}(t, x) = (\partial u_\nu(t, x)/\partial x_\mu) \qquad (\mu = 1, \ldots, m),$$

und mit $u_{\nu,xx}$ die $m \times m$-Matrix der partiellen Ableitungen zweiter Ordnung,

$$u_{\nu,xx} = (\partial^2 u_\nu(t, x)/\partial x_\lambda \partial x_\mu) \qquad (\lambda, \mu = 1, \ldots, m).$$

Wir betrachten hier ausschließlich Systeme von parabolischen DGln der Form

$$\left.\begin{aligned} u_{\nu,t} = f_\nu(t, x, u_1, \ldots, u_n, u_{\nu,x}, u_{\nu,xx}) = f_\nu(t, x, \boldsymbol{u}, u_{\nu,x}, u_{\nu,xx}) \\ (\nu = 1, \ldots, n), \end{aligned}\right\} \tag{1}$$

wofür wir auch kurz

$$\boldsymbol{u}_t = \boldsymbol{f}(t, x, \boldsymbol{u}, \boldsymbol{u}_x, \boldsymbol{u}_{xx}) \tag{1'}$$

schreiben. Sie sind insofern von spezieller Gestalt, als in der ν-ten Gl auf der rechten Seite zwar alle Funktionen $u_1, \ldots, u_n$, aber nur Ableitungen der ν-ten Komponente u_ν auftreten. Der „Defekt" $\boldsymbol{Pu}$ bezüglich der Gl (1) ist jetzt eine Vektorfunktion, deren Komponenten $(\boldsymbol{Pu})_\nu$ durch die Gl

$$(\boldsymbol{Pu})_\nu = u_{\nu,t} - f_\nu(t, x, \boldsymbol{u}, u_{\nu,x}, u_{\nu,xx}) \tag{2}$$

gegeben werden.

Jede Komponente $f_\nu = f_\nu(t, x, \boldsymbol{z}, p, r)$ — hierin ist $\boldsymbol{z}$ im Unterschied zu 23 II ein n-dimensionaler Vektor — sei monoton wachsend in r im

Sinne von 23 II und habe einen Definitionsbereich $D(f_\nu)=M_\nu\times M_{\nu r}$, wobei, ähnlich wie in 23 II, M_ν eine Menge im (t, x, z, p)-Raum und $M_{\nu r}$ eine Menge im r-Raum ist. Dafür wird kurz $f\in\mathcal{P}^n$ geschrieben. Die Bezeichnungen $\boldsymbol{\varphi}\in Z$ bzw. Z_0, $Z(R_n)$, $Z_0(R_n)$ besagen, daß jede Komponente $\varphi_\nu(t, x)$ aus der entsprechenden in 23 III oder 31 II definierten Klasse ist; ist außerdem $D(f_\nu)$ so beschaffen, daß man $\boldsymbol{\varphi}$ in f_ν „einsetzen" kann, so ist $\boldsymbol{\varphi}\in Z(f)$ bzw. $Z_0(f)$, $Z(f, R_n)$, $Z_0(f, R_n)$.

Die in 23 IV definierten UnGln sind für Vektorfunktionen entsprechend erklärt. Es bedeutet also z.B. „$\boldsymbol{\varphi}\leqq\boldsymbol{\psi}$ auf R_∞", daß für jede Punktfolge $(t_k, x_{(k)})\in G_p$ mit $t_k\to\bar{t}+0$, $\|x_{(k)}\|_e\to\infty$ $(k\to\infty)$ und für jedes ν die UnGl $\limsup_{k\to\infty}[\psi_\nu(t_k, x_{(k)})-\varphi_\nu(t_k, x_{(k)})]\geqq 0$ besteht. Schließlich sei an die Rechenregeln für das Rechnen mit Vektoren, besonders 6 I, erinnert.

Bei der nun anstehenden Aufgabe, die bisherigen Ergebnisse auf Systeme von parabolischen DGln zu übertragen, werden uns die Erfahrungen von Kap. II, wo wir (ab Nr. 11) derselben Situation bei den gewöhnlichen DGln gegenüberstanden, von großem Nutzen sein. Aus der Vielzahl von möglichen Sätzen werden wir im folgenden eine zweckmäßige Auswahl treffen. Die grundlegenden Ergebnisse für parabolische Systeme wurden von Szarski (1955, 1959) und Mlak (1957) entdeckt.

Wir beginnen mit der n-dimensionalen Fassung von 24 I.

II. Hilfssatz. *Für zwei Funktionen* $\boldsymbol{\varphi}$, $\boldsymbol{\psi}\in Z_0$ *gelte: Ist* $\boldsymbol{\varphi}\leqq\boldsymbol{\psi}$, $\varphi_\nu=\psi_\nu$, $\varphi_{\nu,x}=\psi_{\nu,x}$, $\varphi_{\nu,xx}\leqq\psi_{\nu,xx}$ *für ein festes* ν *und eine feste Stelle aus* G_p, *so ist* $\varphi_{\nu,t}<\psi_{\nu,t}$ *an dieser Stelle.*

Dann liegt genau einer der beiden folgenden Fälle vor:

(α) $\boldsymbol{\varphi}<\boldsymbol{\psi}$ *in* G_p;

(β) *es existiert ein maximales* $\bar{t}$, $0\leqq\bar{t}<T$, *so daß*

$$\boldsymbol{\varphi}<\boldsymbol{\psi} \quad \textit{für alle Punkte aus } G_p \textit{ mit } 0<t\leqq\bar{t}$$

ist; es gibt also einen Index ν *und eine Punktfolge* $(t_k, x_{(k)})\in G_p$, *wobei die* t_k *stark monoton fallend gegen* $\bar{t}$ *konvergieren und*

$$\textit{entweder} \quad (t_k, x_{(k)})\to(\bar{t}, \bar{x})\in R_p \quad \textit{oder} \quad \|x_{(k)}\|_e\to\infty$$

strebt, derart daß

$$\varphi_\nu(t_k, x_{(k)})\geqq\psi_\nu(t_k, x_{(k)}) \quad \textit{für} \quad k=1, 2, 3, \ldots$$

gilt.

Die Änderungen im Beweis von 24 I sind geringfügig und sollen dem Leser überlassen bleiben.

Auch 24 II, III lassen sich entsprechend übertragen. Wir bemerken davon nur, daß statt $\boldsymbol{\varphi}$, $\boldsymbol{\psi}\in Z_0$ die Voraussetzung genügt: $\boldsymbol{\varphi}$, $\boldsymbol{\psi}$ sind in G_p stetig und ihre ν-ten Komponenten genügen in allen Punkten, in denen $\boldsymbol{\varphi}\leqq\boldsymbol{\psi}$ und $\varphi_\nu=\psi_\nu$ ist, den Differenzierbarkeitsbedingungen 23 III (α) (β).

III. Die dritte Randwertaufgabe. Die folgenden Sätze geben wir sogleich in einer auf die 3. RWA anwendbaren Form, bei welcher Randbedingungen

$$u_\nu(t, x) = \eta_\nu(t, x) \text{ auf } R_p - R_n, \quad \partial u_\nu / \partial n_a + \vartheta_\nu(t, x, \boldsymbol{u}) = 0 \text{ auf } R_n \qquad (3)$$

($\nu = 1, \ldots, n$) oder kurz

$$\boldsymbol{u} = \boldsymbol{\eta} \text{ auf } R_p - R_n, \quad \partial \boldsymbol{u} / \partial n_a + \boldsymbol{\vartheta}(t, x, \boldsymbol{u}) = \boldsymbol{0} \text{ auf } R_n \qquad (3')$$

gelten. Die erste RWA ist darin für $R_n = \emptyset$ enthalten. Wir machen hier die Annahme, daß die Menge R_n bei allen n Komponenten dieselbe ist. Das ist für die Gültigkeit unserer Sätze nicht notwendig und wurde lediglich der bequemen Schreibweise wegen angenommen.

In den Anwendungen ist ϑ_ν meist nur von u_ν abhängig. Da der allgemeinere Fall, bei dem $\vartheta_\nu(t, x, \boldsymbol{z})$ von allen $z_\varkappa$ ($\varkappa = 1, \ldots, n$) abhängt, keine Mühe macht, wird er hier zugrundegelegt. Es wird jedoch immer vorausgesetzt, daß ϑ_ν in den Variablen $z_\varkappa$ mit $\varkappa \neq \nu$ monoton fallend ist, d.h. daß $-\boldsymbol{\vartheta}(t, x, \boldsymbol{z})$ quasimonoton wachsend in $\boldsymbol{z}$ ist.

Die folgenden drei Sätze entsprechen den Ergebnissen von Nr. 12.

IV. Satz. *Ist $\boldsymbol{f} \in \mathscr{P}^n$, $\boldsymbol{v}$, $\boldsymbol{w} \in Z_0(\boldsymbol{f}, R_n)$ und die Funktion $-\boldsymbol{\vartheta}(t, x, \boldsymbol{z})$ quasimonoton wachsend in $\boldsymbol{z}$, so folgt aus*

(α) *$\boldsymbol{v} < \boldsymbol{w}$ auf $(R_p - R_n)^+$ und auf R_∞,*
$\partial \boldsymbol{v}/\partial n_a + \boldsymbol{\vartheta}(t, x, \boldsymbol{v}) < \partial \boldsymbol{w}/\partial n_a + \boldsymbol{\vartheta}(t, x, \boldsymbol{w})$ auf R_n;

(β) *$v_{\nu,t} - f_\nu(t, x, \boldsymbol{z}, v_{\nu,x}, v_{\nu,xx}) < w_{\nu,t} - f_\nu(t, x, \boldsymbol{w}, w_{\nu,x}, w_{\nu,xx})$,*
falls an der Stelle $(t, x) \in G_p$ $\boldsymbol{v} \leqq \boldsymbol{z} \leqq \boldsymbol{w}$, $z_\nu = v_\nu$ und $(t, x, \boldsymbol{z}, v_{\nu,x}, v_{\nu,xx}) \in D(f_\nu)$ ist ($\nu = 1, \ldots, n$);

die UnGl

$$\boldsymbol{v} < \boldsymbol{w} \quad \text{in} \quad G_p + R_n.$$

Der Satz bleibt richtig mit der Voraussetzung (β') statt (β):

(β') *$v_{\nu,t} - f_\nu(t, x, \boldsymbol{v}, v_{\nu,x}, v_{\nu,xx}) < w_{\nu,t} - f_\nu(t, x, \boldsymbol{z}, w_{\nu,x}, w_{\nu,xx})$,*
falls an der Stelle $(t, x) \in G_p$ $\boldsymbol{v} \leqq \boldsymbol{z} \leqq \boldsymbol{w}$, $z_\nu = w_\nu$ und $(t, x, \boldsymbol{z}, w_{\nu,x}, w_{\nu,xx}) \in D(f_\nu)$ ist ($\nu = 1, \ldots, n$).

Auch können die t-Ableitungen im gleichen Umfang wie bei gewöhnlichen DGln durch Dini-Derivierte ersetzt werden.

Die Anwendung von Hilfssatz II mit $\boldsymbol{\varphi} = \boldsymbol{v}$, $\boldsymbol{\psi} = \boldsymbol{w}$ zum Beweis ist erlaubt, da aus $\boldsymbol{v} = \boldsymbol{w}$, $v_\nu = w_\nu$, $v_{\nu,x} = w_{\nu,x}$, $v_{\nu,xx} \leqq w_{\nu,xx}$ nach (β) und wegen der Monotonie von f_ν in der letzten Variablen $v_{\nu,t} < w_{\nu,t}$ folgt. Der Satz ist damit bewiesen, wenn das folgende gezeigt werden kann:

(γ) Für zwei Funktionen $\boldsymbol{\varphi}$, $\boldsymbol{\psi} \in Z_0(R_n)$ und eine Funktion $\boldsymbol{\vartheta}(t, x, \boldsymbol{z})$, für die $-\boldsymbol{\vartheta}(t, x, \boldsymbol{z})$ quasimonoton wachsend in $\boldsymbol{z}$ ist, ist die Aussage

$\boldsymbol{\varphi} < \boldsymbol{\psi}$ auf $(R_p - R_n)^+$ und auf R_∞,
$\partial \boldsymbol{\varphi}/\partial n_a + \boldsymbol{\vartheta}(t, x, \boldsymbol{\varphi}) < \partial \boldsymbol{\psi}/\partial n_a + \boldsymbol{\vartheta}(t, x, \boldsymbol{\psi})$ auf R_n

mit II (β) unverträglich.

Das ergibt sich mit einer zu 31 IV (γ) analogen Überlegung. Ist $\boldsymbol{\varphi} \leqq \boldsymbol{\psi}$ und $\varphi_\nu = \psi_\nu$ in einem Randpunkt $(\bar{t}, \bar{x}) \in R_n$, so folgt aus der zweiten Formelzeile von (γ)

$$\partial \varphi_\nu / \partial n_a < \partial \psi_\nu / \partial n_a + \vartheta_\nu(t, x, \boldsymbol{\psi}) - \vartheta_\nu(t, x, \boldsymbol{\varphi}) \leqq \partial \psi_\nu / \partial n_a,$$

letzteres wegen der Quasimonotonie von $-\boldsymbol{\vartheta}$. Das ist aber unverträglich mit der Tatsache, daß die Funktion $\psi_\nu - \varphi_\nu$ im Punkt $(\bar{t}, \bar{x}) \in R_n$ verschwindet und ein Minimum bezüglich x bei festem $t = \bar{t}$ besitzt.

Über die Anwendbarkeit dieses Satzes gilt das bei 12 II Gesagte. Eine Folgerung für das RWP analog zu 12 III wird der Leser leicht selbst ziehen können. Viel wichtiger ist das folgende Kriterium, welches den Satz von M. Müller 12 IV auf parabolische Systeme ausdehnt.

V. Ober- und Unterfunktionen. Es sei eine 3. RWA (mit stetigen oder unstetigen Randwerten) vorgegeben, und es sei $\boldsymbol{v}, \boldsymbol{w} \in Z_0(\boldsymbol{f}, R_n)$ sowie $-\boldsymbol{\vartheta}(t, x, \boldsymbol{z})$ quasimonoton wachsend in $\boldsymbol{z}$. Dann lautet ein Kriterium dafür, daß $\boldsymbol{v}$ eine Unter-, $\boldsymbol{w}$ eine Oberfunktion ist (wohlgemerkt, es müssen beide Funktionen gleichzeitig vorliegen):

(α) $\boldsymbol{v} < \boldsymbol{u} < \boldsymbol{w}$ *auf* $(R_p - R_n)^+$ *und auf* R_∞ *für jede Lösung* $\boldsymbol{u}$ *der RWA,*
$\partial \boldsymbol{v} / \partial n_a + \boldsymbol{\vartheta}(t, x, \boldsymbol{v}) < 0 < \partial \boldsymbol{w} / \partial n_a + \boldsymbol{\vartheta}(t, x, \boldsymbol{w})$ *auf* R_n;

(β) $v_{\nu,t} < f_\nu(t, x, \boldsymbol{z}, v_{\nu,x}, v_{\nu,xx})$, *falls* $\boldsymbol{v} \leqq \boldsymbol{z} \leqq \boldsymbol{w}$, $z_\nu = v_\nu$,
$w_{\nu,t} > f_\nu(t, x, \boldsymbol{z}, w_{\nu,x}, w_{\nu,xx})$, *falls* $\boldsymbol{v} \leqq \boldsymbol{z} \leqq \boldsymbol{w}$, $z_\nu = w_\nu$ *ist*

[und die Argumente in $D(f_\nu)$ liegen $(\nu = 1, \ldots, n)$].

Jede Lösung $\boldsymbol{u} \in Z_0(\boldsymbol{f}, R_n)$ liegt dann zwischen $\boldsymbol{v}$ und $\boldsymbol{w}$,

$$\boldsymbol{v} < \boldsymbol{u} < \boldsymbol{w} \quad \text{in} \quad G_p + R_n.$$

Zum Beweis sei $\boldsymbol{u}$ eine fest gewählte Lösung und T_1 die größte Zahl derart, daß $\boldsymbol{v} \leqq \boldsymbol{u} \leqq \boldsymbol{w}$ in den Punkten von $G_p + R_n$ mit $0 \leqq t \leqq T_1$ ist. Nach der ersten Zeile von (α) gilt für jede Folge $(t_k, x_{(k)}) \in G_p$ mit $t_k \to +0$ die UnGl $\boldsymbol{v}(t_k, x_{(k)}) < \boldsymbol{u}(t_k, x_{(k)}) < \boldsymbol{w}(t_k, x_{(k)})$ für genügend großes k. Es ist also $T_1 > 0$. Durch zweimalige Anwendung von IV auf das Teilgebiet von G_p, für dessen Punkte $t \leqq T_1$ ist, ergibt sich sogar $\boldsymbol{v} < \boldsymbol{u} < \boldsymbol{w}$ in diesem Teilgebiet (insbesondere für $t = T_1$). Daraus folgt aber $T_1 = T$ und damit die Behauptung. Andernfalls würde nämlich eine Folge $(t_k, x_{(k)}) \in G_p$ mit $t_k \to T_1 + 0$ existieren, für die z.B. $v_\nu(t_k, x_{(k)}) \geqq u_\nu(t_k, x_{(k)})$ für ein und dasselbe ν ist. Eine solche Folge oder eine Teilfolge davon kann aber weder gegen einen Punkt $(T_1, \bar{x}) \in G_p$ konvergieren (weil in diesem Punkt $v_\nu < u_\nu$ ist), noch gegen einen Punkt aus R_p oder ins Unendliche (wegen der Bemerkung IV (γ)).

Genau wie bei den gewöhnlichen DGln spielen auch hier die Systeme mit einer in der Variablen $\boldsymbol{z}$ quasimonoton wachsenden rechten Seite $\boldsymbol{f}$ eine ausgezeichnete Rolle. Für sie gelten viele der bisher für *eine* parabolische DGl aufgestellten Sätze ohne Änderung. Ein erstes Beispiel ist das Lemma von Nagumo-Westphal 24 IV bzw. 31 IV.

VI. Lemma. *Sind die Funktionen* $f \in \mathscr{P}^n$ *und* $-\vartheta(t, x, z)$ *quasimonoton wachsend in* z *und ist* $v, w \in Z_0(f, R_n)$, *so folgt aus*

(α) $v < w$ *auf* $(R_p - R_n)^+$ *und auf* R_∞,
$\partial v / \partial n_a + \vartheta(t, x, v) < \partial w / \partial n_a + \vartheta(t, x, w)$ *auf* R_n;

(β) $Pv < Pw$ *in* G_p

die UnGl

$$v < w \quad \text{in} \quad G_p + R_n.$$

An diesem Lemma — es geht auf MLAK (1957) zurück und folgt sofort aus IV — wird die Sonderstellung der Systeme mit einer quasimonotonen rechten Seite besonders deutlich. Bei einer RWA für ein solches System liegt also eine Ober- bzw. eine Unterfunktion vor, wenn in der DGl und bei den Randbedingungen überall das $>$- bzw. das $<$-Zeichen steht; es handelt sich dann also um eine Aufgabe von monotoner Art im Sinne von E II.

Auf verschiedenen Wegen sind wir in Nr. 31, ausgehend von 31 IV, zu ähnlichen Sätzen, jedoch unter Zulassung des Gleichheitszeichens, gelangt. Diese waren insbesondere für das Eindeutigkeitsproblem wichtig. Es sei nur darauf hingewiesen, daß einer Übertragung auf parabolische Systeme nichts im Wege steht. Aus solchen Sätzen ergeben sich Eindeutigkeitsaussagen jedoch nur für Systeme mit quasimonoton wachsender rechter Seite. Aus diesem Grund gehen wir nicht weiter darauf ein und beweisen statt dessen einen Abschätzungssatz, der den Satz 25 VIII verallgemeinert.

VII. Abschätzungssatz. *Es sei* $f \in \mathscr{P}^n$, $u, v \in Z_0(f, R_n)$, $\delta(t, x)$ *in* G_p *und* $\epsilon(t, x)$ *auf* R_n *erklärt, ferner* $\rho(t, x) \in Z_0(\omega, R_n)$, *wobei* $\omega(t, x, z, p, r) \in \mathscr{P}^n$ *und* ω_ν *mindestens für die Punkte* $(t, x, z, \varrho_{\nu,x}, \varrho_{\nu,xx})$ *mit* $0 \leqq z \leqq \rho(t, x)$ *erklärt und quasimonoton wachsend in* z *ist, sowie* $-\vartheta(t, x, z)$ *quasimonoton wachsend in* z. *Weiter gelte*

(α) $|v - u| < \rho$ *auf* $(R_p - R_n)^+$ *und auf* R_∞,
$\partial u / \partial n_a + \vartheta(t, x, u) = 0$, $\quad |\partial v / \partial n_a + \vartheta(t, x, v)| \leqq \epsilon(t, x)$ *auf* R_n,
$\partial \rho / \partial n_a > \epsilon(t, x) + \vartheta(t, x, v - \rho) - \vartheta(t, x, v)$ *und*
$\partial \rho / \partial n_a > \epsilon(t, x) + \vartheta(t, x, v) - \vartheta(t, x, v + \rho)$ *auf* R_n;

(β) $Pu = 0$ *und* $|Pv| \leqq \delta(t, x)$ *in* G_p;

(γ) $\rho_t > \delta(t, x) + \omega(t, x, \rho, \rho_x, \rho_{xx})$ *in* G_p[1];

(δ) $f_\nu(t, x, v, v_{\nu,x}, v_{\nu,xx}) - f_\nu(t, x, u, v_{\nu,x} - \varrho_{\nu,x}, v_{\nu,xx} - \varrho_{\nu,xx})$
$\leqq \omega_\nu(t, x, |v - u|, \varrho_{\nu,x}, \varrho_{\nu,xx})$, $\quad$ *falls* $|v - u| \leqq \rho$, $v_\nu - u_\nu = \varrho_\nu$,
$f_\nu(t, x, u, v_{\nu,x} + \varrho_{\nu,x}, v_{\nu,xx} + \varrho_{\nu,xx}) - f_\nu(t, x, v, v_{\nu,x}, v_{\nu,xx})$
$\leqq \omega_\nu(t, x, |v - u|, \varrho_{\nu,x}, \varrho_{\nu,xx})$, $\quad$ *falls* $|v - u| \leqq \rho$, $u_\nu - v_\nu = \varrho_\nu$ *ist*
$(\nu = 1, \ldots, n)$.

---

[1] Es wird hier die Schreibweise von (1′) verwendet. In der ν-ten Gl steht rechts also $\omega_\nu(t, x, \rho, \varrho_{\nu,x}, \varrho_{\nu,xx})$.

Dann ist

$$|\boldsymbol{v}-\boldsymbol{u}|<\boldsymbol{\rho} \quad \textit{in} \quad G_p+R_n.$$

Zum Beweis sei T_1 die größte Zahl derart, daß $|\boldsymbol{v}-\boldsymbol{u}|\leqq\boldsymbol{\rho}$ im Durchschnitt von G_p mit $(0, T_1]\times E^m$ ist. Wie in V ergibt sich $T_1>0$. Es soll nun der Hilfssatz II auf die Funktionen $\boldsymbol{\varphi}=\boldsymbol{v}-\boldsymbol{u}$, $\boldsymbol{\psi}=\boldsymbol{\rho}$ und das Teilgebiet von G_p mit $t\leqq T_1$ angewandt werden. Prüfen wir zunächst die Voraussetzungen von II nach! Aus[1] $|\boldsymbol{v}-\boldsymbol{u}|\leqq\boldsymbol{\rho}$, $v_\nu-u_\nu=\varrho_\nu$, $(v_\nu-u_\nu)_x=\varrho_{\nu,x}$, $(v_\nu-u_\nu)_{xx}\leqq\varrho_{\nu,xx}$ folgt mit Hilfe von (β), der ersten Zeile in (δ), der Monotonie von f_ν in der letzten Variablen, der Quasimonotonie von $\boldsymbol{\omega}$ in $\boldsymbol{z}$ und (γ) (wir unterdrücken die Variablen t, x)

$$\begin{aligned}(v_\nu-u_\nu)_t &\leqq \delta_\nu+f_\nu(\boldsymbol{v}, v_{\nu,x}, v_{\nu,xx})-f_\nu(\boldsymbol{u}, u_{\nu,x}, u_{\nu,xx})\\ &\leqq \delta_\nu+f_\nu(\boldsymbol{v}, v_{\nu,x}, v_{\nu,xx})-f_\nu(\boldsymbol{u}, (v_\nu-\varrho_\nu)_x, (v_\nu-\varrho_\nu)_{xx})\\ &\leqq \delta_\nu+\omega_\nu(|\boldsymbol{v}-\boldsymbol{u}|, \varrho_{\nu,x}, \varrho_{\nu,xx})\leqq\delta_\nu+\omega_\nu(\boldsymbol{\rho}, \varrho_{\nu,x}, \varrho_{\nu,xx})<\varrho_{\nu,t},\end{aligned}$$

was zu zeigen war.

Weiter müssen wir uns davon überzeugen, daß der Fall II (β) nicht vorliegt. Wegen der ersten Zeile von (α) genügt es, wenn wir nachweisen: ist $\boldsymbol{\varphi}=\boldsymbol{v}-\boldsymbol{u}\leqq\boldsymbol{\psi}=\boldsymbol{\rho}$, $\varphi_\nu=\psi_\nu$ in einem Punkt aus R_n, so ist $\partial\varphi_\nu/\partial n_a<\partial\psi_\nu/\partial n_a$ in diesem Randpunkt. Das folgt aus den übrigen Voraussetzungen von (α). Es ist nämlich wegen der Quasimonotonie von $-\boldsymbol{\vartheta}$

$$\partial(v_\nu-u_\nu)/\partial n_a\leqq\vartheta_\nu(\boldsymbol{u})-\vartheta_\nu(\boldsymbol{v})+\varepsilon_\nu\leqq\vartheta_\nu(\boldsymbol{v}-\boldsymbol{\rho})-\vartheta_\nu(\boldsymbol{v})+\varepsilon_\nu<\partial\varrho_\nu/\partial n_a$$

(die Variablen t, x wurden wieder unterdrückt). Damit haben wir den Fall II (α), als $\boldsymbol{v}-\boldsymbol{u}<\boldsymbol{\rho}$ in dem zwischen 0 und T_1 gelegenen Teil von G_p+R_n. In genau derselben Weise zeigt man, daß auch $\boldsymbol{u}-\boldsymbol{v}<\boldsymbol{\rho}$, also $|\boldsymbol{v}-\boldsymbol{u}|<\boldsymbol{\rho}$ in diesem Teil von G_p+R_n ist. Ist $T_1=T$, so ist der Satz hiermit bewiesen. Die Annahme $T_1<T$ führt aber leicht — und zwar ebenso wie am Schluß des Beweises von V — zu einem Widerspruch.

Dieser Abschätzungssatz ist für die weiteren Betrachtungen von zentraler Bedeutung. Zunächst gehen wir auf den Sonderfall einer nur von t abhängenden Schranke ein.

VIII. Sonderfall. Es sei $\boldsymbol{f}\in\mathscr{P}^n$, $\boldsymbol{u}, \boldsymbol{v}\in Z_0(\boldsymbol{f}, R_n)$, $\boldsymbol{\delta}(t)$ und $\boldsymbol{\varepsilon}(t)$ in J_0 erklärt, $-\boldsymbol{\vartheta}(t, x, \boldsymbol{z})$ quasimonoton wachsend in $\boldsymbol{z}$, schließlich $\boldsymbol{\rho}(t)\in Z_0(\boldsymbol{\omega})$, wobei $\boldsymbol{\omega}=\boldsymbol{\omega}(t, \boldsymbol{z})$ mindestens für $0<t\leqq T$, $\boldsymbol{0}\leqq\boldsymbol{z}\leqq\boldsymbol{\rho}(t)$ erklärt und quasimonoton wachsend in $\boldsymbol{z}$ ist. Ferner gelte

(α) $|\boldsymbol{v}-\boldsymbol{u}|<\boldsymbol{\rho}$ auf $(R_p-R_n)^+$ und auf R_∞,
$\partial\boldsymbol{u}/\partial n_a+\boldsymbol{\vartheta}(t, x, \boldsymbol{u})=0$, $\quad|\partial\boldsymbol{v}/\partial n_a+\boldsymbol{\vartheta}(t, x, \boldsymbol{v})|\leqq\boldsymbol{\varepsilon}(t)$ auf R_n,
$\boldsymbol{\vartheta}(t, x, \boldsymbol{v})-\boldsymbol{\vartheta}(t, x, \boldsymbol{v}-\boldsymbol{\rho})>\boldsymbol{\varepsilon}(t)$ und
$\boldsymbol{\vartheta}(t, x, \boldsymbol{v}+\boldsymbol{\rho})-\boldsymbol{\vartheta}(t, x, \boldsymbol{v})>\boldsymbol{\varepsilon}(t)$ auf R_n;

[1] Die Zahl T_1 wurde nur eingeführt, damit wir hier nicht von $\boldsymbol{v}-\boldsymbol{u}\leqq\boldsymbol{\rho}$, sondern von der schärferen UnGl $|\boldsymbol{v}-\boldsymbol{u}|\leqq\boldsymbol{\rho}$ ausgehen können.

(β) $\boldsymbol{Pu}=0$ und $|\boldsymbol{Pv}|\leqq\boldsymbol{\delta}(t)$ in G_p;

(γ) $\boldsymbol{\rho}'>\boldsymbol{\delta}(t)+\boldsymbol{\omega}(t,\boldsymbol{\rho})$ in J_0;

(δ) $f_\nu(t, x, z, v_{\nu,x}, v_{\nu,xx})-f_\nu(t, x, \bar{z}, v_{\nu,x}, v_{\nu,xx})\leqq\omega_\nu(t, |z-\bar{z}|)$, falls $z_\nu\geqq\bar{z}_\nu$ und $|z-\bar{z}|\leqq\boldsymbol{\rho}(t)$ ist $(\nu=1, \ldots, n)$.

Dann ist
$$|\boldsymbol{v}-\boldsymbol{u}|<\boldsymbol{\rho} \quad \text{in} \quad G_p+R_n.$$

IX. Bemerkungen. (α) Ist, wie es in den Anwendungen häufig vorkommt, ϑ_ν nur von z_ν abhängig und linear in z_ν,
$$\vartheta_\nu(t, x, z)=\varkappa_\nu(t, x)\, z_\nu,$$
so lautet die Voraussetzung VII (α), soweit sie auf R_n und $\boldsymbol{\rho}$ Bezug hat,
$$\partial\varrho_\nu/\partial n_a+\varkappa_\nu(t, x)\,\varrho_\nu>\varepsilon_\nu(t, x) \quad \text{auf} \quad R_n \qquad (\nu=1, \ldots, n)$$
und der entsprechende Teil von VIII (α) einfach
$$\varepsilon_\nu(t)<\varkappa_\nu(t, x)\,\varrho_\nu(t) \quad \text{auf} \quad R_n \qquad (\nu=1, \ldots, n).$$

(β) Es bereitet keine Schwierigkeiten, VIII so umzuformen, daß die Schranke nicht aus einer DUnGl, sondern aus der DGl
$$\boldsymbol{\sigma}'=\boldsymbol{\delta}(t)+\boldsymbol{\omega}(t, \boldsymbol{\sigma})$$
bestimmt wird, und zwar als Maximalintegral dieses Systems. Das Vorgehen entspricht dabei genau dem Übergang von 13 I nach 13 II. In den UnGln von VIII (α) (mit $\boldsymbol{\sigma}$ anstelle von $\boldsymbol{\rho}$) können dann überall Gleichheitszeichen zugelassen werden. Allerdings muß dabei, wenn eine RWA dritter Art vorliegt, $\vartheta_\nu(t, x, z)$ stark monoton wachsend in z_ν sein $(\nu=1, \ldots, n)$. — In ähnlicher Form wurde VIII zuerst von SZARSKI (1955) bewiesen.

(γ) Auf zwei wichtige, mit der Abschätzung VII (δ) bzw. VIII (δ) zusammenhängende Punkte haben wir bei ähnlichen Gelegenheiten schon mehrfach hingewiesen. Erstens — das ist für nichtlineare Probleme wichtig ist an den beiden letzten Stellen von $f_\nu(t, x, z, p, r)$ nicht ein beliebiges p und r, sondern $v_{\nu,x}$ und $v_{\nu,xx}$ einzusetzen. Zweitens ist VII (δ) in gleichem Sinne wie bei den gewöhnlichen Systemen eine *einseitige* Abschätzung. Wir haben sie in VIII (δ) in einer vergröberten, diesen Tatbestand besonders deutlich machenden Form wiedergegeben[1].

Wir hatten bei Systemen gewöhnlicher DGln in Nr. 11 noch eine andere Art der Abschätzung kennengelernt, bei welcher man unter Verwendung einer K-Norm zu einer einzigen Gl übergeht. Die Übertragung dieses Prinzips auf parabolische Systeme macht bei Zulassung beliebiger K-Normen Schwierigkeiten, auf deren Natur wir nicht näher eingehen. Dagegen wird der Beweis sehr einfach, wenn man sich auf

[1] Bei den Sätzen von SZARSKI (1955) sind diese Punkte noch nicht berücksichtigt.

eine der in 11 III benutzten K-Normen $\|z\| = \max|z_\nu|$, $\|z\| = \max z_\nu$ beschränkt. Mit der erstgenannten Norm ergibt sich so der folgende

X. Abschätzungssatz. *Es sei* $f \in \mathcal{P}^n$, $-\boldsymbol{\vartheta}(t, x, z)$ *quasimonoton wachsend in* z *und* $u, v \in Z_0(f, R_n)$. *Die skalaren Funktionen* $\delta(t, x)$, $\varepsilon(t, x)$ *seien in* G_p *bzw.* R_n *erklärt, die Funktionen* $\omega(t, x, z, p, r) \in \mathcal{P}$ *und* $\varrho(t, x) \in Z_0(\omega, R_n)$ *seien ebenfalls skalar. Zur Gewinnung einer Abschätzung*

$$|v_\nu - u_\nu| < \varrho \quad in \quad G_p + R_n \qquad (\nu = 1, \ldots, n)$$

werden die folgenden vier Voraussetzungen benötigt (*der Index* ν *läuft überall von* 1 *bis* n; e *ist der Vektor* $e = (1, 1, \ldots, 1) \in E^n$):

(α) $|v_\nu - u_\nu| < \varrho$ *auf* $(R_p - R_n)^+$ *und auf* R_∞,
$\partial u/\partial n_a + \boldsymbol{\vartheta}(t, x, u) = 0$, $|\partial v_\nu/\partial n_a + \vartheta_\nu(t, x, v)| \leqq \varepsilon(t, x)$ *auf* R_n,
$\partial \varrho/\partial n_a > \varepsilon(t, x) + \vartheta_\nu(t, x, v - e\varrho) - \vartheta_\nu(t, x, v)$ *und*
$> \varepsilon(t, x) + \vartheta_\nu(t, x, v) - \vartheta_\nu(t, x, v + e\varrho)$ *auf* R_n;

(β) $Pu = 0$ *und* $|(Pv)_\nu| = |v_{\nu,t} - f_\nu(t, x, v, v_{\nu,x}, v_{\nu,xx})| \leqq \delta(t, x)$ *in* G_p;

(γ) $\varrho_t > \delta(t, x) + \omega(t, x, \varrho, \varrho_x, \varrho_{xx})$ *in* G_p;

(δ) $f_\nu(t, x, v, v_{\nu,x}, v_{\nu,xx}) - f_\nu(t, x, u, v_{\nu,x} - \varrho_x, v_{\nu,xx} - \varrho_{xx})$
$\leqq \omega(t, x, \max_{\varkappa=1,\ldots,n} |v_\varkappa - u_\varkappa|, \varrho_x, \varrho_{xx})$, *falls* $|v_\varkappa - u_\varkappa| \leqq v_\nu - u_\nu = \varrho$ $(\varkappa \neq \nu)$,
$f_\nu(t, x, u, v_{\nu,x} + \varrho_x, v_{\nu,xx} + \varrho_{xx}) - f_\nu(t, x, v, v_{\nu,x}, v_{\nu,xx})$
$\leqq \omega(t, x, \max_{\varkappa=1,\ldots,n} |v_\varkappa - u_\varkappa|, \varrho_x, \varrho_{xx})$, *falls* $|u_\varkappa - v_\varkappa| \leqq u_\nu - v_\nu = \varrho$ $(\varkappa \neq \nu)$ *ist.*

Der Beweis von VII bedarf nur einer geringfügigen Änderung, die dem Leser überlassen wird[1].

Die Spezialisierung auf Schranken $\varrho = \varrho(t)$, welche einer gewöhnlichen DUnGl $\varrho' > \delta(t) + \omega(t, \varrho)$ genügen (bzw. Maximalintegrale der entsprechenden DGl sind), ist ähnlich wie in VIII möglich. Als neue Bedingung (δ) ergibt sich dabei

(δ') $f_\nu(t, x, z, v_{\nu,x}, v_{\nu,xx}) - f_\nu(t, x, \bar{z}, v_{\nu,x}, v_{\nu,xx}) \leqq \omega(t, \max_{\varkappa=1,\ldots,n} |z_\varkappa - \bar{z}_\varkappa|)$
für $z_\nu \geqq \bar{z}_\nu$ und $|z_\varkappa - \bar{z}_\varkappa| \leqq \varrho(t)$ $(\varkappa, \nu = 1, \ldots, n)$.

33. Eindeutigkeitsfragen bei parabolischen Systemen

Mit den Abschätzungssätzen der vorangehenden Nummern wurden die Hilfsmittel geschaffen, um die früher erhaltenen Eindeutigkeitsaussagen auf parabolische Systeme auszudehnen. Wir betrachten wie in

[1] Der Gedanke, X vollständig auf VII zurückzuführen, indem man dort Vektoren $\boldsymbol{\varepsilon}$, $\boldsymbol{\delta}$, $\boldsymbol{\varrho}$ einführt, deren Komponenten alle gleich, und zwar gleich den entsprechenden Skalaren von X sind und indem man ein vektorielles $\boldsymbol{\omega}$ mit $\omega_\nu = \omega(t, x, \max|z_\lambda|, p, r)$ $(\nu = 1, \ldots, n)$ definiert, scheitert, weil die so definierte Funktion ω nicht quasimonoton wachsend in z ist. Schränkt man jedoch in der Voraussetzung VII den Definitionsbereich $\boldsymbol{\omega}$ auf das wirklich notwendige Maß ein, d h. verlangt man bei $D(\omega_\nu)$ nicht, wie in VII, $0 \leqq z \leqq \boldsymbol{\varrho}$, sondern nur $0 \leqq z_\varkappa \leqq \varrho_\varkappa$ $(\varkappa \neq \nu)$, $z_\nu = \varrho_\nu$, so ist die Zurückführung auf VII tatsächlich möglich. Die eben definierte Funktion $\boldsymbol{\omega}$ ist nämlich auf dieser Menge quasimonoton wachsend, auch wenn $\omega(t, x, z, p, r)$ nicht monoton wachsend in z ist.

Nr. 32 die 3. RWA

$$\boldsymbol{u}_t=\boldsymbol{f}(t, x, \boldsymbol{u}, \boldsymbol{u}_x, \boldsymbol{u}_{xx}) \quad \text{in} \quad G_p, \tag{1}$$

$$\boldsymbol{u}=\boldsymbol{\eta}(t, x) \quad \text{auf} \quad R_p-R_n, \quad \partial \boldsymbol{u}/\partial n_a+\boldsymbol{\vartheta}(t, x, \boldsymbol{u})=\boldsymbol{0} \quad \text{auf} \quad R_n, \tag{2}$$

wozu bei nicht beschränktem Gebiet noch Bedingungen im Unendlichen treten.

In Verallgemeinerung von 25 V und 31 X ergibt sich der

I. Eindeutigkeitssatz. *Die von* $z_\varkappa$ $(\varkappa \neq \nu)$ *unabhängige Funktion* $\vartheta_\nu=\vartheta_\nu(t, x, z_\nu)$ *sei streng monoton wachsend in* z_ν. *Für* $\boldsymbol{f}\in\mathscr{P}^n$ *gelte:*

(α) *es ist mit einer Funktion* $\boldsymbol{\omega}(t, \boldsymbol{z})\in\mathscr{E}_5^n$ $[\mathscr{E}_4^n]$

$$f_\nu(t, x, \boldsymbol{z}, \boldsymbol{p}, \boldsymbol{r})-f_\nu(t, x, \bar{\boldsymbol{z}}, \boldsymbol{p}, \boldsymbol{r})\leqq\omega_\nu(t, |\boldsymbol{z}-\bar{\boldsymbol{z}}|), \quad \textit{falls} \quad z_\nu\geqq\bar{z}_\nu$$

und $(t, x, \boldsymbol{z}, \boldsymbol{p}, \boldsymbol{r}), (t, x, \bar{\boldsymbol{z}}, \boldsymbol{p}, \boldsymbol{r})\in D(f_\nu)$ *ist* $(\nu=1, \ldots, n)$.

Dann besitzt die RWA (1) (2) *bei beschränktem Gebiet G höchstens eine Lösung* $\boldsymbol{u}$ *aus der Klasse* $Z(\boldsymbol{f}, R_n)$[1]. *Dasselbe ist auch für unbeschränktes Gebiet G richtig, wenn im Unendlichen solche Bedingungen vorgegeben sind, daß „*$\boldsymbol{u}-\bar{\boldsymbol{u}}$ *auf* R_∞" *für je zwei Lösungen* $\boldsymbol{u}, \bar{\boldsymbol{u}}$ *der RWA ist.*

Die Lösung $\boldsymbol{u}$ *hängt in stetiger Weise von den Randwerten [von den Randwerten und von der rechten Seite der DGl] ab*, d.h. es gibt zu jedem $\varepsilon>0$ ein $\delta>0$, so daß $|\boldsymbol{v}-\boldsymbol{u}|<\varepsilon$ in $\bar{G}$ ist, wenn $\boldsymbol{v}\in Z(\boldsymbol{f}, R_n)$ den UnGln

$$|v_\nu-u_\nu|<\delta \quad \text{auf} \quad R_p-R_n \quad \text{und auf } R_\infty, \quad \partial\boldsymbol{v}/\partial n_a+\boldsymbol{\vartheta}(t, x, \boldsymbol{v})=0 \text{ auf } R_n,$$
$$\boldsymbol{P}\boldsymbol{v}=\boldsymbol{0} \quad [|(\boldsymbol{P}\boldsymbol{v})_\nu|<\delta \quad (\nu=1, \ldots, n)] \quad \text{in } G_p$$

genügt.

Ist nämlich $\boldsymbol{\rho}(t)$ eine Funktion, wie sie in der Definition von $\mathscr{E}_5^n$ bzw. $\mathscr{E}_4^n$ beschrieben wird, und ist $\boldsymbol{u}$ eine Lösung, $\boldsymbol{v}$ eine Näherungslösung, so ergibt sich aus 32 VIII die UnGl $|\boldsymbol{v}-\boldsymbol{u}|<\boldsymbol{\rho}$. Man beachte dabei, daß die beiden letzten Bedingungen in 32 VIII (α) für $\varepsilon(t)=0$ aus unseren Monotonievoraussetzungen über $\boldsymbol{\vartheta}$ folgen.

Die Voraussetzung (α) läßt sich ähnlich wie in 25 VI abschwächen. Es genügt z.B., wenn (α') gilt:

(α') *Zu* e i n e r *fest gewählten Lösung* $\boldsymbol{u}$ *gibt es ein* $\alpha>0$ *und eine Funktion* $\omega(t, z)\in\mathscr{E}_5^n$ $[\mathscr{E}_4^n]$, *so daß*

$$\left.\begin{matrix} f_\nu(t, x, \boldsymbol{u}+\boldsymbol{z}, u_{\nu,x}, u_{\nu,xx})-f_\nu(t, x, \boldsymbol{u}, u_{\nu,x}, u_{\nu,xx}) \\ f_\nu(t, x, \boldsymbol{u}, u_{\nu,x}, u_{\nu,xx})-f_\nu(t, x, \boldsymbol{u}-\boldsymbol{z}, u_{\nu,x}, u_{\nu,xx}) \end{matrix}\right\}\leqq\omega_\nu(t, |\boldsymbol{z}|)$$

für $0\leqq z_\nu\leqq\alpha$ *und* $|z_\varkappa|\leqq\alpha$ $(\varkappa\neq\nu)$ *ist* (soweit die Argumente in $D(f_\nu)$ liegen; $\nu=1, \ldots, n$).

Die Bemerkungen über unbeschränkte Gebiete in 25 VII treffen, vektoriell interpretiert, ebenfalls zu.

[1] Das Problem ist demnach nur sinnvoll, wenn $\boldsymbol{\eta}(t, x)$ gleichmäßig stetig auf jeder beschränkten Teilmenge von R_p-R_n ist.

Ganz entsprechend ergibt sich aus dem Abschätzungssatz 32 X der

II. Eindeutigkeitssatz. *Satz* I *bleibt richtig, wenn* I (α) *ersetzt wird durch*

(α) *es ist mit einer Funktion* $\omega(t, z) \in \mathscr{E}_5\ [\mathscr{E}_4]$

$$f_\nu(t, x, z, p, r) - f_\nu(t, x, \bar{z}, p, r) \leqq \omega(t, \max_\varkappa |z_\varkappa - \bar{z}_\varkappa|), \quad \textit{falls} \quad z_\nu \geqq \bar{z}_\nu$$

und (t, x, z, p, r), $(t, x, \bar{z}, p, r) \in D(f_\nu)$ *ist* $(\nu = 1, \ldots, n)$.

Natürlich läßt sich auch diese Voraussetzung wieder in einer Form (α'), analog zu I (α'), fassen.

Beide Sätze gehen auf Szarski (1955) zurück [sie sind hier jedoch in mehrfacher Hinsicht — zulässige Gebiete und Randbedingungen sowie einseitige Abschätzung in (α) — verschärft]; vgl. auch Montaldo (1958).

Es sei bemerkt, daß man in Satz II auch die allgemeinere Randbedingung zulassen kann, bei welcher ϑ_ν von allen $z_\varkappa$ abhängt. Man benötigt dann die Voraussetzung

$$\vartheta_\nu(t, x, z + \alpha \boldsymbol{e}) - \vartheta_\nu(t, x, z) > 0 \quad \text{für} \quad \alpha > 0,$$

$\boldsymbol{e} = (1, 1, \ldots, 1) \in E^n$. Ist z.B. $\vartheta_\nu = a_{\nu 1} z_1 + \cdots + a_{\nu n} z_n$, so muß $a_{\nu\nu} > 0$ so groß sein, daß $a_{\nu 1} + \cdots + a_{\nu n} > 0$ ist. Man sieht sofort, daß diese UnGl zum Nachweis der letzten beiden Bedingungen von 32 X (α) (mit $\partial\varrho/\partial n_a = \varepsilon(t, x) = 0$) genügt. — Diese Bemerkung gilt nicht für Satz I.

Als nächstes wenden wir uns den Sätzen von Nr. 28 zu. Diese betrafen eine in den zweiten Ableitungen lineare DGl. Analog dazu werden wir hier unser Augenmerk auf Funktionen $\boldsymbol{f} \in \mathscr{P}^n$ von der Form

$$f_\nu(t, x, z, p, r) = g_\nu(t, x, z, p) + \sum_{\lambda,\mu=1}^{m} k^\nu_{\lambda\mu}(t, x)\, r_{\lambda\mu} \qquad (\nu = 1, \ldots, n) \tag{3}$$

richten. Hierbei ist $(k^\nu_{\lambda\mu})$ für jedes ν und an jeder Stelle in G_p eine positiv semidefinite $m \times m$-Matrix.

Zunächst wird Satz 32 X auf solche DGln und auf die 1. RWA spezialisiert.

III. Abschätzungssatz. *Es sei* $\boldsymbol{f}$ *durch* (3) *gegeben, und es gelte für* $\boldsymbol{u}, \boldsymbol{v} \in Z_0(\boldsymbol{f})$, *eine in* G_p *oberhalb einer positiven Schranke gelegene Funktion* $\varrho(t, x) \in Z_0$ *und die in* G_p *erklärten Funktionen* $a(t, x)$, $b_\mu(t, x)$, $\delta(t, x)$ *(überall läuft* ν *von* 1 *bis* n*)*

(α) $|v_\nu - u_\nu| \leqq \varrho$ *auf* R_p^+ *und auf* R_∞;

(β) $\boldsymbol{P u} = 0$ *und* $|(\boldsymbol{P v})_\nu| \leqq \delta$ *in* G_p;

(γ) $\varrho_t \geqq \delta + a\varrho + \sum_\mu b_\mu |\varrho_{x_\mu}| + \sum_{\lambda,\mu} k^\nu_{\lambda\mu} \varrho_{x_\lambda x_\mu}$ *in* G_p;

(δ) $g_\nu(t, x, z, p) - g_\nu(t, x, \bar{z}, p) \leqq a \max_\varkappa |z_\varkappa - \bar{z}_\varkappa| + \sum_{\mu=1}^{m} b_\mu |p_\mu - \bar{p}_\mu|$ *für* $z_\nu \geqq \bar{z}_\nu$.

Dann ist

$$|v_\nu - u_\nu| \leqq \varrho \quad \textit{in} \quad G_p \qquad (\nu=1, \ldots, n).$$

Dieser Satz geht für $n=1$ in 25 IX über. Er stellt, bis auf die Gleichheitszeichen in (α) und (γ), einen Sonderfall von 32 X dar. Zur Rechtfertigung dieser Gleichheitszeichen übernimmt man die bei 25 IX angestellte Betrachtung.

Da alle Ergebnisse von Nr. 28 auf dem Wege über den Abschätzungssatz 25 IX durch Konstruktion geeigneter Funktionen ϱ gewonnen wurden, und da die an ϱ zu stellenden Bedingungen (α) und (γ) in III und in 25 IX identisch sind, *gelten alle diese Aussagen auch für parabolische Systeme.* Das wichtigste davon soll in aller Kürze formuliert werden.

IV. Unbeschränkte Gebiete. Es seien eine Vektorfunktion $\bar{\eta}(x)$ und ein $K>0$ fest gewählt, und es mögen die UnGln

$$\left.\begin{aligned} &g_\nu(t, x, z, p) - g_\nu(t, x, \bar{z}, p) \leqq K(1+x^2)\max_\varkappa |z_\varkappa - \bar{z}_\varkappa| + \\ &+ K(1+|x_1|+\cdots+|x_m|)\sum_{\mu=1}^{m} |p_\mu - \bar{p}_\mu| \quad \text{für} \quad z_\nu \geqq \bar{z}_\nu \qquad (\nu=1, \ldots, n), \end{aligned}\right\} \tag{4}$$

$$|k^\nu_{\lambda\mu}| \leqq K \qquad (\lambda, \mu=1, \ldots, m;\ \nu=1, \ldots, n) \tag{5}$$

gelten. Dann besitzt die 1. RWA für das System

$$u_{\nu,t} = g_\nu(t, x, \boldsymbol{u}, u_{\nu,x}) + \sum_{\lambda,\mu=1}^{m} k^\nu_{\lambda\mu}(t, x)\, u_{\nu, x_\lambda x_\mu} \qquad (\nu=1, \ldots, n) \tag{6}$$

höchstens eine Lösung $\boldsymbol{u} \in Z$, welche der Nebenbedingung

$$|u_\nu(t, x) - \bar{\eta}_\nu(x)| \leqq e^{Kx^2} \quad \text{für große } x \qquad (\nu=1, \ldots, n) \tag{7}$$

genügt.

V. Unstetige Randwerte. Wir betrachten die 1. RWA für das System

$$u_{\nu,t} = g_\nu(t, x, \boldsymbol{u}) + \Delta u_\nu \qquad (\nu=1, \ldots, n) \tag{8}$$

in dem bei 28 V, VI näher präzisierten Sinne. Wir betrachten also Lösungen $\boldsymbol{u} \in Z_0$ der Gl (8), welche (mit den Bezeichnungen von 28 VI) sogar in $G_p + R^*$ stetig sind, auf R^* die Werte der vorgegebenen stetigen Funktion $\boldsymbol{\eta}(t, x)$ haben und bei Annäherung an die Menge $\{0\} \times N$ beschränkt bleiben[1].

Die RWA hat höchstens eine Lösung in diesem Sinne, wenn die Abschätzung

$$g_\nu(t, x, z) - g_\nu(t, x, \bar{z}) \leqq K(1+x^2)\max_\varkappa |z_\varkappa - \bar{z}_\varkappa| \quad \text{für} \quad z_\nu \geqq \bar{z}_\nu \tag{9}$$

[1] Diese Bedingung ist mit dem Randwertproblem nur verträglich, wenn $\boldsymbol{\eta}$ nicht nur stetig auf R^*, sondern überdies beschränkt in jeder beschränkten Teilmenge von R^* ist.

besteht und das Gebiet beschränkt ist. Stellt man bei unbeschränktem Gebiet zusätzlich die Bedingung (7), so herrscht wieder Eindeutigkeit.

Das folgt aus 28 III bzw. 28 VIII im Zusammenwirken mit III. Die Bemerkung 28 IX (α), welche sich auf den Fall bezieht, daß die Ausnahmemenge N nur aus endlich vielen Punkten besteht, läßt sich ebenfalls unschwer übertragen.

VI. Bemerkung. Die Sätze IV, V lassen sich in weitem Umfang auch für Randbedingungen dritter Art aufrecht erhalten. Der Abschätzungssatz III muß, um diesen Fall einzuschließen, lediglich in der ersten Voraussetzung geändert werden. Nehmen wir an, daß $\boldsymbol{u}$ und $\boldsymbol{v}$ die Randbedingungen auf R_n exakt erfüllt, also $\partial \boldsymbol{u}/\partial n_a + \boldsymbol{\vartheta}(t, x, \boldsymbol{u}) = \partial \boldsymbol{v}/\partial n_a + \boldsymbol{\vartheta}(t, x, \boldsymbol{v}) = \boldsymbol{0}$ ist, und daß $\boldsymbol{\vartheta}(t, x, \boldsymbol{z})$ die Eigenschaft

$$\vartheta_\nu(t, x, \boldsymbol{z} + \alpha \boldsymbol{e}) - \vartheta_\nu(t, x, \boldsymbol{z}) \geqq 0 \quad \text{für} \quad \alpha > 0, \ \boldsymbol{e} = (1, 1, \ldots, 1) \in E^n \quad (10)$$

besitzt, so ist, wie ein Blick auf 32 X lehrt, die Voraussetzung III (α) in

$$|v_\nu - u_\nu| \leqq \varrho \quad \textit{auf } (R_p - R_n)^+ \textit{ und auf } R_\infty; \quad \partial \varrho/\partial n_a > 0 \quad \text{auf } R_n$$

abzuändern.

Unter diesen Voraussetzungen über die Randbedingungen auf R_n gelten IV *und* V *auch für die* 3. *RWA in dem unter* 31 XIII *und* 31 XIV *näher bezeichneten Umfang*[1].

An diesen Bemerkungen wird deutlich, daß man zur Erzielung von Aussagen, welche auch für die 2. RWA gelten, durchaus nicht immer so vorgehen muß wie in 31 VI oder 31 VIII. Das wird erst notwendig, wenn man mit einer von x unabhängigen Schranke $\varrho = \varrho(t)$ arbeitet, weil dann $\partial \varrho/\partial n_a = 0$ ist. Bei den parabolischen Systemen haben wir das Operieren mit einer Hilfsfunktion $h(x)$ wie in 31 VI bisher vermieden. Als Konsequenz davon gelten die Eindeutigkeitssätze I und II nicht für die 2. RWA. Diese Lücke soll jetzt geschlossen werden.

VII. Eindeutigkeitssatz. *Alle auf $\mathcal{E}_4^n$ bezogenen Behauptungen des Eindeutigkeitssatzes* I *gelten auch für die* 2. *RWA und allgemeiner für diejenigen* 3. *RWAn, bei welchen ϑ_ν nur von z_ν abhängig und in z_ν schwach monoton wachsend ist, wenn die folgenden drei Voraussetzungen gelten:*

(α) *wie* II (α) (*oder* II (α'));

(β) *es gibt eine Funktion $h(x)$ mit den Eigenschaften von* 31 VI (γ_2);

(γ) *für eine (fest gewählte) Lösung $\boldsymbol{u}$ gilt: zu jedem $\delta > 0$ gibt es ein $\beta > 0$, so daß*

$$|f_\nu(t, x, \boldsymbol{z}, u_{\nu,x}, u_{\nu,xx}) - f_\nu(t, x, \bar{\boldsymbol{z}}, u_{\nu,x} + p, u_{\nu,xx} + r)| < \delta$$

[1] An die Stelle der schwachen Monotonie von $\vartheta(t, x, z)$ in z, die in 31 XIII (α) gefordert wird, tritt jetzt die Bedingung (10).

für $|z_\nu - \bar{z}_\nu| < \beta$, $|p_\mu| < \beta$, $|r_{\lambda\mu}| < \beta$ ($\nu = 1, \ldots, n$; $\lambda, \mu = 1, \ldots, m$) *ist [soweit beide Argumente in* $D(f_\nu)$ *liegen].*

Die in 31 VII zu (γ_3) angefügten Bemerkungen treffen auch auf (γ) zu. — Beim Beweis gibt man zunächst $\varepsilon > 0$ vor, bestimmt dazu ein $\varrho(t)$ und ein $\delta > 0$, so daß $\varrho' > 3\delta + \omega(t, \varrho)$ und $3\delta < \varrho < \varepsilon$ ist, und danach ein $\beta > 0$ gemäß Voraussetzung (γ). Es sei $\boldsymbol{u}$ eine Lösung der RWA und $|(\boldsymbol{P v})_\nu| < \delta$ in G_p, $|v_\nu - u_\nu| < \delta$ auf $R_p - R_n$ und auf R_∞, $\partial \boldsymbol{u}/\partial n_a + \boldsymbol{\vartheta}(t, x, \boldsymbol{u}) = \partial \boldsymbol{v}/\partial n_a + \boldsymbol{\vartheta}(t, x, \boldsymbol{v}) = \boldsymbol{0}$ auf R_n. Es sei $\lambda_0 > 0$ so klein, daß $\lambda_0 h(x)$ mit seinen Ableitungen erster und zweiter Ordnung dem Betrage nach $< \beta$ und $< \delta$ ist, sowie $\boldsymbol{e} = (1, 1, \ldots, 1) \in E^n$. Es genügt offenbar, die UnGl $|v_\nu - u_\nu - \lambda h| < \varrho$ ($\nu = 1, \ldots, n$) oder, was dasselbe bedeutet, $|\boldsymbol{v} - \boldsymbol{u} - \lambda \boldsymbol{e} h| < \boldsymbol{e}\varrho$ für $0 < \lambda < \lambda_0$ zu beweisen. Sie ist wegen $\varrho \geqq 3\delta$, $|\lambda h| < \delta$ richtig auf $R_p - R_n$ und auf R_∞. Ist T_1 die größte Zahl derart, daß $|\boldsymbol{v} - \boldsymbol{u} - \lambda \boldsymbol{e} h| < \boldsymbol{e}\varrho$ für $t \leqq T_1$ ist, so ist (vgl. den Beweis in 32 V) $T_1 > 0$. Nun soll der Hilfssatz 32 II auf die Funktionen $\boldsymbol{\varphi} = \boldsymbol{v} - \boldsymbol{u} - \lambda \boldsymbol{e} h$, $\boldsymbol{\psi} = \boldsymbol{e}\varrho$ und den unterhalb der Hyperebene $t = T_1$ gelegenen Teil von G angewandt werden. Aus $|\boldsymbol{v} - \boldsymbol{u} - \lambda \boldsymbol{e} h| \leqq \boldsymbol{e}\varrho$, $v_\nu - u_\nu - \lambda h = \varrho$, $(v_\nu - u_\nu - \lambda h)_x = 0$, $(v_\nu - u_\nu - \lambda h)_{xx} \leqq 0$ (für ein festes ν und eine feste Stelle) folgt nach (α) und (γ) (ohne die Variablen t und x)

$$\begin{aligned}
(v_\nu - u_\nu)_t &\leqq \delta + f_\nu(\boldsymbol{v}, v_{\nu,x}, v_{\nu,xx}) - f_\nu(\boldsymbol{u}, u_{\nu,x}, u_{\nu,xx}) \\
&\leqq \delta + f_\nu(\boldsymbol{v}, u_{\nu,x} + \lambda h_x, u_{\nu,xx} + \lambda h_{xx}) - f_\nu(\boldsymbol{v} - \lambda \boldsymbol{e} h, u_{\nu,x}, u_{\nu,xx}) + \\
&\quad + f_\nu(\boldsymbol{v} - \lambda \boldsymbol{e} h, u_{\nu,x}, u_{\nu,xx}) - f_\nu(\boldsymbol{u}, u_{\nu,x}, u_{\nu,xx}) \\
&\leqq \delta + \delta + \omega(t, \varrho) < \varrho',
\end{aligned}$$

also $\varphi_{\nu,t} < \psi_{\nu,t}$.

Es ist noch nachzuweisen, daß der Fall 32 II (β) ausscheidet. Da $\boldsymbol{\varphi} < \boldsymbol{\psi}$ auf $R_p - R_n$ und auf R_∞ ist, genügt es zu zeigen: ist $\boldsymbol{\varphi} \leqq \boldsymbol{\psi}$ und $\varphi_\nu = \psi_\nu$ in einem Punkt von R_n, so ist $\partial\varphi_\nu/\partial n_a < \partial\psi_\nu/\partial n_a$ in diesem Punkt. Die UnGln (man beachte $v_\nu > u_\nu$)

$$\partial(v_\nu - u_\nu - \lambda h)/\partial n_a \leqq \vartheta_\nu(u_\nu) - \vartheta_\nu(v_\nu) - \lambda\,\partial h/\partial n_a \leqq -\lambda\,\partial h/\partial n_a < 0 = \partial\varrho/\partial n_a$$

zeigen, daß dies der Fall und damit nach 32 II (α) $\boldsymbol{v} - \boldsymbol{u} - \lambda \boldsymbol{e} h < \boldsymbol{e}\varrho$ für $t \leqq T_1$ ist. In gleicher Weise ergibt sich auch die UnGl $-\boldsymbol{e}\varrho < \boldsymbol{v} - \boldsymbol{u} - \lambda \boldsymbol{e} h$ für $t \leqq T_1$. Daraus folgt dann $T_1 = T$ und damit die Behauptung des Satzes in einfacher Weise (vgl. den Schluß des Beweises von 32 V).

VIII. **Das Maximum-Minimum-Prinzip.** Wir benutzen die Definitionen, welche sich in sinngemäßer Übertragung aus 26 I ergeben. So ist z.B. $M(\boldsymbol{\varphi})$ der Vektor mit den Komponenten $M(\varphi_\nu)$. Es gilt das Maximum-Prinzip, wenn $\boldsymbol{u} \leqq M(\boldsymbol{u})$ für jede Lösung $\boldsymbol{u} \in Z_0(\boldsymbol{f})$ der Gl (1) ist. Analog zu 26 II besteht der folgende Sachverhalt:

Es sei $D(f_\nu) = M_\nu \times M_{\nu r}$, und die Menge $M_{\nu r}$ enthalte die Nullmatrix ($\nu = 1, \ldots, n$). Dann gilt das

Maximum-Prinzip,	wenn	$f_\nu(t, x, z, 0, 0) \leqq 0$
Minimum-Prinzip,	wenn	$f_\nu(t, x, z, 0, 0) \geqq 0$
Maximum-Minimum-Prinzip,	wenn	$f_\nu(t, x, z, 0, 0) = 0$

ist für $(t, x, z, 0, 0) \in D(f_\nu)$ ($\nu = 1, \ldots, n$).

Die Verschärfung 26 III ist ebenfalls übertragbar.

Der Beweis ist trivial. Man kann, wenn $\bar{u}$ eine vorgegebene Lösung ist, deren ν-te Komponente als Lösung u der skalaren Gl

$$u_t = f^*(t, x, u, u_x, u_{xx})$$

mit

$$f^*(t, x, z, p, r) = f_\nu(t, x, \bar{u}_1, \ldots, \bar{u}_{\nu-1}, z, \bar{u}_{\nu+1}, \ldots, \bar{u}_n, p, r)$$

auffassen und die Ergebnisse von Nr. 26 anwenden.

Auch kann es durchaus vorkommen, daß in den UnGln von VIII für einige Komponenten f_ν das $\leqq$-, für andere das $\geqq$-Zeichen gilt, d.h. daß für einige Lösungskomponenten das Maximum-Prinzip, für andere das Minimum-Prinzip gilt.

IX. Beispiel. Hat das System (1) die Gestalt

$$u_{\nu,t} = k_\nu \Delta u_\nu + \psi_\nu(t, x, u_1, \ldots, u_n) \qquad (\nu = 1, \ldots, n;\ k_\nu \geqq 0)$$

und genügen die ψ_ν einer Lipschitz-Bedingung

$$|\psi_\nu(t, x, z) - \psi_\nu(t, x, \bar{z})| \leqq L \|z - \bar{z}\|_e,$$

so besteht für die 3. RWA (insbesondere also für die 1. RWA) Eindeutigkeit und stetige Abhängigkeit von den Randwerten in dem in I beschriebenen Umfang. Entsprechendes gilt auch für die 2. RWA, wenn eine Funktion $h(x)$ gemäß 31 VI (γ_2) bestimmt werden kann.

Probleme dieser Art — es handelt sich dabei meist um Probleme mit Normalableitungen am Rande — treten in der Elektrochemie auf. Die obige Gl beschreibt ein n-Komponentengemisch; u_ν ist die Konzentration der ν-ten Komponente. Die Änderung der Konzentration in der Zeiteinheit ($u_{\nu,t}$) wird bewirkt erstens durch Diffusion ($k_\nu \Delta u_\nu$), zweitens durch chemische Reaktionen der einzelnen Komponenten untereinander (ψ_ν). Da die chemische Reaktionsgeschwindigkeit häufig proportional zur Konzentration jeder beteiligten Komponente ist, ist ψ_ν meist nichtlinear (für $n = 2$ z.B. $\psi_\nu = l_\nu u_1 u_2$). Vgl. Dračka (1961) und die dort zitierte Literatur.

34. Verallgemeinerungen und Ergänzungen. Die instationären Grenzschicht-Gleichungen

Betrachten wir zunächst eine implizite parabolische DGl

$$F(t, x, u, u_t, u_x, u_{xx})=0. \tag{1}$$

Es sei $F(t, x, z, q, p, r)$ (für u_t benutzen wir im folgenden immer den Buchstaben q) schwach monoton wachsend in q und monoton fallend in r (im Sinne von 23 II). Für $F=q-f(t, x, z, p, r)$ ergibt sich der bisherige Gleichungstyp. Das Hauptlemma 24 IV läßt sich auf die Gl (1) ausdehnen; in dieser Form wurde es bereits von NAGUMO-SIMODA (1951) angegeben. Diese Erweiterung ist nicht nur formaler Natur, da bezüglich q nur *schwache* Monotonie gefordert ist.

Wir gehen noch einen Schritt weiter und lassen zu, daß auch $t=(t_1, \ldots, t_l)\in E^l$ ein Vektor ist ($l\geqq 1$). In (1) ist dann $u_t=(u_{t_1}, \ldots, u_{t_l})$ und $q=(q_1, \ldots, q_l)$. Die Funktion $F(t, x, z, q, p, r)$ gehört zur Klasse $\mathcal{R}$, wenn sie monoton fallend in r (im Sinne von 23 II) und (schwach) monoton wachsend in q ist ($q\leqq\bar{q}$ bedeutet also $q_\lambda\leqq\bar{q}_\lambda$, $\lambda=1, \ldots, l$). Weiter werden die Definitionen 23 I sinngemäß übernommen. Sind $\|t\|_e$, $\|x\|_e$ die Euklid-Normen in E^l bzw. E^m, so ist eine Umgebung U des Punktes $(\bar{t}, \bar{x})$ durch die UnGln $\|t-\bar{t}\|_e^2+\|x-\bar{x}\|_e^2<\delta^2$, die untere Halbumgebung U_- durch die zusätzliche UnGl $t<\bar{t}$ (also $t_\lambda<\bar{t}_\lambda$ für $\lambda=1, \ldots, l$) definiert. Ferner übernehmen wir die Begriffe G_p, R_p, $\partial_0 G, \ldots, Z, Z_0$ sowie $Z(F)$, $Z_0(F)$ in sinngemäßer Übertragung von 23 III. Es ist also G zwischen 0 und T gelegen ($0<T$; $0, T\in E^l$). Ist z.B. $l=2$ und $G=(0, T_1)\times(0, T_2)\times D$ mit offenem $D\subset E^m$, so ist

$$\left.\begin{aligned} \partial_0 G &= [0, T_1]\times\{0\}\times\bar{D}+\{0\}\times[0, T_2]\times\bar{D} \\ \partial_1 G &= (0, T_1]\times(0, T_2]\times\partial D \\ \partial_2 G &= \{T_1\}\times(0, T_2]\times D+(0, T_1]\times\{T_2\}\times D \\ G_p &= (0, T_1]\times(0, T_2]\times D. \end{aligned}\right\} \tag{2}$$

Bei den Begriffen „$\varphi<\psi$ auf R_p^+“ ... von 24 IV treten anstelle von Folgen $(t_k, x_{(k)})\in G_p$, für welche die t_k schwach monoton fallend sind, jetzt Folgen $(t_{(k)}, x_{(k)})\in G_p$, für welche $s(t_{(k)})$ schwach monoton fallend ist; dabei wird die Bezeichnung

$$s(t)=t_1+\cdots+t_l \tag{3}$$

verwendet. Die t_λ werden auch „*zeitliche*“, die x_μ „*räumliche*“ Variable genannt.

Das l-dimensionale Analogon zu 24 I ist der folgende

I. Hilfssatz. *Für zwei Funktionen $\varphi, \psi\in Z_0$ gelte: Ist $\varphi=\psi$, $\varphi_x=\psi_x$, $\varphi_{xx}\leqq\psi_{xx}$ an einer Stelle in G_p, so ist $\varphi_{t_\lambda}<\psi_{t_\lambda}$ an dieser Stelle für mindestens ein λ. Dann ist genau eine der beiden Aussagen richtig:*

(α) *$\varphi<\psi$ in G_p;*

(β) *es gibt ein maximales c, $0\leqq c<s(T)$, so daß*
$\varphi<\psi$ in $G_p\cdot\{(t,x)\,|\,s(t)\leqq c\}$ und
$\varphi(t_{(k)},x_{(k)})\geqq\psi(t_{(k)},x_{(k)})$ für $k=1,2,3,\ldots$

ist, wobei $s(t_{(k)})$ stark monoton fallend gegen c und $(t_{(k)},x_{(k)})\to(\bar{t},\bar{x})\in R_p$ oder $\|x_{(k)}\|_e\to\infty$ konvergiert.

Zum Beweis wählt man, ähnlich wie bei 24 I, c maximal derart, daß $\varphi<\psi$ für $s(t)<c$ ist und zeigt dann, daß diese UnGl auch noch für die auf der Hyperebene $s(t)=c$ gelegenen Punkte von G_p gilt. Wäre nämlich $\varphi=\psi$ in einem Punkt aus G_p mit $s(t)=c$, so wäre (da ein Minimum von $\psi-\varphi$ bezüglich x vorliegt) $\varphi=\psi$, $\varphi_x=\psi_x$, $\varphi_{xx}\leqq\psi_{xx}$ und ferner für alle linksseitigen t_λ-Ableitungen $\varphi_{t_\lambda}^-\geqq\psi_{t_\lambda}^-$ in diesem Punkt. Das ist aber unmöglich nach Voraussetzung. Daraus ergibt sich, wenn $c=s(T)$ ist, der Fall (α), andernfalls der Fall (β).

Hieraus folgt in einfacher Weise das zentrale, für $l=1$ von NAGUMO-SIMODA (1951) angegebene

II. Lemma. *Ist $F\in\mathscr{R}$ und $v, w\in Z_0(F)$ und gilt*

(α) *$v<w$ auf R_p^+ und auf R_∞;*

(β) *$F(t,x,v,v_t,v_x,v_{xx})<F(t,x,w,w_t,w_x,w_{xx})$ in G_p,*

so ist

$$v<w \quad in \quad G_p.$$

Ist nämlich an einer Stelle $v=w$, $v_x=w_x$, $v_{xx}\leqq w_{xx}$, so folgt aus (β) (ohne t, x)

$$F(v,v_t,v_x,v_{xx})<F(w,w_t,w_x,w_{xx})\leqq F(v,w_t,v_x,v_{xx}).$$

Das ist aber wegen der Monotonie von F in q mit der UnGl $v_t\geqq w_t$ unverträglich. Es gilt also die Voraussetzung von I und damit, da I (β) wegen II (α) ausscheidet, die Behauptung I (α).

Wir wollen hier die Theorie nicht weiter systematisch verfolgen, sondern lediglich auf einige Konsequenzen hinweisen.

III. Bemerkungen. (α) Es macht keine Mühe, Lemma II auf Systeme von impliziten parabolischen DGln

$$F_\nu(t,x,u_1,\ldots,u_n,u_{\nu,t},u_{\nu,x},u_{\nu,xx})=0 \quad (\nu=1,\ldots,n) \tag{4}$$

auszudehnen. Ist $\boldsymbol{F}=(F_1,\ldots,F_n)$ und $F_\nu=F_\nu(t,x,\boldsymbol{z},q,p,r)$ quasimonoton wachsend in $\boldsymbol{z}$, so gilt das „vektorielle" Lemma II. Es stellt eine Verallgemeinerung von 32 VI dar[1].

[1] Auf Randbedingungen 3. Art gehen wir lediglich der Kürze halber nicht ein; II(α) kann durch 32 VI(α) ersetzt werden.

(β) Gegen die Einführung mehrerer „zeitlicher" Variablen scheint folgender Einwand zu sprechen. Man kann, wenn $l > 1$ ist, etwa t_1 als einzige Zeitvariable belassen und die übrigen t_λ als „räumliche" Veränderliche auffassen, $t_2 = x_{m+1}, \ldots, t_l = x_{m+l-1}$. Da F in r nur *schwach* monoton fallend sein muß, ist F auch nach einer solchen Umbenennung zulässig für Lemma II. Jedoch ändern sich dabei — und damit kommen wir zum Wesentlichen — die Mengen G_p und R_p und infolgedessen die Randbedingungen.

Als Anwendungsbeispiel von Lemma II betrachten wir

IV. Die instationären Grenzschicht-Gleichungen, und zwar den in Nr. 30 behandelten zweidimensionalen Fall, aber mit Zeitabhängigkeit. Sie lauten [SCHLICHTING (1958), S. 105]

$$u_t + u u_x + v u_y = U_t + U U_x + \nu u_{yy}, \tag{5}$$

$$u_x + v_y = 0. \tag{6}$$

Die physikalische Bedeutung der Größen x, y, U, u, v, ν ist dieselbe wie in Nr. 30; als neue unabhängige Veränderliche kommt die Zeit t hinzu, es ist also $u = u(t, x, y)$, $v = v(t, x, y)$, $U = U(t, x)$ (man beachte, daß t, x, y skalar sind und eine andere Bedeutung haben als zu Anfang der Nummer). Das Grundgebiet ergibt sich als das topologische Produkt eines Zeitintervalls $0 \leqq t \leqq T$ mit dem Grundgebiet von Nr. 30, also

$$\overline{G} = [0, T] \times [0, X] \times [0, \infty).$$

Die Randbedingungen lauten

$$\left.\begin{array}{c} u(t, x, 0) = v(t, x, 0) = 0, \ u(t, 0, y) = u_a(t, y), \ u(t, x, \infty) = U(t, x)^{1} \\ u(0, x, y) = u_b(x, y), \ v(0, x, y) = v_b(x, y) \end{array}\right\} \tag{7}$$

($0 \leqq t \leqq T$, $0 \leqq x \leqq X$, $0 \leqq y \leqq \infty$) mit gegebenen Funktionen U, u_a, u_b, v_b. Zwischen diesen vier Funktionen sollen Verträglichkeitsbedingungen bestehen, welche garantieren, daß es überhaupt in $\overline{G}$ stetige Funktionen u mit den Randwerten (7) gibt, z.B. $u_a(t, y) \to U(t, 0)$ für $y \to \infty$ gleichmäßig in t.

Die Behandlung des Systems (5) (6) wird durch die Tatsache erschwert, daß dieses System nicht von der Gestalt (4) ist, da in der Kontinuitäts-Gl (6) eine Ableitung von u auftritt. Während in Nr. 30 mittels der v. Mises-Transformation diese Schwierigkeiten umgangen wurden, räumen wir sie hier mit einem vergleichsweise primitiven Kunstgriff aus dem Wege: die Kontinuitäts-Gl wird einfach ignoriert. Es wird also die Gl (5), worin man sich v als gegebene Funktion vorzustellen hat, für sich behandelt. Dabei fassen wir t und x als zwei zeitliche, y als eine

[1] Im Sinne gleichmäßiger Konvergenz wie in Nr. 30.

räumliche Variable auf. Dann sind nämlich durch (7) Randwerte gerade auf R_p und im Unendlichen vorgegeben; vgl. (2). Schreiben wir zur Abkürzung (bei gegebenem v)

$$Hu \equiv H(u, u_t, u_x, u_y, u_{yy}) \equiv u_t + u u_x + v u_y - U_t - U U_x - \nu u_{yy}, \qquad (8)$$

so ist $H \in \mathfrak{R}$, solange $u \geqq 0$ ist, und (5) ist identisch mit $Hu = 0$. Für H gilt (immer mit t, x als zeitlicher, y als räumlicher Variablen) das Lemma II, welches aber ähnlich wie 30 VI verschärft werden kann zu dem

V. Lemma. *Gilt (bei gegebenem v) für zwei nichtnegative Funktionen $u, w \in Z(H)$*

(α) *$u \leqq w$ auf R_p und auf R_∞;*

(β) *$Hu \leqq Hw$ in G_p,*

so ist

$$u \leqq w \quad in \quad \overline{G},$$

falls außerdem w_x nach unten beschränkt ist.

Das folgt durch Anwendung von II auf $F = H$ und die Funktionen u und $\overline{w} = w + \varrho$, $\varrho = \varepsilon e^{Kt}$ $(\varepsilon > 0)$. Es ist dann, wie in II (α) verlangt, $v < \overline{w}$ auf R_p und auf R_∞, und ferner

$$H\overline{w} - Hw = \overline{w}_t + \overline{w}\,\overline{w}_x - w_t - w w_x = \varrho' + \varrho w_x = \varepsilon e^{Kt}(K + w_x) > 0$$

für ein hinreichend großes K. Daraus und aus (β) folgt $Hu \leqq Hw < H\overline{w}$, also nach II auch $u < \overline{w}$, woraus sich die Behauptung für $\varepsilon \to 0$ ergibt.

Als Anwendung betrachten wir wie in 30 VII

VI. Die Außengeschwindigkeit als Lösung. Die Außengeschwindigkeit $U(t, x)$ ist selbst eine Lösung der Gl (5) *bei beliebigem v*. Daraus und aus V folgt:

(α) *Für eine Lösung $u \geqq 0$ des Problems* (5) (6) (7) *gilt*

$$u(t, x, y) \leqq U(t, x) \quad in \quad \overline{G},$$

wenn $U \geqq 0$, U_x nach unten beschränkt und

$$u_a(t, y) \leqq U(t, 0), \qquad u_b(x, y) \leqq U(0, x)$$

ist [Nickel (1960); Velte (1960) für $U = U(x)$].

Die Aussage 30 VII (β) läßt sich nicht so leicht übertragen, da $\sqrt{U^2 + c}$ i. allg. keine Lösung ist.

(β) Es sei $U > 0$, U_x nach unten beschränkt und $c(t)$ eine in $[0, T]$ differenzierbare Funktion. Gesucht wird eine Schranke w von der Form

$$w(t, x) = \sqrt{U^2(t, x) + c(t)}.$$

Man rechnet leicht nach, daß die UnGl $Hw \geqq 0$ gleichbedeutend ist mit

$$c' \geqq 2U_t\left[\sqrt{U^2 + c} - U\right]. \qquad (9)$$

Für eine Lösung $u \geqq 0$ des Problems (5) bis (7) gilt also

$$u(t, x, y) \leqq w = \sqrt{U^2(t, x) + c(t)}, \tag{10}$$

wenn die UnGl (9) besteht und wenn

$$u_a(t, y) \leqq w(t, 0) \quad \textit{und} \quad u_b(x, y) \leqq w(0, x)$$

ist.

Ist z.B. $U_t \geqq 0$, so kann man

$$c(t) = c_0 e^{\int_0^t h(s)\,ds} \quad \text{mit} \quad h(t) = \max_{0 \leqq x \leqq X} \frac{U_t(t, x)}{U(t, x)}$$

setzen. Insbesondere darf man für $U = U(x)$ ein konstantes $c(t) = c_0$ nehmen; für diesen Fall findet sich die Abschätzung bei VELTE (1960).

Für $U_t \leqq 0$ ist $c(t) = \text{const.}$ ebenfalls nach (10) erlaubt. Man kann jedoch häufig bessere, d.h. in t monoton fallende Funktionen $c(t)$ angeben. Schließlich sei erwähnt, daß man im Fall einer nur von t abhängenden Außengeschwindigkeit U eine gewöhnliche DGl für c

$$c' = 2U'\left(\sqrt{U^2 + c} - U\right)$$

erhält.

VII. Anmerkung. Bei den stationären Grenzschicht-DGln in Nr. 30 gelang es uns, durch die v. Mises-Transformation die Kontinuitäts-Gl zu beseitigen. Zwar kann man auch im instationären Fall dasselbe mit einer „instationären v. Mises-Transformation" erreichen, doch treten dabei Komplikationen auf. Auf das oben in IV bis VI angewandte, auf den ersten Blick sehr roh erscheinende Verfahren, eine „störende" Gl (hier die Kontinuitäts-Gl (6)) einfach zu unterschlagen und die übrigen Gln mit Hilfe von Lemma II (bzw. dem entsprechenden Lemma für Systeme) abzuschätzen, soll mit Nachdruck hingewiesen werden, weil sich damit wohl auch weitere Grundgleichungen der Hydrodynamik behandeln lassen. Wir denken dabei besonders an die dreidimensionalen stationären und instationären Grenzschicht-DGln und an die (inkompressiblen) Navier-Stokes-DGln. Bei ihnen ist immer die Kontinuitäts-Gl störend, die restlichen Gln sind von der Gestalt (4). In der Arbeit von VELTE (1960), die gewissermaßen einen ersten Schritt in dieser Richtung darstellt, sind diese Gedanken bereits ausgesprochen. Allerdings erscheint es unwahrscheinlich, daß man auf solche Weise auch Eindeutigkeitssätze beweisen kann[1].

[1] Die Schwierigkeit wird schon am System (5) (6) deutlich. Hat man zwei Lösungen u_1, u_2, so gehören dazu auch zwei verschiedene Funktionen v_1, v_2, d.h. man hat, wenn man (5) allein betrachtet, zwei verschiedene DGln!

Zusatz bei der Korrektur: Inzwischen gelang es NICKEL (1963) mit dieser Methode, in mathematisch befriedigender Weise zu zeigen, daß die Grenzschicht-DGln als Grenzfall der Navier-Stokes-DGln aufgefaßt werden können (für eine stationäre, inkompressible, zweidimensionale Kanalgrenzschicht).

VIII. Partielle Differentialgleichungen erster Ordnung. DGln der Form

$$u_t = f(t, x, u, u_x) \quad \text{für} \quad u = u(t, x) \tag{11}$$

und Systeme von solchen DGln können als Sonderfälle von parabolischen DGln angesehen werden [es war nur vorausgesetzt, daß $f(t, x, z, p, r)$ *schwach* monoton wachsend in r ist]. Da jedoch die bei der Gl (11) auftretenden Randbedingungen von anderer Art als bei den parabolischen DGln sind, sind unsere Sätze nicht direkt anwendbar. Sie lassen sich jedoch mit geringen Änderungen in Formulierung und Beweis auf eine Form bringen, welche dem Anfangswertproblem für die Gl (11) angepaßt ist. Die wichtigsten älteren Ergebnisse in dieser Richtung sind in den Arbeiten von Haar (1928), Ważewski (1933, 1933a), Nagumo (1938) enthalten. Neuere Resultate wurden von vielen Autoren, u.a. von Szarski (1948, 1949, 1954), Pagni (1951), Scorza Dragoni und Volpato (1951), Volpato (1951) und Mlak (1956a) erzielt. Diese Arbeiten enthalten zahlreiche weitere Literaturangaben.

IX. Elliptische Differentialgleichungen. Für eine von t unabhängige Funktion $f = f(x, z, p, r) \in \mathscr{P}$ betrachten wir die elliptische DGl

$$f(x, u, u_x, u_{xx}) = 0 \quad \text{für} \quad u = u(x). \tag{12}$$

Die DGl fällt unter den in dieser Nummer behandelten Typ $\big(F(t, x, z, p, q, r) = -f(x, z, p, r) \in \mathscr{R}\big)$, jedoch sind Gebiet und Randbedingungen andersartig. Randwertaufgaben für die Gl (12) lassen sich mit Methoden, welche den hier bei parabolischen DGln benutzten nahe verwandt sind, behandeln. Aus der Fülle der Literatur über elliptische DGln seien einige Arbeiten genannt, welche nach Inhalt und Methode enge Beziehungen zu diesem Kapitel IV haben: Paraf (1892), Hopf (1927, 1952) (starkes Maximum-Prinzip), Simoda und Nagumo (1951), Simoda (1956), Pucci (1952, 1953, 1957, 1958), Collatz (1958), Redheffer (1958, 1960, 1962), McNabb (1961).

Literaturverzeichnis

Agaev, G. N., and G. K. Mamazov: Solution of a mixed problem for a non-linear parabolic equation. Dokl. Akad. Nauk Azerbaidzan. SSR **14**, 501—510 (1958).

Alexiewicz, A., and W. Orlicz: Some remarks on the existence and uniqueness of solutions of the hyperbolic equation $\frac{\partial^2 z}{\partial x \partial y} = f\left(x, y, z, \frac{\partial z}{\partial x}, \frac{\partial z}{\partial y}\right)$. Studia Math. **15**, 201—215 (1956).

Antosiewicz, H. A.: A survey of Lyapunov's second method. Contributions to the theory of nonlinear oscillations, Vol. 4, 141—166 (Annals of Mathematics Studies Nr. 41) (1958).

— Lyapunov-like functions and approximate solutions of ordinary differential equations. Symposium on the numerical treatment of ordinary differential equations, integral and integro-differential equations. Basel: Birkhäuser 1960.

— An inequality for approximate solutions of ordinary differential equations. Math. Z. **78**, 44—52 (1962).

ARNESE, G.: Sull'approssimazione, col metodo di Tonelli, delle soluzioni del problema di Darboux per l'equazione $s=f(x, y, z, p, q)$. Ricerche Mat. **11**, 61—75 (1962).

ARONSON, D. G.: Uniqueness of solutions of the initial value problem for parabolic systems of differential equations. J. Math. Mech. **11**, 403—420 (1962).

BABKIN, B. N.: On a generalization of a theorem of academican S. A. Čaplygin on a differential inequality. Molotov. Gos. Univ. Uč. **8**, 3—6 (1953).

BAIADA, E.: Confronto e dipendenza dai parametri degli integrali delle equazioni differenziali, I. Atti. Accad. Naz. Lincei. Rend. Cl. Sci. Fis. Mat. Nat. (8) **3**, 258—263 (1947).

—, e M. LOREFICE: I metodi di approssimazione nello studio dei sistemi differenziali ordinari. Atti Accad. Sci. Lett. Arti Palermo (4) **16**, 193—223 (1957).

BANACH, S.: Théorie des opérations linéaires. Monografje Matematyczne, Bd. 1. Warschau 1932.

BECKENBACH, E. F., u. R. BELLMAN: Inequalities. Ergebnisse der Mathematik und ihrer Grenzgebiete, N. F., H. 30. Berlin-Göttingen-Heidelberg: Springer 1961.

BELLMAN, R.: The stability of solutions of linear differential equations. Duke Math. J. **10**, 643—647 (1943).

— On the existence and boundedness of solutions of nonlinear partial differential equations of parabolic type. Trans. Amer. Math. Soc. **64**, 21—44 (1948).

— Stability theory of differential equations. New York-Toronto-London: McGraw-Hill Book Co. 1953.

BIELECKI, A.: Une remarque sur l'application de la méthode de Banach-Caccioppoli-Tikhonov dans la théorie de l'équation $s=f(x, y, z, p, q)$. Bull. Acad. Polon. Sci. Cl. III, **4**, 265—268 (1956).

BIHARI, I.: A generalization of a lemma of BELLMAN and its application to uniqueness problems of differential equations. Acta Math. Acad. Sci. Hungar. **7**, 81—94 (1956).

— Researches of the boundedness and stability of the solutions of non-linear differential equations. Acta Math. Acad. Sci. Hungar. **8**, 261—278 (1957).

BIRKHOFF, G., and J. KOTIK: Note on the heat equation. Proc. Amer. Math. Soc. **5**, 162—167 (1954).

BLASIUS, H.: Grenzschichten in Flüssigkeiten mit kleiner Reibung. Z. Math. u. Phys. **56**, 1 (1908).

BOMPIANI, E.: Un teorema di confronto ed un teorema di unicità per l'equazione differenziale $y'=f(x, y)$. Atti Accad. Naz. Lincei. Rend. Cl. Sci. Fis. Mat. Nat. (6) **1**, 298—302 (1925).

BRAUER, F.: A note on uniqueness and convergence of successive approximations. Canad. Math. Bull. **2**, 5—8 (1959).

— Some results on uniqueness and successive approximations. Canad. J. Math. **11**, 527—533 (1959a).

— Global behaviour of solutions of ordinary differential equations. J. Math. Anal. Appl. **2**, 145—158 (1961).

—, and S. STERNBERG: Local uniqueness, existence in the large, and the convergence of successive approximations. Amer. J. Math. **80**, 421—430 (1958).

— — Errata to our paper "Local uniqueness, etc." Amer. J. Math. **81**, 797 (1959).

BURTON, L. P., and W. M. WHYBURN: Minimax solutions of ordinary differential systems. Proc. Amer. Math. Soc. **3**, 794—803 (1952).

BUTLEWSKI, Z.: Sur les intégrales d'un système d'équations différentielles linéaires ordinaires. Studia Math. **10**, 40—47 (1948).

— Sur la limitation des solutions d'un système d'équations intégrales de Volterra. Ann. Polon. Math. **6**, 253—257 (1959).

CAFIERO, F.: Su due teoremi di confronto relativi ad un'equazione differenziale ordinaria del primo ordine. Boll. Un. Math. Ital (3) 3, 124—128 (1948).

— Sui teoremi di unicità relativi ad un'equazione differenziale ordinaria del primo ordine. II. Giorn. Math. Battaglini (4) 2 (78), 193—215 (1949).

CAMERON, R. H., and J. M. SHAPIRO: Nonlinear integral equations. Ann. of Math. (2) 62, 472—497 (1955).

CANDIROV, G. I.: A generalization of the inequality of GRONWALL and its applications. Azerbaidzan. Gos. Univ. Uč. Zap. no. 6, 3—11 (1958).

CARATHÉODORY, C.: Vorlesungen über reelle Funktionen. Leipzig: Teubner 1918.

CARSLAW, H. S., and J. C. JAEGER: Conduction of heat in solids, 2. Aufl. Oxford: Clarendon Press 1959.

CESARI, L.: Asymptotic behavior and stability problems in ordinary differential equations. Ergebnisse der Mathematik und ihrer Grenzgebiete, N. F., H. 16. Berlin-Göttingen-Heidelberg: Springer 1959.

CILIBERTO, C.: Il problema di DARBOUX per una equazione di tipo iperbolico in due variabili. Ricerche Mat. 4, 15—29 (1955).

— Sul problema di DARBOUX per l'equazione $s=f(x, y, z, p, q)$. Rend. Accad. Sci. Fis. Mat. Napoli (4) 22, 221—225 (1956).

— Su alcuni problemi relativi ad una equazione di tipo iperbolico in due variabili. Boll. Un. Mat. Ital. (3) 11, 383—393 (1956a).

— Sulle equazioni quasi-lineari di tipo parabolico in due variabili. Ricerche Mat. 5, 97—125 (1956b).

— Nuovi contributi alle teoria dei problemi al contorno per le equazioni paraboliche non lineari in due variabili. Ricerche Mat. 5, 206—225 (1956c).

— Sull'approssimazione delle soluzioni del problema di DARBOUX per l'equazione $s=f(x, y, z, p, q)$. Ricerche Mat. 10, 106—138 (1961).

— Teoremi di confronto e di unicità per le soluzioni del problema di DARBOUX. Ricerche Mat. 10, 214—243 (1961a).

— Sul problema di DARBOUX. Atti Accad. Naz. Lincei. Rend. Cl. Sci. Fis. Mat. Nat. (8) 30, 460—466 (1961b).

CODDINGTON, E. A., and N. LEVINSON: Uniqueness and the convergence of successive approximations. J. Indian Math. Soc. (N. S.) 16, 75—81 (1952).

— Theory of ordinary differential equations. New York-Toronto-London: McGraw-Hill Book Co. 1955.

COLLATZ, L.: Aufgaben monotoner Art. Arch. Math. 3, 366—376 (1952).

— Numerische Behandlung von Differentialgleichungen. Berlin-Göttingen-Heidelberg: Springer 1955.

— Fehlerabschätzungen für Näherungslösungen parabolischer Differentialgleichungen. An. Acad. Brasil. Ci. 28, 1—9 (1956).

— Fehlerabschätzungen bei Randwertaufgaben partieller Differentialgleichungen mit unendlichem Grundgebiet. Z. Angew. Math. Phys. 9a, 118—128 (1958).

— Applications of the theory of monotonic operators to boundary value problems. Boundary problems in differential equations, edit. by E. LANGER, p. 35—45. Madison (Wis.): Univ. of Wisconsin Press 1960.

—, u. J. SCHRÖDER: Einschließen der Lösungen von Randwertaufgaben. Num. Math. 1, 61—72 (1959).

CONLAN, J.: The Cauchy problem and the mixed boundary value problem for a non-linear hyperbolic partial differential equation in two independent variables. Arch. Rational Mech. Anal. 3, 355—380 (1959).

— An existence theorem for the equation $u_{xyz}=f$. Arch. Rational Mech. Anal. 9, 64—76 (1962).

CONTI, R.: Sul problema di DARBOUX per l'equazione $z_{xy} = f(x, y, z, z_x, z_y)$. Ann. Univ. Ferrara, Sez. VII. (N. S.) **2**, 129—140 (1953).

— Limitazioni "in ampiezza" delle soluzioni di un sistema di equazioni differenziali e applicazioni. Boll. Un. Mat. Ital. (3) **11**, 344—349 (1956).

— Sulla prolungabilità delle soluzioni di un sistema di equazioni differenziali ordinarie. Bull. Un. Mat. Ital. (3) **11**, 510—514 (1956a).

— Sull'equazione integro-differenziale di DARBOUX-PICARD. Matematiche **13**, 30—39 (1958).

COOPER, J. L. B.: The uniqueness of the solution of the equation of heat conduction. J. London Math. Soc. **25**, 173—180 (1950).

COPPEL, W. A.: On a differential equation of boundary layer theory. Philos. Trans. Roy. Soc. London. Ser. A **253**, 101—136 (1960).

CORDUNEANU, C.: Equazioni differenziali negli spazi di BANACH, teoremi di esistenza e di prolungabilità. Atti Accad. Naz. Lincei. Rend. Cl. Sci. Fis. Mat. Nat. (8) **23**, 226—230 (1957).

— Sur la stabilité asymptotique. An Şti. Univ. "Al. I. Cuza" Iaşi, N. S. **5**, 37—40 (1959).

— Application of differential inequalities to stability theory. An. Şti. Univ. "Al. I. Cuza" Iaşi, Sect. I, **6**, 47—58 (1960).

DIAZ, J. B.: On an analogue of the Euler-Cauchy polygon method for the numerical solution of $u_{xy} = f(x, y, u, u_x, u_y)$. Arch. Rational Mech. Anal. **1**, 357—390 (1958).

— On existence, uniqueness, and numerical evaluation of solutions of ordinary and hyperbolic differential equations. Ann. Mat. Pura Appl. (4) **52**, 163—181 (1960). (Auch in: Symposium on the numerical treatment of ordinary differential equations, integral and integro-differential equations, S. 581—602. Basel: Birkhäuser 1960.)

—, u. W. WALTER: On uniqueness theorems for ordinary differential equations and for partial differential equations of hyperbolic type. Trans. Amer. Math. Soc. **96**, 90—100 (1960).

DIEUDONNÉ, J.: Sur la convergence des approximations successives. Bull. Sci. Math. (2) **69**, 62—72 (1945).

DINGHAS, A.: Zur Existenz von Fixpunkten bei Abbildungen vom Abel-Liouvilleschen Typus. Math. Z. **70**, 174—189 (1958).

DRAČKA, O.: Studium der Kinetik von Elektrodenvorgängen mit Hilfe der Elektrolyse bei konstantem Strom, VI. Collection Czechoslov. Chem. Commun. **26**, 2144 2151 (1961).

ELTERMANN, H.: Fehlerabschätzung bei näherungsweiser Lösung von Systemen von Differentialgleichungen erster Ordnung. Math. Z. **62**, 469—501 (1955).

FICKEN, F. A.: Uniqueness theorems for certain parabolic problems. J. Rational Mech. Anal. **1**, 573—578 (1952).

FILIPPOV, A. F.: Sufficient conditions for uniqueness and non-uniqueness of solutions of differential equations. Doklady Akad. Nauk SSSR (N. S.) **60**, 549—552 (1948).

FRANK, P., u. R. v. MISES: Die Differential- und Integralgleichungen der Mechanik und Physik, 2. Aufl., Bd. II. Braunschweig: Fr. Vieweg u. Sohn 1935.

FREUD, G.: Eine Eigenschaft der Lösungen parabolischer Differentialgleichungen. C. R. Acad. Bulgare Sci. **10**, 451—452 (1957).

FRIEDMAN, A.: On quasi-linear parabolic equations of the second order. J. Math. Mech. **7**, 793—809 (1958).

— Remarks on the maximum principle for parabolic equations and its applications. Pacific J. Math. **8**, 201—211 (1958a).

FRIEDMAN, A.: Convergence of solutions of parabolic equations to a steady state. J. Math. Mech. **8**, 57—76 (1959).
— Asymptotic behavior of solutions of parabolic equations. J. Math. Mech. **8**, 387—392 (1959a).
— On the uniqueness of the Cauchy problem for parabolic equations. Amer. J. Math. **81**, 503—511 (1959b).
— Mildly nonlinear parabolic equations with applications to flow of gases through porous media. Arch. Rational Mech. Anal. **5**, 238—248 (1960).
— On quasi-linear parabolic equations of the second order, II. J. Math. Mech. **9**, 539—556 (1960a).
— A strong maximum principle for weakly subparabolic functions. Pacific J. Math. **11**, 175—184 (1961).
FULKS, W., and J. S. MAYBEE: A singular non-linear equation. Osaka Math. J. **12**, 1—19 (1960).
GANTMACHER, F. R.: Matrizenrechnung, Bd. II. Berlin: VEB Deutscher Verlag der Wissenschaften 1959.
GIULIANO, L.: Sull' unicità della soluzione per una classe di equazioni differenziali alle derivate parziali, paraboliche, non lineari. Atti Accad. Naz. Lincei. Rend. Cl. Sci. Fis. Mat. Nat. (8) **12**, 260—265 (1952).
GÖRTLER, H.: Über die Lösungen nichtlinearer partieller Differentialgleichungen vom Reibungsschichttypus. Z. Angew. Math. Mech. **30**, 265—267 (1950).
— Über nicht-lineare partielle Differentialgleichungen vom Reibungsschichttypus. Atti del Quarto Congresso dell'Unione Matematica Italiana, Taormina 1951, Vol. 2, p. 116—120.
GOLOMB, M.: Bounds for solutions of nonlinear differential systems. Arch. Rational Mech. Anal. **1**, 272—282 (1958).
GOURSAT, E.: Cours d'analyse mathématique, 4. Aufl., Bd. 3. Paris: Gauthier-Villars 1927.
GRONWALL, T. H.: Note on the derivatives with respect to a parameter of the solutions of a system of differential equations. Ann. of Math. **20**, 292—296 (1918/19).
GUGLIELMINO, F.: Sulla risoluzione del problema di DARBOUX per l'equazione $s=f(x, y, z)$. Boll. Un. Mat. Ital. (3) **13**, 308—318 (1958).
— Sul problema di DARBOUX. Richerche Mat. **8**, 180—196 (1959).
— Sull'esistenza delle soluzioni dei problemi relativi alle equazioni non lineari di tipo iperbolico in due variabili. Matematiche **14**, 67—80 (1959a).
— Sul problema di Goursat. Ricerche Mat. **9**, 91—105 (1960).
HAAR, A.: Über Eindeutigkeit und Analyzität der Lösungen partieller Differentialgleichungen. Atti del Congresso Internazionale dei Matematici Bologna 1928. Vol. 3, p. 5—10.
HAHN, W.: Theorie und Anwendung der direkten Methode von LJAPUNOV. Ergebnisse der Mathematik und ihrer Grenzgebiete. N. F., H. 22. Berlin-Göttingen-Heidelberg: Springer 1959.
HALILOV, Z. I.: On the investigation of asymptotic stability of solutions of boundary problems for partial differential equations. Akad. Nauk Azerbaidzan. SSR. Dokl. **12**, 375—378 (1956)
HARTMAN, P., and A. WINTNER: On hyperbolic partial differential equations. Amer. J. Math. **74**, 834—864 (1952).
HILLE, E., and R. S. PHILLIPS: Functional analysis and semigroups. Amer. Math. Soc. Colloquium Publications, Vol. 31 (1957).
HIRSCHMANN jr., I. I.: A note on the heat equation. Duke Math. J. **19**, 487—492 (1952).

HOLMGREN, E.: Sur les solutions quasianalytiques de l'équation de la chaleur. Arkiv för Mat., Astron. och Fys. **18**, 1—5 (1924).

HOPF, E.: Elementare Bemerkungen über die Lösungen partieller Differentialgleichungen zweiter Ordnung vom elliptischen Typus. Sitzungsber. Preuss. Akad. d. Wiss. **19**, 147—152 (1927).

— A remark on linear elliptic differential equations of second order. Proc. Amer. Math. Soc. **3**, 791—793 (1952).

HUKUHARA, M.: Théorèmes fondamentaux de la théorie des équations différentielles ordinaires, I. Mem. Fac. Sci. Kyūsyū Imp. Univ. A. **1**, 111—127 (1940).

— Théorèmes fondamentaux de la théorie des équations différentielles ordinaires, II. Mem. Fac. Sci. Kyūsyū Imp. Univ. A. **2**, 1—25 (1941).

— Sur le fonction $S(x)$ de M. E. KAMKE. Japan. J. Math. **17**, 289—298 (1941a).

— Théorèmes fondamentaux de la théorie des équations différentielles ordinaires dans l'espace vectoriel topologique. J. Fac. Sci. Univ. Tokyo, Sect. I **8**, 111—138 (1959).

—, and T. SATŌ: Theory of differential equations. Modern Math. Series, 11 (1957). Kyōritsu Shuppan Co. Ltd. [Japanisch; Zitate beziehen sich auf eine von Herrn SATŌ besorgte hektographierte französische Übersetzung der Kapitel 6 bis 8.]

IYANAGA, S.: Über die Unitätsbedingungen der Lösung der Differentialgleichung $y'=f(x, y)$. Japan. J. Math. **5**, 253—257 (1928).

KAMKE, E.: Über die eindeutige Bestimmtheit der Integrale von Differentialgleichungen. Math. Z. **32**, 101—107 (1930).

— Über die eindeutige Bestimmtheit der Integrale von Differentialgleichungen II. Sitzungsber. Heidelberger Akad. d. Wiss., math.-naturw. Kl., 17. Abh. (1930a).

— Zur Theorie der Systeme gewöhnlicher Differentialgleichungen II. Acat Math. **58**, 57—85 (1932).

— Differentialgleichungen reeller Funktionen, 2. Aufl. Leipzig: Akademische Verlagsgesellschaft 1945.

— Das Lebesgue-Stieltjes-Integral. Leipzig: Teubner 1956.

— Differentialgleichungen, Lösungsmethoden und Lösungen, 6. Aufl., Bd. 1. Leipzig: Akademische Verlagsgesellschaft 1959.

— Über die erste Randwertaufgabe bei der Laplace- und der Wärmeleitungs-Differentialgleichung. Jber. Deutsch. Math. Verein. **62**, Abt. 1, 1—33 (1959a).

KANAZAWA, A., u. H. MURAKAMI: Unveröffentlichtes Manuskript (1955). [Die Bemerkung von SATŌ und IWASAKI (1955, Fußnote 2), daß die Arbeit in den Proc. Japan. Acad. **31** (1955) erschienen ist, stimmt nicht. Herr MURAKAMI teilte dem Verf. mit, daß sie noch nicht publiziert ist.]

KATO, T.: On linear differential equations in Banach spaces. Comm. Pure Appl. Math. **9**, 479—486 (1956).

KISYŃSKI, J.: Sur l'existence et l'unicité des solutions des problèmes classiques relatifs à l'équation $s=F(x, y, z, p, q)$. Ann. Univ. Mariae Curie-Sklodowska. Sect. A, **11**, 73—112 (1957).

— Sur les équations différentielles dans les espaces de BANACH. Bull. Acad. Polon. Sci. **7**, 381—385 (1959).

— Sur la convergence des approximations successives pour l'équation $\frac{\partial^2 z}{\partial x \partial y} = f\left(x, y, z, \frac{\partial z}{\partial x}, \frac{\partial z}{\partial y}\right)$. Ann. Polon. Math. **7**, 233—240 (1960).

KOOI, O.: The method of successive approximations and a uniqueness-theorem of KRASNOSELSKII and KREIN in the theory of differential equations. Nederl. Akad. Wetensch. Proc. Ser. A 61 = Indag. Math. **20**, 322—327 (1958).

KRASNOSEL'SKII, M. A., and S. G. KREIN: Nonlocal existence theorems and uniqueness theorems for systems of ordinary differential equations. Dokl. Akad. Nauk SSSR (N. S.) **102**, 13—16 (1955).

— — On a class of uniqueness theorems for the equation $y' = f(x, y)$. Uspehi Mat. Nauk (N. S.) **11**, no. 1 (67), 209—213 (1956).

KRAWCZYK, R.: Über Differenzenverfahren bei parabolischen Differentialgleichungen. Arch. Rational Mech. Anal. **13**, 81—121 (1963).

KRZYŻAŃSKI, M.: Sur les solutions des équations du type parabolique déterminées dans une région illimitée. Bull. Amer. Math. Soc. **47**, 911—915 (1941).

— Sur les solutions de l'équation linéaire du type parabolique déterminées par les conditions initiales. Ann. Soc. Polon. Math. **18**, 145—156 (1945).

— Sur les solutions de l'équation linéaire du type parabolique déterminées par les conditions initiales. Ann. Soc. Polon. Math. **20**, 7—9 (1948).

— Sur l'équation aux dériveés partielles de la diffusion. Ann. Soc. Polon. Math. **23**, 95—111 (1950).

— Sur l'allure asymptotique des solutions d'équation du type parabolique. Bull. Acad. Polon. Sci. Cl. III, **4**, 247—251 (1956).

— Evaluations des solutions de l'équation aux dérivées partielles du type parabolique, déterminées dans un domaine non borné. Ann. Polon. Math. **4**, 93—97 (1957).

— Recherches concernant l'allure des solutions de l'équation du type parabolique lorsque la variable du temps tend vers l'infini. Atti Accad. Naz. Lincei. Rend. Cl. Sci. Fis. Mat. Nat. (8) **23**, 28—32 (1957a).

— Certaines inégalités relatives aux solutions de l'équation parabolique linéaire normale. Bull. Acad. Polon. Sci. Sér. Sci. Math. Astr. Phys. **7**, 131—135 (1959).

— Sur l'unicité des solutions des second et troisième problèmes de Fourier relatifs à l'équation linéaire normale du type parabolique. Ann. Polon. Math. **7**, 201—208 (1960).

LAKSHMIKANTHAM, V.: On the boundedness of solutions of nonlinear differential equations. Proc. Amer. Math. Soc. **8**, 1044—1048 (1957).

— On the extension of LYAPUNOV's method to various problems of differential systems. MRC Technical Summary Report No. 277 (1961).

— Notes on a variety of problems of differential systems. MRC Technical Summary Report No. 270 (1961a).

— Uniqueness theorems for ordinary and hyperbolic differential equations. Michigan Math. J. **9**, 161—166 (1962).

— Differential equations in Banach spaces and the extension of LYAPUNOV's method. MRC Technical Summary Report No. 315. (1962a).

— Properties of solutions of abstract differential inequalities. MRC Technical Summary Report No. 334 (1962b).

LASALLE, J.: Uniqueness theorems and successive approximations. Ann. of Math. **50**, 722—730 (1949).

LASOTA, A.: Sur l'effet épidermique extérieur et intérieur pour les inégalités différentielles ordinaires. Ann. Polon. Math. **6**, 259—264 (1959).

LEEHEY, P.: On the existence of not necessarily unique solutions of classical hyperbolic boundary value problems for non-linear second order partial differential equations in two independent variables. Ph. D. Brown University 1950.

LEVINSON, N.: The asymptotic behavior of a system of linear differential equations. Amer. J. Math. **68**, 1—6 (1946).

LIPSCHITZ, R.: Lehrbuch der Analysis, Bd. 2. Bonn 1880.

LUXEMBURG, W. A. J.: On the convergence of successive approximations in the theory of ordinary differential equations. Canad. Math. Bull. **1**, 9—20 (1958).

McNABB, A.: Strong comparison theorems for elliptic equations of second order. J. Math. Mech. **10**, 431—440 (1961).

MISES, R. v.: Bemerkungen zur Hydrodynamik. Z. Angew. Math. Mech. **7**, 425—431 (1927).

MLAK, W.: On the epidermic effect for ordinary differential inequalities of the first order. Ann. Polon. Math. **3**, 37—40 (1956).

— The epidermic effect for partial differential inequalities of the first order. Ann. Polon. Math. **3**, 157—164 (1956a).

— Differential inequalities of parabolic type. Ann. Polon. Math. **3**, 349—354 (1957).

— Remarks on the stability problem for parabolic equations. Ann. Polon. Math. **3**, 343—348 (1957a).

— Limitation of solutions of parabolic equations. Ann. Polon. Math. **5**, 237—245 (1958/59).

— Limitations and dependence on parameter of solutions of non-stationary differential operator equations. Ann. Polon. Math. **6**, 305—322 (1959).

— Parabolic differential inequalities and CHAPLIGHIN's method. Ann. Polon. Math. **8**, 139—153 (1960).

MONTALDO, O.: Su un problema di valori al contorno nella teoria diffusiva dei reattori nucleari. Rend. Sem. Fac. Sci. Univ. Cagliari **28**, 118—120 (1958).

MONTEL, P.: Sur l'intégrale supérieure et l'intégrale inférieure d'une équation différentielle. Bull. Sci. Math. **50**, 205—217 (1926).

MÜLLER, M.: Über die Eindeutigkeit der Integrale eines Systems gewöhnlicher Differentialgleichungen und die Konvergenz einer Gattung von Verfahren zur Approximation dieser Integrale. Sitzungsber. Heidelberger Akad. d. Wiss., math.-naturw. Kl. 1927, 9. Abh.

NAGUMO, M.: Eine hinreichende Bedingung für die Unität der Lösung von Differentialgleichungen erster Ordnung. Japan. J. Math. **3**, 107—112 (1926).

— Über das Verfahren der sukzessiven Approximation zur Integration gewöhnlicher Differentialgleichungen und die Eindeutigkeit ihrer Integrale. Japan. J. Math. **7**, 143—160 (1930).

— Über die Ungleichung $\frac{\partial u}{\partial x} > f\left(x, y, u, \frac{\partial u}{\partial y}\right)$. Japan. J. Math. **15**, 51—56 (1938).

— Note in „Kansū-Hōteisiki" Nr. 15 (1939) [Japanisch. Zit. nach NAGUMO-SIMODA (1951)]

—, et S. SIMODA: Note sur l'inégalité différentielle concernant les équations du type parabolique. Proc. Japan. Acad. **27**, 536—539 (1951).

NARASIMHAN, R.: On the asymptotic stability of solutions of parabolic differential equations. J. Rational Mech. Anal. **3**, 303—313 (1954).

NICKEL, K.: Einige Eigenschaften von Lösungen der Prandtlschen Grenzschicht-Differentialgleichungen. Arch. Rational Mech. Anal. **2**, 1—31 (1958).

— Die äußere Randbedingung der Grenzschicht-Differentialgleichung. Z. Angew. Math. Mech. **38**, 400—401 (1958a).

— Fehlerabschätzungen bei parabolischen Differentialgleichungen. Math. Z. **71**, 268—282 (1959).

— Ein Eindeutigkeitssatz für instationäre Grenzschichten. Math. Z. **74**, 209—220 (1960).

— Parabolic equations with applications to boundary layer theory. Partial differential equations and continuum mechanics, p. 319—330. Madison (Wis.): Univ. of Wisconsin Press 1961.

NICKEL, K.: Fehlerabschätzungs- und Eindeutigkeitssätze für Integro-Differentialgleichungen. Arch. Rational Mech. Anal. **8**, 159—180 (1961a).

— Gestaltaussagen über Lösungen parabolischer Differentialgleichungen. J. Reine Angew. Math. **211**, 78—94 (1962).

— Eine einfache Abschätzung für Grenzschichten. Ing.-Arch. **31**, 85—100 (1962a).

— Die Prandtlschen Grenzschichtdifferentialgleichungen als asymptotischer Grenzfall der Navier-Stokesschen und der Eulerschen Differentialgleichungen. Arch. Rational Mech. Anal. **13**, 1—14 (1963).

NIRENBERG, L.: A strong maximum principle for parabolic equations. Comm. Pure Appl. Math. **6**, 167—177 (1953).

OLECH, C.: Remarks concerning criteria for uniqueness of solutions of ordinary differential equations. Bull. Acad. Polon. Sci. Sér. Sci. Math. Astr. Phys. **8**, 661—666 (1960).

— On the existence and uniqueness of solutions of an ordinary differential equation in the case of Banach space. Bull. Acad. Polon. Sci. Sér. Sci. Math. Astr. Phys. **8**, 667—673 (1960a).

—, et Z. OPIAL: Sur une inégalité différentielle. Ann. Polon. Math. **7**, 247—254 (1960).

OLEINIK, O. A.: On properties of solutions of certain boundary problems for equations of elliptic type. Mat. Sbornik, N. S., **30**, 695—702 (1952).

OPIAL, Z.: Sur un système d'inégalités intégrales. Ann. Polon. Math. **3**, 200—209 (1957).

— Sur la dépendence des solutions d'un système d'équations différentielles de leurs second membres. Application aux systèmes prèsque autonomes. Ann. Polon. Math. **8**, 75—89 (1960).

OSGOOD, W. F.: Beweis der Existenz einer Lösung der Differentialgleichung $dy/dx=f(x, y)$ ohne Hinzunahme der Cauchy-Lipschitzschen Bedingung. Monatsh. Math. Phys. **9**, 331—345 (1898).

OSTROWSKI, A.: Sur le rayon de convergence de la série de Blasius. C. R. Acad. Sci. Paris **227**, 580—582 (1948).

OUDART, A.: Publ. sc. et techn. du Ministère de l'air, no. 213, 123—127 (1948). [Zit. nach OSTROWSKI 1948.]

PADMAVALLY, K.: On a non-linear integral equation. J. Math. Mech. **7**, 533—555 (1958).

PAGNI, M.: Un'osservazione sull'unicità della soluzione del problema di Cauchy per l'equazione $p=f(x, y, z, q)$. Rend. Sem. Mat. Univ. Padova **20**, 470—474 (1951).

PARAF, M. A.: Sur le problème de Dirichlet et son extension au cas de l'équation linéaire générale du second ordre. Ann. Fac. Sci. Toulouse **6**, H. 47—H. 54 (1892).

PEANO, G.: Démonstration de l'intégrabilité des équations différentielles ordinaires. Math. Ann. **37**, 182—228 (1890).

PERRON, O.: Über den Integralbegriff. Sitzungsber. Heidelberger Akad. d. Wiss. 1914, Abt. A, 14. Abh.

— Ein neuer Existenzbeweis für die Integrale der Differentialgleichung $y'=f(x, y)$. Math. Ann. **76**, 471—484 (1915).

— Eine neue Behandlung des ersten Randwertproblems für $\Delta u=0$. Math. Z. **18**, 42—54 (1923).

— Über Ein- und Mehrdeutigkeit des Integrals eines Systems von Differentialgleichungen. Math. Ann. **95**, 98—101 (1926).

PICARD, E.: Sur les méthodes d'approximations successives dans la théorie des équations différentielles, Note 1 in Bd. 4 von G. DARBOUX, Leçons sur la théorie générale des surfaces, p. 353—367. Paris 1896.

PICONE, M.: Sul problema della propagazione del calore in un mezzo privo di frontiera, conduttore, isotropo e omogeneo. Math. Ann. **101**, 701—712 (1929).

— Sull'equazione integrale non lineare di Volterra. Ann. Mat. Pura Appl. (4) **49**, 1—10 (1960).

— Sur les équations intégrales linéaires de deuxième espèce de Volterra avec noyau de translation. C. R. Acad. Sci. Paris **250**, 46—48 (1960a).

PINI, B.: Sul primo problema di valori al contorno per l'equazione parabolica non lineare del secondo ordine. Rend. Sem. Mat. Univ. Padova **27**, 149—161 (1957).

PRANDTL, L.: Über Flüssigkeitsbewegungen bei sehr kleiner Reibung. Verh. d. III. Int. Math.-Kongr. Heidelberg 1904, S. 484—494. Leipzig: Teubner 1905.

PRODI, G.: Questioni di stabilità per equazioni non lineari alle derivate parziali di tipo parabolico. Atti Accad. Naz. Lincei. Rend. Cl. Sci. Fis. Mat. Nat. (8) **10**, 365—370 (1951).

PUCCI, C.: Maggiorazione della soluzione di un problema al contorno, di tipo misto, relativo a una equazione a derivate parziali, lineare, del secondo ordine. Atti Accad. Naz. Lincei. Rend. Cl. Sci. Fis. Mat. Nat. (8) **13**, 360—366 (1952).

— Bounds for solutions of LAPLACE's equation satisfying mixed conditions. J. Rational Mech. Anal. **2**, 299—302 (1953).

— Proprietà di massimo e minimo delle soluzioni di equazioni a derivate parziali del secondo ordine di tipo ellitico e parabolico, I. Atti Accad. Naz. Lincei. Rend. Cl. Sci. Fis. Mat. Nat. (8) **23**, 370—375 (1957).

— Proprietà di massimo e minimo delle soluzioni di equazioni a derivate parziali del secondo ordine ti tipo ellitico e parabolico, II. Atti Accad. Naz. Lincei. Rend. Cl. Sci. Fis. Mat. Nat. (8) **24**, 3—6 (1958).

PULVIRENTI, G.: Problemi lineari per le equazioni differenziali ordinarie in uno spazio di BANACH. Matematiche **15**, 98—107 (1960).

— Il fenomeno di Peano nel problema di Darboux per l'equazione $s=f(x, y, z)$ in ipotesi di CARATHÉODORY. Matematiche **15**, 15—28 (1960a).

— Equazioni differenziali in uno spazio di BANACH. Teorema di esistenza e struttura del pennello delle soluzioni in ipotesi di CARATHÉODORY. Ann. Mat. Pura Appl. (4) **56**, 281—300 (1961).

PUNNIS, B.: Zur Differentialgleichung der Plattengrenzschicht von BLASIUS. Arch. Math. **7**, 165—171 (1956).

REDHEFFER, R. M.: Maximum principles and duality. Monatsh. Math. **62**, 56—75 (1958).

— On the inequality $\Delta u \geqq f(u, |\text{grad}\, u|)$. J. Math. Anal. Appl. **1**, 277—299 (1960).

— Bemerkungen über Monotonie und Fehlerabschätzung bei nichtlinearen partiellen Differentialgleichungen. Arch. Rational Mech. Anal. **10**, 427—457 (1962).

— An extension of certain maximum principles. Monatsh. Math. **66**, 32—42 (1962a).

REICHERT, M.: Über die Fixpunkte einer Klasse singulärer Volterrascher Abbildungen. Dissertation. Veröffentlichungen der Mathematischen Institute der Freien Universität Berlin, Bd. I (1962).

ROSENBLATT, A.: Über die Existenz von Integralen gewöhnlicher Differentialgleichungen. Ark. Mat. Astr. Fys. **5**, Nr. 2 (1909).

ROSENBLOOM, P.: Linear partial differential equations. Surveys in Applied Math., Vol. V. New York: John Wiley 1958.

ROSENBLOOM, P. C., and D. V. WIDDER: A temperature function which vanishes initially. Amer. Math. Monthly **65**, 607—609 (1958).

SAKS, S.: Theory of the integral. Monografie Matematyczne, Bd. 7. Warschau 1937.

SANSONE, G., et R. CONTI: Equazioni differenzali non lineari. Roma: Cremonese 1956.

SANTAGATI, G.: Il problema di DARBOUX per una equazione del secondo ordine di tipo iperbolico. Matematiche **14**, 115—147 (1959).

SANTORO, P.: Sul problema di DARBOUX per l'equazione $s = f(x, y, z, p, q)$ e il fenomeno di Peano. Rend. Accad. Naz. dei XL, (4) **10**, 3—17 (1959).

SATŌ, T.: Sur l'équation aux dérivées partielles hyperbolique $s = f(x, y, z, p, q)$. I. Mem. Fac. Sci. Kyūsyū Imp. Univ. A. **2**, 107—123 (1941).

— Sur l'équation aux dérivées partielles du type hyperbolique. Rep. Fac. Sc. Kyūsyū Imp. Univ. **1**, 203—249 (1945) [Japanisch].

— Sur la limitation des solutions d'un système d'équations intégrales de VOLTERRA. Tohoku Math. J. (2) **4**, 272—274 (1952).

— Sur l'équation intégrale non linéaire de VOLTERRA. Compositio Math. **11**, 271—290 (1953).

—, et A. IWASAKI: Sur l'équation intégrale de VOLTERRA. Proc. Japan. Acad. **31**, 395—398 (1955).

SCHLICHTING, H.: Grenzschicht-Theorie, 3. Aufl., Karlsruhe: G. Braun 1958.

SCHRÖDER, J.: Fehlerabschätzungen bei gewöhnlichen und partiellen Differentialgleichungen. Arch. Rational Mech. Anal. **2**, 367—392 (1958/59).

— Vom Defekt ausgehende Fehlerabschätzungen bei Differentialgleichungen. Arch. Rational Mech. Anal. **3**, 219—228 (1959).

— Anwendung von Fixpunktsätzen bei der numerischen Behandlung nichtlinearer Gleichungen in halbgeordneten Räumen. Arch. Rational Mech. Anal. **4**, 177—192 (1959/60).

— Error estimates for boundary value problems using fixed point theorems. Boundary problems in differential equations, edit. by E. LANGER, p. 85—96. Madison (Wis.): Univ. of Wisconsin Press 1960.

— Fehlerabschätzung mit Rechenanlagen bei gewöhnlichen Differentialgleichungen erster Ordnung. Num. Math. **3**, 39—61 (1961).

— Verbesserung einer Fehlerabschätzung für gewöhnliche Differentialgleichungen erster Ordnung. Num. Math. **3**, 125—130 (1961 a).

SCORZA DRAGONI, G., e M. VOLPATO: Un teorema di unicità per le soluzioni di una equazione alle derivate parziali del primo ordine. Rend. Sem. Mat. Univ. Padova **20**, 446—461 (1951).

SEYFERTH, C.: Die Eindeutigkeit von Lösungen der eindimensionalen Diffusionsgleichung mit konzentrationsabhängigem Diffusionskoeffizienten und die Lage ihrer Extrema. Z. Angew. Math. Mech. **39**, 441—443 (1959).

— Die Eindeutigkeit von Lösungen der eindimensionalen Diffusionsgleichung mit konzentrationsabhängigem Diffusionskoeffizienten. Math. Nachr. **24**, 13—32 (1962).

SHANAHAN, J. P.: On uniqueness questions for hyperbolic differential equations. Pacific J. Math. **10**, 677—688 (1960).

SIMODA, S.: Notes pour la théorie des équations aux dérivées partielles du type elliptique. Mem. Osaka Univ. Lib. Arts Ed. Ser. B. mo **5**, 5—15 (1956).

—, et M. NAGUMO: Sur la solution bornée de l'équation aux dérivées partielles du type elliptique. Proc. Japan. Acad. **27**, 334—339 (1951).

STERNBERG, W.: Über die Gleichung der Wärmeleitung. Math. Ann. **101**, 329—398 (1929).

STORM, M. L.: Heat conduction in simple metals. J. Appl. Phys. **22**, 940—951 (1951).

SZARSKI, J.: Sur un système d'inégalités différentielles. Ann. Soc. Polon. Math. **20** 126—134 (1947).

— Sur certains systèmes d'inégalités différentielles aux dérivées partielles du premier ordre. Ann. Soc. Polon. Math. **21**, 7—25 (1948).

SZARSKI, J.: Sur certaines inégalités entre les intégrales des équations différentielles aux dérivées partielles du premier ordre. Ann. Soc. Polon. Math. **22**, 1—34 (1949).

— Sur les systèmes majorants d'équations différentielles ordinaires. Ann. Soc. Polon. Math. **23**, 206—223 (1950).

— Sur les systèmes d'inégalités différentielles ordinaires remplies en dehors de certains ensembles. Ann. Soc. Polon. Math. **24**, Teil II, 1—8 (1951).

— Systèmes d'inégalités différentielles aux dérivées partielles du premier ordre, et leurs applications. Ann. Polon. Math. **1**, 149—165 (1954).

— Sur la limitation et l'unicité des solutions d'un système non-linéaire d'équations paraboliques aux dérivées partielles du second ordre. Ann. Polon. Math. **2**, 237—249 (1955).

— Sur la limitation et l'unicité des solutions des problèmes de Fourier pour un système non linéaire d'équations paraboliques. Ann. Polon. Math. **6**, 211—216 (1959).

SZMYDT, Z.: Sur les systèmes d'équations différentielles dont toutes les solutions sont bornées. Ann. Polon. Math. **2**, 234—236 (1955).

— Sur un nouveau type de problèmes pour un système d'équations différentielles hyperboliques du second ordre à deux variables indépendantes. Bull. Acad. Polon. Sci. Cl. III, **4**, 67—72 (1956).

— Sur une généralisation des problèmes classiques concernant un système d'équations différentielles hyperboliques du second ordre à deux variables indépendantes. Bull. Acad. Polon. Sci. Cl. III, **4**, 579—584 (1956a).

— Sur l'existence de solutions de certains nouveaux problèmes pour un système d'équations différentielles hyperboliques de second ordre à deux variables indépendantes. Ann. Polon. Math. **4**, 40—60 (1957).

— Sur l'existence d'une solution unique de certains problèmes pour un système d'équations différentielles hyperboliques du second ordre à deux variables indépendantes. Ann. Polon. Math. **4**, 165—182 (1958).

— Sur l'existence de solutions de certains problèmes aux limites relatifs à un système d'équations différentielles hyperboliques. Bull. Acad. Polon. Sci. Sér. Sci. Math. Astr. Phys. **6**, 31—36 (1958a).

TONELLI, L.: Sull'unicità della soluzione di un'equazione differenziale ordinarie. Atti Accad. Naz. Lincei. Rend. (6) **1**, 272—277 (1925).

— Sulle equazioni integrali di VOLTERRA. Mem. della Reale Accad. delle Sci. dell'Istituto di Bologna, Cl. Sci. Fis. (8) **5**, 59—64 (1927/28).

— Sulle equazioni funzionali del tipo di VOLTERRA. Bull. Calcutta Math. Soc. **20**, 31—48 (1928).

TYCHONOFF, A. N.: Théorèmes d'unicité pour l'équation de la chaleur. Recueil Math. Moscou **42**, 199—215 (1935).

—, u. A. A. SAMARSKI: Differentialgleichungen der mathematischen Physik. Berlin: VEB Deutscher Verlag der Wissenschaften 1959.

UHLMANN, W.: Fehlerabschätzungen bei Anfangswertaufgaben gewöhnlicher Differentialgleichungssysteme 1. Ordnung. Z. Angew. Math. Mech. **37**, 88—99 (1957).

— Fehlerabschätzungen bei Anfangswertaufgaben einer gewöhnlichen Differentialgleichung höherer Ordnung. Z. Angew. Math. Mech. **37**, 99—111 (1957a).

VELTE, W.: Eine Anwendung des Nirenbergschen Maximumprinzips für parabolische Differentialgleichungen in der Grenzschichttheorie. Arch. Rational Mech. Anal. **5**, 420—431 (1960).

VISWANATHAM, B.: The general uniqueness theorem and successive approximations. J. Indian Math. Soc. (N.S.) **16**, 69—74 (1952).

VOLPATO, M.: Criteri di confronto e di unicità per le soluzioni dell'equazione $p = f(x, y, z, q)$ coi dati di CAUCHY. Rend. Sem. Mat. Univ. Padova **20**, 232—243 (1951).

— Sugli elementi uniti di transformazioni funzionali: un problema ai limiti per una classe di equazioni alle derivate parziali di tipo iperbolico. Ann. Univ. Ferrara **2**, 95—109 (1952/53).

VOLTERRA, V.: Theory of functionals and of integral and integro-differential equations. 1927 [Neudruck New York: Dover Publications Inc. 1959].

WALTER, W.: Über die Differentialgleichung $u_{xy} = f(x, y, u, u_x, u_y)$, Teil I. Math. Z. **71**, 308—324 (1959).

— Über die Differentialgleichung $u_{xy} = f(x, y, u, u_x, u_y)$, Teil II. Math. Z. **71**, 436—453 (1959a).

— Über die Differentialgleichung $u_{xy} = f(x, y, u, u_x, u_y)$, Teil III. Math. Z. **73**, 268—279 (1960).

— On the existence theorem of CARATHÉODORY for ordinary and hyperbolic equations. Technical Note BN-172, AFOSR (1959b).

— Eindeutigkeitssätze für gewöhnliche, parabolische und hyperbolische Differentialgleichungen. Math. Z. **74**, 191—208 (1960a).

— Fehlerabschätzungen bei hyperbolischen Differentialgleichungen. Arch. Rational Mech. Anal. **7**, 249—272 (1961).

— Fehlerabschätzungen und Eindeutigkeitssätze für gewöhnliche und partielle Differentialgleichungen. Z. Angew. Math. Mech. **42**, T49—T62 (1962).

— Bemerkungen zu verschiedenen Eindeutigkeitskriterien für gewöhnliche Differentialgleichungen. Math. Z. (im Druck; 1964).

— Über sukzessive Approximation bei Volterra-Integralgleichungen in mehreren Veränderlichen. Ann. Acad. Scient. Fennicae (im Druck; 1964a).

WAŻEWSKI, T.: Sur le domaine d'existence des intégrales de l'équation aux dérivées partielles du premier ordre linéaire. Ann. Soc. Polon. Math. **12**, 81—86 (1933).

— Sur l'unicité et la limitation des intégrales des équations aux dérivées partielles du premier ordre. Atti Accad. Naz. Lincei. Rend. Cl. Sci. Fis. Mat. Nat. (6) **18**, 372—376 (1933a).

— Sur la limitation des intégrales des systèmes d'équations différentielles linéaires ordinaires. Studia Math. **10**, 48—59 (1948).

— Systèmes des équations et des inégalités différentielles ordinaires aux deuxièmes membres monotones et leurs applications. Ann. Soc. Polon. Math. **23**, 112—166 (1950).

— Certaines propositions de caractère "épidermique" relatives aux inégalités différentielles. Ann. Soc. Polon. Math. **24**, 1—12 (1952).

— Remarque sur un système d'inégalités intégrales. Ann. Polon. Math. **3**, 210—212 (1957).

— Sur l'existence et l'unicité des intégrales des équations différentielles ordinaires au cas de l'espace de Banach. Bull. Acad. Polon. Sci. Sér. Sci. Math. Astr. Phys. **8**, 301—305 (1960).

WEISSINGER, J.: Zur Theorie und Anwendung des Iterationsverfahrens. Math. Nachr. **8**, 193—212 (1952).

WESTPHAL, H.: Zur Abschätzung der Lösungen nichtlinearer parabolischer Differentialgleichungen. Math. Z. **51**, 690—695 (1949).

WEYL, H.: On the differential equations of the simplest boundary-layer problems. Ann. of Math. **43**, 381—407 (1942).

— Comment on the preceding paper (LEVINSON 1946). Amer. J. Math. **68**, 7—12 (1946).

WIDDER, D. V.: Positive temperatures on an infinite rod. Trans. Amer. Math. Soc. **55**, 85—95 (1944).

WINTNER, A.: On the convergence of successive approximations. Amer. J. Math. **68**, 13—19 (1946).

— Asymptotic equilibria. Amer. J. Math. **68**, 125—132 (1946a).

— On the local uniqueness of the initial value problem of the differential equation $d^n x/dt^n = f(t, x)$. Boll. Un. Mat. Ital. (3) **11**, 496—498 (1956).

— On non-constant Lipschitz factors in the uniqueness problem of ordinary differential equations. Arch. Math. **7**, 465—468 (1956a).

ZITAROSA, A.: Sulle equazioni funzionali di VOLTERRA-TONELLI. Ricerche Mat. **3**, 108—126 (1954).

— Alcune osservazioni su certi teoremi di compattezza e sul problema di DARBOUX. Rend. Accad. Sci. Fis. Mat. Napoli (4) **27**, 25—35 (1960).

ZWIRNER, G.: Criteri di unicità per gli integrali delle equazioni differenziali del primo ordine. Rend. Sem. Mat. Univ. Padova **19**, 273—293 (1950).

— Sull'approssimazione degli integrali del sistema differenziale. $\partial^2 z/\partial x\, \partial y = f(x, y, z)$, $z(x_0, y) = \psi(y)$, $z(x, y_0) = \varphi(x)$. Ist. Veneto Sci. Lett. Arti. Cl. Sci. Mat. Nat. **109**, 219—231 (1951).

— Teoremi di unicità e di confronto per gli integrali di una particolare classe di equazioni differenziali a derivate parziali del secondo ordine. Rend. Sem. Mat. Univ. Padova **20**, 329—345 (1951a).

— Sull'equazione $\frac{\partial^2 z}{\partial x\, \partial y} = f\left(x, y, z, \frac{\partial z}{\partial y}\right)$. Ann. Univ. Ferrara. Sez. VII (N. S.) **1**, 9—16 (1952)

ZYGMUND, A.: Trigonometric series, 2. Aufl., Bd. 1. Cambridge: University Press 1959.

Namenverzeichnis

Agaev 176
Alexiewicz 142
Antosiewicz 80
Arnese 142
Aronson 192

Babkin 40
Baiada 5, 41
Banach 50
Beckenbach 11
Bellman 11, 14, 19, 20, 202
Bielecki 121
Bihari 19, 40
Birkhoff 192
Blasius 101, 218
Bompiani 29
Brakhage 188
Brauer 5, 73, 80, 94
Burton 86
Butlewski 53

Cafiero 41, 78
Cameron 22
Candirov 14
Carathéodory 11, 33, 35, 36, 52, 54, 107, 108, 156
Carslaw 200, 203, 209
Cesari 10, 19, 20, 80
Ciliberto 142, 149, 176
Coddington 5, 20, 34, 77
Collatz 2, 3, 5, 90, 105, 171, 174, 179, 221, 232, 251
Conlan 142, 152
Conti 14, 80, 106, 142
Cooper 192
Coppel 218
Corduneanu 54, 80

Diaz 142, 148, 156
Dieudonné 5
Dinghas 25
Dračka 245

Eltermann 8, 90, 105

Ficken 232
Filippov 74

Fourier 199
Frank 203, 221
Freud 187
Friedman 177, 182, 192, 202
Frobenius 44, 93
Fubini 124
Fulks 202

Gantmacher 44
Giuliano 8, 171
Görtler 220
Golomb 19
Goursat 131
Gronwall 13, 14, 19, 20, 40, 125
Guglielmino 134, 142

Haar 251
Hahn 10, 80
Halilov 202
Hartman 142
Hille 54
Hirschmann 201
Holmgren 192
Hopf 2, 182, 251
Hukuhara 5, 48, 50, 61, 78, 81, 142, 153

Iwasaki 18, 32
Iyanaga 8, 75

Jaeger 200, 203, 209

Kamke 3, 11, 21, 22, 40, 42, 48, 59, 61, 68, 75, 77, 93, 94, 130, 143, 159, 214
Kanazawa 22
Kato 54
Kisyński 5, 54, 121, 138, 139, 149, 152
Kooi 94
Kotik 192
Krasnosel'skii 54, 94
Krawczyk 178
Krein 54, 94
Krzyżański 192, 193, 194, 195, 196, 199, 202, 232

Lakshmikantham 41, 54, 73, 80, 81, 149
LaSalle 74
Lasota 85

Leehey 142
Levinson 5, 19, 20, 34, 78
Lipschitz 29
Lorefice 5
Luxemburg 5, 94
Lyapunov 10, 20, 80

Mamazow 176
Maybee 202
McNabb 251
v. Mises 203, 212, 221
Mlak 3, 54, 85, 177, 202, 232, 233, 236, 251
Montaldo 241
Montel 29, 33, 74
Müller 5, 8, 47, 48, 78, 83, 89, 235
Murakami 22

Nagumo 2, 5, 33, 164, 166, 168, 194, 216, 224, 232, 235, 246, 247, 251
Narasimhan 202
Nickel 14, 17, 107, 171, 174, 179, 183, 185, 190, 191, 211, 212, 214, 220, 227, 249, 250
Nirenberg 180

Olech 41, 73, 81
Oleinik 182
Opial 41, 43
Orlicz 142
Osgood 29, 33, 74, 129
Ostrowski 104
Oudart 103

Padmavally 25
Pagni 251
Paraf 2, 251
Peano 2, 11, 29, 58, 142
Perron 1, 2, 3, 29, 57, 168
Phillips 54
Picard 134
Picone 25, 192
Pini 176
Prandtl 211
Prodi 202
Pucci 182, 251
Pulvirenti 54, 134
Punnis 104

Redheffer 11, 251
Reichert 25
Rosenblatt 29, 73
Rosenbloom 2, 192

Saks 197
Samarski 178, 200, 221
Sansone 14
Santagati 142
Santoro 142
Satō 5, 18, 20, 22, 25, 32, 53, 142, 153
Schauder 21, 25, 115
Schlichting 211, 218, 248
Schröder 5
Scorza Dragoni 251
Seyferth 211
Shanahan 148, 149
Shapiro 22
Simoda 166, 246, 247, 251
Sternberg 2, 5, 80, 168, 176
Stewart 61
Storm 204
Szarski 3, 85, 161, 171, 227, 232, 233, 238, 241, 251
Szmydt 19, 142, 149

Tonelli 8, 17, 22, 29, 33, 34, 74
Tychonoff 178, 192, 200, 221

Uhlmann 8, 90, 99

Velte 220, 249, 250
Viswanatham 5
Volpato 152, 251
Volterra 17

Walter 5, 73, 94, 113, 121, 122, 142, 148, 149, 150, 156
Ważewski 2, 3, 42, 43, 61, 81, 85, 106, 251
Weissinger 5
Westphal 164, 166, 171, 176, 224, 235
Weyl 19, 35, 218
Whyburn 86
Widder 192
Wintner 5, 75, 80, 101, 142

Zitarosa 17, 142
Zwirner 8, 78, 134, 140, 158
Zygmund 209

Sachverzeichnis

Operator-Gln sind unter IGln aufgenommen. Die Bezeichnung „eindimensionale IGln" bzw. „mehrdimensionale IGln" soll andeuten, daß es sich um Probleme von Kapitel I (eindimensionaler Grundbereich) bzw. Kapitel III (mehrdimensionaler Grundbereich) handelt.

α-Monotonie 26
α-Stelle 185
Ablösung 216, 219
Abkühlungsgesetz von Newton 221
Abschätzungssätze, allgemein 5
— für gewöhnliche DGln 38, 63—65
— — — Systeme 46, 51, 76, 79, 87 bis 91
— — — DGln n-ter Ordnung 98
— — — — im Komplexen 104
— — hyperbolische DGln 135, 144, 158
— — parabolische GDln 170, 174
— — — —, 2. + 3. RWA 228, 229
— — — Systeme 236—239, 241
— — die Grenzschicht-DGln 219
— — eindimensionale IGln 29, 50
— — mehrdimensionale IGln 111, 112, 126
Abstand, allgemeiner 79
Ähnliche Lösung 218
Anfangswertproblem für gewöhnliche DGln 35, 56
— — hyperbolische DGln, charakteristisches [= Problem (a)] 130, 141
— — — —, von Cauchy [= Problem (b)] 131, 137, 141
— — — —, — Goursat [=Problem (c)] 131, 150
— — — —, — Goursat 139
— — — —, — Kisyński 139, 152
— — — —, nicht-lösbares 142
— — — Systeme 138, 152
Aufgaben von monotoner Art 2
Außengeschwindigkeit 211, 217, 249

Blasius, DGl von 35, 101, 218

Defekt bei gewöhnlichen DGln 57
— — — Systemen 76
— — parabolischen DGln 161
— — — Systemen 232
Defektabschätzungen s. Abschätzungssätze
Differentialgleichungen, elliptische 251
— im Banach-Raum 53, 81
— — Komplexen 104
—, implizite gewöhnliche 106
—, — parabolische 246—248
—, partielle 1. Ordnung 251
Differenzen-Methoden bei parabolischen DGln 177
Differenzkern 24
Diffusion 245
Dini-Derivierte 55

Eindeutigkeitsbedingung von Iyanaga-Kamke 75
— — Nagumo 33, 44, 93, 100, 148, 150
— — Osgood-Montel-Tonelli 33, 34, 74, 92, 93, 129, 139
Eindeutigkeitssätze, allgemein 10
— für gewöhnliche DGln 36, 38, 71—75
— — — Systeme 46, 52, 77, 92—94
— — — GDln n-ter Ordnung 100
— — — — im Komplexen 105
— — hyperbolische DGln 135, 147, 156, 158
— — — Systeme 152
— — parabolische DGln 171—174, 192—200, 206—211
— — — —, 2. + 3. RWA 228—232
— — — Systeme 239—245
— — die Grenzschicht-DGln 214
— — eindimensionale IGln 31—34, 50, 51
— — mehrdimensionale IGln 113, 127

Ersatzproblem 6
Euklid-Abstand 48
Euklidischer Raum 12
Existenzsätze, allgemein 10
— für gewöhnliche DGln 36, 58
— — — Systeme 84
— — hyperbolische DGln 134, 142
— — parabolische DGln 176
— — eindimensionale IGln 22, 43
— — mehrdimensionale IGln 115—122

Gestaltaussagen 185—191
Grenzschicht-DGln 211
— —, instationäre 248

Halbumgebung, untere 159, 246
Hyperzylinder 159

Integralgleichungen im Banach-Raum 53
—, implizite 106
—, lineare 123
Integro-Differentialgleichungen 106
Intervallfunktion 129
Iterationsverfahren s. Sukzessive Approximation

K-Norm 48
Kern 12, 110
—, monoton wachsender 12
konvexe Funktion 189

Lemma von Gronwall, eindimensional 13, 40
— — —, mehrdimensional 125
— — Nagumo-Westphal 166—168
— — — —, 2. + 3. RWA 224—228
— — — — für Systeme 236
— — — — — implizite DGln 247
— — — — — die Grenzschicht-DGln 216
Limesfunktion 168
Lipschitz-Bedingung, allgemein 6—10
—, einseitige 8
— für gewöhnliche DGln 38, 67
— — — Systeme 78, 90
— — hyperbolische DGln 136, 139, 142, 144, 145, 148, 151
— — parabolische DGln 175, 176, 206
— — — Systeme 245
— — eindimensionale IGln 32, 38, 44, 51
— — mehrdimensionale IGln 127, 128

Lösungen im Sinne von Carathéodory 35—41, 107, 156
Lösungsprofil 185

Maximalintegral bei gewöhnlichen DGln 59, 60
— — — Systemen 47, 84
— — — DGln n-ter Ordnung 97
— — hyperbolischen DGln 142
— — parabolischen DGln 177
— — eindimensionalen IGln 18, 22 bis 24, 28, 43
— — mehrdimensionalen IGln 122
Maximum-Minimum-Prinzip s. Maximum-Prinzip
Maximum-Prinzip 178—182, 195, 204
— — für Systeme 244
Minimalintegral s. Maximalintegral
Minimum-Prinzip s. Maximum-Prinzip
v. Mises-Transformation 212
— —, instationäre 250
monoton-wachsend 12, 42
— — bei hyperbolischen DGln 139
— — — parabolischen DGln 161

Navier-Stokes-DGln 211, 250
Norm 48
Normalableitung 222
Normale 222

Oberfunktionen, allgemein 3, 4
— bei gewöhnlichen DGln 37, 57, 61
— — — Systemen 47, 82—86
— — — DGln n-ter Ordnung 96, 97
— — hyperbolischen DGln 134, 143, 153, 157
— — parabolischen DGln 169, 194, 182—185
— — — Systemen 235
— — eindimensionalen IGln 15, 34, 43
— — mehrdimensionalen IGln 111, 113, 123
Operator, allgemein 3—5
—, eindimensional 14, 42
—, —, monoton fallend 34
—, —, — wachsend 14, 42
—, —, stark monoton wachsend 18
—, mehrdimensional 109, 111
—, —, monoton wachsend 109, 111

Perron, Methode von 2
Problem (a), (b), (c) 130

Quasimonotonie 3, 42, 95

Randwertproblem (für parabolische DGln), erstes 168, 205
—, zweites 223
—, drittes 223
—, ohne Anfangswerte 199—201
— für Systeme 234
Rückströmung 215, 219

Spur (einer Matrix) 162
Stabilitätsprobleme bei gewöhnlichen DGln 10, 19, 80, 105
— — parabolischen DGln 201
Stetige Abhängigkeit s. Eindeutigkeitssätze
Stetigkeitsmodul 115
Streifenbedingung 131
Sukzessive Approximation 121, 156

Übergeschwindigkeit 218
Umgebung 159, 246
Unbeschränkte Gebiete 173, 191—195, 242, 230
Unstetige Randwerte 195—199, 231, 242
Unterfunktionen s. Oberfunktionen

Variable, räumliche 159, 246
—, zeitliche 159, 246

Wärmeleitung, DGl der 9, 171, 176, 177, 191, 202—211, 231

The manufacturer's authorised representative in the EU is Springer Nature Customer Service Centre GmbH, Europaplatz 3, 69115 Heidelberg, Germany. If you have any concerns regarding our products, please contact ProductSafety@springernature.com

Printed and bound by CPI Group (UK) Ltd, Croydon, CR0 4YY
28/04/2026
02098468-0013